高等院校生物技术类专业系列规划教材

食用药用菌生产技术

主　编　王德芝

副主编　杨振华　汪金萍　刘全永

参　编　（以姓氏笔画为序）

刘秀清　肖　颖　罗　青

殷东林　董　翠

重庆大学出版社

内容提要

本书共分为产业前景分析、食用菌生命活动特征、制种技术、工厂化生产的设施设备条件、食用菌菌种选育、病虫害防治技术、名优品种栽培管理技术、保鲜与加工技术、营销技术等 12 个项目,其下又分若干个典型工作任务,主要以 26 个热销的食用菌、药用菌品种的生产技术为重点,采取"认知该品种→分析其生长条件→会调控其生长条件"的思路展开编写,较为详细地介绍各关键技术环节。

本书在编写时创新思路,在每个栽培品种后附有菇事通问答或兴趣小贴士,以解答或介绍生产中容易遇到的技术难题;注重图文并茂,深入浅出,以满足学生就业创业的能力需求;设有情境实验项目模块、情境实训项目模块、仿真模拟项目模块,以满足现代食用菌产业发展对人才的要求,使其既要有扎实的基本技能,又要有开阔的视野,既要有技术员的能力,又要有企业主管的本领,以适应该产业迅猛发展的需求。

本书具有较强的新颖性、实用性,适合农业院校相关专业的师生及科技工作者使用,也可作为相关企业进行职业技能培训以及食用菌从业人员的学习参考用书。

图书在版编目(CIP)数据

食用药用菌生产技术/王德芝主编. —重庆:重
庆大学出版社,2015.2(2021.8 重印)
高等院校生物技术类专业系列规划教材
ISBN 978-7-5624-8794-4

Ⅰ.①食… Ⅱ.①王… Ⅲ.①食用菌类—蔬菜园艺—高等职业教育—
教材②药用菌类—栽培—高等职业教育—教材 Ⅳ.①S646②S567.3

中国版本图书馆 CIP 数据核字(2014)第 306588 号

食用药用菌生产技术

主　编　王德芝
责任编辑:袁文华　　版式设计:袁文华
责任校对:关德强　　责任印制:赵　晟

*

重庆大学出版社出版发行
出版人:饶帮华
社址:重庆市沙坪坝区大学城西路 21 号
邮编:401331
电话:(023)88617190　88617185(中小学)
传真:(023)88617186　88617166
网址:http://www.cqup.com.cn
邮箱:fxk@ cqup.com.cn(营销中心)
全国新华书店经销
重庆市国丰印务有限责任公司印刷

*

开本:787mm×1092mm　1/16　印张:20　字数:474 千
2015 年 2 月第 1 版　　2021 年 8 月第 2 次印刷
印数:3 001—5 000
ISBN 978-7-5624-8794-4　定价:49.00 元

高等院校生物技术类专业系列规划教材
※ 参加编写单位 ※

（排名不分先后）

北京农业职业学院

重庆三峡医药高等专科学校

重庆三峡职业学院

甘肃酒泉职业技术学院

甘肃林业职业技术学院

广东轻工职业技术学院

河北工业职业技术学院

河南漯河职业技术学院

河南三门峡职业技术学院

河南商丘职业技术学院

河南信阳农林学院

河南许昌职业技术学院

河南郑州师范学院

河南职业技术学院

黑龙江民族职业学院

湖北荆楚理工学院

湖北生态工程职业技术学院

湖北生物科技职业学院

江苏农牧科技职业学院

江西生物科技职业学院

辽宁经济职业技术学院

内蒙古包头轻工职业技术学院

内蒙古呼和浩特职业学院

内蒙古医科大学

山东潍坊职业学院

陕西杨凌职业技术学院

四川宜宾职业技术学院

四川中医药高等专科学校

云南农业职业技术学院

云南热带作物职业学院

总　序

大家都知道,人类社会已经进入了知识经济的时代。在这样一个时代中,知识和技术比以往任何时候都扮演着更加重要的角色,发挥着前所未有的作用。在产品(与服务)的研发、生产、流通、分配等任何一个环节,知识和技术都居于中心位置。

那么,在知识经济时代,生物技术前景如何呢?

有人断言,知识经济时代以如下六大类高新技术为代表和支撑,它们分别是电子信息、生物技术、新材料、新能源、海洋技术、航空航天技术。是的,生物技术正是当今六大高新技术之一,而且地位非常"显赫"。

目前,生物技术广泛地应用于医药和农业,同时在环保、食品、化工、能源等行业也有着广阔的应用前景,世界各国无不非常重视生物技术及生物产业。有人甚至认为,生物技术的发展将为人类带来"第四次产业革命";下一个或者下一批"比尔·盖茨"们,一定会出在生物产业中。

在我国,生物技术和生物产业发展异常迅速,"十一五"期间(2006—2010年)全国生物产业年产值从6 000亿元增加到16 000亿元,年均增速达21.6%,增长速度几乎是我国同期GDP增长速度的2倍。到2015年,生物产业产值将超过4万亿元。

毫不夸张地讲,生物技术和生物产业正如一台强劲的发动机,引领着经济发展和社会进步。生物技术与生物产业的发展,需要大量掌握生物技术的人才。因此,生物学科已经成为我国相关院校大学生学习的重要课程,也是从事生物技术研究、产业产品开发人员应该掌握的重要知识之一。

培养优秀人才离不开优秀教师,培养优秀人才离不开优秀教材,各个院校都无比重视师资队伍和教材建设。多年的生物学科经过发展,已经形成了自身比较完善的体系。现已出版的生物系列教材品种也较为丰富,基本满足了各层次各类型的教学需求。然而,客观上也存在一些不容忽视的不足,如现有教材可选范围窄,有些教材质量参差不齐、针对性不强、缺少行业岗位必需的知识技能等,尤其是目前生物技术及其产业发展迅速,应用广泛,知识更新快,新成果、新专利急剧涌现,教材作为新知识、新技术的载体应与时俱进,及时更新,才能满足行业发展和企业用人提出的现实需求。

正是在这种时代及产业背景下,为深入贯彻落实《国家中长期教育改革和发展规划纲要(2010—2020年)》和《教育部 农业部 国家林业局关于推动高等农林教育综合改革的若干意见》(教高〔2013〕9号)等有关指示精神,重庆大学出版社结合高等院校的发展及专业教学基本要求,组织全国各地的几十所高等院校,联合编写了这套"高等院校生物技术类专

业系列规划教材"。

从"立意"上讲,本套教材力求定位准确、涵盖广阔,编写取材精炼、深度适宜、分量适中、案例应用恰当丰富,以满足教师的科研创新、教育教学改革和专业发展的需求;注重图文并茂,深入浅出,以满足学生就业创业的能力需求;教材内容力争融入行业发展,对接工作岗位,以满足服务产业的需求。

编写一套系列教材,涉及教材种类的规划与布局、课程之间的衔接与协调、每门课程中的内容取舍、不同章节的分工与整合……其中的繁杂与辛苦,实在是"不足为外人道"。

正是这种繁杂与辛苦,凝聚着所有编者为本套教材付出的辛勤劳动、智慧、创新和创意。教材编写团队成员遍布全国各地,结构合理、实力较强,在本学科专业领域具有较深厚的学术造诣及丰富的教学和生产实践经验。

希望本套教材能体现出时代气息及产业现状,成为一套将新理念、新成果、新技术融入其中的精品教材,让教师使用时得心应手,学生使用时明理解惑,为培养生物技术的专业人才,促进生物技术产业发展做出自己的贡献。

是为序。

全国生物技术职业教育教学指导委员会委员
高等院校生物技术类专业系列规划教材总主编　王德芝
2014 年 5 月

前言

当前,食用菌产业发展迅速,应用广泛,知识更新快,新成果、新专利急剧涌现,教材作为新知识新技术的载体,应与时俱进,及时更新,才能满足行业发展和企业用人提出的现实需求。现已出版的食用菌教材品种也较丰富,基本满足了各类型教学的需求。然而,有些教材质量参差不齐,针对性不强,缺少行业岗位必需的知识技能等。正是在这种时代及产业背景下,我们组织编写了本书,以满足学生就业创业和从业者的能力需求。

本书在内容上共划分为产业前景分析、食用菌生命活动特征、制种技术、工厂化生产的设备条件、食用菌菌种选育、病虫害防治技术、名优品种栽培管理技术、保鲜与加工技术、营销技术等12个项目内容,其下又分若干个典型工作任务,主要以26个热销的食用菌、药用菌品种的生产技术为重点,采取"认知该品种→分析其生长条件→会调控其生长条件"的思路展开编写,较为详细地介绍各关键技术环节。

本书在编写时创新思路,在每个栽培品种后附有菇事通问答或兴趣小贴士,以解答或介绍生产中容易遇到的技术难题;注重图文并茂,深入浅出,以满足学生就业创业的能力需求;设有情境实验项目模块、情境实训项目模块、仿真模拟项目模块,以满足现代食用菌产业发展对人才的要求,使其既有扎实的基本技能,又有开阔的视野,既有技术员的能力,又要有企业主管的本领,以适应该产业迅猛发展的需求。

本书由信阳农林学院王德芝教授担任主编,由杨凌职业技术学院杨振华、信阳农林学院汪金萍和商丘职业技术学院刘全永担任副主编,信阳农林学院刘秀清、肖颖、殷东林、董翠和郑州师范学院罗青参与了编写。

具体编写分工如下:项目1、项目4及项目7的任务7.1至7.3由杨振华编写;项目2的任务2.1至2.3、项目12及情境实验项目1至3由汪金萍编写;项目3及情境实验项目4至5由肖颖编写;项目5的任务5.2、项目6及情境实验项目6至7由董翠编写;项目8的任务8.1至8.4、项目10及情境实验项目8至9由刘全永编写;项目7的任务7.4至7.8、项目11及情境实训项目1至3由刘秀清编写;项目2的任务2.4、项目5的任务5.1、项目8的任务8.5至8.8及情境实训项目4至6由罗青编写;项目9及仿真模拟实训项目1和5由殷东林编写;仿真模拟实训项目2至4和6及书中的菇事通问答、兴趣小贴士由王德芝编写;全书最后由王德芝和汪金萍统稿。

本书的主编从事食用菌栽培研究与实践多年,见证了我国食用菌生产从传统栽培到工厂化栽培的进程,积累了丰富的研究成果和实践经验。全书采取与生产程序相对应的方式,详尽介绍了至今为止最新的、较成熟的栽培技术以及学术科研成果。书中所涉及的内容绝大部分是经过作者亲自实践。在传授知识的同时,本书还论述了分析问题和解决问题

的方法,具有较高的学习和参考价值。

本书具有较强的新颖性、实用性,适合农业院校相关专业的师生及科技工作者使用,也可作为相关企业进行职业技能培训以及食用菌从业人员的学习参考用书。

在编写过程中,对重庆大学出版社的积极帮助,在此表示衷心感谢。并对引用内容的公开出版书籍的作者和相关专业网站网页的制作者表示感谢!

由于时间仓促和编者学术水平有限,错误在所难免,欢迎同仁和广大读者批评指正。

编　者

2014 年 8 月

目 录 CONTENTS

项目 1
食用菌产业的现状与发展前景

【知识目标】
- 认识食用菌及其重要的营养价值、药用价值和经济价值。
- 了解我国食用菌发展的现状和产业优势。

【技能目标】
- 通过查找相关资料,了解我国食用菌主要栽培种类的特色和主产区域。

【项目简介】
- 本项目对食用菌的定义和常见品种进行简单介绍,重点介绍食用菌的价值和我国食用菌发展现状,并对我国发展食用菌产业的优势及潜力进行分析。

任务 1.1　什么是食用菌

食用菌是供人们食用和药用的大型真菌的总称。食用菌一般是在高等真菌中,能够形成大型肉质(或胶质)的子实体(或菌核)类组织,并可供人类食用的菌类总称。常见的食用菌类,如香菇、平菇、猴头菌、黑木耳、银耳、金针菇、双孢菇、鸡腿菇、白灵菇、茶树菇等,都是营养价值较高的美味。常见的药用菌类,如灵芝、冬虫夏草、茯苓、竹荪、天麻、羊肚菌等,都有一定的药用价值,在我国的中药宝库中一直是治病的良药。

食用菌作为 21 世纪的后起之秀,尤其是经历了近十几年的迅猛发展,已成为我国继粮、棉、油、果、菜之后的第六大类农产品。我国食用菌产业生产规模之大,产量之多,从业人员之广,稳居世界首位。由于食用菌生产能把大量废弃的农作物秸秆(麦秸、稻草、棉籽壳、玉米芯、杂木屑、麦麸及米糠等)转化成可供人们食用的优质蛋白与健康食品,其变废为宝、化害为利、兴菌成业、业兴菌旺,作为发展农业的支柱产业、朝阳产业、致富工程,为全国新农村的建设起到了巨大的推动作用。

食用菌中,90%属于担子菌亚门,如平菇、香菇、木耳等;少数属于子囊菌亚门,如冬虫夏草、羊肚菌等。依其生活营养方式的不同,食用菌可分为寄生、共生和腐生 3 种类型。

任务 1.2　食用菌的重要价值

1.2.1　食用菌的营养价值

食用菌营养丰富,味道鲜美,含有丰富的蛋白质和人体内所必需的 8 种氨基酸。研究结果表明,粮食中含有的人体所必需的氨基酸还不能满足人体需要,而食用菌富含大量的人体生长发育所需的氨基酸,如果经常食用各种食用菌,可有效补充体内缺乏的营养,促进身体健康。例如,金针菇含有的赖氨酸和精氨酸能促进儿童增高及智力发育。因此,食用菌常被人们称作"美味佳肴""保健食品""长寿食品"等。

食用菌的营养特点是高蛋白、低脂肪、低胆固醇。蛋白质的基本组成单位,是含有氨基和羧基的有机化合物,常用通式为 $RCH(NH_2)COOH$。食用菌中蛋白质的含量很高,约占鲜菇重 4% ~5%(一般为 4%),或占干菇重11% ~39%,是白菜、萝卜、番茄等常见蔬菜的 5 倍左右。食用菌除含有丰富的蛋白质外,还含有大量碳水化合物,以及部分膳食纤维,其脂肪含量和热值均较低。此外,食用菌还含有丰富的维生素。

1.2.2　食用菌的药用价值

食用菌具有较高的药用价值。其成分特点是高蛋白、低脂肪,主要由不饱和的脂肪酸组成,如油酸、亚油酸、软脂酸等。因此,经常食用可降低体内血脂。

食用菌含有丰富的矿物质元素,有磷、钾、钙、镁、铁、锌、硫等。这些矿物质(灰分)占细胞成分的9%左右,体内含的矿物质元素种类数量与其生长条件有密切关系。例如,灵芝含有的硒(Se)元素有提高人体免疫机能及延缓细胞衰老等作用。我国科学家经过研究证明,硒对癌症、心脑血管病、肝肾病、糖尿病、溶血性贫血、哮喘、关节炎等都有良好的功效;香菇菌体内含有锌、钙、磷、铁以及维生素 D 等,常食用能防止感冒、肝硬化、软骨病及癌症;此外,食用菌富含维生素,如鸡腿菇含有维生素 B_1 和维生素 E,对糖尿病、肝硬化都有很好的疗效。

食用菌体内含有多糖,据试验证明,香菇及茯苓浸出液对小白鼠肉瘤 S-180 的抑制率很高,我国临床应用报道称具有防癌抗癌的功效,能提高人体的免疫机能。我国现已栽培研究出数十种具有营养价值和药用价值的食用菌种类,如竹荪、蛹虫草、姬松茸、灰树花等,从它们细胞中提取的多糖抗癌保健作用较强,俗称真菌多糖(其成分主要是 β-葡聚糖)。另外,在医药方面已经研制出猴头菌片、灵芝胶囊、灵芝孢子油、虫草含片等,在临床治疗上效果显著。

1.2.3　食用菌的经济价值

食用菌栽培促进了农村经济的发展。在国内种植业中,食用菌产业仅次于粮、棉、油、菜、果,居于第六位。据原农业部统计显示,全国食用菌总产量由 20 世纪 90 年代的几十万吨猛增到现在的年产 3 000 万吨,产值超过 1 400 亿元,出口创汇 30 亿美元。目前,我国食用菌产值千万元以上的县有 500 多个,亿元以上县 100 多个,从业人员达到 2 000 万人。全国形成了以平菇、香菇、木耳、双孢菇、金针菇为主导,白灵菇、杏鲍菇、鸡腿菇、滑子菇、茶树菇等 50 多个规模种植生产的食用菌品种共同发展的格局。截至目前,我国食用菌专业合作社已超过 4 000 家。工厂化生产企业 652 家,这些企业均为全年生产,每天鲜菇产量达到 3 000 吨以上。目前,我国已成为全球食用菌产量第一大国,占世界总产量的 70%。

食用菌作为系列产品开发,其前途广阔。有些地方用金针菇作成了"金菇饮料";有人把菌类添加于各类糕点,如"茯苓夹饼""猴头饼干"等。用灵芝等菌制成的盆景,更是古朴典雅、栩栩如生,已成为一种新开发的创汇产品。用菌类盆栽或插瓶,作为一种家庭观赏真菌来代替花卉,其市场广阔。山区有些农民用一种鲜蛤蟆菌子实体能诱杀苍蝇,因为此菌含有使苍蝇神经麻痹的毒素。硫黄菌也具有类似作用,把硫黄菌子实体晒干后,放在室内焚烧,可以驱除蚊、蚋、蠓等害虫。有些菇类则可用于生产助鲜剂,进行药物的合成和转化。作为菌类系列产品开发,我国尚处于探索阶段,但已展现出菇类栽培业发展的广阔天地。

食用菌生产无论是生产菌种,还是栽培品种、加工食用菌产品,只要技术娴熟、管理到位、营销顺畅,都可以产生可观的经济效益,赚钱致富。一般制作菌种的生产周期短、资金回收快,比栽培的经济效益更高,但要懂技术、有市场,还要承担一定的风险。栽培食用菌也要懂技术、会管理、善营销,才能获得高产高效益。在掌握技术的前提下,除去厂房设备等固定资产投资,食用菌生产的经济效益一般是收入为投入的 2 ~ 3 倍。

任务 1.3　我国发展食用菌产业的优势及潜力

发展食用菌生产可改变人类的食物结构,增进身体健康;变废为宝,充分利用自然界资

源;对促进农业可持续发展、创造财富、实现农业增产、农民增收具有重要意义。

1.3.1　我国食用菌产业的发展优势

我国地域辽阔,气候条件复杂多样,形成了不同的土壤质地和植被,生态条件丰富多样,为栽培多种食用菌提供了良好的自然条件;我国是一个农业大国,山区有大量的、多样的树林和果树,农区有大量的农作物秸秆(每年6亿多吨)和农产品下脚料,资源丰富,用于栽培食用菌成本低廉;我们人口多,剩余劳动力多,从事食用菌生产有人力资源优势;我国栽培食用菌的历史悠久,广大菇农有丰富的经验。近几年拥有一大批专门从事研究的科研单位、大专院校,为食用菌的发展提供了技术支持。

我国是生态大国,由于食用菌生产不与人争粮,不与粮争地,不与地争肥,不与农争时,占地少,投资小,见效快,效益高,能把大量废弃的农作物秸秆转化成可供人们食用的优质蛋白与健康食品,并可安置大量剩余劳动力,因此大力发展食用菌产业是贯彻落实科学发展观,促进农业生态良性循环,建立资源节约型生态农业,实现农业可持续发展的重要选择。近年来,在国家政策尤其是中央一号文件的引导下,在各级党委,政府的正确指引下,经过各有关部门及全省广大食用菌从业人员的共同努力下,食用菌产业取得了长足的进步,作为农业和农村经济的新兴产业,已在某些市县的生态高效农业建设实践中展现出巨大的发展潜力和广阔的市场前景,并且有了一定的规模和特色。

1.3.2　食用菌产品的市场潜力和前景

1)食用菌品种多样,可以满足人们多样化的消费需求

食用药用菌常规品种主要有平菇、黑木耳、银耳、香菇、双孢菇、金针菇、猴头、草菇、灵芝、天麻等,而珍稀品种为杏鲍菇、滑子菇、茶新菇、鸡腿菇、白玉菇、蟹味菇、灰树花、竹荪、蛹虫草等几十个品种。有些如白灵菇、鸡腿菇、杏鲍菇、羊肚菌等还为高档珍稀品,鲜价在12~16元/kg。在南方如广州、深圳、珠海等地,白灵菇、杏鲍菇、椴木花菇等鲜菇的价格一般保持在20元/kg以上,最高达30元/kg以上;羊肚菌在500~550元/kg。竹荪超过1 000元/kg。白木耳国内市场价干菇250元/kg。发展珍稀食用菌品种是食用菌产业发展新的增长点。多样化的品种满足人们多样化的需求。

2)食用菌产品容易成为无公害绿色食品

食用菌产品本身营养丰富,除少量野生种类有毒(毒蘑菇)以外,大多数品种味道鲜美还有保健功能。只要按技术要求栽培生产,就能够成为无公害绿色食品。这里所说的技术要求主要有:

①要了解品种特性(高温、中温及低温品种),合理安排栽培季节。

②重视环境卫生和条件控制(温度、湿度、光照及通风)。

③生产过程严格按照操作技术规程进行(各个环节严格把关)。

④以预防为主,可避免病虫害的发生,不用药物防治就能够自然长出无公害绿色食用菌产品,可以放心食用或药用。

3)食用菌作为绿色保健食品,消费市场潜力巨大

我国是人口大国,随着人们生活水平的提高和保健意识的增强,会有越来越多的人群选用消费食用菌产品。据有人调查统计,国内现在每日人均消费量不足100 g,如果13亿人每日人均消费量增加1 g,就将是一个惊人的消费量!

食用菌作为绿色食品在我国的消费量潜力巨大,目前我国鲜菇产量年产量3 000万吨左右,制成干制品、冷冻食品、罐头食品等,国内外市场都很大。另外国家政策支持、重视"三农"问题,有利于食用菌产业的发展。随着我国进一步改革开放,加强国际贸易,更能发挥我国食用菌生产大国的优势,更多的食用菌产品将漂洋过海换回外汇。

4)我国野生食用菌资源开发利用潜力巨大

我国森林、草原面积广阔,孕育着丰富的野生菌类资源。开发野生食用菌资源,一方面可加大技术攻关力度,使野生食用菌的人工栽培有所突破;另一方面在野生食用菌资源相对丰富的地区,要注意保护天然资源,采取相应措施,促进野生食用菌生长。有很多珍惜珍贵品种,如冬虫夏草,牛肝菌、鸡油菌、羊肚菌、松乳菇、口蘑等,都有很高药用和食用价值,开发利用潜力巨大。

5)延长食用菌产业链开发更多产品,可以提高附加值和经济效益

食用菌产品鲜品美味可口,有些干制品香气浓郁风味独特。随着人们生活节奏加快,鲜活冷藏、速冻食用菌产品也备受青睐。延长食用菌产业链开发更多产品,除罐头食品外,还有快餐型即食食品、饮料、口服液等。搞好食用菌精深加工,延伸产业链条,可以提高附加值和经济效益。市场化的导向和诱惑,促使人们不会错失良机。

任务 1.4 食用菌生产现状和发展趋势

食用菌生产是农业发展的一项重要产业,具有低消耗、高效益的产业特点。目前,我国食用菌生产中,急需产量高、品质好、抵抗杂菌能力强、生物转化率高的菌种,这是我国食用菌生产得以快速发展的关键。

我国国土辽阔,地大物博,蕴藏着极为丰富的食用菌资源,是世界上其他国家不能比拟的。到目前为止,全世界大约有菌物150万种,被研究描述过的约7万多种。全世界大约有2 000多种食用菌种类。我国已报道了930多种,现在100多种用在生产上,其中40多种用于规模化生产。

近年来,科研工作者进行了大量的研究试验,通过杂交育种、诱变育种等手段试验出大量的菌株。因此,我国食用菌生产发展迅速。目前,我国食用菌生产已由松散式的个体栽培向联户规模化栽培转化,我国已成为世界食用菌生产和出口大国。

从我国食用菌发展地域来看,食用菌栽培遍及大江南北,从南到北,从山区到平原,食用菌产业为农业增效、农民增收发挥了重要作用。但是,我国食用菌区域间的发展是不平衡的。中国食用菌协会统计结果表明,产量超百万吨的省有河南、福建、山东、河北、江苏、四川、黑龙江7省,占全国总产的63%;50~100万吨的有广东、浙江、湖南、湖北、江西、广西、辽宁、吉林、安徽9省。这16省的产量占全国总产的93.8%。数十个的食用菌产业大省都已经形成各具特色的产业集群,亿元县(区)和十亿元县(区),如古田、庆元、磐安、龙泉、邹城、莘县、平泉、灵寿、唐县、冠县、冀州、遵化、汪清、东宁、西峡、泌阳等;有的以地区行政区划形成了更大

的产业群,如福建的漳州、宁德,浙江的丽水,黑龙江的牡丹江、伊春。

　　我国作为食用菌栽培历史最悠久、栽培种类最多、栽培技术最全面、产量和消费最多、从业人员最多的产业大国,已经成为全球食用菌产业转移的主战场,在未来10～20年内将不仅仅是个食用菌产业大国,而必将成为食用菌强国。

· 项目小结 ·

　　食用菌是供人们食用和药用的大型真菌的总称。常见的食用菌类如香菇、平菇、猴头菌、黑木耳、银耳、金针菇、双孢菇等。食用菌营养丰富,味道鲜美,有较高的食用价值和药用价值,也极大地促进了农村经济的发展。我国地域辽阔,气候条件复杂多样,生态条件丰富多样,为栽培多种食用菌提供了良好的自然条件,再加上材料成本较低和劳动力丰富等优势,食用菌产业的发展具有一定的优势,但也存在区域间的发展不平衡的现象。

复习思考题

　　1. 什么叫食用菌?
　　2. 食用菌的营养价值、药用价值及经济价值是什么?
　　3. 我国食用菌发展现状如何?
　　4. 我国发展食用菌产业有何优势?

项目2

食用菌的生命活动特征

📖 【知识目标】
- 认知食用菌的主要结构特征，了解食用菌生长发育过程及繁殖方式。
- 了解食用菌在生物中的分类位置和主要生态类型。
- 熟悉食用菌生长所需的各种营养物质及相关环境条件。

📖 【技能目标】
- 学会区别食用药用菌的形态及它们所需的营养条件和环境条件。
- 学会辨别野生菌和毒菌，掌握毒菌中毒的急救措施。

📖 【项目简介】
- 本项目主要向大家介绍了食用菌子实体和菌丝体的结构特征、食用菌生长的营养条件和环境条件、食用菌分类地位及生态类型、野生菌与毒菌鉴别方法等一些与食用菌生命活动相关的知识。

任务 2.1 认知食用菌的形态特征

虽然不同种类、不同环境中的食用菌形态特征不同,但不管是哪类食用菌,都是由菌丝体和子实体两部分组成。

2.1.1 菌丝体

1)菌丝体的形态

菌丝体生长在土壤、草地、林木或其他基质内,分解基质,吸收营养,能从基质内吸收水分、无机盐和有机养分,是食用菌的营养器官,相当于绿色植物的根、茎、叶。它是由基质内无数纤细的菌丝交织而成的丝状体或网状体,绝大多数呈白色。而菌丝则是由孢子吸水后萌发产生芽管,再由芽管的管状细胞不断分枝、伸长、发育而形成的管状物(见图2.1)。

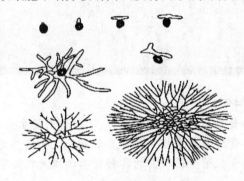

图 2.1　担孢子萌发菌丝过程

通常因菌丝体常生于基质内,且十分纤细,一般很少人注意到它的存在,但实际上食用菌生产中所使用的菌种就是菌丝体。在环境条件适宜情况下,菌丝体能不断地向四周蔓延扩展,利用基质内的营养繁衍使菌丝体增殖,达到生理成熟时菌丝体就会纽结在一起,形成子实体原基,进而形成子实体。每个菌丝都有细胞壁、细胞质、细胞核,为真核性细胞。有些食用菌的菌丝有横隔膜将菌丝分成许多间隔,从而形成有隔菌丝;而有些菌丝没有隔膜,此类菌丝是无隔多核菌丝(见图2.2)。菌丝细胞中细胞核的数目不一,通常子囊菌的菌丝细胞含有一个核或多个核,而担子菌的菌丝细胞大多数含有两个核。根据菌丝发育的顺序和细胞中细胞核的数目,食用菌的菌丝可分为初生菌丝体、次生菌丝体和三生菌丝体。

| 1 | 2 |

图 2.2　1—无隔菌丝;2—有隔菌丝

（1）初生菌丝体

它是由孢子萌发所形成的菌丝。开始时菌丝细胞多核、纤细,后产生隔膜,分成许多个单核细胞,因此又称为单核菌丝或初生菌丝。一般子囊菌的初生菌丝发达、生活期较长,担子菌的初生菌丝不发达、生活期短,其两条初生菌丝会很快配合发育成双核化的次生菌丝。不管是担子菌还是子囊菌，它们发育过程中的单核菌丝无论怎样繁殖，都不会形成子实体，只有和另一条可亲和的单核菌丝质配之后才能变成双核菌丝，最终形成子实体。

（2）次生菌丝体

由两条初生菌丝经过质配而形成的菌丝称为次生菌丝。由于在形成次生菌丝时，两个初生菌丝细胞的细胞核并没有发生融合，只是细胞质或原生质进行了融合，因此次生菌丝的每个细胞含有两个核，由此次生菌丝又称为双核菌丝，它是食用菌菌丝存在的主要形式。食用菌生产中使用的菌种都是双核菌丝，只有双核菌丝才能形成子实体。次生菌丝较初生菌丝粗壮，分枝繁茂，生长速度快。

大部分食用菌的双核菌丝顶端细胞上常有一种状似锁臂的菌丝连接，称之为锁状联合。锁状联合是一些食用菌双核菌丝细胞分裂的特殊形式，是鉴别菌种的主要依据之一。其主要存在于担子菌中，尤其是香菇、平菇、灵芝、木耳、鬼伞等菇中，但并不是所有的担子菌中都有锁状联合，如草菇、双孢蘑菇、红菇、乳菇等。极少数的子囊菌的菌丝也能形成锁状联合，如地下真菌中的块菌。

双核菌丝锁状联合进行细胞分裂时，先在双核菌丝顶端细胞的两核之间的细胞上产生一个锁状小突起，似极短的小枝，分枝向下弯曲，其顶端与细胞的另一处融合，在显微镜下观察，恰似一把锁，故称为锁状联合。与此同时发生核的变化，首先是细胞的一个核移入突起内，然后两个核各自进行有丝分裂，形成四个子核，两个在细胞的上部，一个在下部，另一个在短分枝内。这时在锁状联合突起的起源处先后产生了两个隔膜，把细胞一隔为二。突起中的一个核随后也移入另一个细胞内，从而构成了两个双核细胞（见图 2.3）。

经过双核化的菌丝体，通常寿命很长，可多年产生子实体，栽培上就是利用这一点进行分株繁殖的。自然界中，这样的菌丝体的生长繁殖通常是从一点出发不断地向四周辐射扩伸，由于中心老菌丝体死亡，周围形成的菌丝体常形成圆形，产生的子实体在地上成圆圈状生长，这种现象叫蘑菇圈，又称"仙人环"，常发生于森林边缘和草原上。因其菌丝体由圈里向外逐年新生和相继死亡，使蘑菇圈直径可达几米或几百米（见图 2.4）。

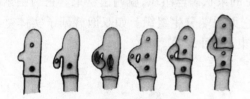

图 2.3 锁状联合的形成过程

图 2.4 草原上的蘑菇圈

（3）三生菌丝体

由二次菌丝进一步发育而形成的组织化的双核菌丝称为三生菌丝，也称结实性双核菌丝，如菌丝的组织体中菌索、菌根、菌核中的菌丝以及子实体中的菌丝。

2）菌丝的组织特化体

通常菌丝体无论在基质内伸展，还是在基质表面蔓延都是很疏松的。但是在环境条件不良或繁殖的时候，有的子囊菌和担子菌的菌丝相互紧密地缠结在一起形成菌丝的组织体。实质上菌丝的组织体是食用菌菌丝体适应不良环境或繁殖时的一种休眠体，但能行使繁殖的功能。常见的菌丝组织体如下：

（1）菌索

食用菌的菌丝缠结而成的形似绳索状的菌丝组织体。外形似根须，顶端部分为生长点，可不断延伸生长，一般长数厘米至数米不等。菌索表面由排列紧密的菌丝组成，常角质化，对不良环境有较强的抵抗力。当环境条件适宜时，菌索可发育成子实体。典型的如蜜环菌、安络小皮伞等（见图2.5）。

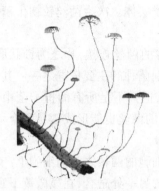

图2.5 蜜环菌菌索

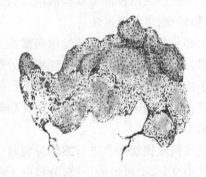

图2.6 茯苓菌核

（2）菌核

菌核是由拟薄壁组织和疏丝组织形成的一种比较坚硬的休眠体，形状、大小不一，小的如菜籽状、鼠粪状、三角状，大的如拳头状。颜色初期常为白色或浅色，近似菌丝的颜色，成熟后呈褐色或黑色。菌核一般有组织分化现象，外面是拟薄壁组织，里面是疏丝组织，表层细胞颜色较深，细胞壁较厚，有些菌核组织比较疏松而无分化现象。菌核中贮藏有较丰富的养分，对高温、低温和干旱的抵抗力较强，所以菌核既是真菌的营养贮藏器官，又是渡过不良环境的休眠体。由于菌核中的菌丝具有很强的再生能力，在适宜环境条件下，菌核可以萌发产生菌丝体或子实体。我们常用的药材如猪苓、雷丸、茯苓等，都是这些真菌的菌核（见图2.6）。

（3）菌丝束

由大量平行菌丝排列在一起形成的肉眼可见的束状菌丝组织，就叫菌丝束。它与菌索相似，有进行输导的功能，但与菌索不同之处在于它无顶端分生组织。如双孢蘑菇子实体基部常生长着一些白色绳索状的丝状物，即它的菌丝束（见图2.7）。

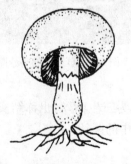

图2.7 双孢菇菌丝

图2.8 冬虫夏草子座

（4）菌膜

有的食用菌的菌丝紧密地交织成一层薄膜即菌膜。如栽培香菇时,常见料的表面形成褐色被膜。

（5）子座

子座是由菌丝组织即拟薄壁组织和疏丝组织构成的容纳子实体的褥座状结构。子座是真菌从营养生长阶段到生殖生长阶段的一种过渡形式。子座的形态不一,与食用菌有关的子座多为棒状或头状,如珍贵中药冬虫夏草、蛹虫草、蝉花等子座都呈棒状(见图2.8)。

（6）菌根

真菌的菌丝有的能和高等植物的根系生长在一起,组成互供养分的共生体,即菌根(见图2.9)。在食用菌中较为常见的是外生菌根菌,如松茸和赤松根系、某些块菌和栎树根系共生等,除有少量菌丝进入根皮细胞间和寄主交换营养物质外,大量的菌丝则在根的周围形成类似菌索的根状组织,这就是外生菌根。许多珍贵的野生食用菌属于外生菌根菌。

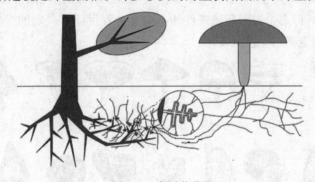

图 2.9   食用菌菌根

2.1.2 子实体

食用菌的子实体实际上就是指生长在基质表面,可供人们食用的部分,也就是人们通常称之为"菇、菌、蘑、耳、草"的那一部分。子实体是食用菌的繁殖器官,能产生孢子,由已分化的菌丝体组成。子囊菌的子实体能产生子囊及子囊孢子,是子囊菌的果实,故又称为子囊果。担子菌的子实体能产生担子及担孢子,故又称为担子果。大部分食用菌子实体都生长在土表、腐殖质上、朽木或活立木的表面上,只有极少数的子实体生于地下土壤中,如子囊菌中的块菌和担子菌中的黑腹菌、层腹菌、高腹菌、须腹菌等。

食用菌子实体的形态、大小、质地因种类不同而千姿百态,大小一般为几厘米至几十厘米,常呈伞状、喇叭状、棒状、珊瑚状、球状、块状、耳状、片状等。因食用菌中少数种类是子囊菌,绝大多数种类是担子菌,而担子菌中又以蘑菇目或称伞目为最多,所以下面着重以伞菌为例,简单地介绍其子实体的形态(见图2.10)。

1）菌盖

菌盖是人们食用的主要部分,也是食用菌的主要繁殖器官。它位于伞菌类子实体的顶部,是食用菌子实体的帽状部分,又名菌帽。因种类不同,其形状各不相同,有的在幼小时和成熟时也不尽相同。如平菇的菌盖为贝壳形,双孢蘑菇的为半球形,草菇的为钟形,灵芝的为肾形或扇形等。菌盖的形态和大小千差万别,是伞菌类食用菌重要的分类依据,但主要有圆

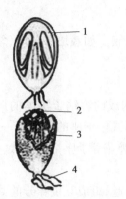
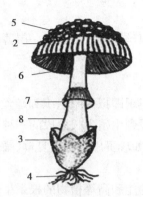

图 2.10　食用菌子实体形态

1—菌肉;2—菌鳞;3—菌托;4—菌丝索;5—菌盖;6—菌褶;7—菌环;8—菌柄

形、半圆形、扇形、半球形、斗笠形、钟形、漏斗形、半漏斗形、卵圆形、圆锥形、喇叭形或马鞍形等。(见图 2.11)。其形态也常因环境条件和不同发育程度而有一定的变化,如臭黄菇,初时半球形,后逐渐平展,老熟后呈浅漏斗形。

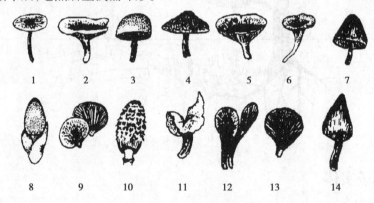

图 2.11　食用菌菌盖形状

1—圆形;2—浅漏斗形;3—半球形;4—斗笠;5—漏斗形;6—喇叭形;7—钟形;
8—卵圆形;9—半圆形;10—圆筒形;11—马鞍形;12—匙形;13—扇形;14—圆锥形

　　菌盖直径有大有小,小的几毫米,大的几十厘米,通常将菌盖直径在 6 cm 以下的分为小型,6～10 cm 的为中型,超过 10 cm 的为大型。菌盖中央有平展、凸起、下凹或呈脐状。菌盖边缘(或称盖缘)的形状,不同种类往往也不同,并且幼小时和老熟后也常有变化。常见的有全缘或开裂,具条纹或粗条棱,内卷或反卷,上翘或下弯,波状或花瓣状,边缘表皮延生等(见图 2.12)。

　　菌盖是食用菌最明显的部分,由表皮、菌肉及其菌褶或菌管这 3 部分所组成。

　　(1)表皮

　　由于菌盖表皮菌丝内含有色素不同,菌盖所呈现的颜色也各种各样,常见的有白色、黄色、褐色、灰色、红色、青色、绿色。即使同种不同个体,其子实体颜色有时也会常常因环境条件和发育程度而不同,如点柄盖牛肝菌,盖面颜色有褐色、红褐色、黄色和乳黄色。同时,即使是同一子实体的菌面,中部和边缘也往往颜色深浅不一,甚至可能杂有几种颜色,如蓝黄红菇,常有蓝、黄、红和紫色等色相间。

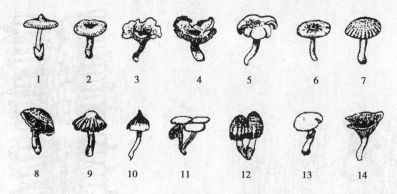

图2.12 食用菌菌盖中部及边缘特征

1—凸起;2—下凹;3—边缘波状;4—边缘反转;5—边缘内卷;6—脐状;7—边缘具条纹;

8—边缘表皮延生;9—边缘撕裂;10—突尖;11—平顶;12—边缘瓣状;13—边缘无条纹;14—边缘翻起

　　不同种类的食用菌其表皮的状态变化很大,表现出各种特征,有的菌盖表皮干燥、湿润、黏滑,也有的光滑、皱纹、条纹、龟裂,还有的表皮粗糙具有纤毛、鳞片、小疣或呈粉末状等。有性种类表面光滑或有花斑和花纹,不少种类往往随子实体的变老而鳞片逐渐脱落或增多(见图2.13)。菌盖的表面特征即表皮是区别菌类的重要依据之一。

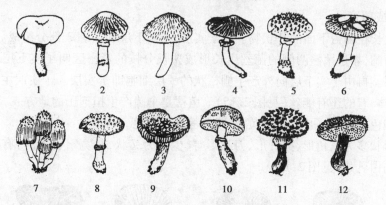

图2.13 食用菌菌盖表皮特征

1—光滑无毛;2—皱纹;3—具纤毛;4—条纹;5—角锥状鳞片;6—块状鳞片;

7—具颗粒状结晶;8—具小疣;9—龟裂;10—被粉末;11—丛毛状鳞片;12—具绒毛

　　(2)菌肉

　　菌肉是菌盖表皮下松软的部分,具白色或浅黄色等各种颜色,是菌盖的实体部分,也是菇类最有食用或药用价值的部分(见图2.14)。菌肉有厚有薄,质地有肉质、胶质、蜡质或革质等。菌肉的颜色、气味、味道、有无乳汁及乳汁的浓淡,因种类不同而异。菌肉多为白色或淡黄色。伞菌的菌肉是人们食用和药用的主要部分,大多数味道鲜美,少数气味辛辣或稍带苦,有的还有一些特殊的香味,如香菇、松茸、鸡油菌等。大多数受伤后不会变色,但有些菌类受伤后变色,像红肉菇菌肉白色,受伤后变成粉红色直到血红色,粉盖牛肝菌变蓝色;乳菇属的种菌肉中还含有大量长形乳管,当受伤时会分泌大量乳汁,乳汁一般为白色,但也有红、黄或紫等色,有一些乳汁暴露于空气中不变色,有的很快或渐变为绿、蓝、黄或紫等颜色,如红汁乳菇,乳汁先橘红色,后渐渐变为蓝绿色。

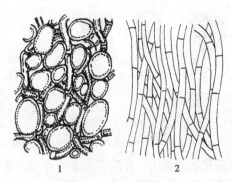

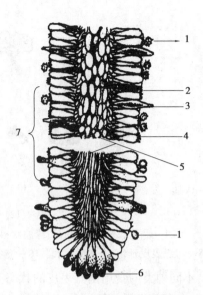

图 2.14　食用菌菌肉构造
1—泡囊状；2—丝状菌丝组织

图 2.15　食用菌菌褶剖面示意图
1—孢子；2—乳管；3—囊状体；
4—担子；5—菌髓；6—缘囊体；7—菌褶

（3）菌褶或菌管

菌褶是生长在菌盖下面的片状物。由子实层、子实下层和菌髓 3 部分组成。菌肉菌丝向下延伸形成菌髓，靠近菌髓两侧的菌丝生长形成狭长分枝的紧密区叫子实下层，即子实层下面的菌丝薄层。再由子实下层向外产生栅栏状的一层细胞即子实层。子实层主要包括担子、担孢子、囊状体，有的还有侧丝（见图 2.15）。菌褶是伞菌产生担孢子的地方。

菌褶的颜色，一般为白色，也有黄、红或紫等其他颜色。

菌褶的形状多为三角形、披针形、刀片形等，少数为叉状，其宽窄也不一，有的宽，如宽褶菇，有的窄，如白乳菇（见图 2.16）。

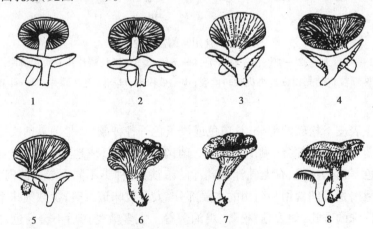

图 2.16　食用菌菌褶的排列特征

1—等长；2—不等长；3—菌褶间具横脉；4—交织成网状；5—分叉；6—网棱；7—近平滑无菌褶；8—刺状

菌褶与菌柄的着生关系是伞菌分属的重要依据之一，可分为以下几种着生情况（见图 2.17）。

图2.17 食用菌菌褶与菌柄着生关系

1—离生;2—弯生;3—延生;4—直生

菌管是管状的子实层,子实层分布于菌管的内壁,如牛肝菌属、多孔菌属具有菌管。菌管在菌盖下面多呈辐射状排列,菌管的颜色、长短、排列方式,菌管间或菌管与菌肉是否易分离,管孔的形状、大小以及与菌柄着生的关系等,都是分类的重要依据(见图2.18)。

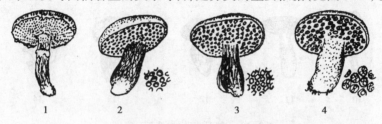

图2.18 食用菌菌褶剖面示意图

1—孢子;2—乳管;3—囊状体;4—担子;5—菌髓;6—缘囊体;7—菌褶

2)菌柄

菌柄是菌盖的支持部分,多数生于菌盖下面的中央(中生),少有偏心(偏生)或一侧(侧生)的,是子实体的支持部分,也是输送营养和水分的组织。菌柄内部有松软的,有空心的,也有实心的(中空、内实),有的种类随子实体的不同生长发育时期而由实心变为空心(见图2.19)。有的种类没有菌柄或菌柄不明显,如牛舌菌。菌柄的质地有纤维质、肉质或脆骨质。多数种菌柄与菌盖组织连为一体不易分离,有的种则菌柄与菌盖组织易分离,如鬼伞属和伞菌属(见图2.20)。菌柄的颜色各异,有的与菌盖同色,有的则不同。有些种类的菌柄上部还有菌环,菌柄基部有菌托。

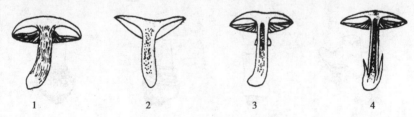

图2.19 食用菌菌柄内部特征

1—内实(实心);2—内部松软;3—松软变空心;4—内空(空心)

3)菌幕、菌环和菌托

菌幕是指包裹在幼小子实体外面或连接在菌盖和菌柄间的那层膜状结构。前者称外菌幕,后者称内菌幕。子实体成熟时,菌幕就会破裂、消失,但在伞菌的有些种类中残留。

(1)外菌幕与菌托

在食用菌子实体的生长发育过程中,幼小时其外表面被外菌幕包裹着,随着子实体长大外菌幕被撕裂,其大部分或全部留在菌柄基部,形成一个囊状物包裹着菌柄基部,这个囊状物

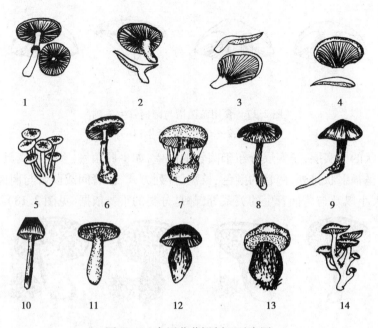

图 2.20　食用菌菌褶剖面示意图

1—中生;2—偏生;3—侧生;4—无菌柄;5—圆柱状;6—棒状;7—纺锤状;8—粗壮;9—分枝;

10—基部联合;11—基部膨大成球状;12—基部膨大成臼形;13—菌柄扭转;14—基部延长呈假根状

即称菌托。由于外菌幕的撕裂方式不同(顶裂、周裂或不规则撕裂),菌托的形状也各不相同,有苞状、鞘状、杯状、环带状,有的由数圈颗粒组成(见图 2.21)。如果外菌幕顶裂,其残片往往留在菌盖表面,形成多种形态的鳞片或疣突。还有很多伞菌有外菌幕,但是在子实体生长发育过程中逐渐全部消失,并没有形成菌托。

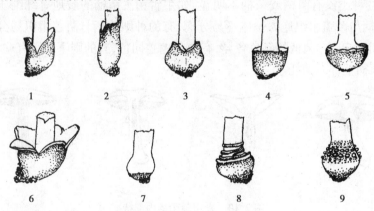

图 2.21　食用菌菌托形状

1—苞状;2—鞘状;3—鳞茎状;4—杯状;5—杵状;6—瓣裂;7—菌托退化;8—带壮;9—数圈颗粒状

(2)内菌幕与菌环

菌环是内菌幕的遗迹。在子实体生长的过程中,随着子实体成熟,内菌幕与菌盖脱离,有的遗留在菌柄上便形成了菌环;有的内菌幕部分残留在菌盖边缘,形成盖缘附属物。菌环在菌柄上着生的位置因种而异,有的种生在菌柄上部,有的种生在菌柄下部,有的种则生在菌柄中部,个别种的菌环则与菌柄脱离而可以上下移动(见图 2.22)。菌环多为单层,如毒鹅膏,也有双层,如双环蘑菇。大部分种的菌环都长久地留在菌柄上,少数种的菌环易消失或脱落。

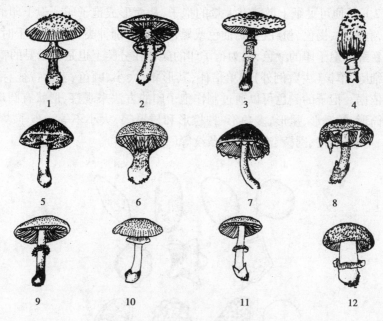

图 2.22 食用菌菌环特征

1—单层;2—双层;3,4—可沿菌柄移动;5—膜层絮状;6—碟网状;
7,8—破裂后附着在菌盖边缘;9—齿轮状;10—生柄上部;11—生柄中部;12—生柄中下部

2.1.3 孢子

食用菌能以营养细胞繁殖,每一段菌丝都可以发育成为一个新的菌丝体。但是其基本的繁殖体还是多种孢子,如有性孢子和无性孢子。子实层里的担子有分隔和不分隔两种,不分隔的担子,一般呈棒状,顶端通常有 2~4 个小梗,每个小梗顶端着生 1 个孢子。银耳类和木耳类的担子比较特殊,银耳具有纵隔,即把担子纵隔为 4 个部分,顶端同样生 4 个孢子,木耳的担子具有梗隔,分为 4 节,倾斜生出 4 个小梗和生有 4 个孢子。这类产生在担子上的孢子称担孢子。像子囊菌在子囊里产生的囊孢子都简称为囊孢子,此二类孢子都简称孢子(见图 2.23)。

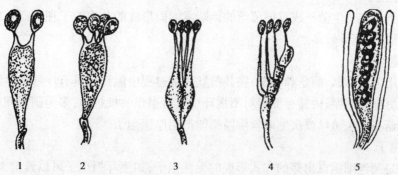

图 2.23 食用菌担子及子囊

1,2—无隔担孢子;3—具纵隔担孢子;4—具横隔担子;5—子囊及子囊孢子

单个孢子通常是无色透明的,当许多孢子堆积在一起时,形成孢子印颜色。如将新鲜的菌盖扣在纸上2 h后便可见纸上散落有大量的孢子,从而形成孢子印。孢子印的颜色因菌类种类不同而异,有白色、褐色、粉红色、奶油色或黑色等。个别种类新鲜时和干时色泽有差别,必须及时记录新鲜时孢子印的颜色,因为孢子印的颜色在分类上也是很重要的特征之一。

孢子是单细胞,单核(少数例外)和单倍体,其形状、大小、颜色、表面特征、孢壁厚薄是进行分类的重要依据。孢子的颜色可以通过制作孢子印的方法来观察,形状有圆形、卵圆形、椭圆形、球形、圆筒形、纺锤形、星形、多角形、柠檬形和梭形等,大小不等。孢子表面有光滑、粗糙、麻点、小疣、小瘤、刺棱、网棱、沟纹或纵条纹等(见图2.24)。

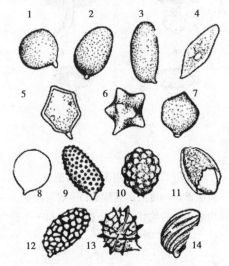

图 2.24　食用菌孢子的形状及表面特征
1—近球形;2—卵圆形;3—椭圆形;4—纺锤形;5—角形;
6—星状;7—柠檬形;8—光滑;9—具麻点;10—具小瘤;
11—具外孢膜;12—具网纹;13—具刺棱;14—具纵条棱

1)无性孢子

无性孢子是指不需经过两性细胞结合而产生的孢子,如分生孢子、厚垣孢子、粉孢子和芽孢子等。

(1)分生孢子

分生孢子是在初生菌丝或双核菌丝的顶端或侧面形成的分生孢子梗上产生的孢子,多呈柱状或卵圆形,滑菇等较多。

(2)厚垣孢子

有些食用菌如草菇、蘑菇和香菇,在其菌丝发育过程中能形成具有厚壁的休眠孢子,即厚垣孢子。厚垣孢子壁厚,内储存养料对不良环境具有很强的抵抗力,多为圆形间生,成熟后脱离菌丝。香菇在初生菌丝或次生菌丝阶段都能产生厚垣孢子。

(3)芽孢子

芽孢子是菌丝细胞以出芽的方式形成的无性孢子,如银耳担孢子可以繁殖大量的酵母状分生孢子,通常出芽。

（4）粉孢子

粉孢子是很微小的分生孢子状的繁殖体,通常呈链状产生,如金针菇菌丝断裂能形成大量的粉孢子。

2）有性孢子

有两个不同的菌体或细胞结合,经过有性过程而产生的孢子为有性孢子,如担孢子、子囊孢子等。

（1）担孢子

担子菌类产生的有性孢子称为担孢子,担孢子着生在担子顶端,故称为外生孢子。

（2）子囊孢子

子囊菌类的食用菌有性繁殖产生的孢子称为子囊孢子,子囊孢子形成于子囊内,故称为内生孢子。

任务 2.2　食用菌的生长特征、繁殖及生活史

2.2.1　食用菌的生长发育

食用菌在适宜的环境条件下,不断地吸收营养物质,并按照自己的代谢方式进行新陈代谢活动,如果同化作用超过异化作用,细胞原生质的量不断增加,即为生长。当细胞生长到一定阶段,母细胞（即合子）开始分裂,产生子细胞,个体大量增加,这就是繁殖。这个从生长到繁殖、结构和功能从简单到复杂、从量变到质变的整个过程就是发育,包括从合子形成到子实体成熟死亡的全部过程。

1）孢子萌发

一般说来,食用菌的生长是从孢子的萌发开始的。孢子就相当于植物的种子,用孢子进行繁殖是真菌的主要特征之一。只要条件适宜,食用菌的孢子就会很快萌发。孢子的萌发一般都必须具备充足的水分、一定的营养、适宜的温度、酸碱度、孢子浓度及足够的氧气。其中,充足的水分是孢子萌发的首要条件。

2）生长与发育

食用菌的生长发育实际上经过了营养生长阶段和生殖生长阶段,包括菌丝体生长期、子实体分化期和子实体生长发育期。

（1）营养生长阶段

它是指菌丝生长时期。在大自然中,孢子萌发后或在食用菌栽培过程中,当菌种接种到培养料上,就意味着营养生长阶段的开始。菌丝以接种点为中心,呈辐射状向四周蔓延,向基质内部扩展,分解基质,吸收营养,维持生长,积聚蓑分。营养生长阶段对食用菌的栽培有着十分重要的意义,只有充分满足营养生长所必需的养分和环境条件,才能为子实体的分化、生长发育（即子实体的丰收）奠定良好的基础,正所谓"根深叶茂,才能硕果累累"。

菌丝的生长点在菌丝钝圆锥形的顶端 $2 \sim 10~\mu m$ 处,是菌丝旺盛的生长部位。此区域的细胞生长增殖很快,没有分枝现象。

（2）生殖生长阶段

它又称原基分化阶段。当食用菌的菌丝生长达到一定的生理水平，并在外部环境条件适宜的情况下，菌丝就开始纽结，进入生殖生长阶段，形成子实体原基，并进一步发育形成子实体，产生有性孢子。从双核菌丝到形成纽结的子实体原基，这一过程就称为子实体的分化。子实体的分化是十分重要的，它标志着菌丝体从营养生长阶段向生殖生长阶段的转化，由量变到质变，由营养器官的生长到生殖器官雏形的产生。人们栽培食用菌的目的在于获取大量的子实体，为此，尽快促使子实体分化是人们栽培食用菌成功的关键。促进子实体从营养生长阶段进入生殖生长阶段的外部条件主要有光照、低温、碳氮比和氧气等。

3）子实体的发育类型

在大型真菌中，子实体的发育类一般子囊果的发育类型可分为闭囊为裸果型、被果型、半被果型、假被果在此只介绍担子果的发育类型。

由担孢子萌发，经过单核阶段的初生菌丝至双核化后的次生双核菌丝，最后达到生理成熟的双核菌丝形成的子实体，即担子果。

2.2.2　食用菌的繁殖方式

食用菌的繁殖方式可分为无性生殖和有性生殖。无性生殖是不经过两性细胞的结合，由菌丝直接产生无性孢子的过程。有性繁殖是经过两性细胞的结合，其间经过质配、核配及减数分裂三大步骤，产生有性孢子的过程。

1）有性繁殖

有性繁殖是通过两性生殖细胞的结合而形成新个体的一种繁殖方式，其后代具备双亲的遗传特性。食用菌的有性生殖包括质配、核配、减数分裂 3 个不同时期。质配是两性细胞原生质的结合，在担子菌中由两种菌丝进行融合，质配后形成一个双核细胞，进入食用菌的双核时期。核配和减数分裂在子实体内进行，不同交配型的核相互融合，再经减数分裂形成 4 个单倍体子核，发育成孢子。

（1）质配

担孢子萌发形成单核菌丝体，具有亲和性的两性单核菌丝体的菌丝相遇时，菌丝可能发生相连，一条菌丝细胞中的细胞质和另一条菌丝的细胞质发生融合，完成质配，形成具有双核的新菌丝细胞，此细胞保持双核，并进行锁状联合的细胞分裂，迅速生长发育形成双核菌丝体。质配后，食用菌并不马上进行核配，而是以双核形式存在。双核菌丝体是大部分食用菌的主要存在形式，它相当于高等植物的二倍体阶段。双核菌丝体通过细胞分裂不断地进行营养生长，可以通过断裂进行营养繁殖，也可以产生多种无性孢子进行无性繁殖。当双核菌丝体遇到特定的外界环境的影响时，才开始转向生殖生长，进行有性繁殖，菌丝纽结形成子实体原基，并发育形成繁杂的子实体结构。

（2）减数分裂

双核细胞进行有性生殖过程中的第二和第三个关键阶段分别是核配和减数分裂。担子中的两个细胞核相互融合形成二倍体的核，随后大部分菌类迅速进行减数分裂，分裂形成 4

个子核,最终每个核的染色体数目又恢复到单倍状态。

减数分裂是有性生殖生物都要进行的一次特殊分裂,食用菌的减数分裂是发生在食用菌将产生有性孢子(如子囊)前的一次特殊分裂。担子菌纲的食用菌的减数分裂发生在担子细胞中。减数分裂是两次连续的分裂。

(3)同宗配合和异宗配合

食用菌有性生殖过程中,交配类型(质配)存在着同宗配合和异宗配合。这部分内容见项目 5 中"食用菌菌种选育"所述。

2)**无性繁殖**

除了有性繁殖的大循环外,还有无性繁殖的小循环。无性繁殖是指不经过两性生殖细胞的结合,由母体直接产生后代的生殖方式。无性繁殖过程中细胞进行的是有丝分裂而没有进行减数分裂,所以无性繁殖产生的后代能很好地保持亲本原有的性状。

(1)孢子生殖

由无性孢子进行的繁殖是一种无性繁殖,食用菌的无性孢子有分生孢子、厚垣孢子、粉孢子、芽孢子。无性孢子单核或双核,单核的无性孢子双核化后可以完成其生活史。

(2)组织培养

在菌种分离时,从子实体取一块菌组织培养,称为组织培养,也是一种无性繁殖。这种方法获得的菌种有利于保持该菌种原有性状的稳定,常用来保存发生变异的优良菌种。

(3)其他

菌种的扩大、原生质体再生菌株都属于无性繁殖的方式。

虽然无性繁殖不是食用菌主要的繁殖方式,但其在食用菌生活史中也有重要的意义。因为无性繁殖能反复进行,其产生孢子速度快且多。另外,无性孢子对不良环境有较强的抗性,并在条件适宜的时候又可再次萌发为原来的一级菌丝或二级菌丝,从而继续进行有性生殖循环。

2.2.3 食用菌的生活史

食用菌生活史 life-cycle(life history),一般是指从"孢子萌发→菌丝体→子实体→产生新一代孢子"的整个生长发育循环周期。食用菌的完整生活史包括无性和有性两个阶段,主要进行的是由有性孢子(担孢子或子囊孢子)经过萌发形成有性初生菌丝,具亲和性的初生菌丝再相互融合形成次生菌丝,最后次生菌丝发育形成繁殖器官(子实体)并产生新的有性孢子的有性繁殖过程。

1)**担子菌纲食用菌的典型生活史**

绝大部分食用菌都属于担子菌纲,担子菌纲食用菌的典型生活史如图 2.25 所示。

担孢子萌发形成菌丝意味着新的生活史开始。由担孢子萌发形成的菌丝细胞中只有一个单倍的核,且所有细胞的核都具有相同的遗传物质。两条可亲和的单核菌丝能进行质配成双核菌丝,两条交配的单核菌丝,在有性生殖上是可亲和的,在遗传性质上是不同质的。它们配对质配后,新菌丝体的每个细胞都有一对细胞核称为双核菌丝,细胞间的横隔膜处通常产生锁状联合。双核菌丝体既能独立地、无限地生长发育,也可以通过断裂进行营养繁殖,有的还可以通过产生无性孢子形成无性生活环。

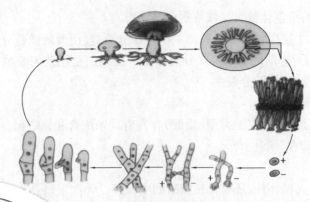

图 2.25　担子菌纲食用菌的典型生活史

单孢属于初级同宗配合的菌类(见图 2.26)。

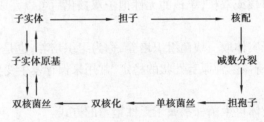

图 2.26　草菇生活史

(2)双孢蘑菇生活史

双孢蘑菇属于次级同宗配合的菌类(见图 2.27)。

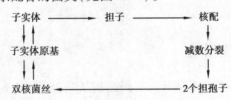

图 2.27　双孢蘑菇生活史

(3)木耳、滑菇的生活史

木耳、滑菇属于单因子两极性的异宗配合菌类(见图 2.28)。

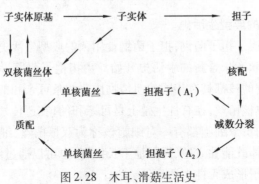

图 2.28　木耳、滑菇生活史

（4）香菇、平菇、金针菇、银耳的生活史

香菇、平菇、金针菇、银耳属于双因子四极性的异宗配合菌类（见图2.29）。

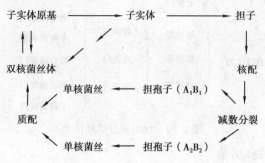

图2.29 香菇、平菇、金针菇、银耳生活史

任务2.3 食用菌的分类及生态类型

2.3.1 食用菌的分类及命名

1)食用菌在生物中的分类地位及命名

食用菌的分类是人们认识、研究和利用食用菌的基础。野生食用菌的采集、驯化和鉴定，食用菌的杂交育种以及资源开发利用，都必须有一定的分类学知识。食用菌的分类主要是以其形态结构、细胞、生理生化、生态学、遗传学等特征为依据的，特别是以子实体的形态和孢子的显微结构为主要依据。在分类学上，常根据各类群之间特征的相似程度，将其划分为界、门、纲、目、科、属、种7个分类等级。其中，物种为分类学的基本单位。

食用菌的名称采用林奈创立的双名法，每个食用菌只有一个学名，由两个拉丁词和命名人所构成，第一个词是属名，第二个词是种加词，后面是命名人姓名的缩写。如中国块菌（*Tuber sinense* Tao et Liu）、香菇（*Lentinus edodes*（Berk.）Pegler.）。

随着科学技术的不断发展，人们对生物的认识也越来越深化、准确、科学。过去，人们把整个生物分成植物和动物两大类，食用菌自然就被归属于低等植物之中。后来又根据生物的营养方式，把生物分成了三大类群，即植物、动物、菌物。植物是大自然中的生产者，动物是大自然中的消费者，菌物是大自然中的分解者。从农业的角度来看，发展植物生产是种植业，发展动物生产就是养殖业，而发展菌物生产则是栽培业，因此说农业主要是由这三大产业所构成的。现代许多学者都把生物分成原核生物和真核生物，后者又分为植物界、动物界、菌物界。食用菌属于生物中菌物界、真菌门中的子囊菌亚门和担子菌亚门（见图2.30）。约95%的食用菌属于担子菌亚门。

2)食用菌的种类

据统计，目前全世界已记载的食用菌超过2 000种，但仅有70多种人工栽培成功。我国的地理位置和自然条件优越，食用菌资源十分丰富，种类繁多，已报的约981种食用菌，分别隶属于48个科、144个属。

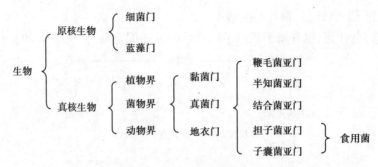

图 2.30　食用菌分类地位史

（1）子囊菌亚门中的食用菌

食用菌中属于子囊菌的不多，在我国它们分别隶属于 6 个科，即麦角菌科、盘菌科、马鞍菌科、羊肚菌科、地菇科和块菌科（见图 2.31）。

尽管子囊菌中的食用菌种类不太多，但是其中的一些种类具有很高的研究和开发价值。如麦角菌科的冬虫夏草，其能补肾益肺、止血化痰、提高人体免疫机能，现价是食用药用菌中最贵的；块菌科中的黑孢块菌、白块菌、夏块菌等，因其独特的食味和营养保健价值，在欧美被誉为"享乐主义者的最好食品""厨房里的钻石""地下的黄金"，在国际市场上其价格可高达每千克鲜品 2 000～3 000 美元。羊肚菌科的许多种类如美味羊肚菌、黑脉羊肚菌、尖顶羊肚菌以及粗柄羊肚菌等，也都是十分美味可口的食用兼药用菌，多年来深受国际市场的青睐。这些很有价值的种类到目前为止还不能完全商业化地进行人工栽培。

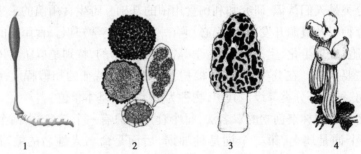

图 2.31　子囊菌中的食用菌
1—冬虫夏草；2—夏块菌；3—羊肚菌；4—马鞍菌

（2）担子菌亚门中的食用菌

人们日常见到的绝大多数食用菌和广泛栽培的食用菌都是担子菌。在我国它们隶属于 40 个科，大致可以分为四大类群，即耳类、非褶菌类、伞菌类和腹菌类。

①耳类。主要指木耳目、银耳目、花耳目的食用菌。

②非褶菌类。主要指非褶菌目的可食菌类。它们主要分属于珊瑚菌科、锁瑚菌科、革菌科、绣球菌科、猴头菌科、多孔菌科、灵芝菌科等。

③伞菌类。伞菌目的食用菌种类最多，主要指伞菌目的可食菌类。我们栽培的食用菌如侧耳、榆黄蘑、香菇、草菇、金针菇、双孢蘑菇、大肥菇、鸡腿菇等，几乎都是伞菌目的食用菌。

④腹菌类。主要指黑腹菌目、层腹菌目、柄灰包目、灰包目和鬼笔目中可食用的菌类。其中，黑腹菌目和层腹菌目的食用菌属于地下真菌，即子实体的生长发育是在地下土壤中或腐殖质层下面土表完成的真菌。

2.3.2 食用菌生态类型

探索食用菌的生活类型与生态环境之间的关系,探讨其种、群构成与各种环境因素的综合作用所形成的生态系统,属于真菌生态学的范畴。加深了解这方面的知识,将有助于我们进行食用菌的驯化、栽培和开发利用,是对食用菌进行科学栽培管理的理论基础,只有科学地调控好栽培环境,才能不断地提高食用菌产量和品质。

1)生态类型

食用菌的生态包括食用菌的自然分布、生活习性、生长环境等方面,食用菌不是低等植物,它们不含叶绿素,不能进行光合作用,无根、茎、叶分化,是异养型的大型真菌。异养型的食用菌,自身不能合成养料,而是通过菌丝细胞表面的渗透作用,从营养基质中吸收养料。

根据食用菌的生长基物和营养方式的不同,食用菌可分为腐生菌、寄生菌、共生菌这几种生态类型。其中腐生菌占大多数,又可以将其分为木腐菌、草腐菌。寄生菌和共生菌都是占少数种类。

(1)木腐菌

木腐菌是从木本植物残体中吸取养料的食用菌。此类木生菌主要靠分解木材中的半纤维素、纤维素、木质素、淀粉、糖及少量的氮源来获取生长所需能量,及构成菌体结构的营养物质。一般不浸染活的树木,多繁殖生长于林木的枯枝、枯干及腐朽的树桩上。常在枯木的形成层生长,使木材变腐充满菌丝。春末秋初气候温和,空气润湿,阳光适宜,是其发生的主要季节。其种类主要有侧耳科、木耳科、银耳科、多孔菌科及球盖菇科的一些种。因木生类食用菌的组织较易分离、产生出菌丝或培养出子实体,目前人工栽培的香菇、平菇、金针菇、木耳、猴头菇、灵芝等均属此类。有的对树种适应性广,可用椴木、麻栎、杂木屑等原料栽培,如香菇、木耳等;有的适应范围较窄,如茶树菇等。

(2)草腐菌(又称粪草菌)

草腐菌是从草本植物残体或腐熟有机肥料中吸取养料的食用菌。此类食用菌多繁殖生长在牲畜粪上或粪肥多的沃土上,优先利用纤维素,几乎不能利用木质素,为鬼伞科、粪绣伞科、球盖菇科和蘑菇科的部分种,这类菌比较容易培养与栽培,如我国南方大面积利用牛粪培养出的双孢蘑菇。但喜粪生的毒菌种类也较多,如光盖伞属、花褶伞属的一些种。这些种在国外已进行人工栽培,分离提取某些有价值的毒素,在国内进行野生采摘时应注意鉴别,以防误食中毒。

有些菌生长在腐殖质较多的地方。此类食用菌包括大量的以土壤和地表腐殖质层、落叶层、草地、肥沃田野等场所为基物的种类,但不包括与树木形成外生菌根的种,属于这类菌的有羊肚菌属、蜡伞属、鬼笔科、粉褶菌科及蘑菇科的一些种,如鸡腿菇、羊肚菌、马勃、竹荪等。这类食用菌具有适应性强、分布范围广的特点,其中不少种类虽不是菌根菌,但需要一定的生态环境,如森林或草原,因此分离培养菌种的技术比较复杂。

(3)寄生菌

寄生菌生活于寄主体内或体表。其中最典型的是寄生在鳞翅目蝙蝠蛾幼虫上的冬虫夏草以及发生于白蚁巢上的白蚁伞属的种,可从虫体细胞中吸取养料。此类食用菌是指繁殖生长在昆虫体上或与昆虫的活动场地有密切关系的食用菌,目前进行人工栽培仍有困难,不过

在冬虫夏草的驯化方面已做了大量工作,并有所进展,如蛹虫草的人工栽培已获得成功。

(4)共生菌

二者共同生活同时又为对方提供有利的生活条件,彼此互相受益,互相依赖。

这类食用菌不能独自在枯枝腐木等原料上生长。它们需要的营养必须要另一种生物来供给,二者在营养上彼此有益,关系密切,因此称为共生菌。如菌根菌就是菌类与高等植物共生的代表,大多数森林蘑菇都是这种菌根菌。在食用菌中,不少种类能和高等植物、昆虫、原生动物或其他菌类形成相互依存的共生关系。菇类菌丝能包围在树木根毛的外围形成伪柔膜组织,称为外生菌根,一部分菌丝可延伸到森林落叶层 50 cm 处,能帮助树木吸收土壤中的水分和养料,并能分泌激素刺激植物根系生长;树木则能为菌根菌提供光合作用所合成的碳水化合物,有些也导致树木腐朽。

块菌科、牛肝菌科、口蘑科、红菇科、鹅膏菌科的许多种类都是菌根菌,它们常和一定树种形成共生关系。例如,法国在橡树林接种黑孢块菌,日本在赤松林接种松口蘑。我国优良的食用菌如美味牛肝菌、松乳菇、大白菇、大红菇、鸡油菌、全褶鳞伞、橙盖伞、铆钉菇、松口蘑等,均是与树木形成的外生菌根类食用菌。菌根菌组织分离的菌丝不易成活,很难驯化产生子实体,如松口蘑目前日本仅能半人工栽培。在热带和亚热带有近百种蚂蚁能栽培蘑菇,这是昆虫与菌类共生的一种自然现象。我国的鸡枞菌就是与白蚁共生的食用菌。高等真菌之间也存在共生现象,金耳的子实体就是金耳与粗毛硬革所构成的复合体,银耳和香灰菌丝共生,天麻和蜜环菌共生等。

有些食用菌的生态类型是难以截然划分的,也是可以改变的,有的则不易改变,如木腐菌中的大多数种类目前均可采用其他农作物秸秆代替段木进行人工栽培,并且覆土栽培条件下子实体发生更为旺盛。菌根类的生态习性则难以改变,目前仍处于野生状态,很难人工栽培。

2)食用菌的生物环境

食用菌的生物环境是指影响食用菌生长发育的生物因子,包括微生物、植物、动物,其中有些是有益的,有些则是有害的。不少食用菌能与植物共生,互为有利,但也有不少食用菌侵害树木,造成根腐和干腐。不少食用菌常遭动物的为害,也有些动物能"栽培"食用菌。许多微生物是食用菌病害的病原,但也有一些微生物能为食用菌菌丝生长和子实体分化发育提供帮助。了解和研究食用菌与各种生物之间的相互关系,对食用菌的引种驯化、菌种制作、培养基配制和病虫害防治,均具有十分重要的意义。

2.3.3 野生菌及毒菌简介

1)野生菌

(1)野生菌的分布

在地形地貌错综复杂的立体气候地,在神秘而美丽的大自然丛林、草地里,野生菌们悠然自得地生长着,它们尽情地吸噬着天地的灵气、日月的精华,不沾染半点世俗之气。一般来说,野生菌生长受到气温、日照、地势、周期等自然条件的影响,并且不同环境下生长的野生菌氨基酸、蛋白质等有效成分含量不同,铜、锌等微量元素的种类与含量也不同。因地理环境的不同和各地所生长的植被的不同,野生菌的种类多样化,蕴藏着丰富的生物资源。野生菌的口感和特色也因菌种的不同而各领风骚。

（2）野生菌的特点

野生菌生长在林区，生长的环境受污染少，或有的地方几乎没有受到任何的外界污染，口感各异，香气浓郁，营养物质的含量有些品种高出人工种植菌 3～5 倍，部分菌类的无机盐和氨基酸等人体必需的微量元素含量甚至可以高出 10 倍以上，是人工菇无法比拟的。野生菌在健脑、提高免疫力、抗辐射、抗癌等诸多保健功效上更具优势，所以也因为稀有而弥足珍贵。

（3）野生菌亦食亦药

野生菌除了能带给我们独特的口感外，还有十分珍贵的药理保健功效，它所含有的无机盐和氨基酸等人体必需的微量元素，可以达到健脑、提高免疫力、抗辐射等诸多保健功效。经过验证，尤其对抑制癌细胞和治疗糖尿病有奇效。

2）如何鉴别有毒野生菌

野生食用菌不仅味道鲜美而且营养丰富，含有丰富的蛋白质、氨基酸、多种维生素、核黄素、尼克酸等。近年来，由于各地吃野味风盛行，虽然有些野生菌实属美味，但其中不乏毒菌，许多可食用的野生菌和毒菌非常相似，并不是所有菌类都可食用。常见的识别毒蘑菇的方法有以下几种：

一看地点。无毒蘑菇多生长在清洁的草地或松树、栎树上，毒蘑菇往往生长在阴暗、潮湿地带。

二看颜色。毒蘑菇菌面颜色鲜艳，有红、绿、墨黑、青紫色，采摘后易变色。

三看形状。无毒蘑菇菌盖较平，伞面平滑，菌面上无轮，下部无菌托。毒蘑菇菌盖中央呈凸状。

四看分泌物。将采摘的新鲜野蘑菇撕断菌秆，无毒的分泌物清亮如水，菌面撕断不变色；有毒的分泌物稠浓，呈赤褐色，撕断后在空气中易变色。

五闻气味。毒蘑菇有辛辣、酸涩、恶腥味道。

六看测试。可用葱在蘑菇盖上擦一下，如果葱变成青褐色，则证明有毒；反之，不变色则无毒。

七煮试。在煮野蘑菇时，放几根灯心草、些许大蒜或大米同煮，蘑菇煮熟，灯心草变成青绿色或紫绿色则有毒，变黄则无毒；大蒜或大米变色有毒，没变色仍保持本色则无毒。

八化学鉴别。取采集或买回来的可疑蘑菇，将其汁液取出，用纸浸湿后，立即在上面加一滴稀盐酸或白醋，若纸变成红色或蓝色的则有毒。

需要说明的是，用银针变黑来测试是否是毒蘑菇是不可靠的。

毒蘑菇的辨别并非易事，许多食用菌和毒菌非常相似，有的甚至连专家也需要借助显微镜等工具才能准确辨别。根据传统的经验和方法来识别毒菌和食用菌是造成误食毒菌中毒的主要原因。为安全起见，最好不要仅凭自己有限的经验随便采食野生蘑菇。目前可靠的办法还是熟悉和掌握蘑菇的形态特征及内部结构，运用分类学知识，结合学习当地群众的经验，仔细鉴别，决不可随便采食，就算是可食菌，腐败了的和过老变质的也不要吃。最安全的方法，就是只吃自己熟悉的菌子。如白鹅膏，虫子吃完后不会立即中毒死亡，它的毒性具有延时性，蘑菇上有虫子吃过的痕迹，人们不知道误食后一样会中毒。亚稀褶黑菇，其没有菌托、菌环和鳞片，颜色也很朴素，但被误食会导致溶血症状，严重时可能因器官衰竭致死。

3）毒菌毒素及中毒症状

（1）毒菌毒素

毒菌因种属不同，所含毒素也不同。一种毒菌可能含有一种毒素、多种毒素，甚至多种毒素都有可能。有毒菌产生的毒素有原浆毒素（苄基毒肽、甲基联胺化合物）、神经致幻毒素（白毒蝇碱、裸盖伞素、蟾蜍素、异噁唑衍生物、色胺类化合物）、胃肠毒素（石炭酸、甲酚类和蘑菇酸）。

①原浆毒素。指能使人和动物体内大部分器官发生细胞变性的毒物。已知主要有毒肽和毒伞肽两大类。毒肽类至少有 5 种毒肽：二羟毒肽、一羟毒肽、三羟毒肽、羧基毒肽和苄基毒肽，其中二羟毒肽熔点为 280～282 ℃。毒伞肽类至少有 6 种物质，a-毒伞肽熔点为 254～255 ℃，故宜谨慎。如毒鹅膏、春生鹅膏等中含的苄基毒肽，是原浆毒素中的一种溶血毒素。又如在鹿花菌中含有一种鹿花菌素，系甲基联胺化合物，也是一种原浆毒素，它能溶解大量红细胞，出现急性溶血。

②神经致幻毒素。能引起神经精神症状，包括有毒蝇碱（血色蕈胺）、异噁唑衍生物、色胺类化合物等，如蟾蜍素、裸盖伞素（裸头草碱）及赛洛西（裸头草辛）使中毒者出现光怪陆离视幻觉和情绪改变，有时狂歌乱舞，极度愉快，有时则烦躁苦闷，焦虑忧郁，哭笑无常。轻者有酩酊感，严重者可致行凶杀人或自伤。

③胃肠毒素。误食者主要产生剧烈的恶心、呕吐、腹痛、腹泻等急性胃、肠炎症状，严重者偶有致死。一般易于治愈或可自愈。这类毒素目前了解尚少，可能是类树脂物质、石炭酸、甲酚类和蘑菇酸等。如蘑菇属、乳菇属、红菇属等的毒菌多含这类毒素。

（2）中毒症状

根据毒素损害的器官和临床标本，中毒症状可分为胃肠炎型、神经精神型、溶血型、中毒性肝炎型和日光皮炎型 5 类。

①胃肠炎型。食用菌中毒患者中最为常见。发病快，潜伏期短，仅仅 10 min 至数小时。中毒表现为剧烈恶心、呕吐、腹痛、腹泻，一般不发热，吐泻严重者会导致脱水，引起电解质紊乱。对此类中毒者应立即输入 10% 葡萄糖液和生理盐水，并注意补钾。胃肠炎型中毒无严重并发症，极少有人死亡，恢复很快。

②神经精神型。由误食毒蝇伞、豹斑毒伞等毒蕈所引起。其毒素为类似乙酰胆碱的毒蕈碱，潜伏期 1～6 h。发病时临床表现除肠胃炎的症状外，尚有副交感神经兴奋症状，如多汗、流涎、流泪、脉搏缓慢、瞳孔缩小等。用阿托品类药物治疗效果甚佳。少数病情严重者可有谵妄、幻觉、呼吸抑制等表现，个别病例可因此而死亡。中毒者除有胃肠炎症状外，还会出现精神兴奋、精神错乱等症状，前期症状为头昏、恶心、呕吐，然后出现烦躁、乱语、小人国幻觉等，中毒者虽然言语行为怪谬，但肝功能正常。一旦出现，家属应对其严加看护，以免伤人或自伤。中毒轻者经治疗后可恢复，无后遗症，死亡者很少。由误食角鳞灰伞菌及臭黄菇等引起者除肠胃炎症状外，可有头晕、精神错乱、昏睡等症状，即使不治疗，1～2 d 亦可康复。死亡率甚低。由误食牛肝蕈引起者，除肠胃炎等症状外，多有幻觉（矮小幻视）、谵妄等症状，部分病例有迫害妄想等类似精神分裂症的表现，经过适当治疗也可康复，死亡率亦低。

③溶血型。因误食鹿花菌等引起。此类中毒不是很常见，但死亡率极高，中毒者 6～12 h 发病。初期为胃肠炎型，继而出现肝脾肿大、黄疸、血尿等症状，红细胞遭到大量破坏，严重者

会因继发尿毒症导致急性肾功能衰竭或休克而死亡。给予肾上腺皮质激素及输血等治疗多可康复,死亡率不高。

④中毒性肝炎型。因误食毒伞、白毒伞、鳞柄毒伞等所引起。其所含毒素包括毒伞毒素及鬼笔毒素两大类共 11 种。鬼笔毒素作用快,主要作用于肝脏。毒伞毒素作用较迟缓,但毒性较鬼笔毒素大 20 倍,能直接作用于细胞核,有可能抑制 RNA 聚合酶,并能显著减少肝糖原而导致肝细胞迅速坏死。此型中毒病情凶险,如无积极治疗死亡率甚高。

⑤日光皮炎型。一般是因误食一种形状极似细木耳的污胶鼓菌造成的。中毒者 24 h 后面部肌肉麻木、嘴唇肿胀,1 d 后凡是被日光照射过的部位都出现红肿,呈明显的皮炎症状,用抗过敏的药物治疗效果较好。

4)食用菌中毒诊断依据

①采食野蘑菇或进食干蘑菇史。

②多人同食,同时发病。

③某些毒蕈中毒,具有特殊的临床症状和体征。

④剩余食物或胃内容物检出毒蕈。

此外,辅助检查有:

①对早期轻症患者检查专案以检查框限"A"为主。

②对重症患者或者诊断困难者检查专案可包括检查专案"A""B"或"C"。

5)中毒后的急救措施

食用菌中毒后,最重要的就是及时抢救和治疗。抢救是否及时、处理是否得当,将直接影响中毒者病情的发展。凡是在吃过菌类 10 min ~ 72 h 内有头昏、恶心、呕吐、腹痛、腹泻、烦躁不安或其他不适者,都应引起重视。一同进食者不论症状轻重或是否已出现症状,最好立即送往附近的医院进行治疗。如因交通不便一时无法去医院者,也应立即进行自救互救。一同进餐者中如有哺乳妇女,应暂停喂乳,以保护婴儿安全。出现中毒症状后,应立即采用简易的方法和容易找到的药物,进行催吐、洗胃、导泻或灌肠等处理,尽快排出体内尚没有被吸收的残菌或减缓有毒物质的吸收,从而减轻中毒程度,防止病情加重。

具体做法如下:

①催吐。可一次喝下大量盐开水,然后用手指、鸡毛等伸进口中刺激咽部引起呕吐,也可口服催吐药进行催吐。

②洗胃。发病 8 h 内,无频繁恶心、呕吐者都应先洗胃。洗胃后可口服 2 ~ 3 个鸡蛋清或活性炭 1 ~ 2 g 以吸附残留物。

③导泻。误食 8 h 后才发病,经催吐、洗胃后,病人体质较好者可考虑导泻。常用的导泻方法有两种:一是大黄 10 ~ 15 g 用水煎服;二是硫酸镁 10 ~ 15 g 用温开水冲服。

④灌肠。中毒者体质较差或没有发生腹泻者,可用温开水或肥皂水灌肠。

⑤解毒。上述几种方法的目的在于尽可能排除没有被人体吸收的毒素,已经吸收的毒素则需要适量对症的解毒药来吸附、中和及破坏毒素。有条件的从中毒早期应该大量输液,防止脱水,保护肝肾。中毒者可因地制宜,就地取材,选用一些常见药物自救,如 200 g 甘草加 1 000 g 水煎后频繁服用,可解毒强心;绿豆 120 g,甘草 30 g,防风 30 g 煎水服用;浓茶加糖大量服用等。

严重时适当要配合药物治疗。阿托品适用于含毒蕈碱的毒蕈中毒,凡出现流涎、恶心、腹泻、多汗、瞳孔缩小、心动过缓等均应及早应用;巯基络合剂适用于白毒伞、毒伞、褐鳞小伞等肝损害型毒蕈中毒;当出现急性中毒性肝病、中毒性心肌病、急性溶血性贫血时,应及早应用肾上腺皮质激素;晚期重症患者应加强对症支持治疗及控制感染;出血严重时应予以输血。阿托品主要用于含毒蕈碱的毒蕈中毒,可根据病情轻重,采用 $0.5 \sim 1$ mg 皮下注射,每 $0.5 \sim 6$ h 一次,必要时可加大剂量或改用静脉注射。阿托品尚可用于缓解腹痛、吐泻等胃肠道症状;对因中毒性心肌炎而致房室传导阻滞亦有作用。毒伞、白毒伞等毒蕈中毒用阿托品治疗常无效。对有肝损害者应给予保肝支持治疗;对有精神症状或有惊厥者应予镇静或抗惊厥治疗,并可试用脱水剂。

任务 2.4　食用菌的生长条件

食用菌的基本生活条件包括营养因子和环境因子两个方面。不同种类的食用菌,对营养条件和环境条件的要求不同;同一种菌类,菌丝体生长阶段和子实体发育阶段所需要的营养条件与环境条件也有区别。食用菌的生长发育与其生态环境有密切的联系,食用菌生长发育影响周围环境,而生态环境又是制约食用菌生长发育的外部因素,主要包括物理、化学和生物环境因素。曾有人指出,有 25 种因素都不同程度地影响着食用菌的生长发育,但其中最主要的是生物因子和理化环境中的温度、水分和湿度、空气、光照、酸碱度及时间因子。适宜的理化环境是食用菌旺盛生长的保证,不同种类的食用菌对理化环境的要求不同,如金针菇要在寒冷的冬季生长,草菇则在炎热的夏季生长。同一种食用菌在不同发育阶段对理化环境的要求也有不同,如一般食用菌在子实体生长发育的最适宜温度比菌丝体生长阶段的最适宜温度低,而又比子实体分化的最适宜温度高。

因此,学习并掌握影响食用菌生长发育的理化环境因子对人工栽培食用菌意义重大,人们在栽培食用菌时只有满足不同的食用菌在不同的生长发育阶段对理化环境条件的要求,才能获得食用菌的优质高产。

2.4.1　食用菌生长的营养条件

1)食用菌营养类型

食用菌是异养微生物,自身不能合成养料,只能通过菌丝细胞从环境中摄取营养物质。根据自然状态下食用菌营养物质的来源。

2)营养物质

食用菌的生长发育需要营养物质,就像植物的生长需要土壤、动物需要食物一样重要。营养物质是食用菌生命活动的基础,为食用菌生命活动提供能源,同时也是栽培食用菌获得丰产的根本保证。尽管食用菌摄取营养的方式不同(腐生、共生和寄生),所摄取营养物质的来源也不同,但为了维持生命活动需要,食用菌对营养物质的需求却基本相同,大致包括碳源、氮源、无机盐类及生长因素四大类营养物质。生产中,只有满足食用菌对这些营养物质的要求才能正常生长。

（1）碳源

碳源是构成食用菌细胞和代谢产物中碳架来源的营养物质，也是食用菌生命活动所需要的能量来源。碳素占食用菌子实体的 50% ~ 60%，是子实体中含量最多的元素。因此，碳源是食用菌生长发育过程中需要量最大的营养物质。食用菌吸收的碳素约 20% 用于合成细胞物质，80% 用于提供维持生命活动所需的能量。碳源包括有机碳和无机碳。因为食用菌属于异养型生物，所以其不能利用二氧化碳、碳酸盐等无机碳作碳源，只能以有机碳化物为碳源。单糖、双糖、低分子醇类和有机酸等小分子碳源食用菌可直接吸收利用，而淀粉、纤维素、半纤维素、果胶质、木质素等大分子碳源需经酶的催化水解为单糖后才能被食用菌吸收利用。

食用菌生产中所需的碳源非常广泛，除葡萄糖、蔗糖等简单糖类外，主要来源于各种植物性原料，如木屑、玉米芯、棉子壳、麦秸、稻草、甘蔗渣、马铃薯等，这些原料多为农产品下脚料，具有来源广泛、价格低廉等优点。

（2）氮源

氮源是指能被食用菌吸收利用的含氮化合物，是合成食用菌细胞蛋白质和核酸的主要原料，对生长发育有着重要作用，一般不提供能量，是除碳源以外最重要的营养源。食用菌主要利用有机氮，如尿素、氨基酸、蛋白胨、蛋白质等。氨基酸、尿素等小分子有机氮可被菌丝直接吸收，而大分子有机氮则必须通过酶将其降解成小分子有机氮后才能被吸收利用。生产上常用的有机氮有蛋白胨、酵母膏、尿素、豆饼、麸皮、米糠、黄豆浆和畜禽粪等。需要注意的是，尿素经高温处理后易分解，会释放出氨和氰氢酸，使培养料的 pH 升高并产生氨味而有害于菌丝生长。因此，若栽培时添加了尿素，其用量应控制在 0.1% ~ 0.2%，且一般不用于熟料栽培。

食用菌正常生长发育所需要的碳源和氮源的比例称为碳氮比（简称 C/N）。一般认为，食用菌在菌丝体生长阶段所需要的 C/N 较小，以 20 : 1 为好；而在子实体生长阶段所需的 C/N 较大，以 30 : 1 ~ 40 : 1 为宜。不同菌类对最适 C/N 的需求不一，如草菇的 C/N 是 40 : 1 ~ 60 : 1，而一般香菇的 C/N 是 25 : 1 ~ 40 : 1。若 C/N 过大，菌丝生长慢而弱，难以高产；若 C/N 太小，菌丝会因徒长而不易转入生殖生长。不同培养原料的碳氮比不同，木屑、作物秸秆等含碳较高，而常用辅料麸皮、米糠的含氮量较高。因此，要将不同的培养料合理地配合起来，才能使培养料的碳氮比达到要求。用于栽培食用菌的天然材料中含碳量较高，一般禾本科植物的 C/N 为 30 : 1 ~ 80 : 1，木本植物的 C/N 为 200 : 1 ~ 350 : 1，因此，利用这些材料栽培食用菌时，常需进行堆制发酵来降低其 C/N，以适于食用菌生长。

（3）无机盐

无机盐是构成细胞的成分、酶的成分，并在调节细胞与环境的渗透压中起作用，是食用菌生长发育不可缺少的矿质营养，按其在菌丝中的含量可分为大量元素和微量元素。大量元素有磷、硫、钙、镁、钾等，其主要功能是参与细胞物质的组成及酶的组成、维持酶的活性、控制原生质胶态和调节细胞渗透压等，在食用菌生产中，可向培养料中施加适量的磷酸二氢钾、磷酸氢二钾、石膏、硫酸镁来满足食用菌的需求。微量元素有铁、铜、锌、锰、硼、钴、钼等，它们是酶活性基团的组成成分或酶的激活剂，需求量极微，培养基中的浓度在 1 mg/L 左右即可，一般天然培养基和天然水中的微量元素含量就足以满足食用菌的需求，不需要另行添加。如果是用蒸馏水配制的合成培养基，可酌加硫酸亚铁、氯化铁、硫酸锰、硫酸锌、硫酸钴、钼酸铵、硼酸等。木屑、作物秸秆及畜粪等生产用料中的矿质元素含量一般是可以满足食用菌生长发育要

求的,但在生产中常添加石膏 1% ~ 3%、过磷酸钙 1% ~ 5%、碳酸钙 1% ~ 2%、硫酸镁 0.5% ~ 1%、草木灰等给予补充。石膏、碳酸钙等,还有调节培养料 pH 的作用。

(4)生长因子

生长因子是一类微量有机物,包括维生素和核酸、碱基、氨基酸、植物激素等。这类物质用量甚微却作用很大,维生素类物质主要起辅酶作用,生长因子对食用菌的生长发育有促进作用。生长因子不能提供能量,也不参与细胞结构组成,一般是酶的组成部分或活性基团,还具有调节代谢和促进生长的作用。

综上所述,掌握好食用菌营养源的基础知识,是科学地配制食用菌培养基的前提,对搞好食用菌栽培具有很重要的意义。总之,食用菌栽培时配料应遵循以下原则:首先选择适宜的营养物质,根据 C/N 来配制主料和辅料,同时控制各成分间的比例,保持营养协调;其次应注意培养料的物理性状,如料的持水性、透气性、料颗粒的大小、质地软硬等;此外,还应考虑料的酸碱度及水分含量等。

2.4.2 食用菌生长的环境条件

1)温度

温度是影响食用菌生长发育的重要环境因素,因为自然界中任何生物生命活动的进行都是通过体内一系列十分复杂的酶促反应来完成的,而酶催化作用的强弱在一定范围内与温度条件呈正相关,所以不同的食用菌因其野生环境不同而有其不同的温度适宜范围,都有其最适生长温度、最低生长温度和最高生长温度(见表 2.1)。

表 2.1　常见食用菌对温度的需求

种　类	菌丝体生长温度/℃		子实体分化与发育的温度/℃	
	生长范围	最适温度	子实体分化	子实体发育
双孢蘑菇	6 ~ 33	24 ~ 25	8 ~ 18	13 ~ 16
香菇	3 ~ 33	22 ~ 32	7 ~ 21	12 ~ 18
黑木耳	4 ~ 35	22 ~ 32	20 ~ 24	16 ~ 32
毛木耳	8 ~ 39	35	22 ~ 30	15 ~ 34
草菇	12 ~ 45	24 ~ 27	22 ~ 35	30 ~ 32
平菇	10 ~ 35	24 ~ 28	7 ~ 22	13 ~ 17
凤尾菇	10 ~ 36	23 ~ 25	15 ~ 25	3 ~ 27
金针菇	7 ~ 30	21 ~ 24	5 ~ 19	8 ~ 14
银耳	12 ~ 36	30 ~ 25	18 ~ 26	20 ~ 24
猴头菌	12 ~ 33	28 ~ 32	18 ~ 26	15 ~ 22
大肥菇	6 ~ 33		5 ~ 19	18 ~ 22
鸡腿菇	10 ~ 35		9 ~ 20	12 ~ 18
茯苓	10 ~ 35		5 ~ 15	24 ~ 26.5

（1）孢子萌发对温度的要求

不同食用菌孢子萌发要求温度条件见表2.2。多数食用菌担孢子萌发的适温是20～30 ℃，最适为25 ℃。一般在适温范围内，随着温度的升高，孢子萌发率升高；超出适温范围，萌发率下降；超出适温极端高温，孢子就不能萌发或死亡；在低温条件下，多数孢子处于休眠状态。以草菇为例，孢子萌发最适温度35～40 ℃，能萌发范围25～45 ℃，25 ℃以下不萌发，25～30 ℃萌发率极低，35 ℃以上萌发率急剧上升，40 ℃时最高，超过40 ℃又下降，45 ℃以上不萌发，温度再升高，孢子死亡。

表2.2　几种食用菌孢子产生、萌发的适温

种　类	孢子产生的适温/℃	孢子萌发的适温/℃
双孢蘑菇	12～18	18～25
草菇	20～30	35～39
香菇	8～16	22～26
平菇	12～30	24～28
木耳	22～32	22～32
银耳	24～28	24～28
茯苓	24～26.5	28
金针菇	0～15	15～24

（2）菌丝体生长对温度的要求

多数食用菌菌丝生长范围是5～33 ℃。除草菇外，大多数食用菌的菌丝体生长的适宜温度范围一般为20～30 ℃。不同温度下，菌丝体的生长速度与健壮程度不同。如香菇菌丝在33～34 ℃基本停止生长，在40 ℃经4 h、42 ℃经2 h、45 ℃经40 min 就会死亡。多数食用菌的致死温度在40 ℃左右，但草菇菌丝例外，其菌丝耐高温而不耐低温，在40 ℃仍可旺盛生长，但温度降到5 ℃就会死亡，故草菇菌种不宜放在冰箱中保藏。

（3）子实体分化与发育对温度的要求

①子实体分化对温度的要求。不论何种食用菌，其子实体分化和发育的适温范围都比较窄，其最适温度比菌丝体生长所需的最适温度低。如香菇菌丝生长的最适温度为25 ℃左右，而子实体分化的适温为15 ℃左右，21 ℃时就停止分化；双孢蘑菇菌丝体生长的最适温度为22～24 ℃，子实体分化的适宜温度为13～18 ℃，低于12 ℃时影响分化数量，高于19 ℃时影响分化的质量。根据子实体分化所需的适宜温度，将食用菌分为低温型、中温型、高温型3个类群。

a. 低温型。子实体分化的适宜温度为13～18 ℃，如金针菇、香菇、双孢蘑菇、猴头、滑菇、平菇等，它们多发生在秋末、冬季与早春。

b. 中温型。子实体分化的适宜温度为20～24 ℃，如木耳、银耳、竹荪、大肥菇、凤尾菇等，它们多在春、秋季发生。

c. 高温型。子实体分化的最适温度为24～30 ℃，最高可达40 ℃左右，草菇是最典型的代表，常见的有灵芝、白黄侧耳、长根菇、毛木耳、高温型平菇等，它们多在盛夏发生。

根据子实体分化时对温度变化的要求,又将食用菌分为变温结实型与恒温结实型。

a.变温结实性。即要求有一定的温差刺激才能形成子实体,如香菇、平菇、金针菇、杏鲍菇等。

b.恒温结实性。即食用菌子实体分化不需变温,保持一定的恒温就能形成子实体,如双孢蘑菇、草菇、草菇、黑木耳、大肥蘑菇、牛肝菌、银耳、猴头菌、灵芝等。

②子实体发育对温度的要求。食用菌子实体分化形成后,便进入子实体的发育阶段,子实体由小变大,逐渐成熟并产生孢子。在这一阶段,要求的温度略高于分化时的温度,此时子实体分化发育才最为理想,单个重,产量高,品质优。但若温度过高,其生长虽快,但组织疏松,干物质少,菇肉(耳片)薄,盖小,柄细长,比例失常,容易开伞,产量与品质均下降。如果温度过低,生长过于缓慢,周期拉长,总产量偏低。

(4)食用菌对环境温度的反应规律

①在一定温度范围内,食用菌的生长速度随着温度的升高而成对数生长,超过最适温度后,随着温度的升高而生长速度急剧下降。在最适温度范围内,食用菌的营养吸收、物质代谢强度和细胞物质合成的速度都较快,生长速度最高;低于最适温度,细胞中的酶活性降低,因而生长速度下降;高于最高温度则可以使酶钝化,活性降低,甚至失活,导致死亡。一般食用菌的生长适温在 20~30 ℃。

②食用菌的菌丝体较耐低温。一般食用菌的菌丝体能耐受 0 ℃ 以下的温度,香菇菌丝在菇木内能耐受-20 ℃ 的低温;平菇菌丝在菇床结冰后不会有大的损伤,温度回升后仍能正常出菇。

③菌丝体生长的温度范围大于子实体分化的温度范围,子实体分化的温度范围大于子实体发育的温度范围。孢子产生的适温低于孢子萌发的适温。蘑菇释放孢子的最适温度为 18~20 ℃,超过 27 ℃,即使子实体已相当成熟也不能散发孢子。

2)水分与湿度

水分是食用菌细胞的重要组成部分。水参与食用菌的新陈代谢,在吸收营养、输送物质、维持细胞渗透压平衡、保持细胞生存空间等方面起重要作用。食用菌生活环境中的水分含量多少,对食用菌的生产甚至生命起着关键性的作用。

食用菌在不同生长发育阶段对水分的要求不同,主要包括食用菌菌丝体生长阶段和子实体生长阶段。

①食用菌菌丝体生长阶段对环境水分的要求。大多数食用菌菌丝体生长阶段要求培养料的含水量为 60%~65%(段木栽培时 40% 左右),要求空气湿度为 60%~70%。

在生产实践中,常用手握法测定培养料的含水量,一般用手紧握培养料,若指缝中有水泌出而不易下滴时为宜,此时料水比在 1:1.2~1:1.3。但培养料的适宜含水量应根据原料、菌株和栽培季节的不同而不同。对于吸水性强的原料如棉子壳、玉米芯、甘蔗渣等,应适当加大料水比,反之则减少;高海拔地区、干燥季节和气温略低时,含水量加大;在 30 ℃ 以上的高温期,含水量减少。有时在菌丝体培养阶段为保证其较为干燥的生长环境,可在菇房内安装去湿机去湿或撒干石灰粉吸潮等办法解决。

②食用菌子实体生长阶段对环境水分的要求。食用菌子实体生长阶段对培养料含水量要求与菌丝体生长阶段基本一致,但其对空气相对湿度的要求则比菌丝体时期高得多(见表

5.3），一般为85%~90%。空气湿度低会使培养料大量失水,阻碍子实体的分化或使子实体生长停止,严重时影响食用菌的品质与产量。如平菇菇房的空气湿度低于60%时,子实体生长就会停止;当空气湿度降至45%以下,子实体不再分化,已分化的菇蕾也会干枯死亡。但菇房的空气相对湿度也不能超过95%,空气湿度太高,不仅易染病害,还不利于菇体的蒸腾作用,影响细胞原生质的流动和营养物质的运转,导致菇体发育不良或停止生长。如双孢蘑菇子实体长时间处于高湿环境下,就易产生锈斑菇和红根菇。

根据食用菌子实体生长发育时对湿度的要求,将其分为喜湿性和厌湿性两大类。喜湿性菌类对高湿有较强的适应性,如银耳、黑木耳、平菇等;而厌湿性菌类对高湿环境耐受力差,如双孢蘑菇、香菇、金针菇等,在高湿条件下子实体发育不良。

生产实践中常用干湿温度计来测定空气的相对湿度。向空间和地面喷水是保持、提高空气湿度和防止培养料水分蒸发的有效措施。

3)光照

食用菌细胞内不含叶绿素,不能进行光合作用,因此不需要直射光。如果把食用菌放在直射光下培养,一方面由于日光中的紫外线有杀菌作用,另一方面在阳光下水分急剧蒸发,空气湿度低,不利于食用菌生长。因此,栽培食用菌必须在菇房、树荫下或荫棚内进行。食用菌不同的生长阶段对光的要求不同。

大多数食用菌在菌丝体生长阶段不需要光照,在完全黑暗的条件下,生长发育良好。光照越强,菌丝生长越慢。对于某些食用菌的生长发育,光线是一个重要的因子,没有光照就不能形成子实体,这种在光照条件下产生的子实体反应称作光诱导效应。有人试验把同时接种在培养基上的糙皮侧耳一部分培育在始终黑暗的条件下,另一部分则给予适当的散射光条件,结果当后者大量形成子实体原基时,前者仍停留在菌丝体阶段。通常侧耳在适度光照下,子实体出现时间要比黑暗下提早20 d,以及香菇、平菇、木耳一般都生长在"三分阴七分阳"的地带,所有这些现象足以说明光照对子实体分化的诱导作用。光在平菇生育过程中能使细胞分裂程度提高,促进组织分化。

光照对食用菌子实体发育的影响主要体现在两个方面:一方面光照影响子实体的形态建成,另一方面影响子实体的色泽。

根据子实体形成时期对光线的要求,一般可以将食用菌分为喜光型、厌光型和中间型3种类型。

a.喜光型食用菌。子实体只有在散射光的刺激下,才能较好地生长发育。如香菇、草菇、松口蘑、滑菇等食用菌,在完全黑暗条件下不形成子实体;金针菇、侧耳、灵芝等食用菌在黑暗环境中虽能形成子实体,但菇体畸形,常只长菌柄,不长菌盖,不产生孢子。

b.厌光型食用菌。在整个生活周期中都不需要光的刺激,有了光线,子实体不能形成或发育不良。如双孢蘑菇、双环蘑菇、茯苓等食用菌,可以在完全黑暗的条件下完成生活史。

c.中间型食用菌。对光线反应不敏感,不论有无散射光,其子实体都能够正常生长发育。如黄伞等。

综上所述,几乎所有的食用菌子实体的分化和生长发育都需要一定的散射光,光是食用菌正常生长发育必不可少的环境因子,只有调节好适宜的光照,才能得到产量高、菇形正、色泽好的食用菌产品。

4)空气

空气是食用菌生长发育必不可少的重要生态因子,我们周围的空气主要成分是氮气、氧气、氩气、二氧化碳等,其中氧气和二氧化碳对食用菌生长发育的影响最为显著。因为食用菌同其他生物一样,都要进行呼吸作用,在生长过程中不断吸收氧气,呼出二氧化碳,同时释放出能量。

在正常情况下,空气中的氧含量为21%,二氧化碳含量为0.03%,当空气中二氧化碳浓度增高时,氧分压就会降低。充足的氧气对食用菌菌丝生长、子实体分化和子实体发育都具有明显的促进作用,过高的二氧化碳浓度对食用菌菌丝生长、子实体分化和子实体发育产生抑制或毒害作用。不同种类的食用菌对氧气的需求量是有差异的;同一种食用菌在不同生长阶段对氧气的需求量和对二氧化碳的敏感程度也不相同,在生长过程中一般呈现前少后多的需求规律。

在生产实践中,配料时准确控制培养料的含水量和培养料的松紧度,播种后加强菇房的通风换气、及时排除废气、补充氧气是保证菌丝体旺盛生长的关键所在。

空气对食用菌子实体生长发育的影响表现在以下两个方面。

(1)子实体分化阶段的"趋氧性"

如香菇、木耳、平菇、猴头菇等,它们菌丝生长到成熟阶段时,在袋上开口划破塑料袋,就很容易从接触空气的开口部位生长出子实体。一般子实体分化阶段,食用菌从营养生长转入生殖生长,这时的氧气需求量较低。微量的二氧化碳(0.034%~0.1%)对蘑菇和草菇子实体的分化是必要的,但低浓度的二氧化碳对猴头、灵芝、金针菇等有抑制分化的作用。

(2)子实体生长发育阶段对二氧化碳的"敏感性"

子实体形成之后,食用菌的呼吸作用旺盛,对氧气的需求量急剧增加。0.1%以上的二氧化碳浓度就会对子实体产生毒害作用。如灵芝子实体在0.1%的二氧化碳环境中,一般不形成菌盖,只是菌柄几度分化成鹿角状,当二氧化碳浓度达到1%时,子实体就难以分化。双孢蘑菇在二氧化碳浓度达到0.1%以上时,就会出现菌盖小、菌柄长、开伞快的劣质菇,一旦二氧化碳浓度超过0.5%,就很难形成子实体。猴头菇在0.1%的二氧化碳浓度下形成珊瑚状分枝。平菇在空气中二氧化碳浓度超过0.13%时会出现畸形菇。因此,生产上在子实体发育期,要经常对菇房通风换气,排除菌丝细胞产生的二氧化碳和其他代谢废气,以保证子实体的正常发育。但有时为获取菌柄细长、菌盖小的优质金针菇,在子实体生长阶段常控制通气量,使子实体发育于较高浓度的二氧化碳环境中。

5)酸碱度

食用菌与其他生物一样,其生长发育尤其是菌丝体的生长,要求其生长基质具有适宜的酸碱度(也称pH)环境。人工栽培食用菌时要调节好培养基质的酸碱度,这样才能保证其正常生理活动的进行。

(1)pH 的生理作用

①pH 与水解酶活性。

②pH 与营养物质吸收。

③pH 与呼吸作用。

食用菌是好氧性真菌,过高的 pH 会影响菌丝体的正常呼吸作用。

（2）食用菌生长发育对 pH 的要求

多数食用菌的生长发育都喜偏酸性环境。

·项目小结·

食用菌由菌丝体和子实体两部分组成。菌丝体是其营养器官,可分为初生菌丝体、次生菌丝体和三生菌丝体。子实体是其繁殖器官,基本组成有菌盖、菌柄、菌环、菌托,形态大部分是伞形。在分类上,食用菌属于生物中微生物界、真菌门中的担子菌亚门和子囊菌亚门,其中 95% 的食用菌属于担子菌,繁殖方式可分为无性繁殖和有性繁殖。食用菌在生长过程中需要一定的营养条件和环境条件,营养条件包括碳源、氮源、无机盐、生长因子和水,环境条件是指温度、湿度、光照、氧气。

 复习思考题

1. 什么是锁状联合?

2. 食用菌的菌丝体是怎样变化的? 什么样的菌丝体可以作为菌种?

3. 食用菌的子实体有哪几部分组成?

4. 食用菌的孢子有什么作用? 不同食用菌的孢子都相同吗?

5. 什么叫生活史? 不同食用菌的生活史相同吗?

6. 食用菌的繁殖方式有哪些?

7. 怎样区别担子菌和子囊菌?

8. 怎样辨别有毒野生菌?

9. 野生菌中毒如何进行急救?

10. 食用菌有哪些营养类型? 按其生态习性可分为哪几类?

11. 食用菌需要哪些营养物质? 各类营养物质的生理功能是什么?

12. 食用菌对温度、湿度、空气及光照要求有何规律?

13. 什么是变温结实性菌类及恒温结实性菌类? 并举例说明。

14. 导致子实体畸形的因素有哪些?

15. 试述食用菌与微生物、植物、动物之间的关系。

项目 3

菌种生产技术

📖 【知识目标】

- 掌握食用菌菌种相关概念,了解食用菌生产程序。
- 了解食用菌培养基的种类及配制的一般方法。
- 了解食用菌生产的设备条件。
- 掌握食用菌菌厂规划的基本原则和要求。
- 掌握优质菌种的特征,了解优质菌种的重要性。
- 了解菌种污染的原因和定义,掌握菌种污染的防治措施。
- 了解菌种的退化、复壮和保藏的一般知识。

📖 【技能目标】

- 掌握培养基的制备过程。
- 掌握常用的无菌操作技术。

📖 【项目简介】

- 本项目对食用菌的菌种、菌种培养基、菌种生产的设备条件、菌种厂布局优化设计、优良菌种的指标、菌种的退化、复壮及保藏等相关知识进行阐述。

任务 3.1　认知菌种的类型及生产程序

　　食用菌的菌种制作是食用菌栽培的前提。纯度高、生命力强的菌种是食用菌栽培取得丰产优质的先决条件。菌种质量的好坏,不仅关系到一个菌种生产者的经济效益和信誉,而且关系到广大菇农的栽培效益。

　　生产优质的菌种首先依靠优质的当家菌株和优良的设备条件、培养条件。此外,更需要依靠具有一定水平的食用菌遗传知识、生理知识的制作人员,并且这些人员在工作中要具有严谨的工作态度和认真细致的工作作风。

3.1.1　菌种的类型

　　食用菌的菌种制作包括菌种生产前的高产菌株的选育和高产菌种的繁殖培养两个阶段。高产菌株的选育是根据各种不同的食用菌的遗传特性,有目的地采用自然分离筛选,诱变选育,杂交选育或者细胞融合等方法进行,然后在各种栽培实践中进行子实体产量和质量的考察,选育出符合栽培目标的菌株。菌株的自然选育方法可通过多孢分离法、单孢分离法、组织分离法和基质分离法等获得并筛选出当家菌株。以上所述除自然选育法外,其他选育方法均需要较多的设备条件和较长的筛选过程。菌株的繁殖培养是为了供应栽培者。我国目前的菌种生产通常要经过一级种(母种)、二级种(原种)、三级种(栽培种)三大繁殖类型。

　　菌种(广义):是指以保藏、试验、栽培和其他用途为目的,具有繁衍能力,遗传特性相对稳定的孢子、组织或菌丝体。

　　菌种(狭义):是指以适宜的营养培养基为载体进行纯培养的菌丝体,也就是培养基质和菌丝体的联合体。或者说是指人工培养,并供进一步繁殖的食用菌的纯菌丝体。

　　菌种是食用菌生产的首要条件,菌种性状的优劣直接影响到生产的成败。制作菌种并非易事,需要有丰富的技术经验及企业管理知识。

3.1.2　菌种的生产程序

　　依生产程序分类,菌种可分为:一级种→二级种→三级种。

　　食用菌菌种是通过三级逐步扩大培养的方式来生产的。

　　在生产上,人们根据分离、提纯菌株的来源、转接的方式及生产目的,通常把菌种分为一级菌种、二级菌种和三级菌种。

　　1)**一级菌种(母种)**

　　从孢子分离培养或组织分离培养获得的纯菌丝体,在生产上称一级菌种菌丝体、一级菌种、试管种或母种。一级菌种常用玻璃试管斜面培养,这种培养方法具有观察方便、容易鉴别和易于保存的优点。

　　2)**二级菌种(原种)**

　　由一级菌种扩大繁殖成的菌丝体,有的称为原种,它是一级菌种和三级菌种之间的过渡种,常采用麦粒或玉米粒生产。

3)三级菌种(栽培种)

由二级菌种扩大繁殖成的菌丝体,是直接用于栽培的菌种,又称栽培种或生产种。即"种菇→一级菌种→二级菌种→三级菌种→栽培"。三级种的生产需要根据具体的栽培对象选择营养适当、成本低廉的材料生产,常以菌瓶或菌袋作为容器。

菌种经过三级逐步扩大培养,菌丝体数量大大增加,菌丝越来越粗壮,分解养料的能力,适应环境的能力也越来越强。在生产上只有用这样的菌丝体播种,才能获得高产优质的子实体。

任务 3.2 菌种培养基

3.2.1 菌种培养基的种类及配制的一般原则

1)按营养物质种类分类

(1)天然培养基

天然培养基常用的生物材料有马铃薯、胡萝卜、蚕蛹粉、豆芽汁、花生饼粉、玉米粉、酵母等。适合于各类微生物的生长。

(2)合成培养基

合成培养基是指用已知成分和数量的化合物配制而成的培养基。适用于研究。

(3)半合成培养基

半合成培养基是利用天然物质作为碳、氮源及维生素的来源,另加一些无机盐类配制而成。

2)按培养基的物理状态分类

(1)液体培养基

液体培养基不加琼脂,多用于生理生化方面研究、培养液体菌种等。

(2)固体培养基

固体培养基凝固剂的量,琼脂冬季为1.5%～2.0%,夏季为2.2%～2.3%。

(3)半固体培养基

半固体培养基含有较少量琼脂(0.2%～0.5%)的培养基,使培养基未达到固态而呈黏稠状态。

3)按培养基的用途分类

(1)母种培养基

母种培养基一般是培养或扩大一级菌种,常分装于试管、平板或三角瓶中,多用于转接或扩大培养母种,还多用于菌种保藏等。

(2)原种培养基

原种培养基一般是培养或扩大二级菌种,常分装于瓶子、塑料袋子中,液体常分装于三角瓶或发酵罐中,用于转接或扩大培养原种。

(3)栽培种培养基

原栽培种培养基一般是培养或扩大三级菌种,常分装于瓶子、塑料袋子中,液体常分装于三角瓶或发酵罐中,用于转接或扩大培养栽培种。

3.2.2 母种培养基的种类及配制步骤

1)母种培养基配方

母种培养基:常用 PDA 培养基,有特殊需要时,可用玉米水、麦麸水或在 PDA 中加入 1% ~3% 的蛋白胨形成多种配方。

①土豆 200 g、糖 20 g、琼脂 18 g、水 1 000 ml。

②去皮马铃薯 200 g、葡萄糖 20 g、琼脂 18 ~20 g、水 1 000 ml、pH 值自然,另外添加麸皮 20 g、玉米面 5 g、黄豆粉 5 g、磷酸二氢钾 2 g、硫酸镁 2 g,VB_1 片(10 mg)。此配方适用于大多数菌种,金针菇、黑木耳、灵芝生长尤其苗壮。可作黑木耳复壮培养基。

③去皮马铃薯 200 g、葡萄糖 20 g、琼脂 18 ~20 g、水 1 000 ml、pH 值自然,另外添加麸皮 20 g、玉米面 5 g、黄豆粉 5 g、磷酸二氢钾 2 g,硫酸镁 2 g,VB_1 片(10 mg)、平菇子实体 100 g。此配方适用于大多数菌种生长。作平菇的复壮培养基效果显著。

④去皮马铃薯 200 g、葡萄糖 20 g、琼脂 18 ~20 g、水 1 000 ml、pH 值自然,另外添加麸皮 20 g、玉米面 5 g、黄豆粉 5 g、磷酸二氢钾 2 g、硫酸镁 2 g,VB_1 片(10 mg)、香菇子实体 100 g。此配方适用于大多数菌种生长,可作香菇的复壮培养基,效果显著。

2)母种制种过程

培养基的配制→分装→培养基灭菌→转管扩大接种→培养→母种。

配制步骤如下:

①准备工作。选择培养基配方并购买原材料。

②称量、材料预处理。按配方准确称量各营养物质。将马铃薯去皮、挖掉芽眼后称量 200 g,切成 1 cm 见方的小块。琼脂剪碎后用水浸泡。

③熬煮。将切好的马铃薯块加适量水后放入电饭锅中,煮至酥而不烂,如配方中有麸皮、玉米粉,此时加入一起煮制。

④过滤、加可溶药物。用 4 层纱布过滤除去滤渣,取滤汁,放在电饭锅中加热,加入糖。

⑤熬琼脂、定容。在沸腾状态下加入琼脂,直到琼脂完全溶化为止,定容至 1 000 ml。

⑥培养基分装。用漏斗或大号注射器分装于试管、三角瓶或平皿,如果分装试管,分装量为试管长度的 1/4 ~1/5。注意培养基不能沾污试管口。然后加塞及扎捆,棉塞松紧适度,1/3 在管外,2/3 在管内。再将 7 ~10 支试管捆在一起,棉塞上包好防水纸,直立放入高压灭菌锅中。

⑦灭菌处理。在 1 ~1.5 kg/cm² 压力下维持 20 ~30 min。

⑧摆斜面。灭菌结束后锅盖开 1/5 的小缝,用余热烘干报纸和棉塞,然后摆斜面。斜面长是试管总长的 1/2。

⑨接种。

⑩培养。

3.2.3 原种及栽培种的制作

1)常见原种、栽培种培养基配方

(1)木屑培养基配方

细木屑 80%、麸皮 12%、玉米面 1%、黄豆粉 2%、过磷酸钙 1.5%、红糖 0.5%、尿

素 0.4%、硫酸镁 0.1%、石灰 1%、石膏 2%、料：水 = 1：1 ~ 1.2。此配方适合香菇、黑木耳、平菇原种生长,菌丝粗壮洁白。

(2)玉米芯培养基配方

玉米芯 80%、麸皮 14%、糖 0.5%、过磷酸钙 1%、石灰 2%、尿素 0.5%、玉米面 2%、料：水 = 1：1.4 ~ 1.5。此配方适合于培养平菇原种,菌丝生长速度快,且菌丝粗壮。

(3)玉米芯、木屑混合培养基配方

玉米芯 42%、木屑 20%、豆秸 20%、麸皮 10%、过磷酸钙 1.5%、石灰 2%、石膏 1%、糖 0.5%、玉米面 3%、料：水1 = 1：1.4 ~ 1.5。此配方适合于培养平菇原种。生长健壮,也可培养金针菇、滑子蘑原种。

(4)软质木屑配方

椴木屑 75%(木线厂下脚料,颗粒较大)、麸皮 15%、玉米面 5%、石膏 1.5%、石灰 1%、糖 0.5%、过磷酸钙 1.5%、尿素 0.5%、料：水 = 1：1.2 左右。适用于金针菇、滑子蘑等分解基质能力较弱的品种使用。

(5)麦粒、木屑培养基配方

新鲜优质小麦 80%、阔叶树木屑 20%、木屑：水 = 1：1 左右,拌木屑用煮小麦水,或在此基础上加入总量 0.5% 的过磷酸钙、0.5% 的蔗糖、1% 的石灰,在麦粒煮好后连同木屑拌入。

(6)玉米粒培养基配方

优质新鲜玉米 100%,或后期加入 0.5% 过磷酸钙、0.5% 的糖、1% 的石灰。

玉米粒培养基制作的原种具备麦粒原种的优点,后劲更足,接种扩繁量更大。

2)原种、栽培种培养基的制作及菌种培养

原种与栽培种培养基的制作有很多共同点,例如,原种与栽培种培养基可以用同样的配方,同样的菌袋容器材料,也是同样的操作步骤。不同的是,原种制作培养成功后制作栽培种时,需要新配制一批培养基,再重新接种(将原种接入新配制的培养基中)培养形成栽培种即可。

(1)原种、栽培种常用谷粒培养基制作步骤

①按配方称量各营养物质。常用配方:优质新鲜小麦 65%、木屑 15%、棉籽壳 15%、麸皮 5%、石膏 1%、过磷酸钙 0.5%、糖 0.5%、尿素 0.5%。

②谷粒浸泡吸水。冬季浸泡 24 ~ 48 h,夏季加 1% 石灰(以防变酸)浸泡 24 h,隔夜换水。

③煮沸、沥干捞出。泡好后,漂洗干净(去杂),煮至饱胀无白心,切忌煮开花,沥干水分后捞出。

④拌料。用煮小麦水拌木屑、棉籽壳、麸皮,最后再一起与麦粒拌匀。

⑤装瓶或袋。装料量应为 1/3 或 3/4 瓶肩处,擦净外围并封口。菌袋扎紧口,如为菌瓶小瓶口用棉塞。广口瓶封口塑料袋采用规格为 13 cm×13 cm×0.004 cm 高压聚丙烯袋,两层塑料膜,至少两个皮筋扎紧。

⑥装锅灭菌。高压灭菌时,加热排冷气后压力为 0.1 ~ 0.15 MPa,温度达 121 ℃ 左右,维持 1.5 ~ 2 h;常压灭菌时,加热水蒸气温度达 100 ℃ 维持 10 ~ 12 h,夏季时间可酌情延长。

⑦无菌操作接种。出锅、冷却至 30 ℃ 以下,环境、用具严格消毒灭菌后进行接种。

⑧菌种培养。将菌袋或菌瓶置于适宜温度下培养,菌丝体长满菌袋或菌瓶即可。

（2）生产中也常用木屑、玉米芯料培养基制作方法

①按配方称料。

②拌料。

a. 干混：将石膏和不溶于水的主料和辅料混匀。

b. 湿混：将石灰和溶于水的辅料制成母液，加入所需水量稀释后拌料。

③装瓶或塑料袋。闷 1~2 h（夏季时间不宜过长），待料充分吸足水后装瓶或塑料袋。如果用瓶装料至瓶肩，上紧下松压平料面，擦净瓶口，打 1.5 cm 粗接种孔至瓶底封口。如果用塑料袋装料，可以用塑料套环及棉塞封口，也可以用绳子或皮筋直接扎紧。

④灭菌。同谷料培养基制作。

⑤接种。出锅、冷却、接种操作同谷粒培养基制作。

⑥培养。同样将菌袋或菌瓶搬进培养室（箱）或置于培养架子上，调节控制适宜的温度培养至菌丝体长满菌袋或菌瓶。

3）液体菌种制作

（1）液体菌种制作的原理

采用液体培养基通入无菌空气并加以搅拌，增加培养基中溶氧含量，提供食用菌菌体呼吸代谢所需要的氧气，并控制适宜的外界条件，获得大量的菌丝体或代谢产物。

（2）液体菌种的特点

①原料来源广泛，成本低廉。

②菌丝体生长快速。

③生产周期短。食用菌深层发酵一般仅需 2~7 d 就可获得大量的菌丝体，而固体培养则需 30~60 d。

④工厂化生产无季节性。食用菌深层发酵是在发酵罐内、控制最佳条件来培养菌体的，不受季节性限制。

（3）液体菌种的用途

①直接生产液体菌种。食用菌经深层发酵 2~7 d 的幼嫩菌丝体，可以用来作为食用菌栽培用的原种和栽培种，即制作二级、三级菌种。

②制备药物或提取生化制品。许多食用菌种类，其深层发酵培养的菌丝体可作为提取药物成分或生化制品的良好材料。

③制作食品或畜禽饲料。食用菌的深层发酵培养的菌丝体可以研制饮料、保健品、食品添加剂等，还可以研制畜禽饲料或添加剂。

（4）液体菌种制作的主要设备

①摇床。用于少量浅层液体培养。有往复式摇床和旋转式摇床。往复式摇床振荡方式为往回振荡，旋转式摇床为旋转振荡培养。

②种子罐和发酵罐。用于大量深层液体培养。大量生产食用菌液体菌种是在发酵罐中进行，发酵罐又称种子罐，栽培许多食用菌时需要一定的营养、氧气、pH 值（酸碱度）温度等条件，所以需要与发酵罐配套的设备及仪表。例如，蒸气锅炉及附属设备、供气压缩泵及空气净化设备，培养基消毒灭菌及连续培养、抽样检验装备（包括配料罐、连消塔、维持塔、喷淋冷却器）等。

（5）液体菌种制作的主要工艺流程

斜面菌种制备→摇瓶种子制备→一级、二级种子制备。

一级种子罐通常为50~100 L,二级种子罐为500~1 000 L。

（6）液体菌种制作的主要参数

①菌龄。菌龄与种子的活力密切相关。通常,摇瓶种子菌龄控制在4~10 d,一级种子和二级种子菌龄为48~96 h。

②接种量。一般地,食用菌深层发酵时的接种量为10~20%。

③温度。通常在22~30 ℃生长最快,得率最高。

④通气量。食用菌深层发酵的通气量以0.02~0.05 MPa为宜。

⑤搅拌速度。食用菌深层发酵的搅拌速度一般是120~150 r/min。

⑥酸碱度。不同种类的食用菌都有一个最适酸碱度。例如,黑木耳的最适pH为6.0~6.5、金针菇为6.3、香菇为4.5~6.5。

⑦罐压。在发酵过程中罐压通常为0.2~0.7 kg/cm。

⑧泡沫控制。在发酵过程中泡沫过多不利于发酵,目前大多数是加入0.006%的泡敌作消泡剂消除泡沫。

⑨发酵终点的判断。发酵终点是否准确,应参考产物浓度、过滤浓度、氨基酸含量、残糖量、菌丝形态、pH、发酵液的外观和黏度等因素才能决定。

任务3.3　菌种生产的设备条件

规范化的菌种生产,除有合理的场所布局外,还要有一定的生产设备。生产设备的选型配套将决定菌种的生产能力,并与菌种质量有密切关系。进行菌种选育的单位,还要有菌种选育的相应设备,如分离、检测仪器。

3.3.1　基本设备与试剂

1)基本设备

菌种生产的基本设备包括化学实验合(桌)、药剂橱、电炉、调压器、手提式高压锅、药物天平、钢精锅、漏斗架、铁丝筐、小刀、牛皮纸、橡皮筋、棉线、纱布、橡皮管、橡皮夹、温湿度计及水电设施等。

2)玻璃器皿

玻璃器皿包括量筒、量杯、漏斗或保温漏斗、移液管、定量移液管、试管(常用15 mm×150 mm,18 mm×180 mm,20 mm×200 mm)、三角瓶、培养皿等。

3)常用试剂

生产原种,常用的试剂有琼脂、磷酸二氢钾（KH_2PO_4）、磷酸氢二钾（K_2HPO_4）、硫酸镁（$MgSO_4$）、氢氧化钠（NaOH）或石灰水、精密pH试纸等。

3.3.2　配料设备

1）枝桠材切片机

该机用于木材、枝桠材切片，是人工栽培木生食用菌不可缺少的机械。它具有结构简单、操作容易、生产率高、保养简单等优点。

使用方法及注意事项详见产品说明书。

2）木片粉碎机

该机可将木片粉碎成木屑。

3）铡草刀（普通铡刀）

铡草刀用于草菇、双孢蘑菇栽培原料（稻草、麦秆等）的切断加工。由一块厚度 5～8 cm 木板和一把一端固定在木板侧面活轴上的大刀组成，刀把一端上提下切加工草料。

4）拌料机

该机主要用于木生食用菌制种和栽培原料的搅拌混合，减少干料人工搅拌中的灰尘量和减轻劳动强度，是食用菌生产机械之一，目前推广型号因生产规模大小不同而定。

5）装瓶或装袋机

该机用于快速填装木屑培养基，是人工代料栽培木生食用菌，并形成规模生产不可缺少的机械，具有结构简单、操作方便、功效高等特点。

使用注意事项有：

①使用时根据装瓶或装袋需要更换相应搅龙和搅龙套，更换时应先拆下搅龙套，换上所需要的搅龙，而后再换上相应的搅龙套。

②装袋时，先把塑料袋套在搅龙套上，一手握套筒出口处，一手紧托塑料袋末端，徐缓退出。

③装瓶时将瓶口套入搅龙套，按装袋方法装满菌瓶。

④踏下离合器的脚踏板，使其完全结合后才开始工作，松开脚踏板即停止送料。

⑤生产过程应及时添料和更换料瓶或料袋，如遇料斗内材料架空，切不可用手指伸入搅拌材料，以防伤手。

3.3.3　灭菌设备

1）手提式高压蒸汽灭菌锅

该设备是母种、原种生产的必备设备，常用于试管灭菌。每次可灭菌 200～250 支试管。手提式灭菌锅常与调压器配套使用。

2）大中型高压蒸汽灭菌锅

该类设备用于培养基的高压灭菌，容量有 200～280 瓶/次。自制高压蒸汽灭菌锅的容量可达 2 000 瓶/次。灭菌锅有单门、双门的，也有单层、双层的。常用 4 mm 以上的钢板焊制，并经有关部门调试检验后方可投入使用。目前推广的有 WS-2 型蒸汽灭菌锅和电热圆形卧式高压蒸汽灭菌锅。

使用注意事项详见产品说明书。

3）常压灭菌灶

常压灭菌灶是目前广大农村栽培者自己建造的灭菌设备。

①用砖和水泥构筑,盛水容器用直径 80 ~ 100 cm 铁锅 1 ~ 2 个。灶体体积大小不等,容量 1.5 ~ 3 m³,可装 600 ~ 1 500 瓶。

②用厚钢板焊接成。

③用大型铁油桶或蒸汽炉配套塑料薄膜形成分体式。

设计时主要技术要求是:

①灶体大小依生产规模而定,灶仓内可安放 1 ~ 2 口锅,灶仓砌墙范围比锅的直径宽 20 cm 左右,灶仓内墙壁用水泥精细粉刷,灶顶圆拱形,蒸汽冷凝水可沿仓壁下流,灶顶平坦,冷凝水易下滴打湿灭菌物。

②灶仓内要有层架结构,便于分层装入灭菌物。

③具有温度测试装置,一般放在灶体中部小门中间。

④具有加水装置和观察或测试灶内水分残余多少的装置。

3.3.4 接种设备

1）接种室

这是大批量生产中常用的接种场所,特点是方便操作、接种速度快,但空间消毒没有接种箱好控制。规范化接种室应有缓冲间和接种室之分,两间开门处不置于同一直线上,以拉门为好,要配有日光灯、紫外线灯、工作台、水槽、升降椅和试剂架等。

2）接种箱

由木质和玻璃加工的接种箱是目前最常使用的接种设备,大小不一,分有单人操作和双人操作,每箱装瓶接种数量从 60 ~ 150 瓶不等。制作过程应注意:

①整个箱体结构要密闭,上下各有 1 个直径 10 cm 的通气孔,孔面用 8 ~ 12 层纱布过滤空气。两侧各有 2 个直径为 15 ~ 18 cm 的接种孔,孔面用长手袖套住,以便接种操作。

②箱内要有日光灯(25 ~ 40 W)和紫外灯(15 ~ 30 W)各 1 盏,以便消毒灭菌。

3）超净工作台

这是一种以空气过滤去除杂菌孢子和灰尘颗粒达到净化空气的装置。规格有单人操作机和双人操作机两种,空气过滤的气流形式有平流式和直流式。我国的上海、厦门、苏州、蚌埠、沈阳等市均有生产。安装使用时要配备结构合理、内墙粉刷讲究的干净房间,条件较好的菌种场可安装分离式空调机。

4）接种工具

主要种类有接种针、接种环、接种铲、接种匙、酒精灯、接种台等,菌种分离时还要有解剖刀、刀片、小镊子。

3.3.5 培养设备

常用的主要有培养箱和培养室。

1）培养箱

培养箱是用于菌种培养的设备。常用的制热升温式培养箱,是由电炉丝和水银接触温度计组合成的固定体积的培养装置,大小规格不一。培养箱设备完善程度和价格有很大不同,随着科学发展的需要,现在有各种结构合理、功能齐全的培养箱诞生,如恒温恒湿培养箱、低温培养箱、控温控光控湿培养箱等,这些培养箱价格较高,但可以克服环境的限制,达到四季试验培养自如的目的。

2)培养室

培养室是用于大量培养菌种的房间。为了充分利用培养室空间常有配套的培养架、空调、排气扇、加湿器、照明灯、温度计、湿度计等。

(1)培养架

培养架是为了充分利用培养室空间而设计的菌瓶、菌袋培养架。可以是木质结构,也可以用角钢制作,层架上铺有薄木板或塑料板支撑菌瓶或菌袋,架子大小规格可依房间大小而定。

(2)空调机

空调机是调节培养室温度的设备。从空调机的工作性能而言,有的专门制冷或冷热两用。接种室要选用分离式空调机,3 000 kcal 每台机制冷空间 100 m³,5 000 kcal 的制冷 180 m³,但夏季的制冷和冬季的制热控制难易还同培养室的保温结构材料、装备有关,保温隔热结构越好,每台机制冷或制热的空间就越大,相反就越小。

为了节约设备投资,对大面积的气调空间可采用冷冻机和通风管道进行气调,但这种工程需结合在土建中实施。

(3)温度计、湿度计

温度计和湿度计是用于测试培养室温湿度的指示仪器。

3.3.6 菌种保藏设备

常用的主要有冰箱、冰柜和冷藏室。一般用于低温保藏试管母种和原种。

任务 3.4 菌种厂布局优化设计

3.4.1 菌种厂的布局要求及优化设计

菌种厂是从事食用菌菌丝体纯培养的场所。为了提高菌种纯培养的成功率、降低污染率,必须注意其场地和建筑物的规划和布局的科学性。合理科学的规划和布局能为菌种生产创造良好的环境条件,生产优质菌种,对提高菌种厂的经济效益起着很大的作用。

所谓菌种厂的规划是指菌种场筹建的优化布局,包括场所位置的确定以及同规模大小和制种要求相适应的投资设备、建筑物的要求标准等。所谓布局是指根据菌种场所生产菌种的种型所需要的生产工艺流程布局和与其相适应的厂房设备、配套设施等。优化合理可以减少投资、降低成本、提高生产效率。

菌种厂规划的基本原则和建造原则有:

1）以销定产、设备配套

根据各地发展食用菌的种类,当地资源和产品销售行情确定菌种场规模的大小,并按每年各季生产菌种量规划厂房各部分的面积,按各部分面积大小和生产量选择设备的不同规格型号和台数。

2）根据实力确定制种级别

根据菌种厂本身技术力量和设备条件,确定菌种生产的级别,有菌种选育人员和有条件购置育种设备的,可同时规划菌种选育实验室和栽培实验场所;不具备选育菌种条件的,可单纯扩大生产菌种。

（1）地理位置要求

地形开阔,地势高燥,交通运输、水、电方便。

（2）环境要求

环境清洁,空气清新,周围50 m以内要没有酱醋作坊、牧场、畜禽圈舍及饲料库和"三废"排放的工厂。

（3）房室要求

各个房间要能密闭、保温、通风且光线充足,内墙壁的四角要砌成半圆形,最好用防水涂料刷白,室内外应用水泥或砖石铺设,以便清洗和消毒。若有条件,各个房间都要安装水电及空调、暖气设施。

3.4.2　建筑布局与成本效益

根据微生物在空气中容易传播的特点,规划厂房,布局流水线,使制种的工艺流程既能节约劳力和投资,便于流水作业,也有利于对微生物传播的控制,提高纯菌种培育的成功率。下面分别介绍简易菌种厂和规范化菌种厂的平面布局。

1）简易菌种厂的平面布局

这种菌种厂适宜建立在乡村,年菌种生产量10万瓶以内规模。在规划中还应当注意以下各项:

①每天菌种可生产量与冷却室、接种室、培养室的面积应当相适应。根据实践经验,一般没有空调设备的乡村制种场,采用常压或高压灭菌制种的,其每天菌种生产量同冷却室,接种室和培养室比例大约为500∶5∶1∶36。即每天生产量为2 000瓶(袋)的菌种场;冷却室约需20 m^2,接种室4 m^2培养室144 m^2,且培养室内具有6层培养架,培养架占地面积为培养室总面积的65%。

②培养基制作、灭菌、冷却、接种应当一条龙流水作业。

③冷却室和接种室在条件不允许情况下可以两室合用,冷却后用塑料膜在室内架起临时接种室进行接种。

④筹建菌种场时,资金使用的重点应放在灭菌、冷却、接种3处的设备和室内标准化设置上。

⑤原料仓库,特别是粮食类的原料仓库应当远离培养室、接种室和冷却室,若有栽培场,也应远离以上各室,避免杂菌源传播。同时,仓库晒场位置还应选择在接种、冷却、培养室的东西方向。减少风向对以上各室造成杂菌源传播机会。

2)规范化菌种厂的平面布局

所谓规范化菌种厂是指严格地控制微生物传播规律建立起来的菌种厂,它除了设备较齐全、人员素质较好外,布局上严格按有菌区和无菌区划分,无菌区又有高度无菌区和一般无菌区之分。其工艺特点是:

①该工艺按"培养基制作→灭菌→冷却→接种→培养"的程序流水作业。菌种厂的建筑结构室内要求水泥地面、四周墙壁洁净,不易沾染霉菌孢子,不易吸湿,保持壁上干燥且便于冲洗。

②灭菌锅应是双门的,一门与有菌区(培养基制作室)相通,另一门与无菌区(冷却室)相通,双门不能同时开放。

③冷却室、接种室要求做水磨石或油漆地面,四周墙壁和天花板油漆防潮,安装空气过滤装置。冷却室配备除湿和强制冷却装置,接种室配备分离式空调机。

④培养室要有足够的空调装置,保证高温季节能正常生产。

⑤工作人员必须具有一定微生物常识,经过严格无菌操作训练,进入无菌区前须淋浴消毒或更换消毒过的工作衣。

⑥菌种灭菌后的运输工具一经运出接种室,必须灭菌或消毒后方可进入无菌区使用,其他工具或用品也一样。冷却室、接种室、培养室均用横拉门结构,减少开关式门扇启动过程的空气流通。整个无菌区要求密闭性能良好。

⑦保持冷却室、接种室的气压为正值,高出室外 0.3~0.5 个大气压。其中,接种室气压又要大于冷却室,冷却室大于缓冲室和培养室。

⑧原料仓库远离冷却室、接种室和培养室。原料特别是粮食类原料是许多杂菌的主要菌源。

⑨栽培试验场与制种场应当分开,不能同在一处或相距很近的地方,否则栽培场杂菌易传入制种场。

⑩培养基制作室和其他仓库实验室为有菌区,冷却室、接种室和培养室为无菌区,其中,冷却室、接种室为高度洁净的无菌区,要求空气净化程度达到 100 级。(按国际标准,凡是达到≥0.5 um 尘埃的量≤3.5 粒/L,即洁净度达到 100 级,表示环境中无尘无菌)

菌种厂的厂房应按照"配制培养基→蒸汽灭菌→分离或接种→菌丝培养"的程序进行平面布局,相应安排配料间、灭菌间、接种室和培养室,使其形成一条流水作业的生产线,以提高制种工效和保证菌种的质量。

任务 3.5　认知优质菌种

菌种的质量是食用菌栽培的内因,既关系到栽培菌产量的高低,也关系到数以万计栽培者的切身利益。优质菌种对生产的重要性是不言而喻的。

菌种质量的检测包括微观指标、宏观指标和生理指标,这些指标目前只应用于科研者与生产者之中,内在机理还未能很好地阐明,许多指标只是知其然而不知其所以然。通过各种检测手段,可以鉴别某菌种是什么菌种(分类地位),是否可以应用到生产上去。菌种优良程

度是一个综合性指标,不是某一指标就可以决定的。

3.5.1　微观指标

微观指标是指通过显微观察或化验手段而获得的指标常数或现象。下面举例说明目前较成熟的指标特征:

(1)双孢蘑菇

观察双孢蘑菇单孢子萌发后的菌丝生长形态。凡菌丝洁白,健壮,保存时间较长时菌丝颜色不变,较耐23 ℃以上气温,生长在基质上平贴培养基表面,空间菌丝(气生菌丝)不多的,为同化能力较强、产量较高的菌株;相反,菌丝生长初期好,很快变黄变稀,如蜘蛛丝一样,在洁白生长时长出培养基表面菌丝较多的菌种,产量较低,但色泽较白。

(2)香菇

观察香菇的双核菌丝。凡是在斜面培养基上生长速度达到1.2 cm/24 h以上的,菌丝不呈十分粗壮和洁白,锁状连合频繁,锁状连合在菌丝间相距较近,且菌丝观察面上分布均匀,一般均是高产和抗杂能力较强的菌株。

(3)草菇

观察草菇菌丝,发现菌丝分枝角度大的,出菇率高,产量高;菌丝分枝角度小、平行排列的,产量低,出菇率低。

各种食用菌的菌丝生长一般均以色泽、速度、均匀度等特征,观察是否正常,判断菌种生长是否正常,是否可用,但辨别不了是否优质高产。

3.5.2　生理指标

通过各种化验分析的方法,判断菌株可能具有某种或某些优良性状。这种方法目前只限于新菌株选育时作为参照依据,其规律性有的食用菌较明显,许多还不明显。可供参考的生理指标主要有:

1)呼吸强度

采用呼吸仪测定菌丝呼吸强度;测定氧气消耗量和二氧化碳增长量,判断菌株呼吸强度与产量的关系。如双孢蘑菇和香菇,均发现呼吸强度大的菌株产量高。

2)多酚氧化酶

食用菌中普遍存在多酚氧化酶,其含量高。活性强的菌株,一般是高产菌株,起码对香菇菌株来说是这样。含多化酚氧化酶的菌株子实体色泽好。

3)木质素酶和虫漆酶

各种食用菌中木质素酶和虫漆酶的含量不同,各生长期的含量也不同,相同条件下培养的同量菌丝含木质素酶和虫漆酶量高的菌株是好菌株,其同化培养基能力强,培养基残留物少。

4)纤维素酶和半纤维素酶

不同食用菌中纤维素酶和半纤维素酶含量不同。实验认为,松菇、金针菇、滑菇的纤维素酶活性较高,耳类纤维素酶活性高于香菇、双孢蘑菇纤维素酶的活性较低。相同条件下,菌龄相同的菌株这两种酶活性较高的产量较高。

5) 同工酶

以同工酶谱测定菌株的优良程度是目前食用菌菌株优良性状检测指标之一,也是同一种类食用菌的不同菌株的鉴别方法之一。通过同工酶谱带的多少、宽窄、强弱,可以判断菌株之间遗传性状的相似程度和差异程度。同工酶谱与培养基基质成分、培养温度、pH 值、环境条件有关系,可以作为一种综合性状的检测指标。

3.5.3 宏观指标

1) 子实体性状

一般以子实体色泽、厚薄、大小等形态特征作为菌株鉴定的宏观指标。这些指标均以商品要求为标准,所以说也是品种的经济指标。如香菇以大小适中、肉厚、色深、边缘内卷、柄短细为优良,双孢蘑菇以色白、开片好、蒂头小、松泡率高为优良。

2) 菇峰期长短

菇峰期长短是指每批菇持续产菇时间和两批菇之间间隔时间长短。各种食用菌菇峰长短不一,相同种类的不同品种也有所区别。如香菇,一般高温型菌种菇峰期短,间隔时间也短;低温型菌种菇峰期长,间隔时间也长。这与该品种对培养基同化能力有关系,与各种外界条件也有一定关系。

3) 出菇快慢和难易

食用菌栽培中以快出菇(第一潮菇)、出好菇作为菌种优良的一种指标,因其便于栽培,便于管理。凡具备生命力强、分解基质快、使基质变色明显、失重率高这些特征的菌株,均可以作为优良菌株栽培。

4) 干燥率

子实体干燥率与子实体含水量有很大关系。一般来说,耐恶劣环境的优良菌株,干燥率较高。

3.5.4 检测菌种的目测个例

母种(试管种)目测指标包括菌丝体在斜面上的色泽、质地、生长速度与温度的关系,以及菌丝分枝角度、有无隔膜或锁状连合等,均可作为试管种的目测指标。

原种、栽培种(二级种、三级种)目测指标。

下面举例说明目前较成熟的目测指标的观察特征。

(1)香菇木屑菌种

①菌丝白色,棉絮状。在木屑培养基上每天生长 1 cm 左右,粗细菌丝相间均匀,末端基本成一平面,在过湿培养基上生长粗壮,在发酵的木屑培养基和加玉米粉培养基上菌丝雪白。

②菌丝长满菌瓶后有气生菌丝出现,随着菌丝繁殖代数增加和培养基营养的丰富,气生菌丝生长加快。分泌褐色菌汁的特征因品种不同而不同。通常在 30 ℃之后,野生菌种易分泌酱油状液体,色泽深,从而引进菌株分泌颜色较淡,洋葱酱油培养基有利分泌酱色物。

③菌丝与瓶壁脱离迟早与装料松紧和干湿度有关,装料过松易脱离,相反迟脱离。菌丝

紧贴瓶壁上,在见光处和有温差刺激下,有头状密集菌丝体出现,这是菌丝扭结现象,也是易出菇的标志之一。

④菌丝生长过的木屑颜色变化大,说明菌种分解能力强或水分适宜;变化小说明菌种分解木屑能力弱或水分过干。

⑤菌丝从瓶中取出后保湿培养,恢复快为正常;恢复慢且易出现褐变,说明菌种低劣,接种后不易定植成活。

⑥菌瓶去掉棉塞后气味正常,无异味,菌瓶表面水珠甚少,是香菇纯培养物;若有异味,表面水珠很多的要防止霉菌污染。

⑦注意棉塞上的污染情况,菌丝与瓶(袋)壁萎缩分开的不宜使用,若实在需要,也只能用中部的少量菌种。

(2)蘑菇菌种

①蘑菇菌种常用稻草、麦秆或麦粒3种培养基。稻草种菌丝洁白,粗细均匀,后期出现菌索,进而出现黄水,750 ml瓶装以28 d左右菌龄为宜,袋装以35 d菌龄为宜(23 ℃培养)。麦秆种菌丝较稻草种菌丝色深(不浓白),但菌块收缩较少,瓶装培养基30 d左右,菌袋38 d左右长满。麦粒菌种制种时,麦粒干湿度和灭菌压力、温度的控制很重要,有菌被产生的说明过湿,上下不均匀说明预湿不佳。

②蘑菇菌丝培养适宜温度23 ℃,过高菌丝黄褐色,蛛丝状,繁殖后不易吃料。

③优良的蘑菇菌种,应当具备抗高温、吃料快、菌丝色泽正常、抗病能力强等特点。

④菌种污染了杂菌或发生螨类为害时,应尽早去除并销毁。

(3)木耳菌种

①菌丝洁白,菌丝生长均匀密集,前缘平面整齐、上下一致。

②菌丝长满瓶后出现浅黄色的色素,黑木耳由下而上出现胶质耳基,毛木耳耳基常在表面。

③菌种瓶内菌种与瓶壁紧贴,水珠白色为适龄菌种,菌丝分泌浅黄色液体为老化菌种,原基自溶、黄水较多时不可使用。

④毛木耳若耳基过多,也只能用下部少量菌种。

(4)草菇菌种

①正常的草菇菌丝是灰黄色,半透明状,蓬松,在菌瓶中分布均匀,菌丝密集,有红褐色的厚垣孢子产生。

②若菌种瓶内有白色棉絮状菌丝出现,则有杂菌。

③菌丝表面萎缩、不蓬松,培养料干缩有水分溢出,证明老化,不宜使用。

④根据栽培经验,厚垣孢子多的菌种,子实体较小较密,相反则较大较稀疏。

⑤菌龄,稻草种20 d为宜。

(5)金针菇菌种

①菌丝体白色,在木屑培养上生长比香菇纤细、密集。

②菌丝长满瓶后,遇到低温能出现原基,长出成丛子实体。原基一般从表面产生或从菌袋中培养基与菌袋间隙处产生。

③菌种以健壮、富有弹性易出菇,原基色泽黄白色、整齐,菌盖不易开伞的菌种为优良菌

种,菌龄控制在 25~30 d 为宜。

(6)平菇(凤尾菇)

①优良平菇(凤尾菇)菌种菌丝洁白、粗壮、密集、粗细相间,比香菇菌丝更粗,成熟菌种在表面产生珊瑚状菇蕾(凤尾菇)或紫黑色原基(鲍鱼菇)等。

②菌丝呈绵毛状,有爬壁能力,分解培养基变色明显,菌丝粗细相间,分布均匀,没有杂菌害虫的为优良菌种。

③麦粒菌种若菌丝生长缓慢,其原因一是过干,二是有杂菌污染(含细菌和霉菌),三是过湿。

④若出现菌丝生长稀疏、发育不均或收缩自溶产生红褐色液体,均不宜使用。

(7)银耳菌种

①银耳菌种由于长期人工栽培所使用的基质不同,产生有适宜于段木栽培和木屑、棉籽壳等代料栽培的菌种。两种不同基质栽培的菌种,在菌种培养时间、耳基分化期限等方面有较大的不同。

②在菌种中羽毛状菌丝生长速度快,爬壁能力强,分布均匀,有灰黑相间的花斑,黑色素多,黑色斑纹多的为好菌种。

③银耳菌种优良程度不仅是要求纯白菌丝生长好,而且要求羽毛状菌丝生长好,选育优良菌种分别从两种菌丝着手,然后混合使用。

④接种时应当两种菌丝混合均匀,特别是纯白菌丝,若没有纯白菌丝就不会出耳,但可用银耳孢子液注射补救。

(8)猴头菌种

①菌丝洁白、浓密,初时生长速度慢,后期较快,上下均匀,在培养基表面易形成子实体(珊瑚状,像凤尾菇)。

②在 pH≤4 的培养基上生长速度加快,生长旺盛。

③菌种萎缩、吐淡黄色液体为老化菌种。

任务 3.6　菌种污染及杂菌控制

3.6.1　菌种污染的原因

众所周知,无论是制种或是栽培生产,污染率的高低直接影响经济效益。菌种污染直接关系或影响到栽培效果,在规模化、工厂化栽培食用菌日益发展的今天,从制种到各种食用菌栽培,存在同样的减少杂菌污染、提高成品率的问题。每年全国污染造成的损失十分惊人,特别是在原材料价格上涨、劳动力报酬提高的今天,研究防治污染的技术和工艺,提高成品率,减少污染率,对于提高食用菌栽培经济效益具有现实意义。

制种制袋过程杂菌污染是由于外界微生物入侵菌瓶菌袋的结果。在目前广大农村设备尚较简陋的条件下,造成污染的途径很多,减少污染主要靠人们认真操作,把好各个技术环节。但在实际操作中,有的环节是可以通过人为操作来降低污染率,有的环节却是生产工艺和设备本身造成的污染,是难以克服的问题,只有靠工艺改革、设备改造更新来解决。造成污染后,人们不仅要及时观察鉴别出污染物,保证菌种纯种培养和菌袋成功率的提高,而且要客观总结造成污染的原因,采取相应的补救措施,这样才有利于制种制袋成本的降低和技术操作水平的提高。

通常菌种污染原因有以下几种:

1)菌种本身不纯、质量低劣

不是纯培养无论是制种(原种、母种、栽培种)还是制菌袋,都要求使用高纯度的优质菌种进行接种培养。用于繁殖扩大的菌种本身是否纯培养,直接决定扩大繁殖的纯度,本身已污染的菌种繁殖扩大到新的培养环境中必然造成新的污染。这种情况下,污染常发生在接种菌块之中或周围,污染往往是小批量的规模,污染杂菌种类比较一致。

这类污染依靠严格控制菌种生产条件和检查菌种质量来克服,从制备一级试管种就开始质量检查。培养时更要注意检查细菌污染和防止杂菌菌丝被食用菌菌丝所覆盖,造成菌种不纯。

2)工艺不合理、设备过于简陋

在目前食用菌熟料栽培的过程中,都要经过常压或高压灭菌,使培养基达到无菌后再接种进行纯培养。广大农村的菇农制种、制袋每个环节的设备是分散的,不能形成一个流水作业线,且灭菌、冷却、接种环境均难达到基本的无菌要求,造成无菌培养基的二次污染,浪费大量人力和燃料。特别是灭菌后冷却过程,由于菌瓶或菌袋随着冷却温度的降低,气体体积缩小,造成瓶(袋)内气压降低,冷却室空间若杂菌孢子浓度高,杂菌不仅附着在菌瓶(袋)表面,而且随着瓶(袋)内外气压的动态平衡而进入瓶内或袋内。当棉塞受潮或菌袋破损时,污染机会更多。

要从根本上克服污染,必须提倡规模生产,具有控制微生物传播的合理生产工艺,配有空气过滤设备、高效低毒药剂及必要的喷雾装置,严格控制各个环节。

3)培养基灭菌不彻底

造成的污染无论是常压灭菌还是高压灭菌,如果同一批灭菌的培养基中大多数或全部污染,杂菌种类多样,在培养基上中下各部位均出现杂菌,那么这种现象标志着可能是灭菌不彻底造成的缘故。

4)操作不慎造成的污染

操作技术包括灭菌操作,灭菌后无菌处理,接种过程无菌操作,接种后的培养条件控制等,操作不慎造成的污染,杂菌不仅在接种块周围,还常在其他料面的表面呈花花点点,不一定集中一处,且无规律。

避免或减少这类污染的主要技术环节有:

①不要使棉塞受潮。高压灭菌时,菌瓶(袋)排列棉塞要朝内不靠锅壁,要夹层预热,进气由小到大。灭菌结束时,让其自然冷却,锅门微开,让余热把棉塞上水汽蒸发,若一次大开锅门,冷空气大量进入锅内,不仅有杂菌空气污染菌瓶(袋)表面,而且棉塞潮湿。

②接种室或接种箱使用前必须严格消毒。

③接种过程要严格无菌操作,进入接种室后要少走动、少说话。

5)培养环境造成污染

接种后污染率低,随着时间推移污染率逐渐增高,这种现象主要是由于培养环境过于潮湿,或污染源严重污染培养室造成的。此外,还有菌瓶棉塞潮湿、菌袋破裂、老鼠和蟑螂为害等也可造成这种现象。

3.6.2 杂菌控制及无菌操作技术

灭菌是指用物理或化学方法,完全杀死器物表面或培养基内的一切微生物的过程。培养基的灭菌是实现菌种纯培养的先决条件,通常采用湿热灭菌法,包括常压蒸汽灭菌和高压蒸汽灭菌两种形式。下面介绍这两种灭菌方式的主要步骤及注意事项。

1)常压蒸汽灭菌操作应注意事项

①检查常压蒸汽灭菌炉或灶的完好性,往灭菌灶内注入适量的水。

②将培养料按层次分别放入灶内,注意棉塞朝中间,且不靠灶壁排列,以利于蒸汽流动,否则影响灭菌效果,拖长灭菌时间。

③关闭灭菌灶门,点火加温。(为缩短灭菌灶使用周期,提高灭菌灶的利用率,也可适当提前加温预热水)

④灶门中部温度达到 100 ℃时计算时间,保持 6 ~ 8 h,注意灶内水位变化,避免干热燃烧现象发生。

⑤达到灭菌时间后停止加热,微开灶门,利用余热蒸发棉塞和容器表面水分,2 ~ 4 h 后打开灶门,取出灭菌物放入预先消毒的冷却室。

2)高压蒸汽灭菌锅操作应注意事项

①检查锅体、电源是否正常(一体式的锅加热前要向锅内注入水到规定刻度),注意导气管要畅通。

②装入灭菌培养料,注意排放合适,棉塞朝内不朝壁,关闭锅门,紧固螺帽。

③分体式蒸汽炉加热产蒸汽后缓慢将蒸汽通入夹层预热,达到压力 0.03 MPa 时打开排气阀,将冷空气排出。

当压力升到 0.1 ~ 0.15 MPa,温度达到 121 ℃时,控制进气量和排冷气阀门,使温度压力均恒保持 1.5 ~ 2 h。

④停止送气,使温度和压力自然降低,当压力降至 0.01 ~ 0.02 MPa 时,缓慢打开排气阀,使压力降到零,微开锅盖,让余热把水汽蒸发。

⑤打开锅盖,取出灭菌物,搬入预先消好毒的冷却室。

★附:常用的灭菌效果检验

随机取灭菌过的培养基数瓶(袋),标明记号和日期,置25 ℃下培养 3 ~ 7 d,检查菌落种类、数量和出现部位。在取样过程中要注意从灭菌容器各个部位取出,以便检查灭菌容器各部位的灭菌效果。

3)接种环境、用具的消毒灭菌

接种工作可在预先消毒过的接种室或接种箱内进行,药物熏蒸、药液喷雾或紫外线照射均可达到消毒目的,若能三者并用,则消毒效果更好。操作人员要经过培训使其有无菌操作意识,掌握无菌操作技术。

无菌操作就是采取一定措施(物理的、化学的方法)将环境、用具严格消毒灭菌,使之处于或接近无菌状态,在这种条件下进行的操作简称无菌操作。类似外科手术的无菌室。

接种箱一般多用于分离菌种和小规模的接种,接种室一般多用于大规模的接种,使用前都应进行严密的消毒。

(1)接种室的消毒

①药物熏蒸。接种室内空间较大,不易保持无菌状态,使用前一天必须进行熏蒸消毒灭菌。现在人们研制的高效低毒的气雾熏蒸剂,使用方便,杀菌效果好。一般每立方米空间用气雾熏蒸剂3~4袋(每袋4 g)即可,将需要用的气雾熏蒸剂开袋倒入陶瓷或玻璃容器里点燃气化熏蒸,熏蒸时先密闭窗子,点燃后立即出室关门。熏蒸至少应在接种前2 h进行。(过去用每立方米空间40%甲醛8 ml、高锰酸钾5 g混合熏蒸,因高锰酸钾是一种强氧化剂,当它与一部分甲醛液作用时,由氧化反应产生的热可使其余的甲醛液体挥发为气体。甲醛对人的眼、鼻有强烈的刺激作用及毒害,该方法现在已经淘汰。可在熏蒸后12 h,量取与甲醛液等量的氨水,倒在另一烧杯里,迅速放入室内,可减少甲醛的刺激作用(使用氨水中和减少刺激)。

②药物喷雾。每次接种前,一般常用5%石炭酸溶液喷雾。石炭酸溶液除具有杀菌作用外,还可使空气中微粒和杂菌孢子沉降,使室内空气净化,并防止工作桌(台)面和地面微尘飞扬。

③紫外线灯照射。接种室使用前与药物喷雾的同时,应提前30 min打开紫外线灯进行消毒,一般6 m² 大小的接种室(长3 m,宽2 m,高2 m,能容纳1~2人工作),安装1支紫外线灯管即可。照射时,先关闭照明灯,且人要离开室内,以防辐射伤人。照射结束后,须隔30 min,待臭氧散尽后再入室工作,紫外线灯每次照射1 h为宜。

(2)接种箱的消毒

接种箱的消毒灭菌方法可参考接种室的消毒方法,在此不再重复。

(3)接种室(箱)的使用规程

①接种室(箱)每次使用的前一天(或半天),将已灭过菌的瓶(袋)装培养基及各种需用物品搬进接种室(箱)消毒,最好采取药物熏蒸、喷雾、紫外灯照射并用以提高消毒效果。

②操作前穿上无菌工作服、工作鞋,戴好口罩和工作帽,再用2%煤粉皂液将手浸洗几分钟,然后进入接种室。

③接种前,用70%酒精棉球擦手。动作要轻,尽量减少空气波动,操作时要思想集中,每次接种结束前,禁止打开门窗,避免空气污染。

④工作结束后,及时搬出瓶袋培养物及其他物品,并将室内收拾干净。如果要连续使用接种室,必须重新进行全面的消毒灭菌。

⑤温度高的季节,接种室内杂菌基数较高,更应提高消毒灭菌的水平,否则污染率将很高,应引起高度重视。

3.6.3 现代灭菌方法的进展

1)微波灭菌

微波是指波长在1 000 μm~1 000 mm的电磁波。由于任何微生物的细胞中都含有水分,在微波电场作用下,在转动过程中水分子之间高速度摩擦产生热能,这种热能不同于外部加热,可在极短时间内使细胞暴破而物体本身的温度却只有极微增加,从而达到灭菌效果。

我国已有微波炉产品投放市场,且有食用菌培养基微波灭菌的尝试,微波杀菌若应用于配套的食用菌机械之中,可以促进食用菌生产工厂化。

2)X-射线和 γ-射线灭菌

X-射线和 γ-射线对微生物致死作用的原因,在于引起物质的电离。在含有水分的微生物细胞内,不仅可以使细胞内水分子电离成 H^+ 和 OH^-,而且通过这些离子与氧分子产生一些具有强氧化性的过氧化物,使微生物细胞中的蛋白质、酶等物质氧化变性,从而使细胞受到损伤而死亡。γ-射线穿透能力较强。这些射线还能用于作物育种上。

3.6.4 综合防治措施

①选育优良菌种和制作优质菌种,提高抗杂性。

②按照菌丝营养条件控制培养环境条件。

③合理安排制种季节,避让容易滋生杂菌的天气。

④适当加大接种量。

⑤提高人员素质,提高操作技术。

⑥采用物理方法防治,如高温、紫外线杀菌。

⑦改造或更新制种设备,改革制种、制袋工艺。

⑧必要时适当药物防治。选用高效低毒低残留的新型药物防治,禁用剧毒农药。

任务 3.7　菌种的退化、复壮及保藏

3.7.1　菌种的退化概述

优良菌种的种性不是永恒的,而是可变的,变异是所有生物包括食用菌在内的普遍属性。在菌种传代过程中,往往会发现某些原来优良的性状渐渐消失或变坏,出现长势差、出菇迟、产量不高、质量不好等现象。

菌种的退化是指菌种突然或逐渐丧失原有的生命力和生产性能的现象。注意经常选种育种,减少转接次数,改善保藏条件,可以有效地防止菌种的退化。

1)菌种的退化的表现

①菌丝生长速度减缓,在培养基上出现白色、浓密的扇形菌落。

②对不良的外界条件(如温度、酸碱度、二氧化碳、杂菌等)的抵抗力变弱。

③子实体形成期提前或推迟,出菇潮次不分明,菌盖、菌柄呈畸形,产量明显下降,品质变劣等。

2)菌种退化的原因

①可能是由于菌种的遗传性造成的,即原种菌系不好。同时,许多食用菌容易杂交得到,而现在的菌种又多是杂合性的,它的细胞核是杂合的,在遗传性上会出现分离。

②菌种可能被病毒感染。

③可能在人工培养条件下,由于培养条件不适合,如营养、温度、湿度、pH 值、杂菌感染

等,不能满足它的生活要求,使食用菌失去自我调节的能力,以至暂时失去正常的生理功能,不能表现优良种性。

④就某一菌株而言,随着培养和使用时间的延长,个体的菌龄越来越大,新陈代谢机能逐渐降低,失去抗逆能力,或者失去高产性状,以至失去其使用价值。

由此可见,菌种的所谓"退化",是在传种继代过程中从量变到质变的渐变结果,也是一种病态和衰老的综合表现。菌种既然可以衰老和退化,我们就应该一方面用妥善的保藏方法去延缓或遏制菌种迅速老化和变异;另一方面给予适宜的环境条件,使其恢复原来的生活力和优良种性,达到复壮目的。

3.7.2 菌种的复壮

菌种的复壮是指确保或恢复菌种优良性能的措施。

菌种的衰退主要表现为菌种形态改变、生长慢、抗逆性差、产量及质量下降。其主要根源有两个方面:内因为菌种的遗传物质发生了变异;外因为传代过多,条件不适宜。

1)复壮的方法

①繁殖交替法。例如,无性繁殖与有性繁殖交替进行。

②控制适宜的培养条件。例如,配制营养丰富的综合培养基,置于适宜的条件培养。

③转管时只取尖端菌丝。例如,尖端脱毒培养技术。

2)防衰措施

①保证菌种的纯培养。

②严格控制传代次数。

③用适宜菌龄的菌种。

④用适宜培养条件及保藏条件。

3.7.3 菌种的保藏方法

菌种是重要的生物资源,也是食用菌生产首要的生产资料。一个优良的菌种,如果管理不好,就会引起衰退,污染杂菌,甚至死亡,给生产带来严重损失。因此,保藏菌种和选育菌种具有同样重要的意义。分离或引进优良菌种要用适当的方法妥善保存,以保持它的生活力和优良性状,降低菌种的衰亡程度,确保菌种为纯培养,防止杂菌和螨类的污染。通常采取的措施是干燥、低温、冷冻和减少氧气,尽量降低菌丝的代谢活动,遏止其繁殖,减少其变异,使之处于休眠状态,使外界环境的变化对菌种的影响减少到最小的程度。

菌种保藏应着重注意温度,温度高了,菌丝体将继续缓慢进行生长发育,不断消耗基质中的营养。随着营养的枯竭,菌种老化的程度也就愈加严重,甚至导致菌种自溶死亡。因此,采用低温、干燥、缺氧的办法,能够有效地控制它的生命活动。

1)菌种保藏的概念

菌种保藏是创造一个特定环境条件,降低菌种的代谢活动,使其处于休眠状态,在一定的保藏时间内保持原有的优良性状,防止菌种退化,降低菌种的衰亡速度,防止杂菌污染,而当使用时,提供合适的条件,能重新恢复正常生长繁殖。

2)菌种保藏的目的

菌种由于传代次数过多,培养时间过长,或因不利的外界环境条件的影响,常常会导致菌种衰退,丧失其优良性状。因此,在一定的时间范围内要使菌种的生活力、纯度和优良性状稳定地保存下来,就必须采用相应的措施,做好菌种保藏工作,使之不衰退、不污染、不死亡。

3) 菌种保藏的原理

菌种保藏的原理是采用干燥、低温、冷冻或减少氧气供给等方法,降低菌种的代谢强度,终止其繁殖,并保证原来菌种的纯度。

4) 常用的保藏方法

菌种常用的保藏方法有继代低温保藏法、矿物油保藏法、麦粒种保藏法、菌丝球生理盐水保藏法等。

(1) 继代低温保藏法

继代低温保藏是有优缺点的。其优点是食用菌在适宜的温度范围内,温度越高菌丝的代谢能力越强,菌种越容易衰老。低温保藏就是将培养好的菌株放在冰箱中低温保藏,降低其代谢强度,延长菌种的生活力,同时也防止空气中的杂菌污染。故菌种保藏与菌种培养条件是相反的。其缺点是保藏时间较短,一般保藏 3 ~ 6 个月需要转接一次。经常转管会造成误差和污染,遗传性状也容易在每次转管的过程中发生变异。

继代低温保藏的方法:冰箱、冰柜中低温保藏(一般要求温度在 4 ~ 6 ℃)。菌株用塑料纸包扎,2 ~ 3 个月选用营养丰富的培养基转管一次。

利用低温保藏菌种,应尽其可能使菌丝体在培养基上不干、不死,以延长保藏的时间。注意事项如下:

①定期检查。如果发现保藏的菌种被污染,应立即重新分离纯化。

②制种或转管时要贴好标签,以防搞乱。

③对不耐低温的菌种,如草菇在 5 ℃时菌丝会死亡,应置于 10 ~ 15 ℃下保藏。

(2) 矿物油保藏法

食用菌的菌丝体都可用此法保藏。矿物油即指质量好的医用液体石蜡。在菌苔上灌注液体石蜡可以防止培养基水分的散失,使菌丝体与空气隔绝,以降低新陈代谢,从而达到保藏的目的。此法保藏菌种一般可贮藏 2 ~ 3 年,但最好每 1 ~ 2 年移植 1 次,加了石蜡的菌种,置于室温下保藏比放在冰箱内更好。

将 100 ml 液体石蜡注入 250 ml 三角瓶中,在 121 ℃下灭菌 2 h,再在 40 ℃烘箱中烘烤几小时,蒸发水分备用。然后在无菌操作条件下,在培养好了的斜面菌种上注入一层石蜡油,注入量以高出斜面尖端 1 cm 为度,灌注少了部分菌丝会暴露在石蜡油上,培养基容易干燥,灌注多了,以后移植时也不方便。刚从石蜡油菌种中移出的菌丝体常沾有多量矿物油,生长较弱,因此需要再移植一次才能恢复生长。

使用矿物油保藏时,菌种必须置于小铁丝篓或试管架上垂直存放。棉塞易受污染,最好将棉塞齐管口减平,用矿蜡密封后再以塑料薄膜包扎储藏于清洁、避光的木柜中。

(3) 麦粒种保藏法

用麦粒来保藏蘑菇和灵芝菌种,保藏期蘑菇达一年半,而灵芝可达五年之久仍有生活力,制作方法如下:

①取无病虫害新鲜小麦,淘洗后在水温 20 ℃下浸 5 h,使麦粒含水量达 25% 为宜。

②将麦粒稍加晾干,装入试管长度的 1/3,在 121 ℃下灭菌 40 min。

③将灭菌后的麦粒趁热摇散,冷却后每管内接入菌丝悬浮液一滴或母种一小块,摇匀置

25 ℃下恒温培养。

④大多数麦粒出现菌丝即保藏在干燥冷凉的地方。

也可以按原种麦粒种的制作方法制作大瓶麦粒种,培养满瓶后用薄膜或液体石蜡封口后置于低温保藏,可保藏 1～2 年。

(4)菌丝球生理盐水保藏法

按 PDA 培养基配方配制马铃薯汁蔗糖培养液,然后以每 250 ml 三角瓶分装该培养液 100 ml,将保藏菌种在无菌操作下接入马铃薯汁蔗糖培养液中,用摇床(以旋转式摇床为好)振荡培养 5～7 d(180 r/min,25 ℃),然后将形成的菌丝球用无菌吸管吸入装有 5 ml 无菌生理盐水的试管中,每管转入 4～5 个菌丝球,试管用蜡封口,放在 4 ℃冰箱或常温下保藏。

(5)锯末保藏法

配料:78% 锯末、20% 麸皮、1% 蔗糖、1% 石膏粉,加适量水拌匀,装入试管长度 3/4,洗净管口,塞好棉塞,放入铁丝篓用牛皮纸包扎好,在 1.5 kg/cm² 压力下灭菌 40 min,接种后置 25 ℃下恒温培养。待菌丝长到培养基 2/3 时,取出用蜡将棉塞封好,包上塑料薄膜,置于 4 ℃冰箱内,能保藏 1～2 年。

使用时,从冰箱取出后置于 25 ℃恒温箱内培养 12～24 h 以使之活化,用无菌操作挖掉试管上部的菌种,取下面较新鲜的菌丝体,接入斜面培养基即可。此法适用于香菇、黑木耳菌丝体保藏。

(6)菌丝体液体保藏

直接将斜面菌种在无菌操作下,取菌块放入营养液中(马铃薯 200 g、葡萄糖 20 g、水 1 000 ml),注意接种块菌丝体的一面朝上,在适温条件下静置培养成菌丝块再低温保藏。其成活率 33 个月为 91.9%,而 42 个月则为 88.9%。

(7)孢子的滤纸条保藏法

适用于蘑菇、金针菇、香菇、黑木耳和猴头,用滤纸条保藏其孢子,可存活 1.5 年。制作方法如下:

①将白色滤纸或黑色粗而厚纸剪成宽约 0.6 cm、长 2 cm 的滤纸条若干张。

②将滤纸条一一平铺在大培养皿底(直径 15 cm),在 1.1 kg/cm² 压力下灭菌 30 min,然后在烘箱中稍加烘干。

③将灭过菌的滤纸条培养皿移入接种箱孢子采集罩内(熏蒸过),接受孢子(孢子白色宜用一黑色纸)。

④待孢子弹射上滤纸条后,在无菌操作下用镊子将纸条一一移入无菌空试管中(管内先装几粒干燥剂——变色硅胶),然后将试管融封保藏在 2～10 ℃下。

总之,菌种分离、保藏与复壮结合起来可以有效防止或延缓菌种衰退。菌种分离时,要有计划地把有性繁殖和无性繁殖交替使用。在自然条件下,菌种的复壮只有靠产生新一代才能实现,反复进行无性繁殖是会不断衰老的。经有性繁殖所产生的孢子,是食用菌生活史的起点,具有丰富的遗传特性。因此,用有性繁殖的方法获得的菌株,再以无性繁殖的方法保持它的优良性状,可使菌种的变异和遗传朝着对人们有利的方向发展。菌种的组织分离最好每年进行一次,3 年进行一次有性繁殖。

经过分离提纯的原种,适当多储存一些,妥善保藏。分次使用,转管移植次数不要过多,避免带来杂菌或病毒污染,以致削弱菌种的生活力。

· 项目小结 ·

　　食用菌的菌种制作是食用菌栽培的前提。通常把菌种分为一级菌种、二级菌种和三级菌种。食用菌菌种培养基按营养物质种类分类,包括天然培养基、合成培养基和半合成培养基;按培养基的物理状态分类,包括液体培养基、固体培养基和半固体培养基。菌种的制种过程一般包括培养基的配制、分装、培养基灭菌、转管扩大、培养为母种等。

　　一个规范化的菌种厂,包括进行菌种选育的单位,要有一定的生产设备。除了基本设备和试剂外,还需要有接种设备、灭菌设备、培养设备等。菌种场是从事食用菌菌丝体纯培养的场所,为了提高菌种纯培养的成功率、降低污染率,必须从筹建菌种场起就应注意其场地和建筑物的规划和布局的科学性。

　　菌种的质量是食用菌栽培的内因,要从各个方面防止菌种污染,包括菌种本身的污染控制、生产工艺的控制、培养基灭菌的控制及操作过程的无菌控制等。菌种的退化是指菌种突然或逐渐丧失原有的生命力和生产性能的现象。为了保持优良菌种的种性,就需要对菌种进行复壮,并对优良菌种进行保藏。菌种保藏的方法包括继代低温保藏法、矿物油保藏法、麦粒种保藏法、菌丝球生理盐水保藏法等。

 复习思考题

　　1. 什么是母种? 如何配制母种培养基? 应注意些什么?

　　2. 什么是原种? 什么是栽培种? 它们有何区别?

　　3. 什么叫消毒? 什么叫灭菌? 消毒与灭菌分别有哪些具体方法?

　　4. 常压灭菌的关键是什么?

　　5. 高压灭菌时应注意的问题是什么?

　　6. 怎样进行无菌室使用前的消毒工作?

　　7. 接种箱的消毒怎样进行?

　　8. 如何进行菌种质量鉴定?

　　9. 菌种保藏常有哪些方法?

　　10. 如何防止菌种退化? 菌种退化后应采取哪些措施?

项目 4

食用菌工厂化生产的设施设备条件

任务 4.1　认知食用菌工厂化规模化生产

所谓食用菌工厂化生产,就是采用工业化技术手段,在可控环境条件下,实现食用菌的规模化、集约化、标准化、周年化生产。

我国食用菌工厂化生产,是食用菌发展的必经之路。从国外发达的国家来看,他们的食用菌发展历程也经历了由小规模到大规模,由手工操作到机械化生产,由季节种植到周年生产,以及温度、湿度、光线、通风等环境条件的控制从简单到目前完全电脑控制。目前,国外食用菌工厂化生产设施条件和技术水平已超过我国,原因是他们工厂化生产起步较早,而我国工厂化生产则刚刚开始。

目前,我国的食用菌产业是从一家一户的生产到工厂化集约化规模化生产的一个转型升级阶段,在相当长的一段时期内,我国食用菌生产模式是一家一户的农民生产和工厂化生产同时存在。今后的发展方向是工厂化生产逐渐取代一家一户生产,因为一家一户的生产不能解决周年供货问题,不能解决质量标准的统一问题,不能解决与国际食用菌产业接轨的问题。我国加入世界贸易组织(WTO)后,国内外市场竞争加剧,发达国家设置新的贸易壁垒(如农残控制),我国食用菌产业的小农粗放式生产模式受到严重挑战。在我国,食用菌产业主要是农民家庭式的小生产,科技含量低、规模小、利润少。农民种菇一般不将用工计入成本,他们种菇所谓"赚钱",不过是自己给自己打工,收回自己应得的工钱而已。与荷兰、美国、日韩等发达国家相比较,我国菇类生产的工业化水平、单位面积产量、商品质量及经济效益显然要低很多倍。目前我国工人的工资有逐渐提高的趋势,食用菌产品当中人工工资比例在逐渐增大,从长远发展来看,要想做到低成本生产,食用菌工厂化生产也是大势所趋。

经过近20年的发展,我国已经有金针菇、双孢菇、白灵菇、蟹味菇、茶新菇、鸡腿菇、蛹虫草、白玉菇、滑菇、杏鲍菇等十多个品种实现了工厂化种植,有些还处于初级阶段,种植工艺与种植技术已基本成熟,主要的技术难点在于产量、出菇的整齐度以及病虫害防治与产品质量。

食用菌实现工厂化生产,进入了机械化、智能化的转型升级阶段,同时也存在着高投入、高风险。要想获得高产出高效益,一方面需要大批懂工艺技术、会管理营销的技术人员,另一方面也要依靠适用于工厂化生产的机械化、智能化设备。目前,大多数是从国外引进成套的生产线设备,我国专家学者能够自主创新、研制制造我们的智能化设备用于生产也是责无旁贷。

任务 4.2　工厂化规模化生产设施和设备

食用菌的主要生产过程必须在特定的温、湿、光、气体条件下进行。因此,食用菌生产不仅取决于菌种、原料配方、栽培方法和管理水平,而且与栽培场所及设施有着密切关系。特别是在北方地区,气候干燥,风沙较大,冬季寒冷,在南方地区,气候潮湿,高温季节长,栽培场所受自然气候影响较大,正确选择和建造栽培场所就显得尤其重要。目前我国食用菌生产大多

数是个体生产,只有少数建造具有自控装置的现代化菇房。因此,只能结合各生产户的经济状况和北方的环境特点,因地制宜建造栽培场所。

4.2.1　菇房

菇房是室内食用菌制种、栽培管理的场所之一,利用菇房能够为食用菌的生长创造适宜外界环境的条件。生产上可以建造专门的菇房,也可以因陋就简、因地制宜地利用旧空房。

1)场所选择

场所选择是菇房建设的第一步,必须周密考虑。选择菇房场所时,第一,地形要求方正、开旷,地势要求干燥,向阳背风,近水源,排水良好;第二,周围环境要求无有害气体、废水和垃圾污染源,如化工厂、农药厂、硫酸厂等,并要远离厕所、禽舍、仓库等场所,周围环境有绿化带,起到净化空气和调节小气候的作用;第三,应选择交通方便的地方,以利于原料和产品的运输;第四,场内应有一定空地,以供堆料和晒料之用。

2)菇房建造

建造的菇房应具有良好的通风条件,不能有死角,但又要防止通风时冷风或热风直接吹到菇床上。菇房内要求有均衡供暖的加温设备;菇房内的墙壁、地面、床架要求坚固平整,便于清洁消毒,有利于防治杂菌、害虫和鼠害;菇房内部可有强烈直射阳光;菇房内或附近要有充足的水源。从上述条件出发,对菇房建造的结构设备有如下要求:

(1)菇房的方位

菇房建筑方位力求坐北朝南,防止冬季西北风侵入。入口设一缓冲区,多采用外廊连通。

(2)菇房的结构

菇房一般采用砖木结构,墙壁、屋顶应厚一些,以减少自然温度对菇房内温度的影响。菇房应用良好的密闭性能,墙壁要用石灰、水泥粉刷,地面要求平整坚实,便于冲洗和消毒,最好做成水泥地。

(3)菇房的规格

菇房的规格不宜过大或过小,过大时管理不便,通风换气不匀,温度和湿度不易控制,杂菌和虫害易发生和蔓延;过小则使用率不高,成本高。一般菇房如为旧房利用或新建菇房,应以生产规模而定。

(4)菇房的通风设施

菇房的通风设施有门、窗(拔风管、抽风机)等,以4行菇床的菇室为例,可在第2、第4行通道两端各开一扇门,门宽小于或等于通道宽度,但不得宽于通道宽度。若有条件,也可在通道两端各开一扇门,4行菇床的菇室共开4扇门,南北门对开,进出料和通风都很方便,菇房墙上的上窗(出气窗)和地窗(进气窗),分别设在各条通道两端的墙上,上墙的上沿低于屋檐30 cm,或与屋檐相平行,正方,宽40 cm,高40 cm,地窗下沿离地面10 cm,也可与地面相平行,上沿不得超过菇床第1层床面,宽度不得超过通道,宽40 cm,高30 cm。上下窗均应便于开关,并装有纱窗或挡帘(见图4.1)。有的菇房较高,也可开设上中下3窗。拔风管为圆形或方形,设在屋脊南侧走道上,也可南北两侧均设置。管高1.5 m,底部直径40~50 cm,上部直径约25 cm,顶端装有比管口大1~2倍的风帽。有抽风机设备的菇房可以不要拔风管,窗户也适当减少。

图 4.1 菇房

（5）菇房的床架

为了充分利用菇房的空间,菇房应配置相应的床架,又叫菇床或菌床(见图 4.2)。床架一般床面宽 1 ~ 1.5 m,5 ~ 6 层,层间相隔 60 cm,最低一层离地面 30 ~ 35 cm,最上一层离顶棚约 1.5 cm。床架以钢材制作,床面用编织袋制作,并用若干根横梁加固,用这些材料制作菇床坚固、平整,便于操作管理,不生霉,但一次性投资大。菇房内的床架要与菇房方位呈垂直排列,东西走向的菇房则呈南北向排列,一般每间菇室放菇 4 架,床架间通道距离 60 ~ 80 cm,四周距墙壁 50 ~ 60 cm,以便操作。

图 4.2 菇房的培养床架

4.2.2 菇棚

菇棚是室外栽培食用菌常用的设施。以其骨架质地不同,有钢筋骨架、水泥钢筋骨架、竹竿木杆骨架之分。以其大小高低不同,有塑料大棚和小拱棚之分。随着科学技术的发展,大棚的设施条件也有所进步和改良,有普通型和三控型温室大棚。下面介绍几种常见的菇棚。

1)普通型菇棚

（1）规格要求

菇棚长 10 ~ 30 m,宽 3 ~ 3.5 m,高 2 ~ 3 m(含地上墙 0.6 ~ 1.4 m)菇棚内设置出菇架(也可不设置出菇架,地畦式出菇)。菇棚数目可投料需要建成单列式、双列式和多列式。塑料棚上面搭盖遮阳网或草帘子。

（2）温度

白天揭开棚顶草帘,让阳光照晒增温,夜间覆盖草帘保温。夏季气温高时,增加草帘厚度防止热辐射,可以降低菇棚温度(见图 4.3),从栽培的食用菌品种看,春秋两季能满足低、中温型平菇、滑菇、真姬菇和银耳的出菇温度要求;在夏季能满足中、高温性平菇等的出菇温度要求。

（3）湿度

只要每天或隔天喷水一次,湿度即可达到90%左右,能满足食用菌子实体生长发育的要求。

（4）光照和氧

普通型菇棚光照,在冬季白天揭开棚顶草帘,让阳光照晒增温,夏季气温高时,增加草帘厚度或遮阳网形成凉棚防止热辐射。在3—4月或10—11月,一般不需进行遮阳管理即可满足子实体生长发育要求。为保持菇棚内温度,可适当关闭或夜间全关闭风管和门窗,但白天气温高时,应适时开启通风,否则会影响子实体的正常生长。

图4.3　普通型菇棚

2）半地下菇棚

半地下菇棚是北方高原区栽培食用菌常用的设施,它既保证了食用菌在风大、气候干燥、寒冷的北方地区栽培良好,又使食用菌栽培管理比南方更方便,并达到优质高产的要求。所谓半地式菇棚,就是在地下挖一个长方形的深沟,沟边地面上打上墙,顶盖塑膜和草帘等而建成的栽培场所(见图4.4)。

图4.4　半地下式菇棚

（1）半地下菇棚的优点

①造价低廉。以建一座30 m×3.5 m普通模式半地下菇棚为例,除投工外,仅需200～300元的材料费,而建筑一间同样投料面积的菇房,需投资万元。

②冬暖夏凉。半地下菇棚用土壤作墙壁,覆塑膜作房顶,保温性能好,冬季夜间加盖草帘保温,白天揭开草帘利用阳光增温,夏季白天盖草帘防辐射。建造和管理得当的半地下菇房,

能延长栽培期或基本实现周年栽培。

③通风性能好。设有通风管和排风管(或天窗),启动方便,可根据需要进行通风换气。

④保温性能好。棚壁和地面皆为湿土,保湿性能好,产菇期隔数天喷水即可满足出菇时子实体对湿度的要求。

⑤光照好。墙上开有排风窗和塑膜顶,根据光照需要揭开和覆盖棚顶草帘即可调节光照强度。

⑥便于消毒。一个栽培周期结束后,可于晴天将棚顶塑膜揭下用药液浸泡、冲洗,晒几天棚沟,铲除一薄层棚壁土,再用石灰乳喷刷消毒。

(2)半地下菇棚的建造

场地选择在地势高、开阔的平地或北高南低、地下水位低的阔叶树下,土质以壤土或黏土为好,有水源。为了便于管理,一般都建在庭院和村旁的树荫下。

建造时,挖半地下菇棚通管、菇室、进出道口,风管底部深度与菇室相等,并在底部挖涵洞相通,涵洞内设置启闭严密的阀门。将棚沟壁削整齐,铲除地面余土,并使地面有倾向进风管的坡度,以利通风。把挖掘出的土壤用干打垒夯成棚沟地上墙部分。墙高按菇棚模式类型而异。在一般情况下,温暖地区墙要高,棚沟要浅;寒冷地区墙要低,棚沟要深。墙上留不留窗或排风口,也是根据菇棚模式类型要求而定。若墙上留窗或排风口,每隔 3 m 开一个,大小为40 cm×40 cm。

在挖成棚沟和做好棚沟地上墙后,即可在棚沟墙上架设水泥或竹、木横梁,覆盖塑料,塑料外用竹片或塑料绳压紧固定,棚顶每隔 3～4 m 开一个 40 cm×40 cm 活络天窗,如果菇棚两侧墙上以开排风窗口,则不必开天窗。再在棚顶塑膜上覆盖草帘或麦秆。最后安装门窗,并根据需要在菇室内设置床架,地面四周排水沟即可启用。

3)小拱棚

小拱棚也是室外栽培食用菌常用的设施,它既保证了食用菌的保温保湿条件,又使食用菌栽培管理比较方便,随时掀起和覆盖并达到优质高产的目的。

小拱棚的建造要求较简单。一般高度在 2 m 以下,用水泥钢筋骨架、竹竿木杆骨架搭建,其上覆盖薄膜、遮阳网或草帘子(见图 4.5),但周围要挖排水沟不能积水。有的直接建造在树林里进行林下栽培,成本低,易管理。

图 4.5　林下小拱棚

4)三控型菇棚

这类菇棚有配套设施可以调控温度、湿度和光照度,故称为三控型菇棚(见图4.6)。

图4.6 三控型菇棚

(1)温度

这种菇棚保温性能好,有些在冬天配置有锅炉暖气、夏天配置有制冷设备。

(2)湿度

一般配置有加湿器或喷淋设施,根据湿度计显示随时调节湿度。

(3)光照和通风

大棚上面有隔层遮阳网可以机械化的拉开和覆盖,其内安装有排气扇或抽风机,结合控温控湿进行通风。

4.2.3 机械化生产线设备

随着经济的发展、科技的进步,高利润率的生产必然向规模效益生产发展。食用菌产业发展的最终目标是让普通消费者都吃得起,提高人类健康水平,而不是成为少数人的奢侈品。因此,食用菌生产者应向规模生产要效益,向技术要效益,向质量要效益。

1)按生产流程形成机械化生产线

(1)菌种生产的主要工艺流程

备料→培养料配制→装袋或装瓶→灭菌→冷却接种→发菌管理→菌种。

(2)食用药用菌栽培生产的主要工艺流程

备料→培养料配制→装袋或装瓶→灭菌→冷却接种→发菌管理→出菇管理→采收。

(3)按照生产的工艺流程形成机械化或智能化的生产线

目前规模化、工厂化食用菌生产中菌种制作存在温、湿、气3个要素的控制;栽培种植存在温、湿、气、光4个要素难调节的问题,还存在人工劳动量大、效率低、生产慢的问题。采用机械化或智能化的生产线可以自动调控温、湿、气、光、pH值等,有效提高食用菌制种栽培的科技含量,实现高产优质、高效益的目的。

食用菌生产设施的转型升级,为实现食用菌规模化、工厂化、标准化周年栽培奠定了良好的基础:

①自动拌料机。

②自动装瓶机和装袋机。

③大型节能燃油灭菌锅或蒸汽炉。

④自动化(红外线感应)接种设备。

⑤自动搔菌机,自动化(超声波)加湿器。

⑥自动化控温系统。

⑦自动化净化通风、二氧化碳感应调控系统。

⑧自动挖瓶机和洗瓶机等食用菌生产设备。

再加上机械化传送带、周转车和周转箱,把这些设备按照生产工艺流程链接起来,并且正常顺利运行生产,这就是一环套一环的生产流水线,如下所示:

备料→培养料配制机械化→装袋或装瓶机械化→灭菌机械化→冷却接种机械化→发菌管理机械化→出菇管理机械化→采收。

这种机械化智能控制系统现在已经应用于实践中,能根据食用菌菌丝各生长阶段的需要,自动调节温度、湿度、光照和通风换气,使食用菌生产突破季节的约束,产品反季节供应市场,实现了食用菌栽培技术的历史性新突破,大大降低了劳动强度,提高了生产效率。

2)规模化菌种生产的液体发酵罐

规模化、工厂化生产食用菌菌种,处理按上述流程生产大量的袋装或瓶装的固体菌种外,近几年液体菌种也推广发展很快。例如,东北大田地栽黑木耳主要是大规模生产利用液体菌种;规模化、工厂化生产金针菇、白灵菇、杏鲍菇、茶新菇、蛹虫草等,也是大规模生产利用液体菌种。因为液体菌种有它的优势:

①原料来源丰富且成本低廉。

②培养周期短,5~10 d 可以培养一批菌种。

③菌丝体生长旺盛,活力强,发菌快。

液体菌种的生产方式主要有振荡培养和发酵罐培养两类。振荡培养是利用机械振荡,使培养液振动而达到通气的效果。振荡培养方式有旋转式(如浅层培养)和往复式(如摇床振荡培养)两种,振荡机械称摇床或摇瓶机。

(1)摇床生产液体菌种

利用电磁搅拌摇瓶种,使用时将三角瓶放在相应磁盘上,按下对应按钮,设定转速即可(见图4.7);往复式摇床的往复频率一般在 80~140 r/min,冲程一般为 5~14 cm,在频率过快、冲程过大或瓶内液体过多的情况下,振荡时液体容易溅到瓶口纱布上而引起污染(见图4.8);旋转式摇床的偏心距一般在 3~6 cm,旋转次数为 60~300 r/min,它的结构比较复杂,加工安装要求比往复式摇床高,造价也比较贵,但氧的传递性好,功率消耗低,培养基一般不会溅到瓶口的纱布上(见图4.9)。因此,要根据实际情况选用合适的摇床及振荡速度。

图4.7 磁力搅拌器

图4.8 往复式摇床

（2）浅层静置培养得到液体菌种

浅层静置培养亦是液体菌种振荡生产的一种方式。它是在容器里（一般为锥形瓶）投入少量培养液，经过灭菌接种，安放在培养架上，每天人工振荡1~2次，在适宜的温度下培养，数天后即可获得液体菌种。这种方法前面已经介绍只限于实验室需要的少量菌液，其他实验如制备原生质体、进行生化测定等有时也采用。

（3）发酵罐生产液体菌种

如果需要大量液体菌种，必须使用发酵罐生产。发酵罐的设计与选用必须能够提供适宜于食用菌生长和形成产物的多种条件，促进食用菌的新陈代谢，使之能在低消耗的条件下获得较高的产量，如维持合适的温度、能用冷却水带走发酵热、能使通入的无菌空气均匀分布，并能及时排放代谢产物和对发酵过程进行检测和调整（见图4.10）；另外，要能控制外来污染，结构也要尽量简单，便于清洗和灭菌。发酵生产液体菌种一般需要有种子罐与其配套，选用发酵罐的大小则要根据生产规模来定。

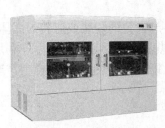

图4.9　恒温旋转式摇床

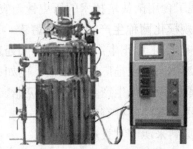

图4.10　液体菌种发酵罐

发酵的相关设备很多，整个发酵系统可由种子罐、发酵罐、补料罐、酸碱度调节罐、消沫罐、空气净化设备、蒸汽灭菌系统、温度控制系统、pH控制系统、溶解氧测定系统、微机控制系统等部分组成，介绍如下：

①蒸汽灭菌系统。食用菌液体发酵中必须配有蒸汽发生设备作为灭菌和消毒之用。发酵生产中多采用"空消"和"实消"的灭菌形式。空消即在投放培养料前，对通气管路、培养料管路、种子罐、发酵罐、酸碱调节罐以及消沫罐等用蒸汽进行灭菌，消除所有死角的杂菌，保证系统处于无菌状态。实消即将培养液置于发酵罐内，再用高压蒸汽灭菌对培养基进行灭菌的过程。此外，在发酵罐发酵过程中，还可以利用蒸汽对取样口进行消毒之用。

②空气净化设备。深层发酵生产是往发酵罐内不断输入无菌空气，以保证耗氧的需要及维持罐内有一定的压力，防止外界杂菌侵入。无菌空气由空气净化设备生产。空气净化设备一般由空气压缩机、油水分离器、空气贮罐、空气过滤器等组成。一般压缩空气通过一个油水分离器，除去空气中的大部分油和水后通入空气贮罐，再经过空气过滤系统进行过滤除菌，从而达到无菌空气要求。一般细菌直径在$0.5~5~\mu m$，酵母菌在$1~10~\mu m$，病毒在$2~040~nm$，所以采用深层发酵方法生产液体菌种时，空气净化设备要达到设计的要求。

③发酵培养设备。发酵培养设备包括种子罐、发酵罐、补料罐、酸碱度调节罐以及消沫罐等设备。此外，在种子罐和发酵罐罐体上往往配有温度控制系统、pH控制系统以及溶解测量系统等，这些设施可以与电脑通过微机控制系统相连接，能够对发酵参数进行监控。食用菌的发酵生产多采用二级发酵和三级发酵。一级种子罐容量一般为50~100 L，二级菌种罐容

量为 500 ~ 1 000 L,有的大型发酵罐还配有三级菌种罐,容量为 2 000 ~ 10 000 L,大的可达 20 000 L。一般以两个种子罐以上配一个发酵罐,这样一旦一个种子罐染菌了,还有另一个种子罐可供备用。种子罐容积越小,摇瓶菌种的接种量越小,污染杂菌的概率也越小。液体菌种发酵罐通常使用机械搅拌通风发酵罐。

4.2.4 智能化调控设施

现代食用菌生产除了上述所讲的机械化程度比较高的生产线以外,在工厂化栽培管理中还要求更高的条件控制:

①调温控温。

②通风和空气循环系统(空气处理)。

③调湿控湿。

④调光控光。

⑤营养成分分析调控。

⑥pH 值的检测调控。

通过智能化调控设施实现精准化、集约化、标准化生产,使出菇产量和质量大大提高。例如,出菇的整齐度、生长速度、风味物质或药用成分的积累达到质量标准和要求,还可以有效控制病虫害发生和农药残留,更有利于生产无公害绿色食用菌产品。

1)精准配料系统

根据营养成分及拌料水分分析调控,优化配方,精准加料配料。

2)智能化灭菌调控系统

通过灭菌锅(炉)及电脑操作控制系统,控制灭菌的压力、时间和温度,准确判断灭菌效果。

3)冷却系统

带有间接冷却系统、制冷系统变流量控制技术,使放冷车间在高温到低温的整个冷却过程中保持最大的制冷效率,节约大量能源的同时也能避免因冷缩所产生的二次污染和菌瓶空气倒灌,降低工厂的污染率,设备也不会超过额定工作范围,保证安全可靠的运行。

4)接种室

特殊的接种室气流设计使接种环境清洁、无菌,低温环境保证杂菌的低萌发率,减少菌瓶污染率。

5)发菌室

新型发菌室提供温度、湿度和 CO_2 浓度的可调节,使使用者可以根据发菌菌丝的阶段和品种调节适合的各种参数,达到调节生长的目的,同时特殊的新风和气流组织设计保证室内各参数均匀性,使不同区域菌瓶内菌丝能够均衡生长,满足工业化生产要求,各通道和房间的不同空气压力分布保证送入发菌室的新风一定是处理过的新鲜空气,杜绝室外空气倒流。

6)生育室

生育室是培养食用菌品质和产量的关键地点,保证室内环境参数的稳定性是质优高产的根本条件,特殊的新风系统和温度、湿度及 CO_2 控制系统保证在整个生长过程能够满足不同的要求,缩短生长时间。

7）菇房全自动控制器技术参数

①温度。一般 3 ~ 22 ℃,±2 ℃(压缩冷凝机组 2 台、冷风机 2 台)。

②湿度。一般 50 ~ 98% RH,±5% RH(超声波加湿器)。

③二氧化碳。0.03% 。(方式 1:传感器控制通风机;方式 2:手动设定通风间隔和时间)

④现场控制与远程控制相结合,可以通过网络实现中心集中控制。

⑤输入通道。温度传感器、湿度传感器、二氧化碳传感器、制冷机组高低压保护、冷风机及加湿器过流保护、压缩机过载保护、电网相序保护。

⑥输出通道。压缩机启停、冷风机启停(可手动设定常开或联动)、化霜电热启停(可手动设定间隔和时间)、加湿器启停、通风机启停、报警通道、定时照明等。

• 项目小结 •

食用菌工厂化生产,就是采用工业化技术手段,在可控环境条件下,实现食用菌的规模化、集约化、标准化、周年化生产。

我国食用菌产业发展迅速,工厂化生产是食用菌产业发展的必经之路。

食用菌工厂化生产需要一定的设施设备条件,依据食用菌工厂化生产的工艺流程,各种设施设备都有一定的功能及注意事项。在掌握其使用方法和注意事项的基础上,实现高产高效益。

复习思考题

1. 食用菌工厂化生产设施设备条件有哪些?

2. 常见的食用菌工厂化生产设施设备有哪些?

3. 菇房、菇棚的功能及配套设施要求有哪些?

4. 机械化生产线的特点是什么?

项目 5

食用菌菌种选育

📖【知识目标】

• 掌握食用菌的遗传变异特征，了解遗传变异在食用菌菌种选育中的作用。

• 了解食用菌菌种选育的意义，了解食用菌人工育种的途径，掌握常见的食用菌菌种分离方法。

📖【技能目标】

• 通过实训，识别各种食用菌的孢子并了解其特征。

• 通过实训，掌握食用菌多孢分离杂交育种技术。

📖【项目简介】

• 本项目重点对食用菌菌种选育的遗传理论基础特征进行了阐述，在此基础上分别介绍了人工育种的五大途径，包括选择育种、诱变育种、杂交育种、原生质体融合育种技术和基因工程育种，并对各种方法在实际生产中的利弊进行分析。

任务5.1　食用菌遗传变异特征

5.1.1　食用菌的遗传与变异

遗传和变异是生物的基本特征之一。遗传是指亲代与子代之间性状表现相似的现象,表明性状可以从亲代传递给子代。这种生命特征不论是通过性细胞进行的有性生殖,还是通过菌丝体或组织体进行的无性繁殖,都能表现出来。食用菌的种性不会因一般环境条件的变化而发生变异。例如,营养、水分、湿度、温度、酸碱度、光线和二氧化碳等环境因子的变化一般只会影响食用菌子实体的性状、大小、色泽和产量,而不容易导致食用菌种性的改变,即不能造成可遗传的变异。正是有了遗传,才能保证食用菌性状和物种的稳定性,使各种食用菌在自然界稳定地延续下来。

同时,遗传也并不意味着亲代与子代的完全相同。即使同一亲本的子代之间或亲代与子代之间,总是在性状、大小、色泽、抗病性等方面存在着不同程度的差异,这种差异就是变异的结果。变异可分为两种:一种是由于环境条件如营养、光线、栽培管理措施等因素引起的变异,这些变异只发生在当代,并不遗传给后代,当引起变异的条件不存在时,这种变异就随之消失。因此,把这类由环境条件的差异而产生的变异称为不可遗传的变异。例如,营养不足时,子实体细小;光线不足时,色泽变浅;二氧化碳浓度太高时,会产生各种畸形菇等。由于这种变异不可遗传,所以在食用菌育种中意义不大,但掌握这些变异产生的条件,在食用菌栽培中,对提高食用菌的产量和品质却有着积极的意义。另一种变异是由于遗传物质基础的改变而发生的变异,可以通过繁殖传给后代,称为可遗传的变异。如平菇的产孢缺陷型就是可遗传的变异。无孢平菇的子实层不能产生担孢子,只能通过菌丝体的转接即无性繁殖来保持其不产孢子的变异性状。在生产上应用的还有白色金针菇、白色木耳、白色灰树花等新品种,都是遗传性状很稳定的变异菌株。

遗传和变异是对立统一的一对矛盾,它们相辅相成,缺一不可,遗传是生物生存和繁衍的基础,它使物种相对稳定;变异是生物进化的动力,它造就了生物大千世界。遗传是相对的,变异则是绝对的,没有变异就不能研究遗传。了解食用菌的遗传变异原理,对发展食用菌生产有重要意义,它将使我们更深刻地认识食用菌,更有效地改造食用菌。

1)食用菌遗传变异的特性

在食用菌栽培过程中,可遗传的变异来源包括以下几个方面:

（1）基因重组

基因(遗传因子)是遗传的物质基础,是DNA(脱氧核糖核酸)分子上具有遗传信息的特定核苷酸序列的总称。基因通过复制把遗传信息传递给下一代,使后代出现与亲代相似的性状。基因的重组是指在生物体进行有性生殖的过程中,控制不同性状的基因重新组合的过程。基因重组能产生大量的变异类型,但只产生新的基因型,不产生新的基因。基因重组发生在有性生殖的减数第一次分裂的四分体时期,同源染色体的非姐妹染色单体交叉互换,非等位基因随着非同源染色体的自由组合而自由组合。

基因重组是产生可遗传变异最普遍的来源,也是杂交育种的理论基础。

（2）基因突变

基因突变是由于 DNA 分子中碱基对的增添、缺失或替换,从而引起的基因结构的改变。基因突变是生物变异的最初来源。如香菇、平菇、毛木耳等产生的白色突变株,是控制色素形成的基因发生了改变所致;食用菌的担孢子被诱变剂处理后,产生的营养缺陷型突变菌株,是控制合成某种营养物质的基因发生了改变所致。

（3）染色体变异

在真核生物的体内,染色体是遗传物质 DNA 的载体。当染色体的数目发生改变时(缺少,增多)或者染色体的结构发生改变时,遗传信息就随之改变,带来的就是生物体的后代性状的改变,这就是染色体变异。它是可遗传变异的一种,根据产生变异的原因,可以分为结构变异和数目变异两大类。

①染色体结构变异。染色体结构变异的发生是内因和外因共同作用的结果,外因有各种射线、化学药剂、温度的剧变等,内因有生物体内代谢过程的失调、衰老等。在这些因素的作用下,染色体可能发生断裂,断裂端具有愈合与重接的能力。当染色体在不同区段发生断裂后,在同一条染色体内或不同的染色体之间以不同的方式重接时,就会导致各种结构变异的出现。染色体变异的类型包括染色体的缺失、重复、倒位、易位(见图5.1)。

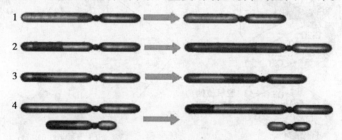

图 5.1　染色体结构变异

1—缺失;2—重复;3—倒位;4—易位

②染色体数目变异。一般来说,每一种生物的染色体数目都是稳定的,但是,在某些特定的环境条件下,生物体的染色体数目会发生改变,从而产生可遗传的变异。染色体数目的变异可以分为两类:一类是细胞内的染色体数目以染色体组的形式成倍地增加或减少;另一类是细胞内的个别染色体增加或减少,又可分别称为整倍性变异和非整倍性变异。

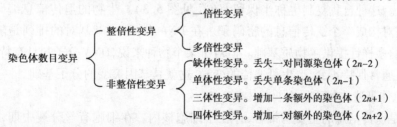

在进行遗传研究及食用菌育种时,要善于区分和正确处理不同性质的变异,明确变异的种类和实质,就可以准备地利用在食用菌生长发育过程中产生的有价值、可遗传的变异,淘汰不可遗传的变异。比如,同一香菇菌株不同栽培条件,产生的子实体差异很大,就不能简单地认为原有品种的遗传物质发生了改变而进行品种选育。确认该菌株是否产生了可遗传的变

异,还必须把原菌株与产生变异的菌株在同样的栽培条件下进行多代观察,才能做出结论。

2)食用菌遗传的物质基础

(1)DNA 是主要遗传物质

遗传物质即亲代与子代之间传递遗传信息的物质。除一部分病毒的遗传物质是 RNA,朊病毒的遗传物质是蛋白质外,其余的病毒以及全部具典型细胞结构的生物的遗传物质都是DNA。通常所谓的基因是 DNA 分子中具有遗传效应的 DNA 片段。DNA 由 4 种核苷酸组成,每个核苷酸分子有 3 种组分:磷酸、脱氧核糖和碱基。这 4 种核苷酸的差异仅在含氮碱基种类上的不同,碱基分别是腺嘌呤(A)、鸟嘌呤(G)、胸腺嘧啶(T)、胞嘧啶(C)。

DNA 呈双螺旋结构(见图 5.2),即 DNA 分子由两条多聚核苷酸链彼此以一定的空间距离在同一个轴上互相盘旋起来。这两个多聚核苷酸长链的骨架是由脱氧核糖和磷酸交替排列,其间以磷酸酯链连接而成,碱基则连接在核糖的 1′碳位上,两条多聚核苷酸链的碱基间严格配对,并以氢键相连。

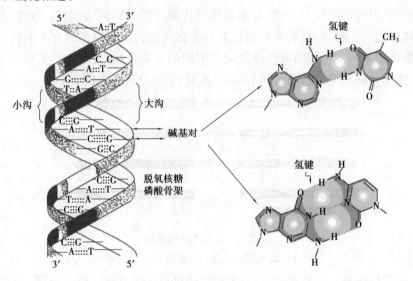

图 5.2　DNA 双螺旋结构示意图

DNA 在复制时,双链 DNA 先解旋成两条单链,也称母链。然后,以母链为模板,按照碱基配对的原则,合成一条与母链互补的新链,这样由原来的一个 DNA 分子形成了两个完全相同的 DNA 分子。这种自我复制也称半保留复制(见图 5.3)。生物的遗传信息编码于 DNA 链上,三个碱基对构成一个遗传信息的密码子。在 DNA 分子中,碱基对的排列是随机的,这就为遗传信息的多样性提供了物质基础。但对于某个物种来说,DNA 分子却具有特定的碱基排列顺序,并且通常保持不变,产生可遗传的变异,这就是基因突变的分子基础。

(2)染色体是遗传物质的主要载体

染色体是遗传信息的主要携带者,存在于细胞核内。在细胞有丝分裂中期,染色体的形态最为恒定,分化最清晰,便于观察和比较,因而是研究中常常使用的染色体分析时期。染色体由核酸和蛋白质构成,具有储存和传递遗传信息、控制分化和发育的作用。染色体是遗传物质的主要载体,这是因为:

①从物种特征来看,每种生物的体细胞中都有一定形态和数量的染色体。

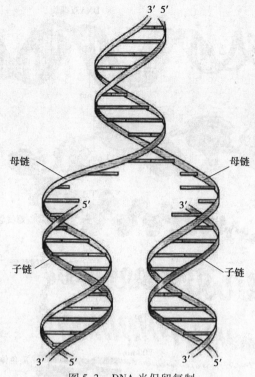

图 5.3 DNA 半保留复制

②从生殖过程来看,染色体在生物的遗传中保持一定的稳定性和连续性。

③从染色体的组成来看,主要由 DNA 和蛋白质组成,其中 DNA 含量稳定,是主要的遗传物质。

④从 DNA 的分布来看,DNA 存在于细胞核中,与蛋白质构成染色体,约有98%的 DNA 分布在染色体中,因此说染色体是遗传物质的主要载体。

(3)染色体的包装

核小体是染色体的基本结构单位,由 DNA 和组蛋白构成。每个核小体单位包括 200 bp 左右的 DNA 超螺旋和一个组蛋白八聚体以及一个分子的组蛋白 H1。

核小体的装配是染色体装配的第一步,DNA 包装成核小体,大约压缩了 7 倍。染色质以核小体作为基本结构逐步进行包装压缩,经 30 nm 染色质纤维、超螺旋环,最后压缩包装成染色体,总共经过四级包装(见图 5.4)。

①由 DNA 与组蛋白包装成核小体,在组蛋白 H1 的介导下核小体彼此连接形成直径约 10 nm 的核小体串珠结构,这是染色质包装的一级结构。

②在有组蛋白 H1 存在的情况下,由直径 10 nm 的核小体串珠结构螺旋盘绕,每圈 6 个核小体,形成外径为 30 nm、内径 10 nm、螺距 11 nm 的螺线管。这些螺线管是染色质包装的二级结构。

③螺线管进一步螺旋化形成直径为 0.4 μm 的圆筒状结构,称为超螺线管,这是染色质包装的三级结构。

④超螺线管进一步折叠、压缩,形成长 2～10 μm 的染色单体,即四级结构。

当一连串核小体呈螺旋状排列构成纤丝状时,DNA 的压缩包装比约为 40。纤丝本身再

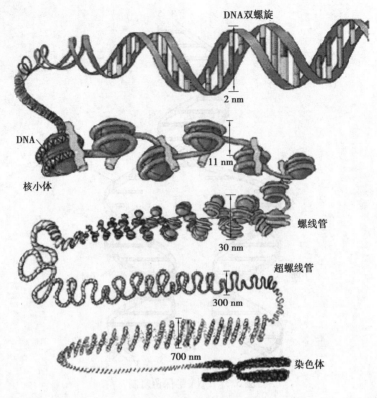

图 5.4 由 DNA 到核小体

进一步压缩后,成为常染色质的状态时,DNA 的压缩包装比约为 1 000。有丝分裂时染色质进一步压缩为染色体,压缩包装比高达 10 000,即只有伸展状态时长度的万分之一。

3)食用菌遗传物质的传递

细胞分裂是生物进行生长和繁殖的基础,染色体在细胞分裂过程中有规律地变化,使生物的遗传信息有规律地从一个细胞传给另一个细胞,从亲代传给子代,从而保证了世代间物质机能上的连续性。

食用菌也是通过细胞分裂实现菌丝生长和担孢子发育的。在营养菌丝内进行有丝分裂,在担子内进行减数分裂。无论是有丝分裂还是减数分裂,在分裂的间期都要进行 DNA 的复制与蛋白质的合成,复制结束后,每条染色体都由完全相同的两条染色单体组成。在有丝分裂时,随着纺锤丝的牵引,着丝点一分为二,形成两条完全相同的染色体,并分别移向细胞的两极,实现核分裂,接着进行细胞质分裂形成两个细胞(见图 5.5)。因此,有丝分裂确保了子细胞与母细胞遗传物质完全相同。

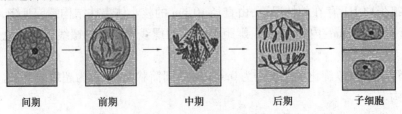

| 间期 | 前期 | 中期 | 后期 | 子细胞 |

图 5.5 营养菌丝内进行有丝分裂

减数分裂发生在有性生殖过程中,当性母细胞产生性细胞时,进行特殊的有丝分裂,它实际上包括两次核分裂。在第一次分裂的前期,要进行同源染色体的联会及非姊妹染色体间的交换。分裂后期各配对的同源染色体随机移向两极,实现了染色体数目减半,第二次分裂则是姊妹染色体随着丝点的分开移向两极,染色体数目不发生变化。

减数分裂对于生物的遗传具有重要意义。担子菌亚门的食用菌减数分裂在担子内进行,结果产生 4 个单倍体核,也称为四分体,四分体核可直接通过小梗进入担孢子形成 4 个单倍体核的担孢子。子囊菌亚门的食用菌减数分裂在子囊果内进行。

4)食用菌的遗传特点

食用菌的遗传规律符合经典遗传学三大规律,即分离规律、独立分配与自由组合规律及连锁互换规律。

(1)分离规律

由一对等位基因控制的二极性食用菌,不亲合基因的分离符合分离规律(见图 5.6)。

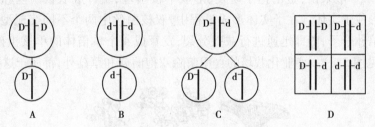

图 5.6 分离规律

(2)独立分配与自由组合规律

当两对以上的等位基因进入一个配子时,它们相互之间是独立自由组合的,后代基因型是雌配子和雄性配子随机受精决定的。所以基因型为 AaBb 的 F_1,能够产生相同数量的 AB,Ab,aB,ab 4 种类型的配子。另外,在具有单纯显隐性关系的等位基因之间,F_2 的性状方面,可以得到 9 : 3 : 3 : 1 的分离比。

由两对非连锁的等位基因控制的四极性食用菌,不亲和基因的分离符合独立分配与自由组合规律(见图 5.7)。

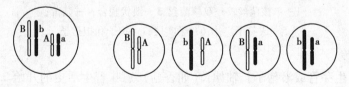

图 5.7 自由组合规律

(3)连锁互换规律

连锁互换定律是摩尔根根据黑腹果蝇的研究于 1910 年提出的遗传学定律。他认为,位于同一染色体上的两个或两个以上基因遗传时,联合在一起的频率大于重新组合的定律,基因的传递同基因所在染色体的传递是连锁的。连锁互换定律与孟德尔的分离定律和自由组合定律合称为遗传学的三大定律。遗传学认为,配子形成过程中同源染色体的非姐妹染色单体间发生了局部交换,出现了重组类型。每个生物所带的一套基因包括许许多多基因,这些基因分别位于一定数目的单倍染色体上,所以位于同一条染色体上的基因相互之间一般可以看到连锁,这些基因不能自由组合。

和高等植物相比,食用菌属低等生物,相对性状少,且许多生物学性状是数量基因控制的,因此,容易因环境条件的改变而引起个体发育过程中性状、生理特性及产量的变化。在担子菌类食用菌中,普遍存在着单核菌丝体生长细弱不具结实能力,当发生质配后,形成的双核异核菌丝具备结实能力,产生子实体,食用菌的这种特性更有利于杂交育种。真菌的生活史大部分是单倍体,在遗传研究中避免了显隐性的复杂性,是较好的遗传研究材料。

5.1.2 食用菌遗传变异与育种技术

1)食用菌的生活史

食用菌完整的生活史由无性生活及有性生活史两部分组成,但通常所说的生活史是指有性生活,即由有性孢子(担子菌的担孢子,子囊菌的子囊孢子)到产生新一代有性孢子所经历的全部过程。一般来讲,是由孢子萌发、形成单核菌丝、发育成双核菌丝和结实性双核菌丝,进而分化形成子实体。在子实体形成过程中,双核菌丝中两个不同交配型的细胞核发生核配,形成双倍体合子,随即迅速进行减数分裂,发育成4个单倍体的单核担孢子,从而完成整个生活史(见图5.8)。商业化栽培的食用菌除双孢蘑菇和草菇外,都属于这类生活类型。

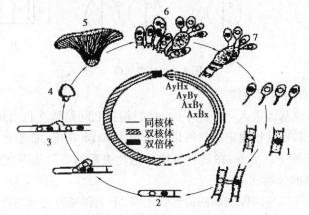

图 5.8　平菇的生活史
1—单核菌丝;2—双核菌丝;3—锁状联合;4—菇蕾;
5—成熟子实体;6—子实层;7—担子和担孢子

(1)孢子萌发

孢子萌发产生芽管或沿孢子长轴伸长(如香菇),意味着生活史的开始。

(2)单核菌丝发育

孢子萌发后一般形成单核菌丝。单核菌丝细胞中只有一个单倍的细胞核,单核菌丝体中所有的细胞核都含有相同的遗传物质,故又称同核菌丝体。单核菌丝体能独立地、无限地进行繁殖,但一般不会形成正常的子实体。有些食用菌的单核菌丝体还会产生粉孢子或厚垣孢子等来完成无性生活史。另外,有些食用菌的孢子萌发时并不都呈菌丝状,如银耳孢子能以芽殖的方式产生大量芽孢子,再由芽孢子萌发成单核菌丝。木耳的担孢子有时也不直接萌发为菌丝,而是先在担孢子中形成隔膜,隔成多个细胞,每个细胞产生钩状分生孢子,再由钩状分生孢子萌发成菌丝。

（3）双核菌丝的形成

两条可亲和的单核菌丝在有性生殖上是可亲和的,而在遗传性质上是不同的,配对后,细胞融合进行质配,发育成含有两个核的双核菌丝(见图5.9)。双核菌丝能独立地和无限地进行繁殖,具有产生子实体的能力。担子菌的双核菌丝的形成在早期进行,子实体也是由双核菌丝组成的。有些双核菌丝在顶端细胞分裂时,形成锁状联合并留下痕迹(见图5.10)。子囊菌双核菌丝在子囊产生前夕形成,子实体实际上是单核菌丝和双核菌丝的混合物,如羊肚菌的子实体。

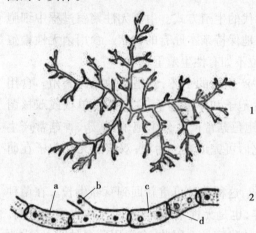

图 5.9 食用菌的双核菌丝示意图

1—菌丝体;2—放大的菌丝体

a—细胞壁;b—细胞核;c—细胞质;d—细胞隔膜

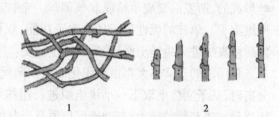

图 5.10 锁状联合痕迹

1—双核菌丝;2—锁状联合

（4）子实体的形成

双核菌丝在适宜的条件下进一步发育、分化,形成结实性双核菌丝,再互相扭结,形成极小的子实体原基。原基一般呈颗粒状、针头状或团块状,是子实体的胚胎组织,内部没有器官分化。原基的形成标志是看菌丝体已由营养生长阶段进入生殖生长阶段。原基进一步发育形成菌蕾,菌蕾是尚未发育成熟的子实体,已有菌盖、菌柄、产孢组织等器官的分化,但未开伞成熟(见图5.11)。菌蕾进一步发育成成熟的子实体。

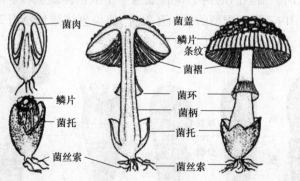

图 5.11 伞菌结构示意图

（5）有性孢子的形成

在子实体中，双核菌丝的顶端细胞通过核配、分裂等一系列过程形成有性孢子。至此完成整个生活史，孢子释放后又一轮生活史重新开始。

2）食用菌的繁殖方式

食用菌的繁殖方式包括无性繁殖和有性繁殖，但在自然条件下，有性繁殖是它的主要繁殖方式。

（1）无性繁殖

无性繁殖是指不经过性细胞的结合，而产生后代的生殖方式。由于无性繁殖过程中细胞进行的是有丝分裂，因此无性繁殖的后代仍能很好地保持亲本原有的性状。食用菌无性繁殖的方式有多种，在食用菌生活史中，无性生殖的地位不如有性生殖重要。

由无性孢子来完成生活史中的无性小循环，并产生新的个体，就是一种无性繁殖。食用菌的无性孢子包括分生孢子、粉孢子、节孢子、芽生孢子和厚垣孢子，它们是由单核或双核菌丝形成的，萌发后变成单核或双核菌丝。金针菇、鲍鱼菇常产生分生孢子，草菇、香菇常产生厚垣孢子。单核的无性孢子具性孢子功能，双核化后可完成其生活史；双核的无性孢子在萌发后可直接进入生活史循环，完成其生活史。

食用菌的子实体大都由组织化的双核菌丝构成，这种菌丝可重新回到营养生长。在菌种分离时，从子实体上取下一小块组织进行组织培养，也是无性繁殖的一种，又称为组织分离。用这种方法获得的菌种，有助于保持原有形状的遗传稳定性。因此，在食用菌育种时，经常要利用组织分离的方法，把已产生变异的优良菌株保存下来。菌种的扩大与繁殖、由原生质体再生的菌种等，也都是无性繁殖的方式。

（2）有性繁殖

有性繁殖是由一对可亲和的两性细胞经融和形成合子，再形成新个体的繁殖方式。有性生殖是生物界最普遍的一种生殖方式，其后代具备双亲的遗传特性。食用菌的有性繁殖和其他真菌一样，包括质配、核配、减数分裂3个不同的时期。质配是两个细胞的原生质在同一个细胞内融和，细胞质配后形成一个双核细胞，进入食用菌的双核时期。在担子菌类食用菌的生活史中，双核期相当长，期间通过有丝分裂实现菌丝的壮大及积累营养物质并形成子实体。核配是由质配所带入同一细胞内的两个核合成为一个双倍体细胞核。减数分裂则在子实体的担子内进行，在担子内不同交配型的核相互融合，使染色体数目变为 $2n$，经减数分裂后，形成的4个单倍体子核，发育成担孢子（见图5.12）。

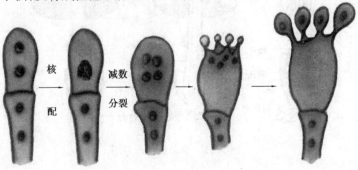

图5.12　担孢子形成过程

根据同一担孢子萌发形成的菌丝自身是否具有结实能力,食用菌有性繁殖可分为同宗结合和异宗结合两大类。在担子菌中,同宗结合的食用菌约占10%,异宗结合约占90%。

①同宗结合。同宗结合是一种自交可孕的类型。含有一个核的担孢子萌发产生的同核菌丝,可以通过双核化产生双核菌丝完成性生活史。这种双核菌丝的细胞核在遗传上没有差异,但具结实能力。同宗结合又分为初级同宗结合和次级同宗结合。常见栽培食用菌中,属同宗结合的有草菇和双孢蘑菇。

a. 初级同宗结合。草菇的每一担子上产生4个由没有交配型差别的细胞核发育而成的单核担孢子,故称为初级同宗配合。草菇每个担孢子有1个细胞核,其中有75%的担孢子可孕育形成子实体。目前认为初级同宗结合的食用菌没有不亲和因子,或控制不亲和性的因子位于同一条染色体上,其作用相互抵消。初级同宗结合的食用菌菌丝,有的有锁状联合,有的无锁状联合。

b. 次级同宗结合。双孢蘑菇的一个担子上产生2个双核担孢子,同一担孢子萌发而成的菌丝虽然自交可孕,但担孢子内的两个细胞核却具有不同的交配型,故称为次级同宗结合。次级同宗结合的食用菌在减数分裂产生担孢子时,两个可亲和性的细胞核同时进入一个担孢子中,使每个担孢子中含有"+""-"两个核,每个担子上产生两个担孢子,担孢子萌发后形成的菌丝体属于双核异核菌丝体,具结实性,能产生子实体。最后形成的担孢子的可孕性不同,当两个交配型不同的核进入一个担孢子时,该担孢子萌发而来的菌丝具结实性。当两个交配型相同的核进入同一担孢子时,该担孢子萌发而来的菌丝不具结实性,一般具结实性的担孢子占80%,不具结实性的担孢子占20%。含有相同交配型的担孢子,无论是双孢还是单孢,必须经杂交后才能完成生活史。

②异宗结合。异宗结合是一种自交不孕的类型。只有两种不同交配型的单核菌丝相互结合形成双核菌丝,才能正常结实。两种菌丝细胞在形态上并无什么差别,但在遗传特性上却不同,单一的"+"菌丝或"-"菌丝都不能出菇。根据控制交配型的因子是一对还是两对,异宗结合又分为二极性异宗结合和四极性异宗结合两种。凡交配型由一对A因子所控制,一个子实体能产生两种不同交配型(A1及A2)担孢子的为二极性;交配型由A、B两对因子所控制,一个子实体能产生四种不同交配型(A1B1、A2B2、A1B2、A2B1)担孢子的为四极性。

异宗结合是担子菌类食用菌有性繁殖的普遍形式,世界上约有5 000种担子菌,已研究过有性生殖的500个种中约有90%为异宗结合。常见栽培食用菌中,属于二极性异宗结合的有双环蘑菇、木耳、滑菇等,属于四极性异宗结合的有香菇、金针菇、侧耳、凤尾菇及银耳等。

a. 二极性。即单因子控制的不亲合系统。每个子实体产生的孢子,有两种自身不孕类群,由一对交配因子决定,即A因子单一系列控制。A因子有多个复等位基因,如A1、A2、A3…An。在进行有性生殖时,只有A位点基因不同的两单核菌丝体交配才能完成整个生活史。例如,具有A1基因的菌丝体就不能和另一具有A1基因的菌丝体配合,但可以和A2、A3…An中的任何一个配合。A因子具有两个作用,一是控制菌丝体融合,二是控制细胞核的迁移。

不亲和系统由单因子控制的食用菌叫二极性食用菌,它的担孢子萌发而来的单核菌丝只带有成对不亲和基因中的一个,当不亲合基因分别是A1和A2的两种单核菌丝相遇后,相交处便发生融合,接着发生核的迁移,形成异核双核细胞。再由异核双核细胞发育成异核双核

菌丝体。该菌丝体具有结实性,能形成子实体。当子实体减数分裂产生担孢子时,A 因子发生分离,每一种 A 因子随核进入 1 个担孢子,每个担子上的 4 个担孢子有等量的双亲基因,即 2 个是 A1,2 个是 A2。按生殖模式表示的二极性食用菌的生活史如下:

$$\underset{(A1×A2)}{\text{同核体}} \xrightarrow[\text{质配}]{} \underset{(A1+A2)}{\text{双核体}} \xrightarrow[\text{核融合}]{} \underset{(A1A2)}{\text{二倍体}} \xrightarrow[\text{减数分配}]{} \text{形成 A1、A2 二类担孢子}$$

同一品系的担孢子萌发而来的单核菌丝间杂交,杂交可孕率为 50%,其担孢子杂交的后代可孕与不可孕的比例为 1：1。同一菇体二极性交配结果:

	A1	A2
A1	A1A1 −	A1A2 +
A2	A1A2 +	A2A2 −

如果四个单核菌 A1、A1、A2、A2 来自同一个菇体的减数分裂,而 A3、A3、A4、A4 来自另一菇体的减数分裂,其担孢子杂交的后代可孕与不可孕的比例为 1：3。这是因为 A3 和 A1、A2 交配都为"+",A4 和 A1、A2 交配也都是"+",因此"+""−"的比例不等,也说明 A3 和 A4 是 A 的复等位基因,凡 A 因子不同的两个菌丝就能交配而结实。不同菇体二极性交配结果如下所示:

	A1	A2	A3	A4
A1	A1A1 −	A1A2 +	A1A3 +	A1A4 +
A2	A1A2 +	A2A2 −	A2A3 +	A2A4 +
A3	A1A3 +	A2A3 +	A3A3 −	A3A4 +
A4	A1A4 +	A2A4 +	A3A4 +	A4A4 −

b. 四极性。即双因子控制的不亲和系统。双因子控制的不亲和系统是指食用菌单核菌丝间的亲和性由 A、B 两个遗传因子控制。在交配过程中,A 因子控制着细胞核的配对和锁状联合的形成,B 因子控制着细胞核的迁移和锁状联合的融合。A、B 两因子位于不同的染色体,是非连锁的遗传因子,A、B 不亲和因子均具有复等位基因。比如,A 位点可用 A1、A2、A3…An,B 位点可以用 B1、B2、B3…Bn。由担孢子萌发而来的单核菌丝,带有成对不亲和基因中的一个,不亲和基因不同,如一条菌丝是 A1B1,另一条菌丝是 A2B2,它们之间能进行杂交,其结果是产生一个可孕的双核体(A1B1+A2B2)。双核体经减数分裂后,可以形成亲本型的担孢子 A1B1、A2B2 和重组型的担孢子 A1B2、A2B1。在大多数菌类中,四种类型的孢子比例一致,这表明 A 和 B 两个基因位点之间没有联系,都各自着生在不同的染色体上。按生

殖模式表示的四极性食用菌的生活史如下：

同核体 ——质配——→ 双核体 ——核配——→ 二倍体
（A1B1×A2B2）　　　　（A1B1+A2B2）　　　　（A1A2B1B2）

形成 A1B1、A1B2、A1B2、A2B1 四类担孢子←——减数分裂——

由于一个位点或两个位点相同的两种单核菌丝均不能正常杂交，因此，四极性食用菌同一品系所产生的担孢子之间进行近亲繁殖时，理论上杂交成功率只有 25%。双因子控制的异宗结合食用菌的交配反应如下所示：

不亲和性类型	A1B1	A2B2	A2B1	A1B2
A1B1	A1A1B1B1 −	A1A2B1B2 +	A1A2B1B1 −	A1A1B1B2 −
A2B2	A1A2B1B2 +	A2A2B2B2 −	A2A2B1B2 −	A1A2B2B2 −
A2B1	A1A2B1B1 −	A2A2B1B2 −	A2A2B1B1 −	A1A2B1B2 +
A1B2	A1A1B1B2 −	A1A2B2B2 −	A1A2B1B2 +	A1A1B2B2 −

了解食用菌的性特征，在遗传育种上很有意义。属于同宗结合的菌类，单孢子萌发的菌丝可形成子实体；属于异宗结合的菌丝，采用单孢育种时必须注意单核菌丝之间是否亲和，即使菌落及菌丝表现出亲和性，亦须进行结实出谷实验才可用于生产。

任务5.2　人工育种的主要途径

5.2.1　菌种选育的意义

菌种选育是以生物的遗传和变异为依据，为了达到优质高产的目的，使投入生产的新菌种具有良好生产性状和经济性状，或适应工艺改革的要求，采用一定的技术方法获得新的种质，并从中筛选符合生产目的的优良菌种。严格地说，菌种的选育技术包括选种和育种两方面，选种是根据某种目的要求从众多的菌种中去劣存优、筛选优良菌种的方法，育种则是通过杂交育种、诱变育种、原生质融合等手段创造新种质基因，获得新的菌种。在生产实际中，往往是选、育种结合起来，培育出优良的菌种。

菌种选育的意义有：

1)防止菌种衰退

已经实行了人工栽培的食用菌品种，人们在长期生产实践中，对其某些特性的加强或排除，在有目的的技术措施指导下进行栽培，就可以保持该品种的产量和质量，甚至不断提高。

2)提高生产能力

目前栽培食用菌的产量远远不能满足国内外市场的需要，优良菌种是食用菌栽培获得高

产的前提,有了优良菌种,可以在相同栽培条件下获得更大的经济效益。

3)开发优良品种

食用菌资源丰富,经过长期大量的工作,人类已能够对20多个品种进行人工栽培。随着社会的发展,人们对那些珍贵的、美味的、多彩的、具药用价值的品种更感兴趣。要把这些在自然界零散的、偶然发现的、还没有规模产量的品种进行人工栽培,才能获得更多的产品和更大的经济效益,满足人们的要求。

4)提高产品质量

食用菌的菌种是从孢子获得的,孢子数量虽然很多,在大量孢子中有保存了原来优良性状的,也有出现了不良性状变异的,因此,要用人工方法把具有优良性状的菌丝保存下来是十分必要的。从收集孢子到孢子发育成菌丝,要经历很长时间,不能适应大规模生产。菌丝的生活力强,可以不断从经过选择的优良菌丝扩大生产,在短时间内即可获得大量优良菌种。

5.2.2 人工育种的五大途径

食用菌的遗传性相对是稳定的,但是食用菌的变异又是非常普遍的。食用菌的变异是由环境条件,如营养、光照、水分、温度等引起的,而这些变异往往是暂时的,只有通过基因的突变才能获得永久的、可遗传的变异。人们致力寻找食用菌中自然发生的或经人工诱变而产生的有益于人类的变异,并想办法把这些变异稳定下来,就能得到新菌种。

人工育种是指利用生物在自然界的自然选择规律,用人工的方法定向选择自然条件下发生的有益变异,使有益变异不断累积并遗传,以获得人类需要的新品种的过程。"北京猴头菌1号"(陈文良,1988)、开化木耳(沈秀法,2002)等新品种,都是通过人工选择获得的。人工选择的基本方法是利用组织分离法和孢子分离法获得纯菌种,不断纯化得到优良菌株。为了使人工选择育种产生效果,必须全面系统地对我国丰富的食用菌野生资源、栽培品种进行调查、采集、分离、保藏和种性(包括外部形态、生理习性、营养价值、遗传特性)研究。

1)选择育种

(1)选择育种的理论基础

食用菌在生长过程中,会不断地受到来自外界及自身因素的影响而发生遗传物质的改变,这种现象称之为自发突变。自发突变并不是真正的不接触诱变物质,只是人为不施加诱变因子。自发突变产生的原因有:

①背景辐射和环境诱导作用。如自然接受射线辐射、热及化学药剂等。

②生物自身产生的诱变物质引起的变异。如转座子的插入引起的遗传物质的改变,代谢过程中产生的过氧化氢、有机过氧化物等。

③ DNA分子本身的变化引起的配对错误。碱基分子存在着酮式和烯酮式、氨基式与亚氨基式的互变异构现象及环出效应,当结构发生变化时,就容易出现配对差错。

选择育种要求育种工作者一方面随时留心观察,注意选择和利用现有品种中有益的变异个体;另一方面要广泛收集不同地域、不同生态型的菌株,以便从大量菌株中反复比较,弃劣留优,选出符合人们需要的新品种。

(2)选择育种的程序

程序一般为:品种资源的收集与选择纯种→纯种分离→品比试验→扩大栽培。

①品种资源的收集与选择。选择育种是有目的地选择自然界现存的有益变异,因此要想取得较好的效果,必须尽可能地收集足够数量的有代表性的野生及栽培菌株。

②纯种分离。发现优良变异菌株后,应尽快采用组织分离、孢子分离、基内菌丝分离等方法取得纯种。

③品比试验。通过各种途径获得的菌株,与本地主要品种在同样的栽培条件下,进行栽培出菇试验,选出综合性状比较好的优良菌株。

④扩大试验。品比试验后,对初步选出的优良菌株,较大规模地进行试验,以对品比结果作进一步验证。

⑤示范推广。经扩大试验后,对选出的优良菌株有了更明确的认识,但在大量推广之前,应选取数个有代表性的试验点进行示范性生产。待结果得到进一步确证后,再由点及面,逐步推广。

自然选育简单易行,可以纯化菌种,防止菌种退化,稳定产量。但自然选育的效率低,应该经常跟诱变选育交替使用,提高育种效率。

2)诱变育种

利用物理(包括非电离辐射类的紫外线、激光、离子柱和引起电离辐射的 X 射线、γ 射线和快中子等)和化学诱变剂(烷化剂、碱基类似物、吖啶类化合物)处理细胞群体,显著提高其基因突变,进而从差异群体中挑选出符合育种目的的突变株。遗传物质的改变叫突变。接触诱变剂而发生的突变为诱发突变,没有接触诱变剂而发生的突变为自发突变,自发突变和诱发突变本质上没有区别,只是诱变剂提高了突变频率。因此诱变育种与自然选育相比较,由于引进了诱变剂处理,而使菌种发生突变的频率和变异的幅度得到了提高,从而使筛选获得具有优良特性变异菌株的概率得到了提高。诱变育种具有速度快、方法简单等优点,是菌种选育的一个重要途径。

(1)诱变育种的理论基础

诱变育种的理论基础是基因突变,突变包括染色体畸变和基因突变两大类。基因突变指的是 DNA 中的碱基发生变化,即点突变。染色体畸变指的是染色体或 DNA 片段发生缺失、易位、逆位、重复等。

①诱变剂。能够使 DNA 分子结构发生改变,提高生物体突变频率的物质称为诱变剂。大多数诱变剂在诱发生物体发生突变的同时,还造成生物细胞的大量死亡,因此,诱变剂都是一些剧毒的化学物质,具有致癌致畸的特性。诱变剂可分为物理诱变剂、化学诱变剂和生物诱变剂三大类。

a.物理诱变剂。常见的物理诱变剂有紫外线(UV)、X 射线、γ 射线、快中子等,其中以紫外线应用最为普遍。

b.化学诱变剂。可分为四大类,第一类为脱氨基诱变剂,如亚硝酸、羟胺;第二类为烷化剂类化合物,如氮芥(NM)、乙烯亚胺(EI)、硫酸二乙酯(DES)、甲基磺酸乙酯(EMS)、亚硝基胍(NTG)等;第三类为碱基天然类似物,如 5-溴尿嘧啶(5-Bu)、2-氨基嘌呤(AP);第四类为移码诱变剂,如吖啶橙、吖啶黄。

c.生物诱变剂。生物诱变剂应用得较少,它实际上是一段 DNA 片段,如转座因子,Is、Tn、Mu。此外还有其他的诱变因素,如抗菌素、除草剂、脱氧核糖核酸等。当这些诱变剂渗入生

物细胞后,便可作用于遗传物质 DNA,改变细胞遗传物质的正常结构。

②诱变机理。不同的诱变剂,其作用机理及引起的生物学效应是不同的。诱变剂的作用机理主要有以下几类:

a. 碱基置换。即 DNA 分子中的一对碱基被另一对碱基所置换。

b. 移码突变。即 DNA 链上失去或增加一个或几个碱基造成的 mRNA 的阅读框的改变,无论前译或后译,所翻译出的蛋白质都会出现错误。造成移码突变的诱变剂,主要是一些吖啶类物质,如吖啶黄、吖啶橙、2-氨基吖啶等。这类化合物的分子结构与核酸中的碱基很相似,能插入 DNA 两相邻碱基对之间,造成 DNA 碱基对上碱基的添加或缺失,这就在 DNA 复制时,因突变点以下的三联体密码子的改变而发生突变。移码突变将引起该段肽链的改变,而肽链的改变将引起蛋白质性质的改变,最终引起性状的变异。严重时会导致个体的死亡。

c. 染色体畸变。某些强烈的诱变因子如 X 射线、亚硝酸等除了引起点突变以外,还会产生 DNA 分子的大损伤,导致染色体数目的变化及结构的改变。每种生物的每个细胞都有一定数目染色体,各个染色体的形状也是恒定的。因此,如果它们的数目和结构改变了,就会出现可遗传的变异。

(2)诱变育种的程序

诱变育种大体步骤为:出发菌株→制备孢子悬浮液→诱变处理→涂布培养皿→挑菌移植→斜面传代→试验、示范、推广。

诱变育种中应注意以下几个基本问题:

① 选好出发菌株。

② 诱变对象应处于适宜状态。

③ 诱变因素的选择。

④ 诱变剂量的确定。

(3)诱变育种的常见方法

近年来,食用菌育种发展较快,我国利用诱变突变已选育出平菇、香菇、木耳、猴头、双孢蘑菇、金针菇等食用菌的优新品种。常见的诱变方法有以下几种:

①紫外诱变。紫外诱变育种是较为简单的一种诱变育种方式,其最适宜的诱变对象是单细胞、单核个体。李德舜等(2002)利用紫外诱变处理平菇"山大 1 号"菌株的担孢子获得了理想的新品系。此外,通过对特定的菌丝原生质体的紫外诱变,也获得了稳定性较好、生物量较高的姬松茸、灰树花和猴头等的诱变菌株。

②辐射育种。辐射育种是利用 γ 射线等射线诱发作物基因突变,获得有价值的新突变体,从而育成优良品种。

③激光诱变。激光对生物体作用的研究已有 40 多年的历史。随着研究水平的深入,目前认为激光对生物体的影响主要是由于其热、压力、光和电磁场等几方面的效应。其中,热效应引起酶失活、蛋白质变性,导致生物的生理、遗传变异;压力效应使组织变形、破裂,引起生理及遗传变异;电磁场效应是由产生的自由基导致 DNA 损伤,引起突变;光效应则是通过一定波长的光子被吸收、跃迁到一定的能级,引起生物分子变异,进而导致遗传变异。激光诱变育种作为现代农作物育种技术的一项高新技术,由于其具有正变率高、遗传稳定性好的特点而被应用于食用菌育种研究中。

④离子注入。离子注入诱变是利用离子注入设备产生高能离子束并注入生物体引起遗传物质的永久改变,然后从变异菌株中选育优良菌株的方法。离子束诱变育种与传统的辐射法及化学诱变剂相比,具有损伤轻、突变率高、突变谱宽、遗传稳定、易于获得理想菌株等特点。目前,这项技术在我国食用菌的育种中应用较少。

⑤空间诱变。空间诱变育种是指利用返回式卫星或高空气球将农作物种子带到太空,在太空特殊的环境(空间宇宙射线、微重力、高真空、弱磁场等因素)作用下引起生物染色体畸变,进而导致生物体遗传变异,经地面种植选育新种质、新材料和培育新品种的作物育种新技术。目前,我国已经进行了香菇、平菇、黑木耳、金针菇、灵芝等食用菌的空间诱变试验。诱变育种中出发菌株的选择、诱变对象所处的状态、诱变剂的使用及剂量等,都会影响诱变效果。一般来讲,选择经自然选育并应用于生产、性状稳定、综合性状优良而仅有个别缺点的菌株,使其处于单细胞的均匀悬浮液状态,并根据食用菌的辐射敏感性和各种性状,在不同剂量下的突变频率确定诱变剂的剂量,从而达到理想的诱变效果。

(4)诱变处理后的筛选

诱变剂处理后,在群体中将会出现各种各样的突变类型,如抗药性突变、形态突变、温度突变以及各种生理生化突变型等。要想得到特定表型效应的突变型,需要采用不同的筛选方法进行筛选。经过初筛和复筛,便可选出较为理想的优良菌株。

3)杂交育种

杂交育种技术是食用菌新品种选育中使用最广泛、收效最显著的育种手段。其原理是通过单倍体交配实现基因重组,从杂交后代中选育出具有双亲优良性状的菌株。20世纪80年代后,杂交育种技术在我国食用菌育种研究中广泛应用。我国香菇生产中,90%以上的菌种都来源于单孢杂交育种。最近,通过单孢子杂交又获得了双孢蘑菇的优良高产菌株。

(1)杂交育种的理论基础

杂交育种的理论基础基于基因重组。担子菌类食用菌基因重组可分为两个阶段:第一个阶段是亲本在形成担孢子时,发生在减数分裂过程中的基因重组,产生带有重组基因的担孢子,进而萌发成单核菌丝;第二个阶段是不同单核菌丝的核配,使两单核菌丝优良基因得到累加。

(2)食用菌杂交育种的特点

杂交是指不同遗传类型之间的交配,使遗传基因重新组合,创造出兼有双亲优点的新品种。杂交育种是目前食用菌新品种选育中使用最广泛、收效最明显的育种手段,我国自20世纪80年代以来,通过杂交育种培育出香菇、金针菇、木耳等食用菌新品种并陆续投入生产,使我国迅速发展为食用菌生产大国。

由于食用菌能产生有性孢子,因此实际上是通过孢子有性杂交育种,从而获得综合双亲优良性状的新品种。食用菌杂交育种包括单孢杂交、双单杂交和多孢杂交3种方法。单孢杂交是从子实体中收集孢子,并分离成单孢,将不同基因型和生态型的单孢亲本两两交配,对具有锁状联合的双核体进行结实性和生产性能验证,筛选出符合生产目标的优良组合。通过单孢杂交实现亲本遗传物质的组合和交换以产生新的种质,在我国食用菌育种特别是香菇菌种的选育上成就瞩目。目前,我国香菇生产中相当数量的菌种都来源于单孢杂交育种。

已具备多种优良性状的菌种需进一步遗传改良。以需改良菌种的单核菌丝为受体、以能提供改良菌种所需性状的双核菌丝为供体进行杂交的方式称之为双单杂交。该法除具单孢杂交优点外,后代遗传性状和表型更接近受体,且只需一个亲本进行单核菌丝的制备。此法也为一些优良食用菌菌种在有限的遗传范围内进行提纯复壮提供了一条新的途径。优质、高产、抗逆性强、栽培适应性广的香菇品种申香10号就是通过单双杂交选育而成。

多孢杂交是利用多孢在同一时间内快速杂交,及时挑取杂交菌株的一种方法。多孢杂交多用于金针菇杂交育种,以克服金针菇有性和无性阶段掺杂在一起、无性粉孢子干扰杂交的不足,同时利用了金针菇易在琼脂、木屑等培养基上形成子实体,发生杂交和重组易辨认的优点。国内金针菇当家品种"杂交19"和稳产、高产、商品性状好的金针菇品种"89""107"和"139"均是采用多孢杂交选育而成。

食用菌杂交育种的特点有:

①单核菌丝是基因重组的产物,具有丰富的基因型,但单核菌丝的表型性状却非常少。因此,用以杂交的单核菌丝不能太少,否则会漏掉携带优良基因的单核菌丝。

②单核菌丝可独立地进行无性繁殖,作为育种材料进行保存,可大大减少工作重,缩短育种程序。

③食用菌单核菌丝的配对杂交在室内进行,杂交育种不受时间限制。

④一旦从杂交子中筛选到具结实性,且各方面表现优良的菌株,便可通过无性繁殖保持菌株的优良特性,无须年年制种。

杂种优势是生物界普遍存在的现象,表现为杂种一代在生长势、生活力、抗逆性、产量和品质上明显超过双亲。杂种优势并不是某一两个性状单独表现突出,而是许多性状综合表现突出。在栽培菇类中,杂种优势通常表现为菌丝生长旺盛、出菇较早、菇体较大、菌盖较厚、菇峰整齐等。

(3)杂交育种的一般程序

食用菌的杂交育种一般可依如下步骤进行:亲本菌株选配→单孢分离→获得同核菌丝体→配对杂交→获得杂交子→杂种鉴定→初筛→复筛→扩大试验→示范推广。

①亲本选配。在杂交育种中,亲本选配是杂种后代出现理想性状组合的关键。长期以来,人们在育种实践中,往往根据地理差异、表现型差异、生境差异来选配亲本。

②单孢分离。首先采集获得纯净无污染担孢子,进一步进行单孢分离,获得同核菌丝体。单孢分离的方法有稀释平板分离法、单孢挑取法等。稀释平板分离法较为常用,步骤为:配制孢子悬浮液→稀释至300～500个/L→取0.1 ml涂布平板→培养→挑取单核菌丝。

当担孢子萌发并长出肉眼可见的单菌落时,就应及时挑取至斜面培养基上,避免两种单核菌丝因相距太近而杂交。挑取时应注意,对那些萌发较迟、生长缓慢的单菌落也应保留,它并不影响杂交后形成的双核菌丝的生长速度。无锁状联合是单核菌丝鉴定常用的标准,除此之外,单核菌丝的生长速度一般比双核菌丝慢且长势弱。

除了从分离担孢子获得单核菌丝外,还可利用原生质体技术,以双核菌丝为原料获得单核菌丝,该单核菌丝非亲本重组的产物,它的遗传组成与亲本异核细胞中的一种细胞核相同。

③配对杂交。杂交是可亲和的单核菌丝体双核化的过程。在食用菌的杂交育种中,通常采用单核菌丝体间配对杂交,即单单杂交。把欲杂交的同核菌丝体两两对峙培养,经过一段时间的培养,凡可亲合的两单核菌丝间便发生质配形成双核菌丝,双核菌丝在两菌落交界处

旺盛生长,并迅速生长形成扇形杂交区。把这种双核菌丝挑取出来进一步纯化培养,就得到了杂种菌丝。对峙培养是指将欲杂交的同核菌丝体两两配对,在同一培养基上(如试管斜面或平板)较近的距离接种(1.5 cm左右),经培养使可亲合的两单核菌丝间发生质配形成双核菌丝的培养方法。是否形成了双核菌丝还需要进一步鉴别。

除了以单核菌丝为材料进行单单杂交外,单核菌丝体也可以单方面地接受双核菌丝体中与之配对的核完成双核化,这就是所谓的布勒现象,也称为布勒杂交或单双杂交。在单双交配中,亲本之一系双核菌丝体,可省去再进行单孢分离的过程。另外,与单单杂交相比,单双杂交可减少杂交配对的数量,加快育种过程。虽然布勒现象可以作为一种杂交育种的手段,但它不能完全代替常规杂交。因为,从担子菌遗传的角度看,一个双核体基本上只有两种不同遗传型的核,用同一单核体与之进行布勒杂交时,至多也只能获得两种不同类型的杂种双核体。因此,杂交子基因型的丰富多样性不如单单杂交。

④杂交子的鉴定与筛选。异宗结合的食用菌,杂交子应为双核菌丝体,凡双核菌丝具有锁状联合的种类,其杂交后代也应具有锁状联合,可作为鉴别标准。当然,对杂交子进行进一步的出菇实验就更能说明问题,还可作为初筛去劣的依据。

目前,杂交育种多在有性生殖为异宗配合的食用菌中开展,对于有性生殖为同宗配合的食用菌杂交育种也是一个有效的途径,但困难较大,双孢蘑菇就是一例。双孢蘑菇属次级同宗配合的食用菌,它的担孢子中有含两个交配型的核,属自交可孕型,占76% ~80%。也有含一个交配型的核,属杂交可孕型,占20% ~24%,双孢蘑菇的杂交育种就在这类担孢子萌发的单核菌丝间进行。

希望杂交种的重要性状上有优良表现,很难通过一次杂交就圆满实现,因此可以通过回交,在一次杂交的基础上,继续改进品种性状,同时要考虑到杂种的性状表现是基因和环境综合作用的结果。

食用菌的遗传背景复杂,杂交育种操作方法较复杂,技术条件要求高,推广应用受到限制,越来越不能满足人们对新品种的需要。基于细胞工程发展起来的原生质体融合技术,是作物及食用菌遗传育种手段的重大突破。

4)原生质体融合育种技术

原生质体融合就是先酶解两个出发菌株的细胞壁,在高渗环境中释放出原生质,将它们混合,在助融剂或电场作用下,使它们互相凝聚,发生细胞融合,实现遗传重组。

(1)原生质体融合的理论基础

细胞是生命活动的工厂,是遗传物质的储存仓库;每个多细胞生物的单细胞都能代表该物种的基因型,并且具有生长发育成完整个体的潜势。细胞壁是保护细胞质和各种细胞器的一层坚实外壁,其内紧贴着一层原生质膜。细胞壁是种性保持的屏障,它有效地防止外源基因的侵染,保持种性的稳定。同一种类的个体,在某一生长发育阶段,有一部分的细胞壁可以自融,使其原生质和细胞核进行内部交换,从而引起种内近亲遗传性的变异。

(2)原生质体融合的特点

①两亲株没有受体和供体之分,有利于不同种属微生物杂交。

②重组频率高于其他杂交方法。

③遗产物质的传递更加充分、完善,既有核配又有质配。

④可以先采用温度、药物、紫外线等处理纯化亲株的一方或双方,然后再融合,筛选再生重组子菌落,提高筛选效率。

⑤用微生物的原生质体进行诱变,可明显提高诱变频率。

(3)原生质体融合的过程

原生质体融合,一般包括标记菌株的筛选、原生质体的制备、原生质体的融合、融合子的选择、实用性菌体的筛选等。

①标记菌株的筛选。

a.供融合用的两个亲株,要求性能稳定并带有遗传标记,以利于融合子的选择。

b.采用的遗传标记一般以营养缺陷型和抗药性等遗传性状为标记。

c.通过采用多种抗生素及其他药物,以梯度平板法进行粗选,再用具有抗性的抗性生物制备不同浓度的平板,进行较细的筛选。

②原生质体的制备。获得有活力、去壁较完全的原生质体,对于随后的原生质体融合和原生质体再生是非常重要的。对于细菌和放线菌,制备原生质体主采用溶菌酶;对于酵母菌和霉菌,则采用蜗牛酶和纤维素酶。影响原生质体制备的因素有:

a.菌体的预处理。在使用脱壁酶处理菌体前,先用某些化合物对菌体进行预处理,有利于原生质体制备。例如,用EDTA(乙二胺四乙酸)处理细菌,可使菌体的细胞壁对酶的敏感性增加。

b.菌体的培养时间。为了使菌体细胞易于原生质体化,一般选择对数生长后期的菌体进行酶处理。这时的细胞正在生长代谢旺盛期,细胞壁对酶解作用最为敏感,可以提高原生质体形成率和再生率。

c.酶浓度。酶浓度增加,原生质体的形成率也增大,超过一定范围时,则原生质体形成率提高不大;酶浓度过低,不利于原生质体形成;酶浓度过高,则导致原生质体再生率降低。建议以使原生质体形成率和再生率的乘积达到最大时的酶浓度为最适酶浓度。

d.酶解温度。温度对酶解作用有双重影响,一方面随着温度升高,酶解反应速度加快;另一方面,随着温度升高,酶蛋白变性而使酶失活。一般酶解温度控制在20～40℃。

e.酶解时间。充分的酶解时间是保证原生质体化的必要条件。但是,如果酶解时间过长,则再生率随酶解的时间延长而显著降低。原因是当酶解达到一定时间,绝大多数菌体均呈原生质体,因此,再继续进行酶解作用,酶便会进一步对原生质体发生作用而使细胞膜受到损失,造成原生质体失活。

f.渗透压稳定剂。原生质体对溶液和培养剂的渗透压很敏感,必须在高渗透压或等渗透压的溶液和培养剂中才能维持其生存。在低渗透压溶液中,原生质体会破裂死亡。同菌种要求渗透压稳定剂是不同的。细菌和放线菌的渗透压稳定剂是蔗糖、丁二酸钠等;酵母菌的渗透压稳定剂是山梨醇、甘露醇等;霉菌的渗透压稳定剂是KCl、NaCl等。渗透压稳定剂的使用浓度一般为0.3～0.8 mol/L。

③原生质体的融合与再生。原生质体融合的方法大致有两种:一是在纯化后的配对原生质体悬液中加进融合剂,促进融合;二是利用电融合技术,使原生质体黏聚并融合。融合诱导剂的种类很多,目前已知最有效的原生质体凝聚融合的诱导剂为聚乙二醇—钙离子(PEG-Ca^{2+})系统。电融合技术是20世纪70年代后期创始的。其主要步骤为:将已经进行过前处理

的原生质体置于微电极间的高压交变电场中,使其产生双向电泳,原生质体顺电场方向聚集,并排列成串珠状;然后施加一定的电脉冲,击穿相邻接的原生质体间的原生质膜,使其发生融合。融合的先决条件是获得活力、脱壁较完整的原生质体。融合的必要条件是融合后的重组子必须能再生,也就是重建细胞壁,恢复完整细胞并能生长、分裂,完成无性繁殖。

④融合子的检出。两个配对的菌株原生质体融合之后,大部分只能发生细胞质的融合,因此不能成为真正的重组融合子。据报道,大约只有1%存活的融合子发生核融合。这其中,有的只是同源核的融合;有的是双亲的核配,构成异核双倍体融合子,或异核双核体融合子;还有一些是非整倍体融合子。根据上述情况,还须进一步根据亲本的遗传特性,并根据育种目标,检出所需要的基因重组后的融合子。

检出的步骤:首先是采用原生质体杂交混合法,把混合的原生质体放在含有渗透压稳定剂和PEG的选择性再生培养基(MM)中,使它再生。在这样的选择压力下,那些营养互补的异核融合子就会优先长出菌落,而且生长较壮健而迅速。反之,那些未能匹配形成融合子的就会被阻止形成菌落。然后,将异核融合子的再生菌落转移到纯化培养基(YEM)平板上,待不同类型的异核体菌落长出后,挑选典型的,将它们混合研磨碾碎,并在YEM完全培养基上进行稀释平板培养。凡菌落中出现扇变角的,表明融合子已经是杂交了。

上述检出标准,主要是根据菌落形态。此外,还可利用多种生理生化手段来进行融合子的检出。如营养缺陷型、抗药突变型、同工酶谱分析、红外光谱分析代谢产物等。最后,必须进行出菇试验,品比农艺性状进行遗传分析,将优良的杂交第一代扩制推广,用于生产。

原生质体融合技术在食用菌良种选育中的应用,国内外都已开展,并已取得显著的成果。

5)基因工程育种(包括转基因育种)

(1)基因工程育种的意义

基因工程是在基因水平上的遗传操作,它以人为的方法从某一供体生物中提取所需要的基因,在离体条件下用适当的限制性核酸内切酶切割,把它与载体连接起来一并导入受体生物细胞中进行复制和表达,从而选育出新品种。利用基因工程技术可以更方便地对更多基因进行有目的的操纵,打破自然界物种间难以交配的天然屏障,将不同物种的基因按人们的意志重新组合,实现超远缘杂交,培育高产、优质、多抗品种。基因工程育种是一种前景宽广、正在迅速发展的定向育种新技术。

(2)基因工程的基本操作

基本操作包括目的基因(即外源基因或供体基因)的制取,载体系统的选择,目的基因与载体重组体的构建,重组载体导入受体细胞,"工程菌"或"工程细胞株"的表达、检测以及实验室和一系列生产性实验等。基因工程的基本操作流程如图5.13所示。

①获取目的基因。目的基因即符合人们要求的DNA片段。目的基因可以人工合成,也可以用限制性核酸内切酶从基因组中直接切割得到。目前获取目的基因的方法主要有3种:

a.从适当的供体生物包括微生物、动物或植物中提取。

b.通过逆转录酶的作用由mRNA合成cDNA(互补DNA)。

c.用化学方法合成特定功能的基因。

②选择载体。载体必须具备下列几个条件:

a.是一个有自我复制能力的复制子。

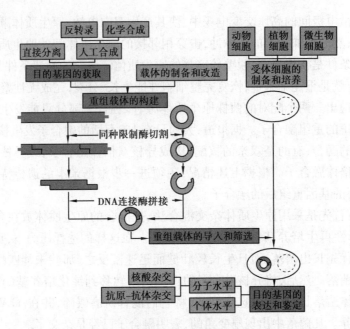

图 5.13　基因工程的基本操作流程

b.能在受体细胞内大量增殖,有较高的复制率。

c.载体上最好只有一个限制性内切核酸酶的切口,使目的基因能固定地整合到载体 DNA 的一定位置上。

d.载体上必须有一种选择性遗传标记,以便及时把极少数"工程菌"选择出来。

目前,原核受体细胞的载体主要有细菌质粒(松弛型)和 λ 噬菌体两类。真核细胞受体的载体动物方面主要有 SV40 病毒,植物方面主要是 Ti 质粒(见图 5.14)。

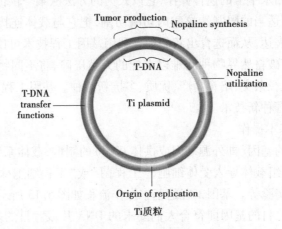

图 5.14　Ti 质粒

③目的基因与载体 DNA 的体外重组。即用人工方法,让目的基因与载体相结合形成重组 DNA。首先,对目的基因和载体 DNA 采用限制性内切酶处理,获得互补黏性末端或人工合成黏性末端,然后把两者放在较低的温度(5~6 ℃)下混合"退火",由于每一种限制性内切酶所切断的双链 DNA 片段的黏性末端有相同的核苷酸组分,所以当两者相混时,凡黏性末端上碱基互补的片段,就会因氢键的作用而彼此吸引,重新形成双链。这时,在外加连接酶的作用

下,供体的 DNA 片段与质粒 DNA 片段的裂口处被"缝合",目的基因插入载体内,形成重组 DNA 分子(见图 5.15)。

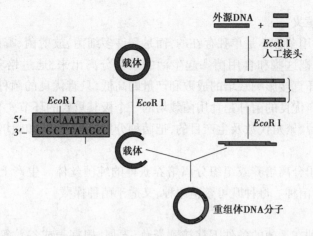

图 5.15　重组 DNA 分子形成示意图

④DNA 重组体导入受体细胞。上述体外反应生成的重组载体只有将其引入受体细胞后,才能使其基因扩增和表达。受体细胞可以是微生物细胞,也可以是动物或植物细胞。把重组载体 DNA 分子引入受体细胞的方法很多。若以重组质粒作为载体时,可以用转化的手段;若以病毒 DNA 作为重组载体时,则用感染的方法。

⑤受体细胞的繁殖扩增。含重组 DNA 的活受体细胞,在适当的培养条件下,能通过自主复制进行繁殖和扩增,使得重组 DNA 分子在受体细胞内的拷贝数大量增加,从而使受体细胞表达出供体基因所提供的部分遗传性状,受体细胞就成了"工程菌"。

⑥克隆子的筛选和鉴定。把目的基因能表达的受体细胞挑选出来,使之表达。受体细胞经转化(传染)或传导处理后,真正获得目的基因并能有效表达的克隆子一般来说只是一小部分,而绝大部分仍是原来的受体细胞,或者是不含目的基因的克隆子。为了从处理后的大量受体细胞中分离出真正的克隆子,需要对克隆子进行筛选和鉴定。

⑦"工程菌"或"工程细胞"的大规模培养。在大规模培养过程中,培养条件的差异常常导致工程菌在保存和发酵过程中表现出不稳定性,进而影响目的基因的表达。因此,在实际操作过程中要严格控制操作条件。

(3)食用菌基因工程育种的前景

基因工程在食用菌中的应用可包括两个方面:一方面是利用食用菌作为新的基因工程受体菌,生产出人们所期望的外源基因编码的产品。由于食用菌亦具有很强的外泌蛋白能力,利用食用菌作为新的受体菌将更为安全,更易为消费者所接受。另一方面,利用基因工程定向培育食用菌新品种,包括抗虫、抗病、优质(富含蛋白质,必需氨基酸)的新品种,以及将编码纤维素或素降解酶基因导入食用菌体内,以提高食用菌菌丝体对栽培基质的利用率或开拓新的栽培基质,最终提高食用菌产量。

由于食用菌基因工程起步较晚,尚有许多基础性课题需要研究,如适宜载体的构建、转化体系的建立等。随着食用菌分子生物学研究的不断深入,以及基因工程研究技术的发展,人们有理由相信,食用菌基因工程育种一定会取得丰硕的成果。

5.2.3 菌种分离的意义及常用的三种方法

1)菌种分离的意义

在自然界里,食用菌都不是单独存在的,而是和许多细菌、放射菌、霉菌等生活在一起的。所谓菌种分离,就是把这些和食用菌一起生活的杂菌分离出来,通过培养,获得纯的优良菌种。菌种质量的好坏直接影响栽培的成败和产量的高低,只有优良的菌种才能获得高产和优质的产品,因此,生产优良的菌种是食用菌栽培的一个极其重要的环节。

根据菌种的来源、繁殖代数及生产目的,把菌种分为母种、原种和栽培种 3 类。

(1)母种

母种是指从孢子分离培养或组织分离培养获得的纯菌丝体。生产上用的母种实际上是再生母种,又称一级菌种。母种既可繁殖原种,又适于菌种保藏。

(2)原种

原种是指将线母在无菌的条件下移接到粪草、木屑、棉籽壳或谷粒等固体培养基上培养的菌种。又称二级菌种或瓶装菌种。原种主要用于菌种的扩大培养,有时也可以直接出菇。

(3)栽培种

栽培种是指将二级种转接到相同或相似的培养基上进行扩大培育,用于生产上的菌种。又称三级菌种或袋装菌种。栽培种一般不用于再扩大繁殖菌种。

2)食用菌菌种分离的方法

食用菌母种的分离,可分为组织分离法、孢子分离法以及基内菌丝分离等。

(1)组织分离法

组织分离法是利用子实体内部组织或菌核、菌素来分离获得纯菌种的方法。食用菌的子实体具有很强的再生能力,因此,只要切取像黄豆大小的菇体组织,把它移接到培养基上,就能获得纯菌丝体。该法操作简便,菌丝生长发育快,品种特性易保存下来,特别是杂交育种后,优良菌株用组织分离法能使遗传特性稳定下来。

组织分离根据不同材料,有以下 3 种方法:

①子实体组织分离法(见图 5.16)。种菇要选朵大盖厚,柄短,八九分成熟的优良品种。切去菇两基部,在无菌箱内以 0.1% 的升汞水浸几分钟,再用无菌水冲洗并擦干或用 75% 酒精棉球擦拭菌盖与菌柄 2 次,进行表面消毒。接种时,只要将种菇撕开,在菌盖和菌柄交界处或菌褶处,挑取一小块组织移接到 PDA 培养基上,置 25 ℃左右温度下培养 3~5 d,就可以看到组织上产生白色绒毛状菌丝,待菌丝长满斜面,转管扩大即得到菌种。

②菌核组织分离法。某种真菌的菌丝体常集成块状或索状,形成块状的叫菌核,形成索状的叫菌素。菌核或菌素是真菌对不良环境的一种适应形式。著名的中药材茯苓、雷丸和猪苓皆是这些真菌的菌核。茯苓大多生长在松树根旁,其外壳主要由密集交织的菌丝体组成,菌核中部有粉质的贮藏物质。由于菌核中的菌丝具有很强的再生能力,因此,菌核可用作菌种的分离材料。此外,茯苓菌核还可用作生产上的"种子"。

用作分离的菌核要求个体大、饱满健壮、无虫斑杂菌的新鲜个体。分离前要先准备好解剖刀、接种针、PDA 培养基及其他无菌操作必备物品。分离时将菌核冲洗干净,并用纱布擦干残留水分后放入接种箱,用 75% 酒精进行表面消毒,用经火焰灭菌的解剖刀,把菌核对半切

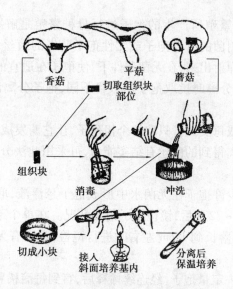

香菇　平菇　蘑菇　切取组织块部位

组织块　　消毒　　冲洗

切成小块　接入斜面培养基内　分离后保温培养

图 5.16　组织分离法制母种操作过程

开,取中间组织一小块,接种在 PDA 培养基斜面上 25 ℃培养。

用菌核作分离材料时,所挑取的组织块应比子实体组织分离的略大一些,因为菌核组织是一个贮藏器官,其中大部分是贮藏物质(茯苓聚糖),菌丝数量较少,若组织块太小,则分离不易成功。

③菌索组织分离法。有一部分子实体不易找到,也没有菌核,可以用菌素进行分离。蜜环菌、发光假蜜环菌、安络小皮伞等是菌索产生菌。菌索由菌髓和菌鞘两部分组成。菌索的表面是由排列紧密的菌丝联合而成,呈深褐色,有角质化的菌鞘,它对不良环境有较强的抵抗力。菌髓是一种白色的似薄壁细胞组织,是组织分离所需的部分。菌索一般很长但极细,如安络小皮伞的菌索粗 0.5 ~ 1 mm,但长达 100 cm 以上。

蜜环菌和假蜜环菌的菌索在生长时会发出蓝绿色荧光。菌索的生长活力与荧光强度成正比。菌索老熟时不再发光。因此,我们可以根据菌索能否发光或发光强弱来判断菌索的死活及其生长强主菌。

在野外采种作菌索分离时,要选取尽量粗壮和无虫蛀的菌索。分离前先准备好锋利的解剖刀、尖头镊子、无菌平皿。分离时将菌索洗净后用干净布揩干,置接种箱,用 75% 酒精进行菌索表面消毒,用经灭过菌的解剖刀将菌鞘切开后剥去,把裸露的白色菌髓放入无菌平皿中,切成小段,用尖头镊子取一段接入 PDA 培养基斜面上,于 23 ~ 25 ℃培养。

菌索组织比较细小,在分离时极易污染,为提高分离的成菌率,在培养基中加入青霉素或链霉素作抑菌剂,其浓度一般为 40 mg/L(配置时在 1 000 ml 培养基中加入 1% 青霉素或链霉素 4 ml 即可)。

组织分离法属于无性繁殖,能保持原有菌种的优良种性,方法简单易行,取材广泛,野外采种时常用此法。但有的菇类,如红菇、乳菇等食用菌,它们的菇体细胞已孢囊化,再生力极弱;又如银耳和木耳等胶质菌,在它们的子实体中菌丝含量极少。因此,这些食用菌一般不采用组织分离法。

(2)孢子分离法

同一食用菌品种经过四年以上栽培就会表现出一些退化现象,如出菇迟,长势弱、转潮慢、产量不高等。通过有性繁殖所产生的孢子进行母种繁殖是解决种性退化的一条有效途径。孢子分离法是利用食用菌的有性孢子或无性孢子萌发的菌丝培养成菌种的方法。成熟的孢子能自动从子实层中弹射出来,在无菌条件下,使孢子在适宜的培养基上萌发、生长成菌丝体,从而得到纯菌种。按分离时挑取孢子的数目不同,孢子分离法可分为单孢分离法和多孢分离法。

①单孢分离法。每次或每支试管只取一个担孢子,让它萌发成菌丝体来获得纯菌种的方法。蘑菇和草菇用单孢分离得到的菌丝有结实能力,可采用此法分离生产纯菌种。常见的单胞分离法有以下两种:

a. 平板稀释法。挑取少许孢子在无菌水中形成孢子悬浮液,取几滴涂于培养基上,用无菌玻璃三角架推平。经48～72 h后,镜检孢子萌发情况。在单个孢子旁做好标记,然后将其转接到斜面培养基上,待菌落长到1 cm左右时进行镜检,观察有无锁状联合,初步确定是否是单核菌丝。

b. 连续稀释法。挑取一定量孢子,经连续稀释后,直到每滴稀释液中只有一个孢子,然后滴入试管中保温培养。当发现单个菌落时,转到新试管中继续培养,并通过镜检以确定是否为单孢菌落(见图5.17)。

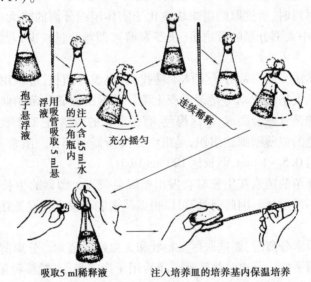

图5.17　连续稀释法孢子分离操作过程

进行单孢子分离后,在人工控制的条件下,使两个优良品系的单孢子进行杂交,从而培育出新品种。

②多孢分离法。食用菌如香菇、银耳、黑木耳等,由于孢子有性别之分,单孢子分离得到的菌丝不能结实,因此只在育种上采用,生产上很少采用。多孢子分离法是把许多孢子接种于同一培养基上让它们萌发,自然交配而获得纯种。按采集孢子的方法不同,可分为以下几种:

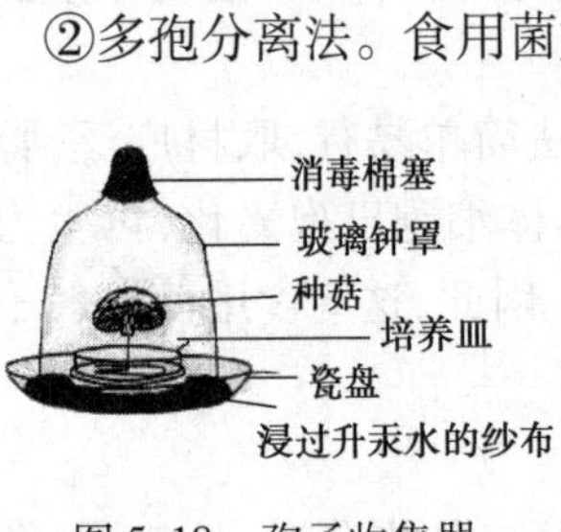

a. 种菇孢子弹射法(孢子印法)。即将整只成熟度适当的优良个体在无菌操作下,插入无菌孢子收集器(见图5.18)内,

图5.18　孢子收集器

（图示标注：消毒棉塞、玻璃钟罩、种菇、培养皿、瓷盘、浸过升汞水的纱布）

置适温下让其自然弹射孢子。伞菌类常用此法采得孢子。

分离前,首先要准备好孢子收集器和进行接种箱的消毒。作种用的菇,要从幼小时开始选择,根据种菇的特性要求,选定数只做好标记,至成熟度适当时采下,香菇要求九分成熟,菌盖边缘平展;而蘑菇则要选菌膜将破而未破时采下,因为此时的种菇发育已成熟,子实层又未被杂菌污染。

将采下的种菇切去菇根,在无菌箱内,用 75% 的酒精或 0.1% 的升汞溶液作种菇表面消毒。香菇因菌褶裸露,只能用 75% 的酒精揩拭菌盖表面及菌柄,而蘑菇则要用 0.1% 的升汞水消毒。方法是把种菇进入 0.1% 的升汞溶液约 1 min,用医用镊子夹出,用无菌水冲洗数次,再用无菌纱布将菇表面水吸干,插入孢子收集器的三角架上,仍用纱布包扎好整个装置,放在适温下 1 ~ 2 d,孢子即会落下。

不同种的食用菌,其孢子颜色是不相同的。如蘑菇的孢子是棕色的,香菇、平菇的孢子是白色的。孢子印除了可以看出孢子成堆的颜色外,还可鉴定出该菌盖的开关和大小,菌柄在菌盖上的着生位置(中生、侧生或偏生),菌褶的形态(如菌褶是管状的,孢子印为圆点状,菌褶片状的孢子印为线条状),菌管或菌褶的稀密,以及菌褶的长短、厚薄等特征。这些特征可用作分类鉴定的依据。

待孢子落下后,仍将孢子收集器(连同种菇一起)放入无菌箱内,在无菌操作下将种菇连同金属架一起拿掉,把培养皿盖好,暂时不用的要用透明胶带纸或橡皮膏封好,以免杂菌感染。制种时,在无菌操作下将平皿中的孢子用无菌水进行稀释,然后接入马铃薯葡萄糖培养基中,放适温下培养,待其萌发再挑取单个菌落进行培养即成。但就目前的水平,尚不能完全从菌丝的生长情况、菌落形态等外部特征来判断菌种的好坏,而需做生物鉴定,即出菇试验选用菌种。

因子实体孢子弹射量大,接种操作简易,在栽培专业户中推广孢子分离提纯复壮技术是可行的。这种菌种生活力较强,但孢子个体之间有差异,且自然分化现象较严重,变异大,需经出菇试验才能在生产上应用。

种菇孢子弹射法流程如图 5.19 所示,孢子印如图 5.20 所示。

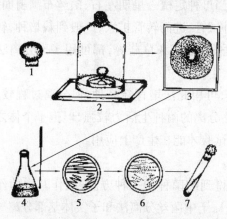

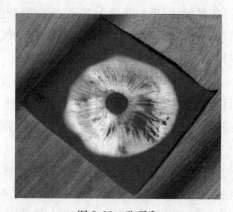

图 5.19　种菇孢子弹射法(孢子印法)流程
1—消毒子实体;2—孢子收集器;3—孢子印;
4—无菌水稀释;5—平板培养;6—鉴定;7—培养目标菌落

图 5.20　孢子印

b. 褶上涂抹法。取成熟的伞菌,切去菌柄基部,在接种箱内用75%酒精将菌盖、菌柄、进行表面消毒,然后经用火焰灭过菌的接种环直插两片菌褶之间,并轻轻地抹过菌褶表面,此时接种环上就粘有大量的孢子,可用划线法将孢子涂抹于试管斜面上或平板上,放适温下培养数天,即可萌发成菌丝。需要注意的是,在操作时尽量勿使接种环碰到暴露在空间的菌褶部分,以免杂菌污染。野外采集常用此法取得菌类孢子。

c. 钩悬法。该法常用于不具菌柄的食用菌子实体的孢子采收,如银耳、木耳等。首先要准备好无菌水1瓶,无菌烧杯(250 ml)2只,无菌纱布数块,装有约1 cm厚PDA培养基的三角瓶(100～150 ml)数只,金属钩数只,医用镊子及接种箱内必备物品。操作时选取生长健壮、八至九分成熟(耳片充分展开,尚有弹性)的健壮子实体,用小刀割下,削去耳根及基质碎屑,用干净白纸包好,置接种箱烧杯中,倒入无菌水洗涤,然后用无菌水冲洗数次,用无菌纱布吸干水,夹在纱布内,取金属钩蘸上酒精经火焰灭菌,待冷却后将钩的一端钩住经处理的耳片,然后把另一端钩住三角瓶口(注意耳片不要接触培养基表面,以免感染杂菌),塞上棉塞,放适温下培养1～2 d后,即可看见培养基表面有一层白色孢子,此时将钩及耳片在无菌条件下取出,孢子可保存备用(见图5.21)。

d. 贴附法。按无菌操作将成熟的菌褶或耳片取一小块,用溶化的琼脂培养基或阿拉伯胶、浆糊等贴附在配管斜面培养基正上方的试管壁上。经6～12 h的培养,待孢子落在斜面上,立即把孢子连同部分琼脂培养基移植到新的试管中培养即可。

图5.21 悬钩法收集孢子
棉花塞 铁钩 小块种耳 弹射的孢子 培养基

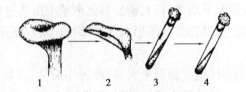
图5.22 菌褶贴附弹射法
1—种菇;2—切取菌褶;3—贴附菌褶数;4—取出菌褶保温培养

孢子分离得到的母种必须进一步提纯复壮,当母种定植一星期左右、菌丝布满斜面时,选择菌丝健壮、生长旺盛无老化、无感染杂菌的母种试管,进而转管扩大,一般到栽培种,转管不宜超过5次。一般菌类如蘑菇、平菇、凤尾菇、香菇、冬菇和草菇等,都可用多孢分离法获得母种。

孢子分离法属于有性生殖,后代易发生变异,可用此法培育新品种,但分离过程较复杂,目前仅适用于胶质菌类和小型伞菌。孢子分离法分离的菌种生活力较强,但孢子个体之间有差异,且自然分化现象较严重,变异大,需经出菇试验才能在生产上应用。

(3)基内菌丝分离法

利用食用菌生育的基质作为分离材料从而得到纯菌种的一种方法,叫作基内菌丝分离法。可分为材中菌丝分离(即菇木或耳木分离法)、土中菌丝分离法和子实体基部分离等。

①材中菌丝分离。也称菇木或耳木分离法,为了减少杂菌的感染,菇(耳)木在分离之前必须进行无菌处理。可以把菇(耳)水表面用酒精灯火焰轻轻烧过,以烧死霉菌的孢子,或再用0.1%的升汞水浸泡几分钟,然后用无菌水冲洗再用无菌滤纸吸干。接种块切取时应注意,

接种块必须在该菌菌丝分布的范围内切取。所以,菌丝生长缓慢的种类应浅取,菌种生长快的种类可以深取。同时,还应根据菇菌的种类、木材质地、菇(耳)木粗细、发育时间的长短来确定菌丝分布的范围,然后用一把利刀进行切取。接种块应尽量小些,以减少杂菌感染机会,提离菌种的纯度。接种块移到培养基上,就应该放到适合菌丝生长的 22～26 ℃的温室或温箱中培养,使菌丝恢复生长。

②土中菌丝分离。用土中菌丝分离获得纯种的方法,叫作土中菌丝分离。食用菌种类很多,许多土生的食用菌孢子不易萌发,组织分离也不易成功,因而用此法获取菌种。土中菌丝分离时要注意,由于土中菌丝体的周围生活着多种多样的土壤微生物,因此分离时必须尽可能避开这些微生物的干扰,尽可能批取清洁菌丝素的尖端、不带杂物的菌丝接种,反复用无菌水冲洗,在培养基中加入一些抑制细菌生长的药物,如 40 μg/L 的链霉素或金霉素。如发现感染细菌,可以把菌落边缘的菌丝挑出来接种到木屑培养基中。因细菌没有分解木质素的能力,因此,在木屑培养基中不易扩展,只局限于接种处。待菌丝长出感染区后,就可以再进行扩大提纯了。

③子实体基部分离。从瓶栽、袋栽或大床栽培的子实体基部分离出新菌丝的方法,叫作子实体基部分离。

现以袋栽银耳为例说明:

从出耳早、出耳率离、无病虫害的栽培室中选择生活力最强的幼耳 5 袋,移到气候温和、有散射光的野外场所进行后期培养,以增强菌丝体的生活力。经培养 7～10 d 后,待子实体直径达 4～5 cm 时便可取回,作为分离的母体。再从中筛选最理想的一朵,用利刀割掉银耳子实体,然后用 75% 酒精或升汞擦洗耳基和袋子外边的杂质,连同接种工具、接种培养基等移进无菌室。经灭菌后,用接种刀把袋口上部约 15 mm 厚的老菌根挖除,并进行培养。待袋口露出白色菌丝时,用接种针挑取一块半粒米大的白色菌结体,迅速移入母种试管培养基的中央,轻轻地脱去接种针,塞上棉塞。为了能够获得较多的母种,一次接种量要有 100～200 支试管,以便从中选择。分离后应及时移入 22～24 ℃温箱或温室中培养。由于培养基内水分较多,菌丝恢复要比耳木分离得快。经 2～3 d 后,分离物的边缘就可看到白色菌丝。每天要至少观察 2 次,以便提纯。观察、提纯方法与耳木分离法相同。经适温培养 10～15 d 后,当接种块扭结团出现红、黄色水珠时,即可扩大原种。

基内菌丝分离方法是适宜只有在特定的季节才出现而且是不易采得的子实体,有些子实体小而薄,用组织分离和孢子分离法较困难时也可采用该法。另外,还有一些菌类如银耳菌丝,只有与香灰菌丝(香灰菌在银耳栽培中作用就是起一个伴生菌的作用。香灰菌丝可以把银耳菌丝无法直接利用的木材变成可被利用的营养成分,这样就有利于银耳担孢子的萌发、菌丝的定植和生长)生长在一起才能产生子实体,如果要同时得到这两种菌丝的混合种,也只能采用基内菌丝分离法进行分离。

基内分离法与组织分离法的不同之处在于,干燥的菇木或耳木中的菌丝常常是呈休眠状态。接种后有时并不是立刻恢复生长,因此,有必要保留较长的时间(约 1 个月),以断定菌丝是否能成活。

· 项目小结 ·

　　和其他生物一样,食用菌有遗传变异的特征,食用菌通过"散发孢子→菌丝体→子实体→孢子的循环"完成其生活史。食用菌的繁殖方式可分为无性繁殖和有性繁殖。通过菌种选育的优胜劣汰可选育出优良菌种。人工育种包括选择育种、诱变育种、杂交育种、原生质体融合育种技术和基因工程育种,五大途径各有优缺点。育种的途径随着科学技术的发展而发展,变得更加先进和完善,具有广阔的前景。

复习思考题

1. 食用菌可遗传的变异来源有哪些?

2. 简述食用菌的生活史。

3. 简述食用菌的有性繁殖方式。

4. 简述菌种选育的意义。

5. 人工育种的途径有哪些? 各有何优缺点?

6. 诱变育种的理论基础是什么? 常见的诱变育种方法有哪些?

7. 简述杂交育种的一般程序。

8. 简述基因工程育种的一般流程。

9. 菌种分离有何意义? 常见方法有哪些?

项目 6
食用菌病虫害防治技术

【知识目标】
- 了解食用菌病害与虫害的区别以及发生的原因。
- 掌握杂菌的概念，会识别不同杂菌的形态特征及危害特征。

【技能目标】
- 理解食用菌病虫害"预防为主，综合防治"的意义。
- 通过实训，掌握消毒灭菌的方法及食用菌病虫害的预防措施和无公害防治技术。

【项目简介】
- 本项目重点分析了食用菌病虫害发生的原因。阐述了食用菌病虫害危害症状及预防措施，介绍了在综合防治中无公害防治技术。

任务6.1 食用菌病虫害发生的原因分析

食用菌的生长过程与生物环境密切相关,良好的生物环境有利于食用菌的健康生长,而有害的生物环境对食用菌的生产造成一定的危害。病虫害的发生是有害的生物环境主要表现形式,不恰当的防治方法会造成食用菌产量和质量降低,甚至绝产,同时还会造成农药残留和环境污染等问题。因此,了解食用菌病虫害的发生原因,并采取相应的有效防治措施,对提高食用菌生产安全和环境保护具有重要的意义。

1)**菌种不纯**

在确定生产用的优良品种后,菌种不被杂菌污染是菌种最基本的条件。菌种不纯,掺杂其他菇种或不同温型菌种混为一体,互相抑制与栽培环境不适应难以出菇。在生产中一定要使用优良菌种,保证菌种纯度,防止菌种混杂不出菇影响栽培效益。

2)**培养基、栽培料灭菌不彻底**

培养基营养丰富,既适于食用菌的生长发育,也适于各种微生物的生长繁殖,只要有其他微生物存在,它们就会快速生长繁殖,造成危害。如果培养料灭菌不彻底,即培养料消毒灭菌的时间、温度等未达到要求或灭菌灶结构不合理,灭菌未能杀死培养料中的病菌,就会造成病害发生。

灭菌发生污染主要原因有:

①常压灭菌时间不够或温度不够。

②高压灭菌时未排尽冷空气或排冷气太快。

③装锅时摆放太紧密,通气性不好,灭菌不彻底。

④灭菌锅发生漏气,温度、压力达不到所需数值。

3)**接种操作不严格**

在食用菌栽培过程中,无菌操作不严、接种室消毒不彻底,会直接将病菌带入,造成污染。这种污染通常分散出现于不同批次的菌种中。

接种时发生污染主要原因有:

①接种室、接种箱消毒不严,密封不好。

②接母种时,超净工作台未提前开机。

③接种时工具及操作人员双手未消毒或消毒不严。

④未严格遵守无菌操作规程。

4)**培养条件管理不协调**

培养条件管理不协调,如培养料营养成分配比不恰当,辅料过多,含水量过大,酸碱度不适,出菇期水分管理不当,菇房闷热,潮湿过度,光照不足,子实体采收不及时等,也会为病虫害的发生提供条件。

5)**环境卫生条件差**

食用菌的栽培环境不清洁,或杂草丛生,或堆积杂物,或堆积废弃的培养料,为滋生杂菌创造了条件;菇房靠近牛栏、鸡舍;老菇房消毒不彻底,环境过于阴暗潮湿,通风不良,均会藏匿害虫,滋生杂菌,在栽培食用菌之后侵染培养料或子实体、菌丝体。

任务6.2 食用菌病虫害的危害症状及防治

6.2.1 食用菌病害及其防治

食用菌在生长发育过程中,由于环境条件不适,或遭受其他有害微生物侵染,使菌丝体或子实体生长发育受阻,出现生长发育缓慢、畸形、枯萎甚至死亡等现象,从而降低产量和品质,称为食用菌病害。

根据食用菌病原菌的有无,食用菌病害可分为非侵染性病害和侵染性病害两大类。在食用菌生长发育过程中,由于受机械或昆虫、动物(不包括病原线虫)和人为活动的伤害所造成的不良影响及结果,不属于病害。

1)非侵染性病害

由于非生物因素的作用,造成食用菌的生理代谢失调而发生的病害,叫非侵染性病害,也叫生理性病害。非生物因素是指生长环境条件不良或栽培措施不当。这类病虽然不会传染,但是会造成培养上不同程度的减产和产品质量的下降,甚至绝收,严重影响了菇农的经济效益和种菇积极性。非侵染性病害最常见的症状是畸形、变色。

(1)引起非侵染性病害的环境因素

大多数食用菌生理性病害产生的原因基本相近,由不适宜的环境条件或不恰当的栽培措施引起,如培养料含水量过高或过低,pH 的过低或过高,及空气相对温度高低,光线的强弱,二氧化碳浓度过浓,农药、覆土及生调节物质不当等。

①湿度(水分)。水分影响食用菌孢子的萌发、菌丝体的生长及子实体生长。一般来说,培养料含水量在55% ~ 70%,即60% 左右为宜。在子实体生阶段要求环境湿度在80% ~ 90%。在出菇期水分影响更大,湿度过低,菌丝萌发缓慢,湿度过大,容易霉而引起畸形菇。

②温度。一般菌丝体最适20 ~ 30 ℃,子实体适于12 ~ 25 ℃。

③空气。菌丝生长需少量空气,但氧气过少菌丝生长稀、缓慢,子实体发育阶段需要大量氧气,菌柄的伸长与二氧化碳积累有一定的关系,通风不良,幼菇发育缓慢,菌柄伸长,菌盖变薄变小成畸形菇。栽培小环境 O_2 不足,CO_2 累积量过高,因栽培品种不同,产生的症状表现差异较大。

④光照。菌丝生长不需要光照,黑暗条件下生长旺盛,强光对菌丝有抑制作用。子实体生长需要一定光照,微弱散射可使子实体生长肥嫩,颜色洁白,菇质好。但光照过强或过弱,也会使子实体畸形。

⑤覆土的影响。不规则型的病菇有些是由于覆土过厚,细土过多,土质过硬,覆土时间过迟,覆土水分调节不当等造成的。主要是影响那些覆土栽培的菌类,如双孢菇、鸡腿蘑、竹荪等。

⑥病虫害影响。在栽培管理中注意加强管理,防止蚊蝇和螨虫的发生,否则会影响菇形和菇质。要注意调节适宜的温度和湿度,防止霉菌发生。高温高湿易引起霉菌发生,霉菌也是子实体畸形的原因,它覆盖在原基上侵扰子实体而引起子实体形态生长成畸形。

（2）菌丝体阶段的生理性病害及其防治

①菌丝徒长。

病害特征：食用菌菌丝在覆土表面或培养料面生长过旺，严重时甚至浓密成团，结成菌块或组成白色菌皮，推迟出菇，并且因消耗养分过多而降低产量，甚至难以形成子实体的现象，俗称"冒菌丝"。

发病原因：一是环境因素，由于栽培管理不当，如出菇室高温、通风不良、CO_2 浓度过高等，均不利于子实体分化，引起菌丝徒长；二是营养因素，培养料中含氮量偏高，菌丝进行大量营养生长，不能扭结出菇；三是种性因素，制作菌种时如用的母种属气生型菌丝，转管过程中又尽挑选些生长旺盛的气生菌丝，移接到腐熟过度，含水重达 60% 以上的培养料上，培养温度偏高（22 ℃以上）时，菌丝体就往往密布与瓶口上部，甚至结成块状。用了这种菌种就容易发生冒菌丝现象。

防治方法：

a. 移接母种时，挑选半基内半气生菌丝混合接种。

b. 加强菇房通风换气，降低 CO_2 浓度及空气湿度。

c. 培养基配比要合理，掌握适宜的碳氮比，防止氮营养过剩。

d. 加大通风，促进菌丝倒伏，促进营养生长向生殖生长转化。

e. 降低培养湿度及料面湿度，以抑制菌丝生长，若菇床已形成菌被，应及时用刀破坏徒长菌丝以促进原基形成。

②菌丝萎缩。

病害特征：在食用菌栽培过程中，有时会出现菌丝、菇蕾、甚至子实体发黄、发黑，停止生长，逐渐萎缩、变干，最后死亡的现象。

发病原因：培养料配制或堆积发酵不当，造成营养缺乏或营养不合理；培养料湿度过大，覆土后又遇高温，且没有及时通风。使菌丝因供氧不足、活力下降而萎缩；高温烧菌引起菌丝萎缩。

防治方法：

a. 选用长势旺盛的菌种。

b. 严格配制和发酵培养料，对覆土进行消毒。

c. 合理调节培养料含水量和空气相对湿度，加强通风换气。

d. 发菌过程中，尤其是生料栽培时，要严防堆内高温。

（3）子实体阶段的生理病害及其防治

①畸形菇。

病害特征：在子实体形成期遇不良环境条件，形成的子实体形状不规则，如子实体出现盖小柄长、菌盖锯缺、子实体不开伞等畸形，不仅影响产菇量，而且使菇体降低或者失去商品价值。如平菇常产生粗柄小盖的"指形菇"、无柄小盖的"瘤盖菇"等；香菇常出现"蜡烛菇"（有柄无盖）、"松果菇""荔枝菇"（菌盖结团无菌柄或不开伞）等；灵芝栽培种易产生无盖多分枝的"鹿角状"、粗柄小盖的"指形芝"等；白灵菇常见的畸形菇有菌盖紧抱不展呈"拳头状"、盖圆包裹、菌褶收缩呈"光头状"等。

发病原因：

a.栽培环境过于密闭,菇房内光线不足或 CO_2 浓度过高,会造成食用菌盖小、柄长。

b.土粒过大,土质过硬、出菇部位过低、机械损伤等,易造成畸形菇产生。

c.出菇期由于药害或物理化学诱变剂的作用,导致菌褶退化、菌盖锯缺等。

d.菌丝生理成熟度不够,营养积累不足,菌棒菌皮尚未形成。

防治方法:

a.改善菇房的通风条件,降低 CO_2 的浓度,当子实体形成初期要做到早、中、晚各通风 0.5 h。

b.出菇过程中尽可能少用农药和少用浓度高的营养液,并减少管理过程中机械碰伤。

c.控制室内的空气相对湿度不超过 90%,增加散射光强度,防气温偏高,并防虫及杂菌侵染。

d.延长营养生长时间,促进菌丝成熟。

②着色病。

病害特征:幼菇菌盖局部或全部变为黄色、焦黄色或淡蓝色,子实体生长受到抑制,随着继续生长表现为畸形,如菌盖皱缩上翘,严重影响商品质量。

发病原因:

a.低温季节使用煤炉直接升温时,菇棚内 CO_2 浓度较高,子实体中毒而变色,菌盖变蓝后不易恢复。

b.质量不好的塑料棚膜中会有某些不明结构和成分的化学物质,被冷凝水析出后滴落在子实体上,往往以菌盖变为焦黄色居多。

c.覆土材料中或喷雾器中的药物残留及外界某些有害气体的侵入等,也可导致该病发生。

防治方法:

a.冬季菇场增温如采用煤炉加温,应设置封闭式传热的烟火管道。

b.选用抗污染能力强的无滴膜,棚架宜搭建成拱形或"人"字形,不让塑料薄膜上的冷凝水直接落入菌床。

c.长菇阶段,菇棚内要保持一定的通风换气量,以缩小棚内外温差,减少冷凝水的形成。

d.在生产过程中,慎重使用农药。

③死菇。

病害特征:是指在无病虫害情况下,子实体变黄、萎缩、停止生长,最后死亡的现象。

发病原因:

a.气温过高或过低,不适合子实体生长发育。

b.喷水重,菇房通风不良,加上气温高,空气湿度大,氧气供应不足,CO_2 积累过多,造成菇蕾或小菇闷死。

c.出菇过密,在生长过程中,部分菇蕾因得不到营养而死亡或因采菇时受到震动、损伤,也会使小菇死亡。

d.喷药次数过多、用药过量,会使原基渗透压升高或菇体中毒,从而发生药害而死菇。

e.菇棚过于通风,造成子实体被风干致死。

防治方法:

a.合理安排播种时间,避开高温季节出菇。

b.调节适宜温度,注意合理通风换气、降温,合理喷水。

c.采菇时要小心,不要伤害幼菇。

d.慎用农药,并减少次数和用量。

2)侵染性病害

由各种病原微生物引起的,造成食用菌生理代谢失调而发生的病害,叫侵染性病害或传染性病害,也叫非生理性病害。按照病原菌危害方式,可分为竞争性病害和寄生性病害。

（1）竞争性病害

竞争性病害是指有害杂菌与食用菌争夺养分、水分、氧气和空间,并造成为害的病害。有害杂菌虽不直接侵染食用菌菌丝体和子实体,但发生在制种阶段会造成菌种报废,发生在栽培阶段会造成减产,甚至绝产。常见的有曲霉、青霉、木霉、根霉和细菌等。

鬼伞也是为害最大的一种竞争性杂菌,在自然界分布广泛,其孢子和菌丝体常生存在秸秆、有机质、厩肥和植物残体上。鬼伞常发生在平菇、草菇、双孢菇等食用菌栽培中,特别是草菇中最常见。常见的种类有毛头鬼伞、长根鬼伞、墨汁鬼伞等(见图6.1)。

毛头鬼伞　　　　　　　　　　墨斗鬼伞

图6.1　鬼伞杂菌

病害特征:开始在料面上无明显症状,也见不到鬼伞菌丝,其发生初期菌丝为白色,易与蘑菇菌丝混淆不易识别,但其菌丝生长速度极快,且颜色较白,其子实体单生或群生、柄细长、菌盖小、呈灰至灰黑色。鬼伞生长迅速,从子实体形成到成熟,菌盖自溶成黑色黏液团,只需1~2 d时间。其子实体在菇床上腐烂后发生恶臭,并且容易导致其他病害发生。鬼伞生长快、周期短,因此与食用菌争夺养分和空间能力特强,影响出菇。

发病原因:

a.培养料堆制发酵不彻底,没有完全杀死鬼伞类孢子,栽培后就容易导致鬼伞大量发生。

b.高温、高湿、偏酸性的环境极易诱发鬼伞大量发生。

c.培养料中添加麦皮、米糠及尿素过多,或添加未经腐熟的禽畜粪,在发酵时易产生大量的氨,既抑制了草菇菌丝的生长,又有利于鬼伞的发生。

防治方法:

a.选用新鲜无霉变的培养料。

b.培养料要经堆制和高温发酵,杀死其中的鬼伞孢子和其他杂菌。

c. 培养料可适当添加石灰粉,调节 pH 值达 8 ~ 9。

d. 控制培养中的氮素比例。

e. 在菇床上发生鬼伞时,应在其开伞前及时拔除,防止孢子扩散。

(2)寄生性病害

由病原物直接侵染食用菌的菌丝和子实体引起的病害,叫寄生性病害。病原物主要有真菌、细菌、病毒等。

①真菌性病害。引起食用菌病害的真菌病原物大多喜高温、高湿和酸性环境,以气流、喷水等为主要传播方式。常见的真菌病害有疣孢霉引起的褐腐病、轮枝霉引起的褐斑病和镰孢霉引起的猝倒病等。

a. 褐腐病。又称疣孢霉病、湿泡病等,是主要危害双孢菇、草菇和香菇等粪草腐生食用菌的一种土壤病原真菌病害。

病害特征:在不同的发育阶段,病症也不同。当病菌在发菌期间侵入后,菇床表面形成一堆堆白色绒状物,颜色由白色渐变为黄褐色,表面渗出褐色水珠,有臭味;在原基分化时被侵染,形成类似马勃状的组织块,初期白色,后变黄褐色,表面渗出水珠并腐烂;当长成小菇蕾时被侵染,表现为畸形,菇柄膨大,菇盖变小,菇体部分表面附有白色绒毛状菌丝,后变褐,产生褐色液滴;当出菇后期被侵染,不仅形成畸形菇,菇体表面还会出现白色绒状菌丝,后期变为褐色病斑。

发病原因:疣孢霉是一种土壤真菌,覆土是主要的传染来源,亦可通过工具、害虫或人的活动进行传播;菇房、覆土、接种工具灭菌不彻底;菇房内高温、高湿和通气不良时发病严重。

防治方法:搞好菇房卫生,减少病原基数。菇房使用前后均严格消毒,采菇用具用前用4% 的甲醛液消毒;覆土用前要巴氏灭菌,严禁使用生土,覆土切勿过湿;发病初期立即停水并降温 15 ℃以下,加强通风排湿;发现病菇及时清除,病区喷洒 50% 多菌灵可湿性粉剂 500 倍液,也可喷 1% ~ 2% 甲醛溶液灭菌。如果覆土被污染,可在覆土上喷 50% 多菌灵可湿性粉剂 500 倍液,或 70% 甲基硫菌灵可湿性粉剂 500 倍液,以杀灭病菌孢子。发病严重时,去掉原有覆土,更换新土,将病菇烧毁。

b. 褐斑病。又称轮枝霉病、干泡病,是由轮枝霉引起的真菌病害,主要危害蘑菇。

病害特征:感染后在菌盖上生产许多不规则针头状的褐色斑点,以后斑点逐渐扩大,并产生凹陷。凹陷部分呈灰白色。病菇常干裂,菌盖歪斜畸形(见图 6.2),但菇体不流水滴,无难闻气味。

图 6.2　双孢菇褐斑病

发病原因:覆土中存在大量的轮枝霉菌,该菌主要通过喷水传播,亦可通过菇蝇、螨类、工具以及人的活动进行传播；菇房、覆土、接种工具灭菌不彻底；喷水过多、覆土太潮湿、通风不良，会导致该病害的大发生。

防治方法：搞好菇房卫生，防止菇蝇、菇蚊进入菇房。菇房使用前后均严格消毒，采菇用具用前用 4% 的甲醛液消毒，覆土用前要消毒或巴氏灭菌，严禁使用生土。覆土切勿过湿。发病初期立即停水并降温至 15 ℃ 以下，加强通风排湿。及时清除病菇，在病区覆土层喷洒 2% 的甲醛或 0.2% 多菌灵。发病菇床喷洒 0.2% 多菌灵溶液，可抑制病菌蔓延。

c. 猝倒病。又称镰孢霉病、立枯病、萎缩病，主要由镰孢霉和菜豆镰霉所引起的真菌性病害，主要危害蘑菇、平菇、银耳等。

病害特征：主要病症是子实体被侵染后，菌柄髓部萎缩变成褐色，菇体变得矮小不再生长。此病发生早期和健康菇在外形上不易察觉，只是菌盖变暗，菇体不再生长，最后变成僵菇。

发病原因：覆土、培养料灭菌不彻底，成为病原菌的初染源；覆土层太厚、高温高湿、通风不良都有利于镰孢霉蔓延。

防治方法：对覆土进行灭菌是防治此病的主要方法。一般用 1：500 的多菌灵或托布津药液喷洒，进行消毒。

②细菌性病害。引发食用菌病害的细菌绝大多数是各种假单孢杆菌，这类细菌大多喜高温、高湿，近中性的基质环境，气流、基质、水流、工具、操作、昆虫等都可以传播。常见的细菌病害有托拉氏假单胞杆菌引起的斑点病、菊苣假单胞杆菌引起的菌褶滴水病等。

a. 细菌性斑点病。又称细菌性褐斑病、细菌性麻脸病，病原为假单胞杆菌，主要危害蘑菇、平菇、金针菇等。

病害特征：病斑只在菌盖上发生，发病初期在菌盖表面产生黄色或淡褐色小点或病斑，后期逐渐发展成为暗褐色凹陷病斑，并产生褐色黏液和散发出臭味。感病菇体干巴扭缩，色泽差，菌盖易开裂。

发病原因：病菌广泛分布于空气、土壤、水源和培养料中；制作菌种时，培养料、接种工具灭菌不彻底，无菌操作技术不熟练，都会造成细菌感染菌种；在高温、高湿、通风不良条件下易发病；喷水后菌盖上有凝聚水，有利于病害的发生。

防治方法：菇房、覆土、培养料、按种工具要彻底灭菌，杀死所有病菌；严格按照无菌操作，尽量避免病菌污染；每次喷水后要加大通风，保持菇体干燥，适菇场内空气相对湿度控制在 85% 以下；感病后应立即摘除病菇，并停止喷水。向床面喷洒 1：600 倍的漂白粉液或 0.01% ~0.02% 链霉素或 5% 的石灰水，能有效控制病害蔓延；在覆土表面撒一层薄薄的生石灰粉，可抑制病害蔓延。

b. 菌褶滴水病。由蘑菇假单胞菌引起，主要危害蘑菇。

病害特征：在蘑菇开伞前没有明显的病症。如果菌膜已经破裂，就可发现菌褶被感染。在感染的菌褶组织上可以看到奶油色的小液滴，最后大多数菌褶烂掉，变成一种褐色的黏液团。

发病原因：病菌广泛存在于菇房、覆土、培养料以及不洁净的水中；在高温、高湿、通风不良条件下易发病；菌盖表面有水膜时极易发生。

防治方法：参照细菌性斑点病防治方法。

③病毒性病害。病毒是一类专性寄生物,引起食用菌发病的病毒大多是球形结构,也有杆状或螺线形病毒粒子,这两类病毒粒子比球形病毒大。常见病毒病害有蘑菇病毒病、香菇病毒病。

a.蘑菇病毒病。又称顶枯病、菇脚渗水病、法国蘑菇病、褐色蘑菇病等。

病害特征:菌柄伸长或弯曲,开伞早;病菇菌盖小而歪斜,出现柄粗盖小的子实体;菌柄中央膨大成鼓槌状或梨状,有水渍状条纹或褐色斑点,甚至有腐烂斑点。

发病原因:使用带病毒的菌种;菇房内的床架、培养料灭菌不彻底,病毒通过蘑菇菌丝和孢子或者害虫进行传播。

防治方法:选用抗病毒能力强的品种;严格选用无病毒区的健壮蘑菇制种,以保证菌种不带病毒;做好菇房卫生,及时清除废料,床架材料要彻底消毒,杀死材料内的带病毒菌丝和孢子,可用5%甲醛喷洒菇房;及时杀灭害虫,防止害虫传播病毒;及时采菇,菇床上如出现病毒病征兆,要摘除患病的子实体,并喷洒2%甲醛液消毒,再用塑料薄膜覆盖;对带病毒的高产优质菌种进行脱毒或钝化处理。

b.香菇病毒病。

病害特征:在菌丝生长阶段,菌种瓶或菌种袋中产生"秃斑";在子实体生长阶段,有些子实体出现菌柄肥大、菌盖缩小现象,有的子实体早开伞,菌肉薄。

发病原因:使用带病毒的菌种;灭菌不彻底,菌床上有带病毒的菌丝或孢子进行传播。

防治方法:参照蘑菇病毒病防治方法。

6.2.2 食用菌虫害及其防治

食用菌在生长过程中,会不断遭受某些动物的伤害和取食,如节肢动物、软体动物等。在这些动物中,通常以昆虫类发生量最大,危害最重,因而人们习惯地把对食用菌有害的动物统称为害虫。由于害虫的作用,造成食用菌及其培养基料被损伤、破坏、取食的症状,叫食用菌虫害。食用菌的虫害类型多、基数大、发展迅速,一旦发生虫害,会造成很大的损失。因此,虫害预防是食用菌生产中极其重要的环节。食用菌虫害防治应坚持以预防为主、治疗为辅的原则。

危害食用菌生产主要害虫有蚊、蝇、螨类等。

1)菇蚊

菇蚊主要危害平菇、草菇。

(1)特征及习性

菇蚊为双翅目害虫,其成虫是一种黑色的小蚊,大小差异很大,从1~6 mm不同。成虫常栖息在杂菌或腐烂的物质上,飞进菇房,在菇房或培养料上产卵。卵孵化成幼虫,幼虫很小似蛆,也叫菌蛆。幼龄蛆体白色,后逐渐变成黄色到橘红色,长2~3 mm,菌蛆在培养料中吃菌丝,严重影响菌丝的生长,老熟幼虫群集为害菌盖和菌柄,使子实体严重受害,往往萎缩死亡或腐烂。幼虫在培养料表面或墙角缝隙中吐丝结茧化蛹。

(2)防治方法

①栽培前,培养料应通过发酵高温杀死虫卵,减少虫源。

②菇房应设置纱窗纱门,防止成虫飞入产卵。

③菇蚊幼虫的个体较大,有群居活动的习性,有吐丝拉网的习性,有结茧化蛹的特点,这些都为人工捕捉创造了有利条件。因此,及时捕捉有一定的防治作用。

④菇蚊成虫有趋光的特性,在成虫发生时,可用黑光灯诱杀。

⑤栽培前,菇房内喷 0.1% 敌敌畏液,采收一次后,可喷 500～600 倍的敌敌畏液;或 20% 除虫菊酯乳油 1 000 倍液,以消灭害虫。也可用磷化铝熏蒸,方法是密闭门窗按每立方米用磷化铝 10 g 计算,熏蒸 24～48 h。熏蒸后要通风 48 h,工作人员方能进入。

2)菇蝇

菇蝇主要危害双孢菇、平菇等食用菌。

(1)特征及习性

菇蝇成虫是一种黄褐色的小蝇,比菇蚊健壮,善爬行,常在培养料表面迅速爬动。虫卵产在培养料菌丝体上。幼虫为白色小蛆,头部稍尖,尾部稍钝,体形较大,体长 1 cm 左右,爬行较快,主要咬食菌丝和子实体,造成减产和丧失食用价值。

(2)防治方法

防治方法与菇蚊相同,还可用药剂拌料,如每 1 000 kg 培养料中加入 20% 二嗪农乳剂 60 ml;或用除虫菊酯类农药拌料,以消灭幼虫。

3)菌螨

菌螨又叫菌虱。主要危害双孢菇、平菇、金针菇、香菇、草菇等。

(1)特征及习性

菌螨有很多种,为害食用菌较重的有蒲螨、粉螨、根螨、红辣椒螨、长足螨等。目前以前两种为害较多。蒲螨体形很小,肉眼不易看见,多数栖息在料面或土粒上,体色为淡黄色,聚集成团,粉螨体形较大,色白发亮,爬行较快,不成团,数量多时呈粉末状。

菌螨繁殖很快,常聚集在菌种周围食菌丝,受害菌丝不能萌发,或发菌后出现退化现象,菇床上感染菌螨,菌丝无法蔓延生长,严重时菌丝被吃光,造成大量减产,甚至绝收。子实体上发生菌螨,可看到子实体上上下下全被菌虱覆盖,被咬部位变色,重则出现空洞。

(2)防治方法

①严格选用菌种,切忌使用带虫的菌种。

②菇房要远离鸡舍、猪圈、仓库、厩肥堆等场所,减少虫源。

③培养料进行高温或二次发酵处理,消灭虫源。

④菇房发生菌螨,可用棉球沾上 40%～50% 的敌敌畏液,放在床架底层,用塑料薄膜覆盖床面,熏蒸杀虫;或菊乐合酯的 1 500 倍液;或克螨特的 5 000 倍液;或杀螨砜的 800 倍液在床面喷雾杀虫。利用糖醋诱杀亦有良好的效果,方法是 5 kg 糖醋液中加入 50～60 mg 敌敌畏,取一纱布在药液中浸湿后,盖在床面上,诱菌虱爬上纱布后,将其放在药液中加热杀死。

4)跳虫

跳虫属弹尾目,俗称烟灰虫,主要危害双孢蘑菇、草菇、香菇、黑木耳等。最常见的种类是紫跳虫。

(1)特征及习性

跳虫食性杂,危害广,取食多种食用菌的菌丝和子实体,同时携带螨虫和病菌,造成菇床二次感染,导致菇床菌丝退菌;常在夏秋高温季节爆发。跳虫为害幼菇,使之枯萎死亡;菇体形成后,跳虫群集于菇盖、菌褶和根部咬食菌肉,导致菌盖及菌柄表面出现形状不规则、深浅程度不一的凹陷斑纹,菌柄内部被害后,有细小的孔洞,受害菌褶呈锯齿状。

跳虫喜潮湿环境,多发生在通风透气差、环境过于潮湿、卫生条件极差的菇房,不仅在菇房内为害多种食用菌,而且在土壤、杂草、枯枝落叶、牲畜粪便上常年可见。它们可在水面漂浮,且跳跃自如。

(2)防治方法

①彻底清除制种场所和栽培场所内外的垃圾,尤其不要有积水,防止跳虫的滋生。

②跳虫喜温暖潮湿但不耐高温,培养料最好采用发酵料,使料温达到 65～70 ℃,可以杀死成虫及卵。

③菇房和覆土要经过药物熏蒸消毒后方可使用。

④菇房安装纱门纱窗。

⑤进行人工诱杀,用稀释 1 000 倍的 90% 敌百虫加少量蜂蜜配成诱杀剂分装于盆或盘中,分散放在菇床上,跳虫闻到甜味会跳入盆中,此法安全无毒,同时还可以杀灭其他害虫。

⑥床面无菇时,可用 0.2% 乐果喷杀;出菇期可喷 150～200 倍液除虫菊酯。

5)线虫

线虫属线虫门线虫纲,主要危害蘑菇、木耳、银耳、草菇和平菇等。常见的种类有蘑菇菌丝线虫(又名噬丝茎线虫)和蘑菇堆肥线虫(又名堆肥滑刃线虫)。

(1)特征及习性

两种线虫都主要危害菌丝体,以中空的口针刺入菌丝细胞,再吐入消化液,使细胞质解体,然后吸食菌丝的细胞质,使菌丝萎缩死亡而出现退菌现象;若出菇早期受到线虫危害,菌床上常常出现局部或大量小菇不断萎缩、腐烂、死亡的现象,严重时形成无菇区;较大子实体受害后,长势减弱,颜色发黄、变褐,并发黏,腐烂死亡,并散发出刺激性的臭味;线虫侵害菌床后,培养料变质、腐败,外观黑湿,常有刺鼻异味,严重危害时有鱼腥味。

线虫耐低温能力强,但不耐高温。多数线虫喜欢高湿,培养料湿度过大,利于其大量繁殖。线虫在遇到干旱环境时,适应能力很强,呈现假死状态,互相缠绕成团,起保护作用,这样能够维持生存达数年之久,一旦遇水又能重新活动。

(2)防治方法

①搞好菇房内外环境卫生,及时清除烂菇、废料。

②菇房在使用前用敌敌畏或磷化铝熏蒸杀虫。

③消灭蚊、蝇,防止其将线虫带入菇房。

④出菇期间要加强通风,防止菇房闷热、潮湿。

⑤控制好培养料的含水量,防止培养料过湿。

⑥由于线虫耐高温能力很弱,发酵堆温可达 70 ℃ 以上,这时线虫向堆肥边缘移动,所以翻堆时要把边缘部分翻到肥堆中心,利用堆肥高温杀死线虫。

⑦培养料局部发生线虫后,应将病区周围的培养料挖掉,然后病区停水,使其干燥,也可用 1% 的醋酸或 25% 的米醋喷洒。

6)蛞蝓

蛞蝓属软体动物门腹足纲蛞蝓科,又名鼻涕虫、软蛭、蜒蚰螺等,主要危害蘑菇、平菇、香

菇、草菇、黑木耳等。常见的种类有野蛞蝓、黄蛞蝓、双线嗜黏液蛞蝓。

（1）特征及习性

蛞蝓成虫和幼虫均能直接取食食用菌子实体，在菌盖、耳片上留下明显的缺刻或孔洞。有的还啃食刚分化的食用菌原基，导致原基不能继续生长分化成子实体。在取食处常常会诱发霉菌和细菌。此外，在受害部位附近留下白色黏质痕迹，影响产品的外观与质量。

蛞蝓雌雄同体，异体受精。以幼体或成体越冬。蛞蝓畏光怕热，喜阴暗潮湿环境。白天常潜伏于潮湿的缝隙中和培养料的覆盖物下面，夜间活动取食。

（2）防治方法

①首先做好栽培场所的环境卫生，清除周围的垃圾和杂草，破坏隐蔽场所，并在四周洒上新鲜石灰粉，可有效地杀死或驱除蛞蝓。

②下种后的床架架脚周围及露地菇床周围撒一圈石灰粉或草木灰，蛞蝓爬过后会因身体失水而死亡，可有效防止蛞蝓夜晚进入菇房危害。

③利用蛞蝓昼伏夜出的习性，可在早晨、晚上、阴雨天到菇房进行捕捉，直接杀死或放在5%盐水里脱水死亡。

④多聚乙醛对蛞蝓有强烈的引诱作用，用多聚乙醛300 g、砂糖100 g、敌百虫50 g、豆饼粉400 g，加水适量拌成颗粒状，撒在菇床周围或床架脚下，诱杀效果良好。

任务6.3　食用菌病虫害无公害防治技术

食用菌的栽培周期相对较短，在食用菌生产中由于大量使用化学生长促进剂和化学农药，不仅影响了食用菌的生长，而且导致我国食用菌产品中的有毒物质残留严重超标，极大地影响了其在国际市场上的竞争力。因此，如何搞好无污染、无有毒物质残留的无公害食用菌的生产，是当前食用菌科研和生产中迫切需要解决的问题。食用菌无公害栽培是以生物防治为基础，以物理防治和人工防治相结合，科学合理地选择高效、低残留的化学农药，使各种食用菌生产中的农药残留量低于国家规定标准的栽培方法。

防治食用菌病虫害应遵循"预防为主，综合防治"的植保工作方针，利用农业、化学、物理、生物等学科相关技术进行综合防治。在防治上以选用抗病虫品种，合理的栽培管理措施为基础，从整个菇类的栽培布局出发，选择一些经济有效、切实可行的防治方法，取长补短，相互配合，综合利用，组成一个较完整的、有机的防治系统，以达到降低或控制病虫害的目的，把其危害损失压低在经济允许的指标以下，以促进食用菌健壮生长，高产优质。

6.3.1　合理选场建厂及优化设计

1）菇场环境

菌种厂、培养室、菇房或菇棚等都应该选在生态条件良好的位置，产地空气无工业污染，应达到国家《环境空气质量标准》中的二级标准以上，在地势高四周宽阔，空气流畅，水源充足，排灌方便，周围无工厂污染或垃圾场，远离畜禽饲养场、生活区、饲料库和厕所等地方。种菇前要对场所内外进行全面的卫生大扫除，彻底灭菌除虫，保持环境干净、整洁。在野外栽培的,除了做好清扫外,还应及时清除田间杂物,铲除病虫滋生场所,减少病虫害发生的基数。

2)菇场结构

根据食用菌种类确定相应的栽培模式,菇房的总体结构应有利于食用菌的科学栽培管理,具有防雨、遮阳、挡风、隔热等基础设施。地面坚实平整,给水方便,密封性好,又能通风透气,保证食用菌生长对自然散射光的要求。菇房大小适中,内部结构适合栽培方式的要求,以操作方便为原则。

3)生产布局

应根据生产流程、栽培工艺,结合地形、自然环境和交通条件等,进行总体设计安排。菇场区域划分应方便操作,采用分区制栽培模式,简化生产流程,提高栽培成功率。

4)用水要求

栽培食用菌用水包括拌入培养料的水和菇房喷洒用水,以及浸泡菌筒用水,可用自来水、泉水、井水、湖水、山水等,但要求水质无污染,最好达到饮用水标准。

6.3.2 严把菌种质量关

菌种选育是食用菌栽培的基础。优良菌种的菌丝萌发快,蔓延迅速,在与杂菌竞争中,能首先占领斜面,有效抑制杂菌及病虫害发生。

1)优良菌种的标准

食用菌的种类虽然繁多,但从总体上看,每一个优良菌种都有以下几个标准:

①菌种的纯度要高,不能有杂菌感染,也不能有其他类似的菌种。

②菌丝色泽要纯正,多数种类的菌丝应纯白、有光泽,原种、栽培种菌丝应连结成块,无老化变色现象。

③菌丝要粗壮,分枝多而密,接种到培养基吃料块,生长旺盛。

④培养体要湿润,与试管(瓶)壁紧贴而不干缩,含水适宜。

⑤具有每品种特有的清香味,不可有霉、腐气味。

2)菌种质量鉴定的方法

(1)外观直接观察法

对引进菌种,先观察包装是否合乎要求,棉塞有无松动,试管、玻璃瓶和塑料袋有无破损,棉塞和管、瓶或袋中有无病虫侵染,菌丝色泽是否正常,有无发生变化。然后在瓶塞边做深吸气,闻其是否具备特有的香味。原种和栽培种可取出小块菌丝体观察其颜色和均匀度,并用手指捏料块检验含水量是否符合标准。如果菌丝浓白、粗壮、富有弹性,则生命力强;如果菌种菌丝萎缩,干燥无色泽,或菌丝体自溶产生了大量红褐色液体,则生活力已变弱,不宜再用;木料菌种如仍保持硬实,则属于生活力强的菌种,若木块变得软化松散,则已老化,不宜使用。

(2)显微镜检验

制作菌丝体临时玻片,染色后镜检观察。若菌丝透明,呈分枝状,有横隔,锁状联合明显,则可认为是合格菌种;若菌丝节很短,分枝浓密,菌丝较纤细,生长缓慢,一般为不正常菌种。

(3)观察菌丝长速

将供测的菌种接入新配制的试管斜面培养基上,置于最适宜的温、湿度条件下进行培养,如果菌丝生长迅速、整齐浓密、健壮有力,则表明是优良菌种,否则即是劣质菌种。

（4）出菇实验

经过检验后，认为是优良菌种的，可进行扩大转管；同时，可取一部分母种用于出菇（耳）试验，常用的方法有瓶栽法和压块法两种，置最适宜温湿条件下培养，通过观察菌丝生长速度、转管快慢、吃料能力、出菇速度、子实体形态、产量和质量等，综合评价菌种质量优劣。

6.3.3 确保环境卫生

1）认真清理食用菌栽培场地

清洁的环境对于食用菌的栽培十分重要，是一种对食用菌进行无公害防治的重要手段和基础工作。所以，这就要求食用菌栽培人员必须注意对菇场的日常清洁，烧毁或者深埋那些废弃物和污染物，以免造成病菌传染。菇场周围的环境不能有杂草、积水和有机残体，进而有效避免病虫害的滋生。菇房的门窗、通风口要装纱网，防止飞虫出入。使用前应熏蒸消毒或喷洒药物进行表面消毒、杀虫。废料及出菇后的残料不要堆放在菇房附近。菇场中尽量使用清水，将石灰撒在菇场周围以保持干燥。在每次种菇之前的两个月，必须将上一年的肥料进行烧毁或者深埋处理。

2）对老菇房进行熏蒸消毒

多次种植食用菌的老菇房容易残留和滋生各种病虫害，所以必须对老菇房进行重点的治理，可以采取熏蒸和消毒的方式对老菇房进行治理。熏蒸的药物和方法如下：

①密闭栽培室，然后将高锰酸钾 5 g/ml 倒入 10 g/ml 福尔马林中进行熏蒸，盛装高锰酸钾的容器必须深一些，其容积必须比福尔马林大 10 倍以上，熏蒸 2 d 以后再打开门窗通风 1 d。

②采取硫黄熏蒸法，用 0.035 g/m³ 硫黄进行熏蒸，同样要密闭 48 h 后方可进料。

3）培养料灭菌

培养料灭菌杀虫要完全彻底。严格按要求对菌种培养基和栽培料进行灭菌处理，高温灭菌要做到压力到、温度到、时间到，不能随意改变灭菌条件。栽培料的发酵处理有杀菌、杀虫的作用，应注意控制堆温和翻堆，保证所有的堆料都经过发酵过程。培养原料用前应曝晒，覆土用前要经消毒处理。

6.3.4 做好栽培管理工作

提高栽培管理技术水平是防治食用菌病虫害的先决条件，要加强食用菌的接种配料、调控、采收等各个环节的技术含量，使整个环境适合于食用菌生长而不利于病原菌害虫的生长。

1）菌种质量管理

选用纯正、抗虫、抗病和菌龄适宜的菌种，以保证接种后恢复生长快，生长健壮，抗病虫能力强。菌种厂应有生产菌种的基本设备，菌种生产过程应规范化，以三级扩大法进行生产，不允许以原种扩制原种，或栽培种扩制栽培种。母种生产要控制传代次数，以传 3 次为限。培养出的菌种要符合品种的特性，菌种纯正，菌丝长势健壮，无杂菌和病虫感染，菌龄适中。老化菌种、退化菌种及长势弱或有其他不良现象的菌种，都要弃之不用。

2）栽培料的管理

选用优质、无霉变、无虫蛀的栽培材料，培养料配比要合理，并进行严格的灭菌、杀虫。对以木屑为栽培主原料的，应事先进行原料安全性检测，若农药残留超标，可采用浸水、发酵等方法减少残留后使用;对以草料为栽培主原料的,由于受污染的机会较多,应在栽培前对各种原料中的相关成分进行必要的检测,如农药残留的检测等。

3)原料加工及配制过程中的管理

食用菌种植人员要严格按照无菌操作的程序对食用菌进行接种。接种室必须高度消毒,通过紫外灯与气雾消毒的配合使用,最大限度地消灭食用菌接种空间内的杂菌数量。相关人员在进入接种室之前必须换上工作服,戴上工作帽,穿好工作鞋,必须用75%的酒精对手进行消毒,用酒精灯焰对接种工具进行消毒。在接种过程中,对菌种瓶进行火焰封口,而且动作必须迅速,菌种量适中,尽量避免接种人员走动和交谈,接种工具要放在指定处。接种后对接种室及时进行彻底的清洁,保持室内卫生。

4)栽培品种和栽培模式

目前,可人工栽培的食用菌近50种,还有近百种可驯化为人工栽培的种类,对于不同类型的食用菌,要按其对生长发育条件的要求,科学调控温度、湿度、光线、pH值等,尽可能创造适宜的温、湿和通风条件,尽量使环境条件对食用菌生长发育有利,而对病虫害的发展蔓延不利。

5)栽培过程的管理

在栽培管理过程中要经常地、认真细致地进行检查,一旦发现病虫害,就要及时采取措施进行防治控制,防止扩散蔓延。对于覆土栽培的种类,应控制覆土材料的安全性;脱袋栽培的种类,在畦栽时也要注意畦上土壤的安全性和浸水时水质的安全性;不脱袋栽培的种类,也应注意栽培环境和注水水质的安全性。室温一般保持在15 ℃,相对湿度不大于85%,防止出现高温高湿环境。菇房要经常通风换气,经常保持菇房清洁卫生。采菇后彻底清理料面,将菇根、烂菇、受害菇、病菇摘除,集中清理或烧掉,不可随意乱放。

6)采收管理

食用菌子实体成熟后要适时采收,若过分追求产量而让子实体过度成熟,不仅影响下茬菇的发生,而且会产生大量的孢子附着于子实体表面使其更易吸水,诱发病害的发生。

6.3.5 采用农业防治措施

1)选择优质抗病品质

到正规厂家购买适合当时当地的温和型品种。

2)合理轮作

食用菌栽培实践证明,在同一菇棚内连续栽培同一菇类,极易引发杂菌污染,不同菇类或同一菇类的不同品种之间,能产生具有相互拮抗作用的代谢物,对病虫害及杂菌有一定的抑制和杀灭作用。提倡大田内与其他作物轮作。另外,有些菇类如平菇、鸡腿菇等,大田种植不需熏蒸消毒,只需在浅土层下拌入石灰粉,既可肥田,又能消灭病虫害,可2~3年轮作一次。有些有条件的菇农可以每年更换新棚,防杂效果会更好。

3)利用害虫的生活习性防治

有些害虫有着特殊的生活习性,如菌蚊有吐丝的习性,用丝将菇蕾罩住群居危害,对这些害虫可人工捕捉;害虫有一定的趋光性,可以在菇房内安装明亮的灯泡或者节能灯,再在下面放一盆滴有煤油或者敌敌畏的水,这样菇蚊、菇蝇和黑腹果蝇以及蚊蛾都会落入盆中被杀死;如果食用菌生了螨虫,就要在菇床上铺上一些纱布,然后将菜籽饼放上,螨虫就会自动跑到纱布上,然后将纱布浸入到石灰水中,反复几次,就会取得良好的除螨效果;在菇房门口、窗和通气口安装

60目纱网,可以防止成虫入内;也可将草木灰、烟草末撒在患处,既可防病又可防虫害。

6.3.6 配用化学防治措施

一般情况下,化学药物防治病虫害效果好,但食用菌栽培周期短,化学农药极易残留在子实体内,所以防治食用菌病虫害不提倡使用药剂,尤其是在出菇期。在栽培过程中,如必须使用农药时,则应注意以下几个问题:

1)对症用药

针对生产上发生的病虫害种类,宜选用高效低毒低残留药剂,禁用剧毒农药,常用的杀菌剂有百菌清、多菌灵、克霉灵、代森锌、甲基托布津、波尔多液、石硫合剂、二氯异氰尿酸等;常用的杀虫剂有杀螟硫磷、敌百虫、辛硫磷、敌敌畏、杀灭菊酯、磷化铝、杀螨特等,严禁选用剧毒、残留期长的有机脲、有机磷等药剂。

2)适宜的浓度

在使用农药时,必须使用合理的浓度,一般播种前堆料及菇房物料消毒用药范围和浓度相对大一些,播种后及出菇之前用药要控制在安全范围内,子实体阶段浓度要低一些。

3)注意敏感性

在使用农药时,还应注意不同食用菌对农药的敏感程度,做到对症用药。

4)菇期禁用农药

注重菇前预防,并为食用菌生产创造优良的环境,增强本身抗病能力。必须用药时,要选在出菇前或将菇采尽,因为食用菌栽培周期短,药物容易残留而引起食物中毒,进而对产品流通与消费产生严重影响,切不可忽视。

5)不使用含硫制剂

一些地方的食用菌产品被强制下架、退货乃至索赔等问题,主要是在加工护色漂白等工序上使用了焦亚硫酸钠等制剂,或者使用硫黄熏蒸以令产品变白等,使得产品含硫超标,现应予彻底改正,采用食盐进行漂洗,护色即可,尽管色泽上稍微欠白,但却保证了产品的食用安全性。

6.3.7 巧用生态防治

生态防治主要通过控制食用菌培养过程中生态环境条件,促使食用菌快速健壮生长,抑制各种杂菌生长繁殖,最终实现促菇抑病的目的。生态环境主要条件包括温度、湿度、空气、光线、酸碱度等。

1)温度

不同食用菌品种具有特定的生长温度范围,在这范围内菌丝生长速度快,但也适合霉菌孢子的萌发。目前,人工栽培的品种生长阶段的温度大多在18～26 ℃,为防霉菌污染,一般要将温度控制在26 ℃以下,可有效地防止喜高温霉菌污染。

2)湿度

食用菌菌丝体生长阶段,喜较低的空气湿度,而杂菌则常发生在高湿条件下。所以,在菌丝体生长阶段空气湿度保持在60%以下可抑制杂菌发生,子实体阶段应注提高空气湿度,但切忌直接向菇床大量喷水。

3)酸碱度

不同的食用菌品种对pH值要求不一样,如草菇pH值偏高环境生长良好,且pH值高可抑制喜中性、偏酸性杂菌生长。在配制培养基时,适量加入过磷酸钙,既可补充钙,又起到调节酸碱度作用,也能起到抑制杂菌生长的作用。

4)光照、空气

食用菌为好气性真菌,而多数杂菌在闷热不通风条件滋生,加强通风既能促进食用菌生长,又能抑制杂菌。适宜的散射光促进食用菌菌丝生长健壮,增强抵制杂菌能力。

· 项目小结 ·

食用菌的生长过程中会受到不良环境的影响,病虫害的发生是有害的生物环境主要表现形式。食用菌病虫害发生的常见原因包括菌种不纯、培养基和培养料灭菌不彻底、接种操作不严格、培养条件管理不协调以及环境卫生条件差等,这将给食用菌的生产造成一定程度的危害。

病原菌常见的有曲霉、青霉、木霉、根霉和细菌等。寄生性病害是指由病原物直接侵染食用菌的菌丝和子实体引起的病害。食用菌的虫害类型多、基数大、发展迅速,一旦发生虫害,会造成很大的损失。危害食用菌生产主要害虫有蚊、蝇、螨类等。

食用菌的栽培周期相对较短,在生产中大量使用化学生长促进剂和化学农药,不仅会影响食用菌的生长,而且会导致食用菌产品中的有毒物质残留严重超标。因此,防治食用菌病虫害应遵循"预防为主,综合防治"的植保工作方针,利用农业、化学、物理、生物等学科相关技术进行综合防治。

复习思考题

1.食用菌发生病虫害的原因有哪些?

2.引起食用菌非侵染性病害的原因有哪些?

3.菌丝徒长的防治方法有哪些?

4.简介食用菌侵染性病害及其发生原因。

5.食用菌虫害有哪些? 有什么防治方法?

6.什么是食用菌无公害防治? 有哪些无公害手段?

7.食用菌无公害防治工作中对菇场有什么要求?

项目 7

内销出口名优品种栽培

📖【知识目标】

- 了解香菇、平菇、双孢菇等名优食用菌的重要价值。
- 熟悉香菇、平菇、双孢菇、黑木耳、银耳、金针菇、草菇、真姬菇等食用菌所需的营养条件和环境条件。
- 掌握名优食用菌的栽培管理技术和产品加工方法。

📖【技能目标】

- 掌握控温、控湿、控光、通风的关键技巧及预防病虫害的方法。
- 学会如何栽培管理香菇、平菇、双孢菇等名优食用菌。

📖【项目简介】

- 本项目分别系统介绍了香菇、平菇、双孢菇、黑木耳、银耳、金针菇、草菇、真姬菇的重要价值、生物学特性，重点介绍了它们的栽培管理技术、病虫害防治及产品加工技术。

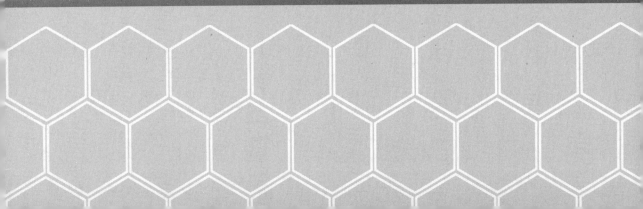

任务 7.1 香菇栽培

香菇在分类上属于真菌门,担子菌纲,同隔担子菌亚纲伞菌目白蘑科香菇属,是世界上最著名的食用菌之一,又名香菌、香蕈、冬菇、花菇。

香菇肉质脆嫩,味道鲜美,香气独特,营养丰富,有一定药效,深受国内外人士的喜爱,在国际上被誉为"健康食品"。香菇中含有维生素 D,可增强人体的抵抗能力,并能帮助儿童的骨骼和牙齿生长;含有 30 多种酶,是纠正人体酶缺乏症的独特食品;还含有腺嘌呤,经常食用可以预防肝硬化;有预防感冒、降低血压、清除血毒的作用;含有多糖物质,有治癌作用。我国中医早已认为香菇具有开胃、益气、助食、治伤、破血等功效,是一种非常好的保健食品。

7.1.1 形态结构和生活史

香菇在生长发育过程中有两个不同的发育阶段,即菌丝体阶段和子实体阶段。菌丝体是香菇的营养器官。菌丝由孢子或菇体的一部分组织萌发而成,白色绒毛状,菌丝体生长发育到一定阶段,分泌淡黄色液体,使培养基变色。

子实体是香菇的繁殖器官,由菌盖、菌褶和菌柄等部分组成(如图7.1)。菌柄中生或偏生,常向一侧弯曲,长3～10 cm,粗0.5～1 cm,菌环以上部分呈白色,菌环以下部分呈褐色。菌褶白色,自菌柄向四周放射排列。孢子白色,光滑椭圆形至卵圆形,一个香菇可散发几十亿个孢子。

香菇的孢子成熟后会从菌褶上弹射出来,在适宜的环境下,孢子就会萌发生出芽管,芽管进行顶端生长并分枝发育成菌丝,再形成双核菌丝,这种双核菌丝不断生长而形成菌丝体。菌丝体不断生长发育,积累养料,在适宜的条件下便会形成子实体原基并迅速长成菇蕾。子实体成熟后又可繁殖下一代,这就是香菇的生活史。

香菇整个世代所需要的时间,因营养和环境条件不同而异,在自然条件下完成一个世代通常要1～2年,而在人工室内培育的条件下只需四个月至一年,甚至更短的时间。

鲜香菇

干花菇

图 7.1 香菇的形态

7.1.2 生长发育条件

1)营养

香菇是一种木腐菌,营腐生生活。在香菇生长中所需要的营养物质,主要有碳水化合物、含氮化合物、矿物质和维生素等。以纤维素、半纤维素、木质素、果胶质、淀粉等作为生长发育的碳源,以多种有机氮和无机氮作为氮源,小分子的氨基酸、尿素、铵等可以直接吸收,大分子的蛋白质、蛋白胨就需降解后吸收。在菌丝体生长阶段,碳氮比以 25 ~ 40∶1 为好,子实体生长阶段最适宜的碳氮比为 63 ~ 73∶1。香菇菌丝生长还需要多种矿质元素,以磷、硫、钙、镁、钾最为重要;香菇也需要生长素,包括多种维生素、核酸和激素等。

2)温度

香菇是低温、变温结实性菌类,低温和变温刺激能促进子实体形成和发育。菌丝生长的温度范围较广,在 5 ~ 33 ℃均能生长,而以 22 ~ 26 ℃为最适。菌丝体比较能耐低温,−5 ℃以下经 8 ~ 10 周仍能生存。但不耐高温,在 32 ℃以上生长不良,40 ℃以上很快死亡。

原基分化的温度一般为 8 ~ 21 ℃,其中以 10 ~ 15 ℃为最适宜。昼夜温差越大,子实体原基越易分化,通常按香菇子实体分化所需的温度分为高温品系、中温品系、低温品系,高温品系为 20 ~ 25 ℃,中温品系为 15 ~ 20 ℃,低温品系为 5 ~ 10 ℃。在恒温条件下,原基则难形成菇蕾。

子实体在 5 ~ 24 ℃都可发生,而以 15 ℃左右为最适温度。在温度 15 ~ 18 ℃、昼夜温差 10 ℃的条件下出菇最多,质量最好。在适温内随着气温升高,子实体发育加快,肉薄、柄长、质量差;在低温下,生长缓慢,柄粗、朵大、肉厚、品质好。特别是在 4 ℃左右生长的花菇,品质最优。

3)湿度

香菇所需的水分包括两方面:一是培养基内的含水量,二是生长环境的空气相对湿度,其适宜量因代料栽培与段木栽培方式的不同而有所区别。代料栽培菌丝生长阶段培养料含水量为 55% ~ 60%,空气相对湿度为 65% ~ 70%;子实体阶段培养料含水量为 60% ~ 65%,空气相对湿度 85% ~ 90%;段木栽培菌丝生长阶段含水量为 35% ~ 40%,空气相对湿度为 60% ~ 70%;出菇阶段含水量为 50% ~ 60%,空气相对湿度 80% ~ 90%。子实体的发生还需要一定的湿差,干湿交替,有利出菇。

4)空气及光照

香菇是好气性真菌,所以选择栽培场所应注意通风良好,以保持空气新鲜。

香菇是喜光性真菌。光强度适合的散射光是香菇完成正常生活史的必要环境条件。菌丝生长阶段不需要光线,强光对菌丝生长有抑制作用。当菌丝长满菌袋或菌瓶时,需经过一定时间的光照才能良好转色。子实体形成阶段则要求有一定的散射光。如果光线不足,则出菇少、菌柄长、朵小、色淡、质量差。在湿度较低时,较强一些的散射光对形成肉质肥厚、柄短、盖面颜色深的香菇有利。

5)酸碱度

香菇菌丝生长要求偏酸的环境。菌丝适宜 pH 值为 3 ~ 7,最适 pH 值在 5 左右。在生产中常将栽培料的 pH 值调到 6.5 左右。高温灭菌会使料的 pH 值下降 0.3 ~ 0.5,菌丝生长中所产生的有机酸也会使栽培料的酸碱度下降。

7.1.3　栽培管理技术

香菇的栽培方法有段木栽培和代料栽培。香菇是我国主要出口创汇产品,湖北随州随东北桐柏山区、南阳西峡为主要产地,80%以上的农户利用得天独厚的自然资源分散种养,年产香菇 3 000 吨。随州三里岗香菇市场是中南地区较大的香菇集散中心,年成交额近亿元。

1)代料栽培

随着国内外市场对香菇需求量的增多,以及香菇代料栽培技术的不断完善和人们保护森林意识的增强,近几年段木栽培已经很少,利用木屑、棉籽壳、农作物秸秆、玉米芯等农林副产品资源作为代料栽培香菇,已经成为我国香菇生产的重要途径。所谓代料栽培,就是利用各种农林业副产物为主要原料,添加适量的辅助材料制成培养基,来代替传统的栽培材料(原木、段木)生产各种食用菌。

我国香菇的产量 80% 以上是由塑料袋栽培生产的,这里主要介绍香菇塑料袋栽培,也叫菌棒栽培。其生产工艺为:菌种制备→培养料的配料→装袋→灭菌→接种→发菌→脱袋与排场→转色与催蕾→出菇。

(1)栽培季节的确定

确定香菇栽培播种期必须以香菇发菌和出菇这两个阶段的生理条件和生态条件为依据。在自然栽培条件下,一般选择秋季上旬平均气温降至 20 ℃ 以下的日期为出菇日期,往前推算 60 ~ 80 d 即为接种期。就辽宁而言,最好在 8 月下旬陆续制作菌棒。广东多在 9 月开始制菌筒。北京地区香菇生产多采用夏播,秋、冬、春出菇,播种时间应在 7 月初,由于夏播香菇发菌期正好处在气温高、湿度大的季节,杂菌污染难以控制,所以近年来冬播香菇有所发展。一般是在 11 月底至 12 月初制作生产种,12 月底至 1 月初播种,3 月中旬进棚出菇。在北方可以人为控制生活条件的温室里,一年四季均可种植。

(2)栽培前的准备

栽培前一个月需将栽培所需原料备齐,一般 100 m 长日光温室可生产香菇 10 000 袋,需准备原料的品种和数量如表 7.1 所示。

表 7.1　每万袋菌棒备料数量(以配发 1 为例)

原料名称	数量/kg	原料名称	数量/kg
木屑	7 800	遮阳网 7 m 宽 或草帘 1.7 m 宽	100 m 120 ~ 140 m
麸皮	2 000	棚膜 7.5 m 宽	50 kg
糖	100	75% 酒精	3 瓶
石膏	100	可霉灵	30 盒
塑料袋	2.5	三级种	400 ~ 500 袋
小棚膜 3 m 宽	40	新洁尔灭或来苏儿	2 瓶
煤	2 000 ~ 2 500	筒料	11 000 ~ 21 000

①菌种的准备。引种时必须根据市场需要和当地地理位置、气候条件和接种时间等选择适宜的菌种。远地引进的品种,一定进行出菇试验。大面积栽培时,早、中、晚和高、中、低、广温型品种搭配使用,以利于销售和占领稳定的市场。1 吨干料需准备原种 8 ~ 10 袋,按常规方法制备栽培种 40 ~ 50 袋,播种菌龄 45 d 左右。

②栽培料的准备。香菇是以分解木质素和纤维素为碳源的木腐菌,代料栽培的原料有阔叶树木屑(如果树修剪、柞蚕场轮伐、桑树修剪等)以及棉籽壳、废棉、甜菜渣、稻草、玉米秆、玉米芯、麦草、废菌料等。此外,许多松木屑用高温堆积发酵或摊开晾晒的办法,除掉其特有的

松脂气味,亦可用来栽培香菇。辅料主要有麸皮、米糠、石膏、糖等。棉籽壳、谷壳、甘蔗渣等颗粒较小的晒干后可直接使用,不需再粉碎;作物秸秆晒干后粉碎成木屑状或铡成1~2 cm的小段,并浸水中软化处理;玉米芯粉碎成玉米粒大小的颗粒状;果树、桑树、柞树等的枝桠柴,先用人工劈成片状碎块或用枝桠切片机切片,每片厚2~3 cm,宽2~4 cm,切后晒干,再用粉碎机粉碎成2 mm以内的颗粒,也可用木材切屑机一次把直径14 cm以下的枝切成木屑。

配方中的木屑指的是阔叶树的木屑,陈旧的木屑比新鲜的木屑更好。配料前应将木屑用2~3目的铁丝筛过筛,防止树皮等扎破塑料袋。在资源贫乏的地方不能用木质素、纤维素含量较低的软质材料完全取代木屑,至少应添加30%~40%的木屑,否则菇体质量差,脱袋出菇时菌棒易散。栽培料中的麸皮、尿素不宜加得太多,否则易造成菌丝徒长,难于转色出菇。麸皮、米糠要新鲜,不能结块,不能生虫发霉。在生产实践中,为了提高产量常加入一定量的尿素、过磷酸钙、磷酸二氢钾和硫酸镁。

(3)培养料的配制

①常用的配方。

a. 木屑78%、麸皮(细米糠)20%、石膏1%、糖1%。

b. 果枝62%、棉籽壳20%、麸皮、糖15%、石膏1%、石灰1%。

c. 木屑59%、玉米芯20%、麸皮20%、石膏1%、多菌灵0.1%~0.2%。

d. 棉籽壳50%、木屑32%、麸皮15%、石膏1%、过磷酸钙0.5%、尿素0.5%、糖木1%。

②拌料。根据灭菌锅的大小,估计好当天的灭菌量。拌料时先把麸皮和石膏粉拌匀,再与杂木屑等主料混合拌匀,然后将糖和其他可溶性的辅料溶化于水中,均匀地泼洒在料上,用铁锹边翻边洒水,并用竹扫帚在料面上反复扫匀。配好料后放置10~20 min,培养料充分吸湿后,再次酌情洒些水。香菇栽培料的含水量略低些,生产上一般控制在55%~60%。大规模生产可用拌料机拌料。

(4)装袋

香菇袋栽多数采用的是两头开口的塑料筒,厚度为0.04~0.05 mm的聚丙烯塑料筒或厚度为0.05~0.06 mm的低压聚乙烯塑料筒。聚丙烯筒高压、常压灭菌都可,但冬季气温低时,聚丙烯筒变脆,易破碎。低压聚乙烯筒适于常压灭菌。生产上采用的塑料筒规格也是多种多样的,南方用幅宽15 cm,筒长55~57 cm的塑料筒;北方多用幅宽17 cm,筒长35 cm或57 cm的塑料筒。

装料前先将塑料筒的一头扎起来。扎口方法有两种:一是将采用侧面打穴接种的塑料筒,先用尼龙绳把塑料筒的一端扎两圈,然后将筒口折过来扎紧,这样可防止筒口漏气;二是采用17 cm×35 cm短塑料筒装料,两头开口接种,也要把塑料筒的一端用力扎起来,但不必折过来再扎了。用装袋机装袋最好5人一组,1个人往料斗里加料,2个人轮流将塑料袋套在出料筒上,一手轻轻握住袋口,一手用力顶住袋底部,尽量把袋装紧,另外2个人整理料袋扎口,袋口要扎紧扎严。手工装袋要边装料边震动塑料袋,并用酒瓶把料压紧压实,做到外紧内松,使料和袋紧实无空隙。装好后把袋口扎严扎紧。装好料的袋称为料袋。在高温季节装袋要集中人力快装,一般要求从开始装袋到装锅灭菌的时间不能超过6 h,否则料会变酸变臭。

(5)灭菌

装袋后要及时灭菌,装锅时料袋井字型排垒在灭菌锅里,四周留5 cm的空隙,以利蒸汽流动和冷凝水回流到锅中;或用周转筐装袋,这样便于空气流通,灭菌时不易出现死角。采用高压蒸汽灭菌时,必须用聚丙烯塑料袋,锅内的冷空气要排净,当压力表指向 0.15 MPa 时,维持压力 2 h。采用常压蒸汽灭菌锅,开始加热升温时,火要旺要猛,从生火到锅内温度达到 100 ℃ 的时间最好不超过 5 h,否则一些杂菌就会迅速繁殖,从而使养分受到破坏,影响培养料的品质,也易使灭菌不彻底。当温度到 100 ℃ 时,从排气管排出冷气,再开锅时开始计时,用中火维持 10 ~ 12 h,锅内要经常补加热水,以防烧干锅。中间不能降温,最后用旺火猛攻一会儿,再停火焖一夜后出锅。出锅前先把冷却室或接种室进行空间消毒。出锅用的塑料筐也要喷洒 2% 的来苏水等消毒。把刚出锅的热料袋运到消过毒的冷却室里或接种室内冷却,待料袋温度降到 30 ℃ 以下时才能接种。

(6)接种

香菇料袋多采用侧面打穴接种,要几个人同时进行,在接种室或塑料接种帐中操作比较方便。具体做法是先将接种室进行空间消毒,然后把刚出锅的料袋运到接种室内一层一层地垒起来,每垒排一层料袋就往料袋上喷洒一次 3% 的来苏儿消毒。全部料袋排好后,接种时再把接种用的菌种拿到接种箱,其他用的胶纸、打孔用的直径 1.5 ~ 2 cm 的打孔器或圆锥形木棒、75% 的酒精棉球、棉纱、接种工具等准备齐全。关好门窗,用气雾消毒剂,如克霉灵、消毒粉等消毒剂熏。接种时温度以不超过 28 ℃ 为好。温度低时接种可在白天进行,夏季或秋季高温时,接种应选择晴天的早晨或午夜接种。接种时,按无菌操作进行。侧面打穴接种一般用长 55 cm 塑料筒作料袋,等距离打 5 穴或一侧 3 穴,另一侧 2 穴(见图 7.2),4 人一组,先将打穴用的木棒尖头 2 cm 浸在 75% 的酒精中消毒,再将要接种的料袋搬桌面上,1 人用 75% 的酒精棉纱在料袋朝上的侧面擦抹消毒,用打孔器在消毒的料袋表面打穴。2 人接种,双手用酒精棉球消毒后,直接用手把菌种掰成小枣般大小的菌种块迅速填入穴中,菌种要把接种穴填满,并略高于穴口。接种人的双手要经常用酒精消毒。另一人则用 3.25 cm×3.25 cm 的专用胶把接种穴封好,或再套一个新袋,同时堆叠袋。如果不是高温季节接种,接种后可不用胶布封口。一般每袋菌种可接 20 ~ 25 袋。如果将接种室与发菌室合为一体,接完种的菌袋就在旁边排放好,这样可减少因搬动造成的杂菌感染。用 35 cm 长的塑料筒作料袋,可两头开口接种,也可用侧面打穴接种,一般打 3 个穴,一侧 2 个,另一侧 1 个也可。每接完一锅料袋,应打开门窗通风换气 30 min 左右。

图 7.2 香菇打穴接种

(7)发菌管理

发菌管理是指从接完种到香菇菌丝长满料袋并达到生理成熟这段时间内的管理。菌袋培养期通常称为发菌期,可在室内或荫棚里发菌。发菌地点要干净、无污染源,要远离猪场、鸡场、垃圾场等杂菌滋生地,要干燥通风便于遮光。进袋发菌前要消毒杀菌灭虫,地面撒石灰。

秋季播种的菌袋在发菌时多采用"△"形或井字形摆放,每层3或4袋,依次堆叠8~10层(见图7.3)。堆高1 m左右,温度高时堆放的层数要少,反之要多些。发菌室的温度控制在22~26 ℃,不要超过28 ℃。接种后10 d内不要搬动菌袋,以免影响菌丝的萌发和造成感染。发菌15 d后,接种穴菌丝呈放射状蔓延,直径达4~6 cm时,将胶布撕开一角,以增加供氧量,20~25 d后菌丝圈可达8 cm左右。接种30 d后,菌丝生长进入旺盛期,应及时把胶布拱起一个豆粒大的通风口,并加强通风管理,温度调到22~23 ℃,经50~60 d的培养,即可长满菌袋。在发菌期,如果发现菌袋内有杂菌感染或遇高温时,要进行翻堆,轻轻地将菌袋带离发菌室,翻堆后的菌袋摆放高度适当低些。若没发现感染杂菌、菌袋没遇到高温,就不要翻堆,越翻堆污染的菌袋就越多。

图7.3　菌袋井字形发菌

(8)出菇场所的准备

菇场应选择背风向阳、昼夜温差大、地势平坦、靠近水源的具有保温、保湿和散射光条件的场所。在我国南方,多在室外或野外脱袋,以及在拱圆形半地下菇棚脱袋,而在北方则在保温性能更好的斜面式半地下菇棚或日光温室内进行。

(9)脱袋排场

当发菌在40~50 d后,菌丝基本长满袋。这时还要继续培养,逐渐增加通光量。待菌袋内壁四周菌丝体出现膨胀,有皱褶和隆起的瘤状物,占整个袋面的2/3,手捏菌袋瘤状物有弹性松软感,接种穴周围稍微有些棕褐色时,表明香菇菌丝生理成熟,可进行脱袋排场。菌袋脱袋后,就改称菌筒或菌棒。脱袋时气温要在15~25 ℃,最适温度是20 ℃。最好选在阴天、无风天气进行,以防菌棒失水。

将要脱袋转色的菌袋运到温室里,用刀片划破菌袋,脱掉塑料袋,把菌棒放在菇床的横条上立棒斜排呈鳞状,或两边斜排呈"人"字形,菌棒与畦面摆成60°~70°夹角。菌棒靠杆处应在棒上部1/3处,菌棒之间相隔4~7 cm。在排棒的同时,温室内的空气相对湿度最好控制在75%~80%,有黄水的菌棒可用清水冲洗净。边脱袋立排菌棒边用竹片拱起畦顶,罩上塑料膜,周围压严,保湿保温。脱袋的时候,除留照明部外,应将大棚上面的草帘放下遮光,以防止阳光直射菌棒,造成表面脱水影响转色。

(10)转色与催蕾

香菇菌丝生长发育进入生理成熟期,表面白色菌丝在一定气、光、温、湿条件下,表面的菌丝倒伏,分泌色素,吐出黄水,颜色由白色转为棕褐色,逐渐形成棕褐色的一层菌膜,叫转色。转色的深浅、菌膜的薄厚,直接影响到香菇原基的发生和发育,对香菇的产量和质量关系很大,是香菇出菇管理最重要的环节。

除了脱袋转色,生产上有的采用针刺微孔通气转色法,待转色后脱袋出菇。有的采用二次脱袋法,即按脱袋要求划破膜后排场,这样起到了增氧作用,促进菌棒袋内转色,形成蕾顶空袋膜后再脱袋。这些转色方法简单,保湿好,适用于气温超过 25 ℃ 或低于 12 ℃ 时及脱袋时间判断不好者采用。

在催蕾阶段一般都揭去畦上罩膜,温度最好控制在 10～22 ℃,昼夜之间能有 5～10 ℃ 的温差。如果自然温差小,还可借助于白天和夜间通风的机会人为地拉大温差。空气相对湿度维持 90% 左右。3～4 d 菇蕾就会大量产生。如果空间湿度过低或菌棒缺水,要加大喷水,以免影响子实体原基的形成。每次喷水后晾至菌棒表面不黏滑,而只是潮乎乎的,盖塑料膜保湿。一旦出现高温高湿时,要加强通风,降温降湿,防止杂菌污染。

(11)出菇管理

子实体原基发生后的管理要围绕着温、光、湿、气这 4 个因素。不同温度类型的香菇菌种,子实体生长发育的温度是不同的,多数菌种在 8～25 ℃ 的温度范围内子实体都能生长发育,最适温度在 15～20 ℃,恒温条件下子实体生长发育很好。菌筒前期以喷水保湿为主,后期则以浸水、注水和喷水相结合,要求空气相对湿度 85%～90%。随着子实体不断长大,要加强通风,保持空气清新和充足的散射光。

当子实体长到菌膜已破,菌盖还没有完全伸展,边缘内卷,菌褶全部伸长,并由白色转为褐色时,子实体已八成熟,即可采收。采收时应一手扶住菌棒,一手捏住菌柄基部转动着拔下。第一潮菇全部采收完后,菌棒含水量减少,要注意保湿又要通风,促使菌丝恢复。晴天气候干燥时,可通风 2 h,阴天或者湿度大时可通风 4 h 使菌棒表面干燥,然后停止喷水 5～7 d。让菌丝充分复壮生长,待采菇留下的凹点菌丝发白,就给菌棒补水。补水方法有菌棒上刺孔后浸水和注水两种方法。

浸水法是先用 8 号或 10 号铁线在菌棒的两端扎洞 6～8 cm 深,再在菌棒侧面等距离扎 3 个孔,然后将菌棒排放在浸水池中,压实,防止飘浮。加入清洁水浸泡 1.5～3 h。其中,头潮菇浸水 1.5～2 h,二潮以后每次浸袋 2～3 h。一般采用称重法检定浸水量,第一次浸水后的重量是菌棒栽培时重量的 100%～110%,春栽袋是栽培时重量的 90%～105%,以后每潮减少浸水重量 15% 左右。补水后,将菌棒重新排放在畦里,重复前面的催蕾出菇的管理方法,准备出第二潮菇。第二潮菇采收后,还是停水,补水,重复前面的管理,一般出 4 潮菇。有时拌料水分偏大,出菇时的温度、湿度适宜,菌棒出第一潮菇时,水分损失不大,可以不用浸水法补水,而是在第一潮菇采收完,停水 5～7 d,待菌丝恢复生长后,直接向菌棒喷一次大水,让菌棒自然吸收,增加含水量,然后再重复前面的催蕾出菇管理,当第二潮菇采收后,再浸泡菌棒补水。浸水时间可适当长些。以后每采收一潮菇,就补一次水。

注水法是将喷雾器喷头改装为 4 个小喷管,分别接上塑料管,另一端对接注射棒,注射棒是直径 4 mm、长 35 cm 的空心棒,棒上钻有 20 个细孔。将 4 根注射棒分别插入菌棒内,固定在喷雾器或水龙头上,利用喷雾器或水龙头上的压力注水。该法目前已被广泛采用。

在我国,代料栽培香菇的方法还有很多,如压块菌砖栽培、香菇覆土栽培、抹泥墙栽培、香菇长袋吊袋栽培、香菇长袋卧式床架栽培、香菇小袋床栽、无床架立体袋栽、陆地畦床半熟料栽培以及生料地栽等多种形式,出菇场所有半地下菇棚、露地阳畦、大田荫棚、日光温室等。栽培的季节有春季、夏季、秋季等。每种方法各有其地区适应性,各地可根据本地区的资源等

情况灵活选择。

2）段木栽培

香菇段木栽培是把适宜香菇生长的树木砍伐后，将枝、干切成段，再进行人工接种，然后在适宜香菇生长的场地，集中进行人工科学管理的栽培技术模式。一般要经过"菇场选择→准备菇木→打孔接种→发菌管理→出菇管理→采收"等过程。

香菇段木栽培的发菌期长达8～10个月，树木直径20～30 cm的段木一次接种发菌后可以出菇3～5年。段木接种后，通过堆垛发菌，菌丝生长发育速度因菇木大小、树种、堆放方式和管理情况不同而有差别。在温暖地区，一般冬末春初接种的，经过春、夏、秋3个季节菌丝基本发育成熟。但在寒冷地区或菇木过大，菌丝要经过两个夏天的生长发育才能成熟。当月平均气温在14～16 ℃时，观察菇木树皮下颜色，如呈现黄色或黄褐色，并有香菇气味，说明菇木可以出菇。用手摸树皮有弹性感觉，并有瘤状物出现，或有半圆形、十字形、三角形等裂纹，都说明菌丝已伸入菇木，即将出菇。

（1）架木出菇

菇木中菇蕾大量形成后，即可进行架木出菇管理。原堆放场条件具备的，可就地进行，不符合出菇管理要求的，移入出菇场所。按人字形或垂直形排场出菇。

（2）人字形排场

在经清理消毒的出菇场地，按架木设计位置，根据需要先栽上一排排的木杈，木杈高度一般距地面60～80 cm，两木杈间的间距5～10 cm，也可根据横木长短而定，架上横木，横木离地面60～65 cm。场地湿润的搭高些，场地干燥的搭矮些。

在一般情况下，从菇蕾发生到香菇成熟需10 d左右，在20 ℃左右，5～7 d就可成熟。每潮菇采后，因其菇木中的营养与水分消耗很大，应让其有一个休养生息的过程。要停止补水，避免光照、风雨的侵袭。将其在适当的场地内堆积覆盖好。半个月后再予补水、催蕾，按发菌期的管理要求进行管理。对于多批或多年出菇的菇木，如后期子实体形成不理想，还可进行惊蕾催蕾，即气温在15 ℃左右时，将菇木浸水以后，用软木条或泡沫板拍打在浸透水的菇木两头，或将菇木在石头上轻轻碰击几下，做到既震动菇木又不损伤树皮。一般在惊蕾后7～8 d，菇蕾就可发生。

（3）越冬管理

当出菇生产周期结束后，即进入隔年养菌阶段。在较温暖的地区，将菇木倒地吸湿、保温越冬，待到来年春季再进行出菇管理。在北方的寒冷地区，在菇场以不同的堆叠方式堆垛。在管理时要做到菇木透气保温，免日晒、防病虫害等。出菇期到来时，再进行浸水、立架等出菇管理。

菇木的产菇年限根据其树种、大小及管理情况而定，一般直径15～20 cm的菇木可连续产菇3～4年，15 cm以下的产菇2～3年，树径大的可达7～8年，但一般多以第2～3年为盛产期。

（4）培育花菇的措施

①低温和温差刺激。培育花菇的季节多在冬季、初春和深秋，此时气温低，在10 ℃左右，如遇昼夜温差在8～10 ℃，有利于花菇形成。因此，北方应多培育优质花菇。

②控制空气湿度。菇木在浸水催蕾时，要充分浸透，保证菇木中有充足的水分。当香菇子实体长至2～3 cm大时，控制菇场空气相对湿度在70%以下，防止地潮蒸腾，保持环境干

燥,有利于菌盖裂纹形成。在花菇培育期间,如遇雨天或雾天要用薄膜将菇架盖严,防止花菇白色的裂纹变为茶褐色。

③通风透光。晴朗有风的天气,花菇的发生率最高。花菇生长阶段,要设法增加光照,当菇蕾长至 2~2.5 cm 时,如把菇棚挡风的部分拆除,把菇木移至通风处进行管理,这样有利于花纹增白,促进裂纹快速形成。生产实践证明,气温 10 ℃ 以下,采取增强光照、加大通风的措施,形成花菇的质量和产量都会大幅度提高。

菇事通问答:香菇菌棒发生"烂棒"的原因分析

1."烂棒"与温度的关系

香菇是低温和变温结实性的菇类,温度是影响香菇生长发育的一个最活跃、最重要的因素。一般来说,香菇菌丝发育的范围在 5~32 ℃,最适温度 24~27 ℃,在 10 ℃ 以下和 32 ℃ 以上生长不良,在 35 ℃ 停止生长,38 ℃ 以上死亡。在较高温度条件下,如在45 ℃ 的培养液中,经过 40 min 菌丝就死亡。香菇菌棒"烂棒"一般发生初期在 7 月底至 8 月。此时,菌棒处于菌丝发满,向生理成熟过渡期。而气温往往高于 35 ℃,由于菌袋内温度较空气温度高约 3 ℃,菌丝很容易死亡或生活力减弱,出现烧菌烂棒情况,并易被杂菌侵害,发生高温障碍。

2."烂棒"与品种的关系

不同香菇品种菌丝的耐高温性有较大差异。如 135 系列菌株属低温型品种、939(9015)等菌株属中温型品种、武香 1 号等菌株属于高温型品种,它们对高温的耐受力差异较大。假如去年遭受罕见的持续高温天气,栽培花菇 939 品种,烧菌率仅有 10%;而栽培 135 花菇品种,烧菌率高达 40% 以上。

3."烂棒"与培菌越夏所处海拔的关系

同一香菇品种在不同海拔栽培,其越夏表现可能会存在明显区别。这主要是由于气温随海拔高度的上升而递减,所以菇农应合理利用自然资源,高海拔山区菇农可选择低温型香菇品种栽培,而平原、低山区宜选择中温型、高温型品种。

4."烂棒"与栽培管理的关系

香菇生产与水分、营养、温度、空气、光线、pH 等因子有关,"烂棒"的发生与栽培管理直接相关。香菇虽是需光性的真菌,但在菌丝营养生长阶段完全不需要光线。强烈的直射阳光对香菇菌丝有抑制作用和致死作用,因此,发菌阶段要做好遮阳工作。香菇是好气性真菌,缺氧时菌丝借酵解作用暂时维持生命,但消耗大量的营养,菌丝易衰老,死亡快,因此,应及时做好扎孔增氧工作。夏天高温,香菇菌丝会遭受高温障碍,发菌场所选择好坏,措施是否得当直接关系栽培成功与否。散堆及时、降温措施到位的,其菌棒烂棒率发生很少,而管理不得当的,往往造成大量菌棒烂棒。

任务7.2 平菇栽培

平菇又叫糙皮侧耳、侧耳、北风菌,属担子菌纲伞菌目侧耳属。平菇是商品名称,而不是一个分类单位。平菇有多重名称,又称北风菌、青蘑、冻菌、蛇菌、元蘑、蛤蜊菌等。

平菇适应性强,产量高,经济效益显著,其生物效率可达100% ~250%,是世界上生产量最大的食用菌,也是当前我国广泛栽培的食用菌之一,其菌株多,有不同出菇温度条件和不同颜色的品种。一年四季均可生产,栽培方法简易,抗逆性强,原料广,几乎所有的农林副产物都可以用来栽培,是一种普及率最高的食用菌,也是人们消费量最大的一种食用菌。生产上主要栽培的是糙皮侧耳和佛州侧耳,高温季节还要栽培中高温的环柄侧耳和该囊侧耳,产品以鲜销为主,少量加工盐渍。

平菇营养丰富,味道鲜美,而且还具有较好的医疗价值。据分析,新鲜平菇含水量为86% ~93%,有利氨基酸含量丰富,谷氨酸含量最多,总氮含量为2.8% ~6.05%,水溶性糖含量为14.5% ~21.2%。干平菇蛋白质含量为21.17%,含有18种氨基酸,人体所必需的氨基酸也十分丰富,特别是含有谷类和豆类中通常缺乏的赖氨酸、甲硫氨酸。其他矿物元素磷、钾、铁、铝、锌、铜、钴和维生素 B_1、维生素 C 等都有一定含量。据报道,经常食用平菇能够调节人体内部的新陈代谢,降低血压,对肝炎、胃溃疡、十二指肠溃疡、软骨病都有疗效。有学者研究发现,平菇具有一定的抑制癌细胞增生的功能,能够诱导干扰素的合成。药用实验表明,对艾氏癌抑制率70%,小白鼠肉瘤180抑制率达80%。因此,平菇是一种营养丰富的保健食品。

7.2.1 形态结构和生活史

平菇菌丝体为白色绒毛状,在 PDA 培养基上,有的高低起伏向前延伸,形似环轮,有的匍匐生长,有的形成黑头具小柄的无性孢子梗。菌丝体发育到一定阶段,气生菌丝的生长逐渐减弱,颜色由雪白转暗时表示菌丝的发育已经成熟。而平菇子实体叠生丛生呈覆瓦状(见图7.4),菌盖5 ~21 cm,一般颜色为灰白色、浅灰色、瓦灰色、青灰色、灰色至深灰色,但佛罗里达品种为白色或乳白色,俗称白平、灰平或黑平(有些凤尾菇菌盖为棕褐色)。

平菇子实体成熟后可以散发担孢子又可繁殖下一代,它的生活史类似香菇。

图7.4 平菇的形态及生长

7.2.2 生长发育条件

1）营养

平菇属木腐生菌类。菌丝通过分泌多种酶,能将纤维素、半纤维素、木质素及淀粉、果胶等成分分解成单糖或双糖等营养物,作为碳源被吸收利用,还可直接吸收有机酸和醇类等,但不能直接利用无机碳。平菇以无机氮(铵盐、硝酸盐等)和有机氮化合物(尿素、氨基酸、蛋白质等)作为氮源。蛋白质要通过蛋白酶分解,变成氨基(不同性别)酸后才能被吸收利用。平菇生长发育锁状联合中还需要一定的无机盐类,其中以磷、钾、镁、钙元素最为重要。

适宜平菇的营养料范围很广。人工栽培时,常用阔叶树段木和锯木屑作栽培料,近年来我国又用秸秆(大、小麦秸)、玉米芯、花生壳、棉籽壳等作为培养料,再适当搭配些饼肥、过磷酸钙、石灰等补给氮素和其他元素。

2）温度

温度是影响平菇生长发育的重要环境因子,对平菇孢子的萌发、菌丝的生长、子实体的形成以及平菇的质量都有很大影响。

平菇孢子形成以 12～20 ℃为好,孢子萌发以 24～28 ℃为宜,高于 30 ℃或低于 20 ℃均影响发芽;菌丝在 5～35 ℃均能生长,最适温度为 24～28 ℃;形成子实体的温度范围是 7～28 ℃,以15～18 ℃最为适宜。平菇属变温结实性菇类,在一定温度范围内,昼夜温度变化越大子实体分化越快。所以,昼夜温差大及人工变温,可促使子实体分化。

3）水分与湿度

平菇耐湿力较强,野生平菇在多雨、阴凉或相当潮湿的环境下发生。在菌丝生长阶段,要求培养料含水量在 65%～70%,如果低于 50%,菌丝生长缓慢,而含水量过高,料内空气缺少,也会影响菌丝生长。当培养料过湿又遇高温时,会变酸发臭,且易被杂菌污染。菌丝生长时期要求空气相对湿度为 70%～80%,在子实体发育时期,相对湿度要提高到 85%～95%。在 55% 时生长缓慢,40%～45% 时小菇干缩,高于 95% 时菌盖易变色腐烂,也易感染杂菌,有时还会在菌盖上发生大量的小菌蕾。若平菇采取覆土措施,还要注意调节覆土含水量。一般从地下 30～60 cm 挖来的泥土,只要不是刚下过雨,土壤湿度是符合上述要求的。经过晒干的泥土,分 4～6 次调足水分,要达到手捏扁时不碎、不粘手为宜。

4）空气及光照

平菇是好气性真菌,菌丝和子实体生长都需要空气。平菇的菌丝体在黑暗中正常生长,不需要光线,有光线照射可使菌丝生长速度减慢,过早地形成原基,不利于提高产量。子实体分化发育需要一定的散射光,光线不足,原基数减少。已形成子实体的,其菌柄细长,菌盖小而苍白,畸形菇多,不会形成大菌盖。但是直射光及光照过强也会妨碍子实体的生长发育。

5）酸碱度

评估菌丝生长培养基的酸碱度(pH)范围为 3～2,最适值 5.8～6.2,在配置培养基时,适当调高 pH,对防止培养基后期 pH 下降大和减少杂菌有较好的作用。

7.2.3　平菇栽培管理技术

1)栽培季节

平菇一年四季都可以栽培。在冬季出菇的,要选用低温菌株和广温菌株;春秋季节栽培出菇的应选用中温型;在夏季栽培时,则食用高温型或广温菌株。在使用平菇品种时,要正确了解各个品种的最适宜出菇温度范围、合理安排生产,这是获得优质高产的关键。此外还要根据市场对评估颜色的要求,选用适合于市场销售和出口需要的品种。

2)栽培种制作

栽培种又叫三级种,是有原种扩大繁殖的菌种。平菇栽培种的生产时间,应根据季节不同选择不同的品种,全年都可以生产菌种。栽培种的生产应较生产袋的制作提前 20～30 d 进行。

3)平菇栽培技术

平菇的栽培可以分为生料栽培、发酵料栽培和熟料栽培。

下面介绍平菇几种栽培模式:

(1)平菇生料栽培技术

生料栽培是用没有经过任何热力杀菌的培养料,采用拌药消毒栽培食用菌的方法,是我国北方地区和南方低温季节大规模栽培平菇的主要方法。

生料栽培平菇的主要优点是:培养料不需要高温灭菌;接种为开放式,不需要专门的设施;方法简便易行,易于推广;省工、省时、省能源,能在短时间内进行大规模生产而不受灭菌的限制;管理粗放,对环境要求不严格,投资少,见效快;发菌可室内外进行等。

生料栽培的方式很多,目前常用的有袋式栽培、室内床栽、室外阳畦栽培、地沟栽培、半地下菇棚栽培以及农作物的套种等。应用最为广泛的是袋式栽培,袋式栽培的主要步骤与熟料栽培基本相同,所不同的是前者培养料不经过灭菌这一过程。具体方法如下:

①菌种制备。生料栽培应选择抗逆性强的低温型品种,所使用的菌种要求菌丝生长旺盛,分解纤维素和木质素的能力非常强。所制备的菌种量要高于熟料和发酵料,播种量一般为 10%～15%,1 吨原料需 20 瓶左右的原种制成栽培种后方可满足使用。

②栽培季节的确定。平菇生料栽培应选择气温较低、温度较小时进行,因为这时环境中病原菌和害虫数量较少,栽培成功率较高。南方一般选择在 11 月底至翌年 3 月初,北方一般在 10 月上旬至翌年 4 月。

③原料选择、处理。生料栽培对原料要求较为严格,多采用新鲜、无霉变、无虫卵的棉籽壳、玉米芯等,配方中含氮物质加入量应适当减少,以减少杂菌污染。料的处理与前面相同。

④拌料。生料栽培拌料时要严格控制添加的水分,一般比熟料栽培宁少勿多。将培养料拌好后,喷入氧化乐果杀虫,然后加入 0.1% 的多菌灵或克霉灵。添加方法通常是按培养基干料重的 0.1%～0.2%,加适量的水溶解后以喷雾的方式加入,边喷边翻拌。

⑤装料、接种。生料接种时多采用层播(见图 7.5)。先将袋的一端用绳扎好,将另一端打开,放一层菌种于袋底,厚度约 1 cm,然后装培养料,装至袋长 1/3 处时,播一层菌种,厚度

约 1 cm;再装培养料至袋长 2/3 处,再播一层菌种,方法同上,装培养料至袋口,以袋子能扎紧为宜;最后在料面播一层菌种,均匀撒在料面,与底层菌种量相同,随后在料袋中央打孔,最后将袋口扎紧。这样,一个 4 层种、3 层料的培养袋就做好了。若要缩短发菌时间,或塑料袋较长时,可按 5 层种、4 层料播种。菌种使用量为干料重的 15% 左右。

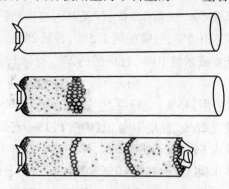

图 7.5　菌袋三层接种示意图

生料袋栽接种尽可能在周围环境较卫生、较少灰尘的地方进行,场内尽可能避免苍蝇等害虫的侵袭,以减少污染率。生料栽培在新场地更易获得成功。

⑥发菌。生料栽培最关键环节就是发菌,而影响发菌最主要的因素就是温度,其次是通风换气。装袋播种以后,把袋子搬运到消过毒的培养室或场所中,有时也可在遮阳条件下的室外直接发菌,即将袋子平放到地面或架子上发菌。为了充分利用空间,常常要把袋子在地表堆放数层,垒起菌墙,堆放的层数应该根据培养环境的温度来定。0 ~ 5 ℃时可以堆放菌墙 4 ~ 6 层,5 ~ 10 ℃时可堆放 3 ~ 4 层,10 ~ 15 ℃时可堆放 2 层,15 ℃以上时一般不堆放。此外,发菌初期还应及时翻堆,以防料温升高过快、过高而烧死菌种或引起杂菌污染。

生料栽培时,一定要低温发菌,而不要在 20 ℃以上发菌,这样做有利于防止杂菌污染。一般料温比较稳定时,才可堆放较高的菌墙。翻堆的次数应根据菌袋堆放的层数和环境的温度而定。一般情况下,发菌初期翻堆比较频繁,每 2 d 翻一次,十几天后,则每隔 5 ~ 6 d 翻一次。一般 22 ~ 30 d 菌丝就可长满菌袋。温度太低时,发菌时间要稍长些。

生料发菌时,还要注意通风换气。随着菌丝的快速生长,应不断加强通风换气,并在避光条件下培养。

在同样的环境发菌时,一般生料栽培的菌袋比熟料栽培的菌袋要快一些,特别是在低温的条件要快得多。因为生料栽培时,播种量大且培养料能发酵升温。因此大规模生产时,在温度低的季节才用生料栽培,而在温度高的季节则采用熟料栽培。生料栽培的出菇管理、采购和后期管理同前面所述的熟料栽培基本一样。

(2)发酵料栽培技术

发酵料栽培即是培养料经堆积发酵杀菌后,装入袋中并接上菌种,培养菌丝长满袋后进行出菇。利用这种方法栽培,免去了灶内灭菌过程,不需要建造专业的灭菌设备,从而降低了生产成本,污染率低,效果较好。这也是一种生产上常用的栽培方法。

①培养料配方。发酵料栽培的培养料配方与熟料栽培的培养料配方有所差异。在配制

培养料时,既要考虑有利于发酵时有益微生物的快速繁殖,又要满足平菇生长。营养配方有以下几种:

配方一:棉籽壳96%、石膏粉1%、过磷酸钙1%、石灰2%。

配方二:稻草粉96%、尿素0.5%、石灰2%、过磷酸钙1.5%。

配方三:麦草粉90%、米糠6%、尿素0.5%、石灰2%、过磷酸钙1.5%。

配方四:玉米芯96%、尿素0.5%、过磷酸钙1.5%、石灰2%。

配方五:麦草节80%、麸皮或米糠10%、过磷酸钙2%、石膏1.5%,尿素0.5%、石灰1%、草木灰5%。

配方六:玉米秆(粉碎后使用)45%、豆秆粉50%、复合肥1.5%、石灰3.5%。

配方七:稻草60%、油菜壳26%、麸皮10%、过磷酸钙1%、石膏1%、石灰2%。

配方八:麦草粉87%、麸皮5%、菜子饼粉5%、石灰2%、石膏1%。

配方九:稻草粉50%、杂木屑35%、麸皮10%、过磷酸钙1%、石膏1%、石灰3%。

配方十:玉米芯39%、杂木屑49%、麸皮10%、石膏1%、石灰1%。

以上培养料配方中含水量均为65%,pH 7左右。

②堆制发酵。培养料中原料要求新鲜、干燥、没有霉变、没有腐朽。在使用之前,最好将主料在阳光下暴晒1~2 d。先将原料干拌匀,但石灰应在第一次翻堆时加入,然后加水拌匀至含水量达到65%左右,即料水比为(1:1.4)~(1:1.5)。将拌匀的培养料堆成宽为1~1.5 m、高1.5 m、长度不限的料堆。堆料时要在料堆上直立粗木棒或竹竿,堆完料后拨出木棒或竹竿,即在料堆上形成许多通风孔。以后间隔1~2 d翻堆一次,翻堆方法同上。在第二次堆翻时,加入石灰粉,第三次堆翻时,如料中有氨气味出现,则要在堆翻时喷洒1%过磷酸钙溶液来消除氨。如果发酵时间太长,培养料中养分及水分损失太大,通透性下降,不利于平菇菌丝生长,降低产量。同样,若发酵时间过短,料中杂菌不能被杀灭,可能会出现杂菌感染。

发酵好的培养料质量标准是:培养料含水量为65%左右,pH 7~8,无氨味,无臭味,不发黏,无霉菌。培养料中水分不足时,应喷水补充;pH偏低时,要在料中拌入石灰粉以提高pH;有氨味的培养料,不能装袋接种,应先喷洒甲醛液或过磷酸钙消除料中游离氨。发酵结束后,拆堆摊开培养料降温,当料温降到30 ℃时,才可装袋接种。

此外,在培养料堆制发酵时,还可在料中加入有益微生物制剂如酵素菌等,可缩短发酵时间,提高发酵质量,增加养分,促进平菇菌丝生长,从而提早出菇,增加产量。一般可提前5~7 d出菇,增产30%以上。其做法是:在培养料中加入0.5%酵素菌,与培养料充分混合均匀,加水拌匀。将料堆积成山形堆,夏季堆料高度为80 cm,冬季堆料高度为1 cm,堆料底宽1~1.2 m。在料堆上覆盖草帘,既能保温保湿,又可通气。当料内中心温度达到45 ℃以上时,进行第一次翻堆,以后间隔1 d翻堆一次,共翻堆3次。当培养料的颜色加深,料中有浓香的酒味时,拆堆降温,调节含水量在60%左右,即可装袋接种。

③装袋接种。装袋用塑料袋规格有:22 cm×43 cm,或22 cm×45 cm,或25 cm×50 cm。培养料较疏松的,如以秸秆为主的培养料,宜用较大规模的塑料袋装料,边装料边接入菌种,然后再装入料,并压紧培养料,在两端袋口接上菌种,共接3层种。如果塑料袋较长,或者要提高发菌速度,应增加接种量,即接种4层菌种,或者5层菌种。最后,袋口上套上颈圈并用纸

封口,或者用绳扎好袋口。

④培养发菌。培养发菌的条件是:温度控制在 24 ~ 28 ℃,空气相对湿度在 70% 以下,并处于黑暗条件下培养发育。

⑤出菇管理。待菌丝长满袋后,移到出菇房内进行通风换气、保湿和光照管理出菇。

a.排袋开口。将菌袋排放在床架上,或者在地面上横卧重叠堆码,堆码高度为 6 ~ 7 层,每排菌袋之间相距 60 cm,用作人行道。保持菇房内新鲜、流畅,并有充足的散射光照,菇房内明亮。白天关闭门窗,夜间打开门窗,可使菇房被昼夜温差增大,诱导子实体形成。当袋口上出现桑葚装原基时,去掉袋口上封纸。如果袋口使用绳捆扎,则自培养料剪去塑料袋,露出培养料和原基。开口时间不宜过早,否则袋口培养料中水分易散失,影响出菇。

b.出菇管理。从原基形成到采收子实体期间,要喷水保持空气相对湿度在 85% ~ 95%。喷水保湿时,主要是向地面和空气喷水,但在子实体上不要喷洒太多的水,以刚好湿润为宜。因子实体上一旦淋水过多,就会变黄,最后腐烂。喷水要做到轻喷勤喷,每次喷水时,同时进行通风换气。喷水量要根据气候和菇体大小而定。晴天、温度高、菇体大时,要多喷水,每天喷水 3 ~ 4 次;阴天和雨天时,喷水或不喷水;温度低、菇体小时,要少喷水。

此外,还要加强通风换气,保持菇房内空气新鲜,防止二氧化碳浓度增加,从而避免长成柄长、盖小的畸形菇,甚至长成珊瑚状的畸形菇。通风换气在每次喷水时进行,可解决通风与保湿的矛盾。光照也是保证子实体正常生长的重要因素。光照不足时,菌盖生长受到抑制,菌柄生长加快,也长成柄长、盖小的菇。在完全黑暗环境下,则不分化出菌盖,只长菌柄,并且菌柄上再长菌柄而成畸形菇。因此,在子实体生长发育阶段,要求菇房内散射光充足,但不要有直射光照,否则菇体会失水干燥,生长受到抑制。

⑥采收。当子实体菌盖平展后,就要及时采收。推迟采收,子实体上孢子大量弹射出来,菌盖表面出现白色纤维状鳞片,鲜味下降,从而降低质量。采收方法是:手心向上托着菌盖,手指捏着菌柄将整丛摘下,不留菌柄,同时去掉死菇、病菇。将采收下的子实体装入框内。轻拿轻放,注意不要捏碎和压碎菌盖。采收一潮菇后,清扫去掉地面上培养料和碎菇残渣。停止喷水,让伤口愈合形成原基后,再喷水保湿出菇。采收 2 ~ 3 潮菇后菌袋内水分减少,长出菇体小,产量低。此时,若将菌袋脱去塑料袋,进行墙式覆土栽培和脱袋埋土栽培,对提高产量具有较好的作用。

在出菇期间若有虫害出现,应在采收完一潮菇后喷洒杀虫农药杀灭害虫。但不能喷洒敌敌畏农药,以免菇体上残留较多的农药,只能用灭蚊灯进行诱杀。

(3)熟料栽培技术

①培养料配方。

配方一:棉籽壳 97%、石膏 1%、石灰 2%。

配方二:木屑 77%、麸皮或米糠 20%、石膏 1%、石灰 2%。

配方三:麦草粉 82%、麸皮或米糠 10%、油菜饼粉 5%、石膏 1%、石灰 2%。

配方四:稻草粉 87%、麸皮或米糠 10%、石膏 1%、石灰 2%。

配方五:麦草粉 37%、玉米芯 20%、木屑 30%、麸皮或米糠 10%、石膏 1%、石灰 2%。

配方六:玉米芯 87%、麸皮或米糠 10%、石膏 1%、石灰 2%。

配方七:稻草粉 42%、玉米芯 50%、石膏 1%、石灰 2%。

配方八:甘蔗渣 87%、麸皮或米糠 10%、石膏 1%、石灰 2%。

配方九:豆秆粉 87%、麸皮或米糠 10%、石膏 1%、石灰 2%。

配方十:玉米秸秆粉 37%、麸皮或米糠 10%、石膏 1%、石灰 2%。

以上培养料配方中含水量均为 65%,pH 7~8。

在配制平菇栽培培养料时,若将多种主料混合并与辅料组成培养料,不但营养成分丰富且相互补充,而且也能改善物理性状,对提高产量和降低原料成本都有很大的作用。

②筒袋制作。

a. 培养料配制。所使用的培养料要求干燥、新鲜,没有霉变。木屑以阔叶树木屑为好,利用松、杉树木屑栽培时,需经脱脂处理后才能使用。脱脂的方法有两种:一是户外自然堆积 6 个月以上;二是利用石灰水浸泡处理。使用玉米芯时,要先将玉米芯用水泡湿透,再与其他原料混合拌匀,因玉米芯颗粒吸水缓慢,不易被湿透,直接加水拌料后装袋灭菌,会出现灭菌不彻底的现象。

配制培养料时,要先将原料干拌匀,然后再加水拌匀,并调节含水量至 65% 左右,即料水比为(1:1.3)~(1:1.4),相当于在 100 kg 干原料中加入 130~140 kg 水。培养料的含水量以用手捏紧料没有水滴出,但在手指缝间有水可见为宜。配制好的培养料即可装入袋中,也可堆积发酵处理 5~7 d 后再装袋。如果培养料中主料为稻草、麦草、甘蔗渣等,因其较疏松,回弹性好,若经堆积发酵处理使其软化后再装入袋中,可增加装入袋中料量,以及增加培养料的紧凑度,均有利于提高单产。

b. 装袋。常用的塑料袋规格为(21~22)cm×42 cm×0.025 cm,或(23~24)cm×43 cm×0.025 cm。对于较疏松的培养料,易用较大规格的塑料袋装袋。此外,塑料袋分为聚乙烯和聚丙烯两种,聚乙烯塑料袋不耐高温,在 110 ℃ 以上就会融化,只能用于常压灭菌使用。聚丙烯塑料袋能耐高温,因此,利用高压锅灭菌时,要用聚丙烯塑料袋。两种塑料袋在透明度上差异较大,聚乙烯塑料袋透明度较差,呈白色,较柔嫩。目前,生产上常用的是聚乙烯塑料袋;聚丙烯塑料袋透明度好,手感较脆。

用装袋机或手工将培养袋装袋。装好袋后,袋口上用绳扎紧,或者在袋口上套上颈圈,用塑料薄膜封口。装入培养料的料袋要及时灭菌处理,不宜放置时间过久,以免袋中培养料发酵,杂菌繁殖,导致料变质。

③灭菌、接种和培养操作与管理方法。同栽培种制作,在此不再重复。

④出菇管理。在适宜温度下,通常 25~35 d 菌丝即长满菌袋。几天后,菌袋表面菌丝开始分泌黄水,紧接着菌袋表面出现小的原基,这时就应把菌袋搬进菇房或室外出菇场进行出菇管理。

出菇期间主要从以下几个方面来进行管理:

a. 温度控制。一般情况下,长满后应给予低于 20 ℃ 的温度和尽量大的温差,有利于刺激原基的形成。平菇子实体发育期间的温度会影响菌蕾生长的快慢,影响到菌盖的颜色。如佛罗里达、杂 17 等为白色中温型品种,在 20 ℃ 以上出菇,菌盖为白色,在 15 ℃ 以下低温,菌盖色泽变为黄褐色。通常情况下,温度越低,子实体生长越慢,但菌盖肥厚,菌盖色泽越深,品质也越优。温度高时,子实体生长快,色泽浅、肉薄、疏松、柄长、易破碎、品质差。

b.湿度的管理。在出菇阶段,每天要注意水分管理,保持空气相对湿度为90%~95%,用喷雾器对菌袋、空间和地面喷水。气温高或空气干燥时,可向地面泼水,以增加空气湿度,保持地面湿润。

c.通风换气。平菇子实体生长发育时耗氧量大,对二氧化碳浓度敏感,当室内通风不良时,易造成菌盖小、柄长的畸形菇。菇房通风换气时,也不要过于剧烈,以免吹干菇蕾。

d.光照控制。在子实体生长期间,也同样要注意光照,栽培场(室)所太暗,形成的菇蕾易发育成树枝状的畸形菇,同时也影响菌盖的色泽,所以栽培场所要有适当的散射光。

⑤后期管理。平菇出菇潮次分明,每潮菇采收后,要将菌袋口残留的死菇、菌柄清理干净,以防腐烂招致病虫害,然后整理菇场,停止喷水,降低菇场的湿度,以利平菇菌丝恢复生长,积累养分。7~10 d后,又开始喷水,仍按第一潮出菇的管理办法进行。

菇事通问答:平菇死亡减产怎么办?

1.菇蕾死亡的原因:

①空气过干。

②原基形成后,气温骤然上升,出现持续高温,或遇较低温度,导致菌柄停止向菌盖输送养分,使菇蕾逐渐枯萎死亡。

③湿度过大或直接向菇体淋水,使菇蕾缺氧闷死。

2.幼菇死亡的原因:

①菌种过老,用种量过大,在菌丝尚未长满或长透培养料时就出现大量幼蕾,因培养料内菌丝尚未达到生理成熟,长到幼菇时得不到养分供应而萎缩死亡。

②料面出菇过多过密,造成群体营养不足,致使幼菇死亡。这种死菇的显著特征是幼菇死亡量大。

③采收成熟的子实体时,床面幼菇受振动、碰伤,引起死亡。

④病虫侵染致死。检查培养料,可见活动的菇蝇、螨类等。

3.成品菇死亡的原因:

①出菇期环境过于密闭,二氧化碳浓度过高,导致大菇死亡。其显著特点是先出现部分菇体畸形,进而发黄死亡。

②病虫危害。

4.对策:

①加强通风换气,尤其在出菇阶段,菇棚四周可开几个小窗。冬季栽培平菇,可在每天上午10时打开小窗通风,下午14时结束,但要注意不能让风直接吹子实体。

②虫害发生初期,可采取无公害综合防治。

任务 7.3　双孢蘑菇栽培

双孢蘑菇又叫白蘑菇、洋蘑菇等，属担子菌纲伞菌目伞菌科蘑菇属。它是世界上栽培历史最悠久，栽培区域最广，总产量最多的食用菌，目前世界上有 70 多个国家栽培，产量占食用菌总产量的 60% 以上。

双孢蘑菇的肉质鲜美，味道鲜，蛋白质含量高，营养丰富。据测定，每 100 g 鲜菇中含蛋白质 3.5 g，碳水化合物 7.3 g，脂肪 0.5 g，纤维素 1.1 g，灰分 1.2 g。双孢蘑菇还有很多医疗保健功能，蘑菇中的多糖体能降血压和胆固醇，而所含的 β-葡聚糖和 β-1,4 葡聚糖苷对癌细胞和病毒都有很明显的抑制作用。经常食用可以提高人体的免疫力，达到强身健体。

栽培双孢蘑菇的原料大多是农、林副业的下脚料和畜禽粪类。原料丰富，取材方便，价格低廉。因此，栽培双孢蘑菇投资少，效益高，是发展农村副业，充分利用闲散劳动力，增加农民收入，发展农村经济的重压途径。

7.3.1　形态结构及生活史

双孢蘑菇是由菌丝体和子实体构成的，双孢蘑菇栽培所用的"菌种"，也就是他们的菌丝体，其主要功能是从死亡的有机质中分解、吸收、转运养分，以满足菌丝增殖和子实体的生长发育的需求。在食用菌生产中，菌丝体充分生长的是丰收的物质基础。双核菌丝达到生理成熟后，开始扭结成子实体（见图 7.6）。

图 7.6　双孢蘑菇子实体

双孢蘑菇子实体菌盖伞状、圆正，肉质肥厚、洁白如玉、表皮光滑、味道鲜美。菌肉白色，受伤后变为浅红色，菌褶密集、离生、窄、不等长，由菌膜包裹，菌盖开伞后才露出菌褶，并逐渐变为褐色、暗紫色，菌褶里面为子实体。菌柄短，中实，白色。子实体成熟开伞后散发出孢子，未成熟的孢子是白色的，逐渐变为褐色。担孢子圆形，光滑。

双孢蘑菇属次级同宗结合菌类，其生活史比较特殊。每个担孢子内部含有 2 个（+−）不同交配型核，叫雌雄同孢。担孢子萌发后形成的是多核异核菌丝体，而不是单核菌丝体。这种异核菌丝体不需进行交配便可发育成子实体，子实体菌褶顶端细胞逐渐长成棒状的担子，担子中的 2 个核发生融合进行质配，进而核配形成双倍体细胞，随后进行 1 次减数分裂和 1 次普通有丝分裂，产生 4 个核，4 个核两两配对，分别移入担子柄上，便可形成 2 个异核担孢子,至此完成了双孢蘑菇的生活周期。双孢蘑菇产生的孢子中,除多数是含有(+-)2个异核孢子外,还产生同核(++或--)孢子,同时也产生单核(+或-)孢子。不同的孢子萌发后,形成双孢蘑菇生活史中的不同分支。同核孢子和单核孢子萌发后都形成同核菌丝体,不同性别的同核菌丝体经质配形成异核菌丝体,异核菌丝体在适宜条件下形成子实体,子实体成熟后又产生不同类型的担孢子。

双孢蘑菇的生活史如图7.7所示。

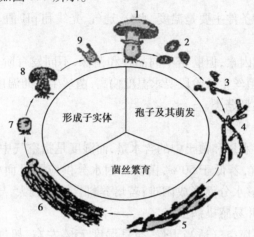

图7.7 双孢蘑菇的生活史

1—成熟子实体;2—担孢子;3—担孢子萌发;4——次菌丝体;5—二次菌丝体;

6—菌丝体及原基;7—菌蕾;8—小菇体;9—担子及担孢子的形成

7.3.2 双孢蘑菇的生活条件

双孢蘑菇的生活条件包括营养条件和环境因素两方面,而蘑菇的不同发育阶段所要求的生活条件又有所差异。

1)营养

营养是蘑菇生长的物质基础,只有在丰富而合理的营养条件下,蘑菇才能优质高产。双孢蘑菇营养中主要有碳源、氮源、无机盐类和维生素类物质。

双孢蘑菇能利用的碳源很广,如各种单糖、双糖、纤维素、半纤维素、果胶质和木质素等。单糖类可直接被菌丝吸收利用,复杂的多糖类需经微生物发酵,分解为简单糖类才能被吸收。双孢蘑菇可利用有机态氮(氨基酸、蛋白胨等)和铵态氮,而不能利用硝态氮。复杂的蛋白质也不能直接吸收,必须转化为简单化后,才可作为氮源利用。

双孢蘑菇生长不但要求丰富的碳源和氮源,而且要求两者的配合比例恰当,即有适宜的碳、氮比(C/N)。实践证明,子实体分化和生长适宜的碳、氮比(C/N)为30~33:1,因此,堆肥最初的C/N要按30~33:1进行调制,经堆制发酵后由于有机碳化物分解放出CO_2,使C/N比下降,发酵好的培养料C/N为17~18:1,正适于蘑菇生长的要求。在双孢蘑菇栽培中,常以作物秸秆、壳皮、畜禽粪等富含纤维素质为碳源,由麸皮、米糠、玉米粉和饼粉、尿素等提供氮源,添加的石膏、碳酸钙、磷肥等以满足各种无机盐营养。

双孢蘑菇所需的无机盐营养种类很多,其中有大量元素磷、钾、钙、镁、铁,也有微量元素

铜、锌、钼、硼、钴等。除以上主要营养成分外,菌丝生长和子实体形成还需生长素类物质,如维生素、刺激素等。试验证明,维生素 B_1、α-萘乙酸、三十烷醇都有刺激菌丝生长和子实体形成作用。

微量元素和生长素类物质,虽是蘑菇生长不可缺的物质,但因需要量极少,在培养料主辅料中的含量即可满足需要,不必另外添加。

2)环境条件

影响蘑菇生长的环境条件主要是温度、水分、通气、光线和 pH 值。

(1)温度

温度是最活跃的影响因素,但蘑菇不同品种和菌株、不同发育阶段要求的最适温度范围有很大差异。一般而论,菌丝生长阶段要求温度偏高,菌丝生长的温度范围 6~34 ℃,最适生长温度 24~26 ℃,为中温型菇类。

(2)水分和湿度

水分是指培养料的含水量和覆土中的含水量,而湿度是指空气中的相对湿度。培养料的含水量以 60%~65% 为宜,若低于 50%,菌丝常因水分供应不足而生长缓慢,菌丝稀疏、纤细,子实体也因得不到足够水分而形成困难;若培养料含水量过大,导致通气不良,菌丝体和子实体均不能正常生长,并易感染病虫害。

菌丝生长阶段要求环境空气适当干燥,空气湿度 75% 左右,超过 80%,易感染杂菌。子实体发生和生长要求适宜湿度 80%~90%。湿度长期超过 95% 可引起菌盖上积水,易发生斑点病。若湿度低于 70%,菌盖上会产生鳞片状翻起,菌柄细长而中空。低于 50% 停止出菇,原有幼菇也会因干燥而枯死。

(3)通气

双孢蘑菇是好气性菌,在生长发育各个阶段都要通气良好,对空气中二氧化碳浓度特别敏感。菌丝生长期适宜的二氧化碳浓度为 0.1%~0.3%;菌蕾形成和子实体生长期,二氧化碳浓度 0.06%~0.2%。当二氧化碳浓度超过 0.4% 时,子实体不能正常生长,菌盖小,菌柄长,易开伞。二氧化碳浓度达 0.5% 时,出菇停止。因此,在双孢蘑菇栽培过程中,一定要保证菇房空气流通而清新。

(4)光线

双孢蘑菇与其他菇类不同,它的整个生活周期都不需要光线。在黑暗的条件下,菌丝生长健壮浓密,子实体朵大,洁白,肉肥嫩,菇形美观。

7.3.3 双孢蘑菇几种主要栽培模式

双孢蘑菇栽培方式可分为床架式栽培(见图 7.8)、箱式栽培、地畦式栽培等。这些栽培方式即可在室内栽培,也可在室外大棚进行。

下面以床架式栽培为例介绍栽培的关键环节。

(1)培养料配制

培养料的好坏直接关系到蘑菇栽培的成败和产量高低。蘑菇培养料目前有粪草培养料和合成培养料两大类。

①粪草培养料。我国目前栽培的蘑菇多数采用粪草培养料,铺料厚度以 15 cm 计,则每

图 7.8 床架式栽培

100 m² 的栽培面积需要 4 500 kg 培养料,可采用粪草比例 1.5：1 或 1：1 两种配方。

a.干牛粪 58%、干稻麦草 39%、过磷酸钙 1%、尿素 0.5%、硫酸铵 0.5%、石膏 1%。按此配方约需干牛粪 2 600 kg、稻麦草各半共 1 800 kg、过磷酸钙 45 kg、尿素 23 kg、硫酸铵 23 kg、石膏 45 kg、C/N 约为 31.6：1。

b.干牛粪 47.5%、干稻麦草 47.5%、菜籽饼 4.5%、尿素 0.5%、石膏 1%。按此配方需干牛粪约 2 100 kg、干稻麦草各半共 2 100 kg、菜籽饼 200 kg、尿素 25 kg、100 石膏 45 kg、C/N 为 33：1。

下面介绍两种国外的粪草培养料配方。

a.美国马厩肥堆料配方:马厩肥 80 kg、鸡粪 7.5 kg、啤酒糟 2.5 kg、石膏 1.25 kg。

b.荷兰马厩肥堆料配方:马厩肥 1 000 kg、鸡粪 100 kg、石膏 25 kg。

②合成培养料。合成培养料是不用粪肥或少用粪肥配制的培养料。目前,合成培养料在日本、美国、韩国、英国及我国台湾已相当普及,成为蘑菇生产的主要培养料。合成培养料以稻草或麦秆为主要材料,配以含氮量高的尿素、硫酸铵或饼肥等。在配制合成培养料时,不宜只采用一种氮肥,因为堆肥的腐熟是多种微生物共同发酵的结果。

(2)培养料堆积发酵

堆积发酵将配方中的各种材料混合在一起,让其腐熟发酵的过程。其目的是:使各种好热性微生物在堆料中繁殖,把培养材料中的纤维素、半纤维素、木质素分解为蘑菇菌丝可以利用的化合物;所加入的氮素营养物质被各种微生物利用后,变成微生物的蛋白质,当微生物死亡后,菌体也就成了蘑菇可利用的有机氮;发酵过程中释放的热可以杀死料中的病虫杂菌;经过发酵,堆料变得柔软、疏松、通气,具有优良的物理状态。

①堆料前的准备。粪肥应晒干,不要淋雨,若来不及晒干,则可挖坑倒入,拍紧,密封。用干粪堆积效果好,牛粪最好晒干至半干时粉碎成粉状,再晒干透。稻草、麦秆等材料需选用新鲜、无霉烂的,使用前须切割成 20~30 cm 长的小段,以便其吸水,也便于翻堆。

②培养料的二次发酵。蘑菇培养料堆积腐熟发酵一般分两个阶段进行:前发酵,又称一次发酵或室外发酵;后发酵,或称第二次发酵,因其通常在室内进行,又称为室内发酵。

a.前发酵。采用粪草培养料的,前发酵时间较长,需 15~20 d;采用以稻草为主的合成培养料的,前发酵时间需 10~15 d;以麦秆为主的,发酵时间较长。麦草吸水力差,应浸泡 2~3 d,稻草吸水快,只浸泡 1 d 即可。

堆料时,先铺一层厚 20 cm 的草料,草上铺 5~6 cm 厚的粪肥,其上再铺 20 cm 厚的草,然后再铺 5~6 cm 厚的粪。这样一层草一层粪层层相间地堆积起来。第一层粪草不需浇水,以后每铺一层粪一层草后,补浇清水或人畜粪尿。下层少浇,上层多浇。料堆不要过宽,否则操作不便,且透气性差,料温难以提高;料堆过窄,则可能使料温过高,会将一些微生物杀死,对发酵不利。

堆料后,次日堆温便开始上升,开始40～50℃,是一些嗜温性微生物(主要是一些细菌)活动;4～5 d后温度上升到65～75℃时,此时是一些嗜热性微生物(主要是嗜热性放线菌)活动。通常,进行第一次翻堆时间是上堆后的6～8 d,进行第二次翻堆时间是第一次翻堆后的5～7 d,第三次翻堆是第二次翻堆后的4～5 d。第一次翻堆加足水分,并加尿素和石膏粉;第二次翻堆只对料干部分适当加水,不宜加水太多,此次加入硫酸铵及过磷酸钙;第三次翻堆调节水分及酸碱度。

b. 后发酵。国内目前后发酵方法有两种,即固定床架式后发酵和就地式后发酵,后者就是将前发酵的料就地建堆后发酵,但以前者为主,将培养料移入菇房后再一次发酵。通常前发酵以化学反应为主,要求高温快速;后发酵则是生物活动过程占优势,要求控温、控湿、通气。

后发酵过程分两个步骤进行,将经前发酵好的培养料搬入菇房床架上,关闭门窗,升温至58～60℃,维持6～8 h,即巴斯德消毒,以进一步杀死料中的虫、卵和病害、杂菌。然后通风降温,在12 h内逐步将料温降至48～53℃,维持3～5 d,促使一些有益微生物生长,将培养料转化为易被蘑菇菌丝吸收和利用的物质;同时,能刺激竞争性杂菌生长而抑制蘑菇菌丝生长的氨气挥发,因为氨气在50℃以上或40℃以下挥发速度明显减慢。控温发酵还可减缓易被细菌和真菌利用的碳水化合物的降解,而不至于降低培养料的活性。

后发酵过程中的有益微生物大体可分为嗜热细菌(最适生长温度50～60℃)、嗜热放线菌(最适生长温度50～55℃)和嗜热霉菌(最适生长温度45～53℃)3类。它们在料内繁殖的顺序为:细菌→放线菌→真菌。后发酵将培养料在60℃下处理2 h,可以把料中的虫卵、幼虫等害虫杀死,使病虫来源大大减少,可不用或少用农药防治,减轻了农药污染。

(3)菇房的消毒灭菌

将适度腐熟的培养料尽快搬入菇房,先填入最上层床架,从上到下逐床填入,填料的厚度为16～20 cm。填料完毕,即关闭门窗,用甲醛或硫黄粉熏蒸消毒24 h,操作方法与空菇房消毒相同。

(4)培养料的翻料

当培养料经后发酵消毒或用农药熏蒸消毒后,要进行一次翻料,即将铺在菇床上的培养料上下翻动一次,把料抖松,并打开门窗进行一次大通风。通风及抖松料是为了将料在消毒发酵过程中产生的二氧化碳、乙醛、乙烯等各种有害气体彻底排除,使料内进入较多的新鲜空气,有利于接种后菌丝在料中迅速生长,同时翻匀后可使料层厚薄一致,保持15～18 cm厚,这样料面平整,床面喷水时受水量也均匀,避免床面凹陷处积水。

(5)播种

①播种前的准备。菇房熏蒸消毒或经室内发酵后,打开门窗及排风筒,排除药液气味或热气,及时进行翻料。若培养料偏湿或料内氨气过浓时,在料面喷2%～3%的甲醛溶液,随后密闭一夜,次日打开门窗通风后再翻料一次加以清除。播种前需先测量料温,温度超过30℃时,可再翻料一次降温,待培养料温度下降至28℃以下时才可播种。

播种前要对菌种质量进行检查,选用优质菌种。优质菌种的标准是纯度高,菌丝浓密、旺盛,生命力强,粪草种的培养基呈红棕色,有浓厚的蘑菇香味,不吐黄水,无杂菌虫害。

②播种后的管理。播种 3 d 后,为使菌种与湿料接触,易于萌发,一般情况下关闭门窗,仅有背风地窗少量通风,潮湿天气可打开门窗通风。3 d 以后,当菌丝已经萌发,并开始长出培养料时,菇房通风应逐渐加大。如气温在 28 ℃ 以上,为防止高温影响室内温度,可在中午关闭门窗,只开北面地窗,同时注意夜间通风,雨天多开门窗通风。播种 5 ~ 7 d 后,菌丝已经长入培养料;为了促进菌丝向料内生长,抑制杂菌发生,需加强通风,降低空气湿度。

播种 7 d 后要进行检查,如发现杂菌及病虫害,应及时处理。如发现培养料过湿或料内有氨气,为了使菌丝长入料内,可在床架反面打洞,加强通风,散发水分和氨。

（6）覆土

蘑菇培养料经过发菌,床面有时高低不平,覆土前要把料面抹匀拍平。覆土对蘑菇的发育有重要的作用,及时覆土是夺取蘑菇高产的重要措施。

①覆土的选择。目前,我国蘑菇栽培上所用的覆土,根据土粒的大小,分为粗土与细土。粗土直径 2 cm 左右,其质地以壤土为好,要选毛细孔多、有机质含量高、团粒结构好、持水量大且含有一定的营养成分的土壤作覆土材料,以利于蘑菇菌丝穿透泥层生长,菇房每平方米床面约需粗土 35 kg。细土直径约为 0.5 cm,如黄豆大小,每平方米床面需细土 20 kg 左右,其质地以稍带黏性的壤土为宜,因床面的泥层上经常喷水,稍带黏性的土粒喷水后不会松散,也不会造成床面板结的现象。如细土选用砂性土,床面喷水后泥粒变得松散,造成床面泥层板结,直接影响到土层的通气性,不利于菌丝的生长,也不利于子实体的形成。

②覆土的时期与方法。适宜的覆土时期是根据料层菌丝的深度来决定的,当菌丝大部分都已伸展到床底时,便是覆土的适期。先覆粗土,隔 7 ~ 10 d 再覆细土。根据一般高产菇房的经验,覆粗土 7 d 左右便应及时覆细土。覆细土后 10 d 左右,便能见到菌蕾,所以覆粗土后约经 20 d 便可出菇。

覆土的厚度,如采用粗土加细土的方法,则粗土覆 2.5 ~ 3 cm 厚,细土覆 1 cm 厚;如采用全部覆细土的方法,则覆土厚度在 3.3 cm 左右。覆土的具体方法是:先覆粗土一层,铺满料面,以不见料为标准,并用中土(介乎粗土与细土之间的土粒)填满粗土的缝隙,以防止调水时水分渗入培养料内,造成料内菌丝萎缩,最后铺上一层薄细土。

③覆土的处理。为了防止覆土中带入病虫,一定要采用处理方法,以杀灭覆土中的杂菌及虫卵。

④覆土层的调水。用干的粗土,覆土 3 d 内调足粗土水分。喷水的方法采用轻喷勤喷、循环喷水的方法,不可一次喷水过多,防止水分流入大料中,妨碍菌丝生长。调水的具体标准是粗土已无白心,质地疏松,手能捏扁土粒,手捏粘手,此时粗土的含水量在 20% 左右。

（7）出菇管理

蘑菇从播种到开始采收,一般需要 35 ~ 40 d。出菇期间的管理工作主要有水分管理、通风换气、挑根补上及追肥等。

（8）采收

当蘑菇长到符合标准大小时,应及时采收。如果采收过晚,影响质量,同时会影响下面小菇的生长。蘑菇旺盛期,应该采取菇多采小、温高采小、质差采小的方法,才能保证蘑菇质量。作鲜销的蘑菇,可以采得稍大些,但也不能开伞,否则降低其商品价值。旺产期一般每天采收两次,以保证质量。采菇前不能喷水,否则采时手捏菇盖造成发红。

蘑菇采收后,随即用小刀把菇柄下端带有泥土的部分削去,加工蘑菇菇柄长短按收购标准要求切削。在削菇时,动作要轻,避免机械损伤,刀要锋利,这样菇柄平整、质量好。削菇后进行分级,将不同等级的蘑菇分别放置于垫有纱布、棉垫或薄膜的筛或篮中,上面盖上纱布,及时送到收购站交售。

7.3.4 双孢菇工厂化栽培简介

把食用菌栽培在人工气候室内,模拟食用菌的生产条件,人工调控光、温、水、气,用机器代替手工操作,像生产工业产品那样在大楼里生产食用菌,实现食用菌栽培的高产稳产高质量和全年生产、规模生产,这种栽培方式叫作食用菌的工厂化生产。

食用菌工厂化生产投资大、起点高、规模效益突出,食用菌工厂生产还有集约化的特点,主要是资本集约、技术集约和市场集约。工厂化生产的食用菌品质好、产量高,对开拓占领国内外市场十分有利,容易形成规模效益。当前国内外实现工厂化生产的食用菌主要有双孢蘑菇、金针菇、真姬菇、杏鲍菇、白灵菇、草菇等,在国外工厂化生产历史最长、工艺技术最成熟的是双孢蘑菇,在我国是金针菇、真姬菇、杏鲍菇、白灵菇、白玉菇、茶新菇、鸡腿菇等。

双孢菇工厂化生产有些特殊,栽培原料需要大量麦秸或稻草,并且需要建堆发酵处理(图7.9),这需要在堆料场进行,所以双孢菇不是完全工厂化栽培,只是在几个环节实现机械化或工厂化控制。例如,建堆发酵处理实现机械化,铺料接种、覆土实现机械化;栽培管理中温度、湿度的控制以及通风、光照的控制等,可以在智能化控制的蘑菇房(出菇车间)内进行(见图7.10)。这也能实现无公害病虫害防治,使双孢菇的栽培高产稳产高质量和全年生产、规模生产。

图7.9 原料建堆发酵场　　　　　　　图7.10 蘑菇棚和出菇车间

西方国家的双孢蘑菇工厂化生产经过60年的发展,已发展成为专业化分工,机械化、自动化作业和智能化控制的高度发达的蘑菇工业。培养料由专业化堆肥公司生产,覆土由专业覆土公司提供,菇场从堆肥公司和覆土公司购买培养料和覆土栽培出菇。

1)培养料生产系统

蘑菇培养料由大规模集中堆制发酵公司生产,每周生产1 000吨以上。以小麦草和禽粪为主要原料,一般经过一次发酵和二次发酵。近年来,一次发酵已从室外翻堆发酵法转向更利于质量控制的室内通气发酵法,培养料二次发酵在集中发酵隧道内进行,经二次发酵的培养料,销售给各地的菇场播种出菇。最近几年,英国、荷兰等国家采用三次发酵即在隧道内进行集中播种发菌,经集中发菌培养,将长满菌丝的培养料压块后销售给菇场,大大缩短了栽培周期。

2)栽培出菇系统

欧洲和澳大利亚,机械化操作的床栽系统已代替了劳动密集型塑料袋栽和箱栽系统。如爱尔兰,10年前普遍应用袋栽系统,现在大多已被采用机械化进料和覆土的床栽系统所代替。

3)菇房的智能化控制

栽培菇房普遍采用电脑控制系统调控温度、湿度和二氧化碳等环境条件,能很好地控制蘑菇产量和质量。

在有些地方已经实现了"现代工厂化生产与农村产业化生产相结合"的生产模式。按照"三集中、一分散"的多区制方式组织生产,即"集中供料、集中供种、集中培训,分散到农户种菇管理"。以"公司+基地+农户"的方式,形成一条完整的蘑菇生产链。在现代工厂化生产企业带动下,农户暖棚(菇房)栽培双孢蘑菇得到大面积推广。每一亩地的标准暖棚,按一年生产两季计算,每亩暖棚年纯收入效益可观。采用"工厂化生产菌料,分散到农户种菇"的方式带动农户种菇增收,菇质好,产量高,蘑菇出口稳步增长。

 菇事通问答:什么叫巴氏灭菌?

答:巴氏灭菌又称蘑菇栽培料的二次发酵。巴氏灭菌前要封闭菇房的全部通风孔,再用大水把菇房的四周墙壁重喷一遍,防止前期墙壁吸水耗热,最后通入蒸汽进行充气灭菌。在巴氏灭菌过程中,18 h内菇房的温度要达到60 ℃,一般加温60 ℃维持72 h,即可达到灭菌效果,然后按照每立方米加入8 ml甲醛溶液或高锰酸钾稀释液在55 ℃维持24 h进行杀菌杀虫,当菇房降至40 ℃以下,再打开房门和通风孔逐渐蒸发多余的水分48 h左右,待料面没有透明水珠就可播种。

技术要点:在巴氏灭菌过程中,严禁在45 ℃恒温期停留,以免造成细菌污染,达到灭菌温度后菇房的最高温度不能超过65 ℃,否则会造成培养料的过度发酵,同时还会影响到氨气吸附效果。

任务7.4 黑木耳栽培

黑木耳(*Aurcularia auricular*(L. ex Hook.) Underw)又称木耳、光木耳、黑菜、云耳、川耳、细木耳等,隶属于真菌门担子菌纲木耳目木耳科木耳属。木耳人工栽培始于中国,已有上千年的悠久历史。从20世纪70年代末至今,采用代料栽培黑木耳的方法,使栽培区域遍布全国20多个省、自治区、直辖市,其中以东北和湖北等地的产量最多。吉林省汪清县丹华牌黑木耳、河南省卢氏县伏牛牌黑木耳、湖北省房县燕牌黑木耳等,在国内外均享有很高的声誉。

黑木耳质脆,口味鲜美,营养丰富。每100 g干黑木耳中水分10.9 g、蛋白质10.6 g、脂肪0.2 g、碳水化合物65.5 g、热量306 k、粗纤维7.0 g、灰分5.8 g、钙357 mg、磷201 mg、铁 185 mg、胡萝卜素 0.03 mg、硫胺素 0.15 mg、核黄素 0.55 mg、烟碱酸 2.7 mg 和多重矿物质,其中人体所必需的 8 种氨基酸全部具备。黑木耳含有大量的纤维素酶,长期食用能消除胃肠中的杂物,具有清肺、润肺的作用,是矿业、纺织业工人和理发工的保健食品。此外,还具有滋润强壮,补血活血,抗癌,抗凝血,防治缺铁性贫血,镇静止痛,治疗痔疮出血、血管硬化、冠心病等独特的医疗保健作用。

7.4.1　形态结构和生活史

黑木耳是一种常见的大型真菌,由菌丝体和子实体两部分组成。菌丝体由许多粗细不均匀、具有横隔和分枝的管状菌丝组成;子实体胶质片状,浅圆盘形,形如人耳(见图 7.11)。耳片分腹背两面,朝上的叫腹面,也叫孕面,成熟时表面密集排列着整齐的担子。担子圆筒形,担孢子一般是腊肠形或肾形。担孢子多的时候,呈白粉的一层,待子实体干燥后又像一层白霜黏附在子实体的腹面。朝下的叫背面,又称为不孕面,凸起,长有很多短柔毛。子实体单生或聚生,直径一般为 4~10 cm。

图 7.11　黑木耳的形态

黑木耳的生长发育经过担孢子、菌丝到子实体 3 个阶段。从担孢子萌发开始,经过菌丝阶段的生长发育,形成子实体,再由子实体产生新一代的担孢子,整个生活周期就是黑木耳的生活史。黑木耳属异宗配合单因子两极性的菌类。

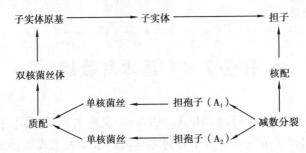

7.4.2　黑木耳的生长条件

黑木耳在生长发育过程中,所需要的外界条件主要是营养、温度、水分和湿度、光照、空气和酸碱度。

1) 营养

黑木耳是木腐性真菌。黑木耳生长对养分的要求以碳水化合物和含氮物质为主,适宜碳氮比为 20:1,另外还需要少量的无机盐和维生素。段木栽培时,黑木耳所需要的碳素营养主要来源于木质部,氮素营养主要来源于韧皮部,维生素及无机盐营养在耳木中比较丰富。代料栽培时,黑木耳所需要的碳素营养主要来源于富含木质素、纤维素和半纤维素的木屑、棉籽壳、玉米芯、大豆秸、稻草等,从麸皮、米糠、石膏粉和碳酸钙中获取氮素营养。

2) 温度

黑木耳属中温型恒温结实性菌类,在不同生长发育阶段对温度有不同要求,其担孢子萌发的最适温度是 22~28 ℃,菌丝 5 ℃以上开始生长,随着温度的升高,菌丝生长速度加快,菌丝生长的适宜温度是 22~28 ℃。子实体分化适宜温度范围为 15~27 ℃,子实体发育的适宜温度范围是 24~27 ℃。木耳菌丝对短期的高温和低温都有较强的抵抗力。

3) 水分与湿度

水分是黑木耳生长发育必需的生活条件之一。栽培方式不同,对水分的要求也不同。段木栽培适宜含水量为 40%~45%,而代料栽培培养料的适宜含水量是 55%~60%。在生产实践中,一般以手握成团、指缝中有水渗出而不滴下为宜。培养料的在不同的生长发育阶段,对水分和湿度有不同的要求。在菌丝体生长阶段,要求栽培场所的空气相对湿度在 60%~70%;子实体生长发育阶段,要求栽培场所空气的相对湿度为 80%~90%。子实体在低温高湿的环境中生长快,发育良好,耳片肥厚。生产中采用干干湿湿、干湿交替管理,有利于木耳的优质高产。

4) 光照

黑木耳在菌丝生长阶段不需要光线,在黑暗的环境中菌丝生长健壮。但是在子实体形成和生长阶段,则需要较强的散射光照射,如果光线不足,子实体生长发育不正常,小、薄且色浅,质量差。黑木耳为强光照型,春夏季可以不遮阳,与浇水管理结合形成干湿交替的状态为宜。

5) 空气

黑木耳属好气性真菌,在菌丝体和子实体的生长发育过程中,不断进行着吸氧呼碳活动。因此要保持栽培场所的空气流通,以保证黑木耳的生长发育对氧气的需要,避免烂耳,减少病虫滋生。

6) 酸碱度

黑木耳适宜在微酸性的环境中生长。菌丝体在 pH 值为 4~7 范围内都能正常生长,出耳阶段最适宜的 pH 值为 5~6.5。段木栽培一般不用考虑 pH 值,代料栽培时需要用中性水拌料,待蒸料灭菌后,培养料的酸碱度正适合黑木耳生长发育的要求。

7.4.3 栽培管理技术

目前,国内黑木耳的栽培方式主要有段木栽培和代料栽培两种。

1) 段木栽培

把适于黑木耳生长的树木砍伐后,将枝干截成段,再进行人工接种,然后在适宜的栽培场所集中进行人工科学管理,这种方法就叫段木栽培。黑木耳段木栽培在山区还比较多,段木栽培的黑木耳品质好,耳片色泽黑亮,营养丰富,口感细嫩柔软,受到消费者的青睐。

（1）耳木的选择

一般情况下,绝大多数阔叶树都可用于栽培黑木耳。各地应根据本地林木资源,选择资源丰富、价廉适用的树种。适宜栽培黑木耳的耳树,一般以质地较硬的阔叶树种好,目前常用的树种有栓皮栎、麻栎、巴拉子、柞木、桦木、榆树、刺槐、柳树、枫杨、枫香、楸树、法桐、黄连木等。但是以栓皮栎、麻栎为最好。

树木的砍伐期对耳木的产量影响很大,一般应该在秋末到立春休眠期砍伐最好,这个时期树木刚好处于休眠期,树干贮藏的养分最丰富,冬季气温低,杂菌和病虫害少,接种木耳后易成活。

（2）耳场的准备

生产黑木耳的地方成为耳场。耳场环境的好坏关系到黑木耳的生长发育和产量。一般选择背风向阳、靠近水源、温度较高、湿度较大、空气清新且不易受水害的砂质地面或平坦草地。耳场选好后,首先要清理场地,砍割灌木、刺藤,清除乱石及枯枝烂叶,挖好排水沟,在栽培前给地上施以杀虫药剂,并用漂白粉、生石灰等进行一次消毒。

（3）人工接种

接种就是把人工培养好的菌种接种到段木上,使它在段木内发育定植,培养出子实体。接种好,成活率高,菌丝可尽早占领段木,防止杂菌滋生。

选取新鲜、生命力强、菌丝为白色绒毛状且长满瓶或袋7 d的菌种。接种工具一般有电钻、手摇钻、台钻、打孔器等。在接种前,先要对接种场所进行消毒,接种人员要用肥皂水洗手,并用酒精棉球对手、接种工具物品表面进行消毒,段木在火焰上进行表面快速烧灼处理。首先在段木上打孔,打孔的深度以深入木质部1.5~2 cm为宜,排列成"品"字形或者梅花形都可。接种的密度应根据耳目的粗细、材质的松紧确定接种的密度,穴距5 cm,行距在6~8 cm为宜,因为菌丝在段木中横向生长大于纵向生长。在段木的两端密度要大,让菌丝很快占领阵地,避免杂菌侵入。接种时在孔内填上菌种,应填紧填满,再将预先制作好的盖子盖好。接种时应该在室内或室外的荫蔽处进行,避免阳光直射。整个接种过程都应该严格无菌操作,避免杂菌污染。

（4）发菌管理

①上堆发菌。上堆是为了保持适宜的温度和湿度,使菌丝尽快萌发、定植和生长。发菌过程中要注意保温保湿,促使菌丝成活定植。上堆时在地面垫上砖石,将接种的耳木以"井"字形或"鱼背"形堆成小堆,堆高1 m。接种早、气温低时,为了保温,小堆可用塑料薄膜覆盖,周围用土压住,撒一圈杀虫剂,防止害虫上堆吃菌丝。发菌时每隔一周要翻动段木一次,把上下、里外的耳木互相调换为止,第一次翻堆不用洒水,以后每翻一次洒一次水,使堆内段木的温湿度经常保持均匀。

②散堆排场。段木经过上堆发菌后,菌丝长出段木便可散堆排场。散堆的目的是使菌丝向耳木深处迅速蔓延,并促使其从营养生长转入生殖生长。排场是将段木贴地吸潮,接受自然界阳光雨露和新鲜空气,改变它的生活环境,让它很快适应自然界,促使菌丝进一步在段木中蔓延。排场的方法是把耳木平铺在地面上,全身贴地不能架空,每根间距2 cm。有些地区的耳木接种后不经过上堆发菌,直接排场发菌,效果也很好。

（5）出耳管理

此时耳木已经基本完成了菌丝生长，进入结实阶段。起架应根据发菌和气温情况适时进行，为了满足其对水分的要求，起架前应先补足水分。起架采用"人字架"形式，即先支起一根横木，离地 50～60 cm，然后把耳木交叉斜靠在横杆两侧，构成"人"字形。起架后，要努力创造黑木耳生长发育的适宜生活条件，促使耳芽长成木耳，并不断产生新耳芽。这时要注意调节温湿度、光照，防除病虫杂草，应保持"干干湿湿"的外界条件，这是木耳高产的关键。在出耳时，要注意浇水，浇水的原则是晴天多浇，阴天少浇。浇水应该在清晨或傍晚进行，切忌中午浇水。水质要求清洁，喷得要细，以利于耳木的吸收和增加湿度。

（6）采收

经过出耳管理，木耳长大后，要及时采收，确保丰产丰收。每次采收后应停止喷水，让阳光照晒耳木 5～7 d，使其表面干燥。春耳和秋耳要摘大留小，伏耳要大小一起摘。采摘后应放在晒席上摊薄，趁烈日一次晒干，晒时不宜多翻。耳木一次接种可连续产耳 3～4 年，一般干木耳的总产量为 15 kg/m³ 左右。

2）代料栽培

（1）栽培季节

木耳代料栽培有春栽和秋栽两次，春季宜在 2 月末到 4 月末培育菌袋，4 月初至 6 月初开始出耳；秋季宜在 8 月初至 9 月末培育菌袋，9 月初至 10 月末开始长耳。袋栽黑木耳先要培育菌袋，需 40～50 d，然后转入出耳，生长期为 50～60 d。

（2）栽培方法

①栽培料配方：

a. 阔叶树木屑 87%，麸皮 10%，石膏粉 2%，蔗糖 1%，料水比 1∶1.2。

b. 玉米芯 37%，阔叶树木屑 40%，麸皮 10%，石膏粉 2%，蔗糖 1%，料水比 1∶1.2。

c. 棉籽壳 88%，麸皮 10%，石膏粉 2%，料水比 1∶1.2。

②配制方法。选取新鲜、干燥、无霉变的培养料，按照上列比例称好；将蔗糖溶解在水中，然后注入培养料中，并加水拌匀，使培养料含水量达 65%，拌料力求均匀。以手握培养料，指缝有水渗出而不下滴为宜，然后将料堆积起来，闷 30 min，使料吃透糖水，随后立即装袋。塑料袋通常选用低压聚乙烯或聚丙烯塑料袋，一端用线绳扎紧，从另一端将培养料装入袋中，用手把料压实，要保证松紧适度，装袋可用人工装袋或装袋机。应该注意：当天拌料装袋的，当天灭菌。

③灭菌接种

（3）通常用高压蒸汽灭菌法

将装好的栽培袋放在高压蒸汽灭菌锅中，控制蒸汽压力下保持 2 h，待压力表降到零时，将灭菌袋趁热取出，立即放在接种箱或接种室内。常压蒸汽灭菌的工具是常压灭菌锅，栽培袋装入灭菌锅后用旺火猛烧，要求在 3～4 h 将锅烧开，并保持 8～10 h 灭菌才彻底。要防止中途降温，防止烧干锅，防止存在灭菌死角。接种前用高锰酸钾和甲醛熏蒸接种箱或接种室 30 min。接种时要注意，接种工具要在酒精灯上反复灼烧，每瓶菌种接种完后必须重新处理接种工具，以防出现交叉感染。每袋接种 5～10 g，将菌种均匀洒在培养料的表面。接种完毕后，让菌袋及时移入发菌室中。

（4）发菌

在发菌期要注意以下几个方面的管理：

①发菌室应该提前灭菌，即用甲醛和高锰酸钾混合进行熏蒸消毒，将菌袋一层层卧倒，墙式堆垛摆放。

②掌握好温湿度，培养室的最适温度。温度靠门窗和通风口的开关来调节，菌丝培育阶段要求室内干燥，空气相对湿度应在65%。

③在菌丝体生长阶段，培养室的光线要接近黑暗，门窗用黑布遮光或糊上报纸，有利于菌丝生长。黑木耳整个生长发育过程要求空气新鲜，以保证有足够的氧气维持正常的代谢作用。因此，每天通风换气1~2次，每次30 min左右，促进菌丝生长。

（5）出耳期

在黑木耳菌丝长满时，即可将菌袋从发菌室移到栽培室。用刀片按每袋6~8个在袋子周围破V形口，两口之间距离5~6 cm，口不能太大。

将破好口的菌袋平放在菌床架上，要注意保持室内相对湿度85%~90%，温度在20~25 ℃。较强的散射光光照和良好的通风是黑木耳原基形成的必不可少的条件。

（6）采收

经过科学管理，菌袋上长出耳芽，在耳芽形成后10~10 d，耳片平展，子实体成熟，即可采收。采收时，用小刀靠袋壁削平。采收下的木耳要及时晒干或者烘干。干制的木耳容易吸湿返潮，应装入塑料袋内密封保存，防止虫蛀。采收后的菌袋，停止直接喷水4~5 d，让菌丝累积营养，经过10 d左右的培育，第二茬耳芽形成，重复上述管理，可采收第二茬耳。正常情况下，可采收3~4批。

★知识窗：毛木耳栽培技术要点

1）培养基推荐配方

①黄背毛木耳配方：杂木屑48%、棉籽壳30%、麦麸20%、石膏2%。

②白背毛木耳配方：杂木屑85%、麦麸12%、轻质碳酸钙2%、石灰1%。

2）备料

按培养基配方比例准备好各项原辅材料，杂木屑至少要提前3个月进场堆积处理。根据不同栽培模式准备不同规格的聚乙烯或聚丙烯塑料袋，长袋栽培的使用55 cm×15 cm规格，短袋栽培的使用33 cm×17 cm规格。

3）拌料

将原辅材料混合拌匀，常规栽培培养料含水量应控制在60%左右，发酵料栽培培养料发酵前含水量应控制在65%左右，发酵后含水量应控制在60%左右。

4）发酵

料混匀后堆成高1 m~1.1 m，长、宽视栽培量和场所而定，然后进行发酵，发酵周期15 d，期间要翻堆3次，分别在建堆后第5 d、9 d、12 d进行，每次翻堆前一天在发酵料面上每隔1 m~1.5 m处插孔洞通气。发酵结束后，料中间有一层白色的放线菌，料的外观为均匀一致的深褐色，没有氨气、醛类等不良气味。

5）装袋

拌料或发酵后培养料填装到塑料袋中，压实，紧实适中，并尽早进锅灭菌。

6)灭菌

采用高压或常压方式进行灭菌。

7)冷却接种

灭菌后的栽培袋移放到预先消毒的冷却室或接种室中,待冷却至28 ℃以下接种。应使用菌丝满袋(瓶)后5~10 d的菌种。接种应严格按照无菌操作规程进行。每瓶(袋)栽培种接种量,短袋栽培为20~30袋,长袋栽培为15~20袋。

8)菌丝培养

培养场所应预先清洗消毒。接种后的栽培袋排放在黑暗的培养场所内,温度保持在25 ℃±3 ℃,相对湿度控制在75%以下,培养后期应增加通风量和增强光线。接种一周后应经常排查栽培袋,观察菌丝生长情况。发现污染袋,应及时将其清理出培养场所。

9)栽培管理

(1)排袋方式

排袋方式以墙式栽培为主,吊袋式栽培和斜立式栽培为辅。

①墙式栽培。栽培袋在耳棚内堆叠成墙式进行出耳。

②吊袋式栽培。用塑料绳串起栽培袋进行出耳。

③斜立式栽培。将栽培袋斜靠在畦床上进行出耳。

(2)开袋方式

①两头出耳法。适用于短袋墙式栽培,具体做法:一头袋口用小刀离料面4~5 cm处从上往下往里割塑料袋,割完袋口的栽培袋半中央上方留有4~5 cm的薄膜,另一头待头潮耳进入成熟期后,用小刀在袋底对角开2个2 cm左右的"+"或"V"形孔口。

②两边出耳法。适用于长袋墙式栽培,具体做法:在栽培袋一边墙面上,用小刀划3个"+"或"V"形孔口,孔口距离约15 cm,另一边墙面上,用小刀划4个"+"或"V"形孔口,孔口距离约10 cm,上下栽培袋同边的孔口不同。

③四周出耳法。适用于吊袋式栽培和斜立式栽培,具体做法:用小刀在栽培袋上划"+"或"V"形孔口,孔口距离15~20 cm,孔口数要视栽培袋长短而定,长袋划10~15个,短袋可以划3~4个。

(3)管理要点

①卫生管理。搞好栽培环境卫生,栽培前应预先打扫卫生、消毒耳棚。每次采耳后应清除栽培袋上残基和地面上掉落的残耳。每批毛木耳生产完毕,应及时清理废袋和耳棚,重新消毒菇房。

②湿度管理。喷水应掌握晴天多喷水、雨天少喷水或不喷水、耳少耳小少喷水、耳多耳大多喷水以及干干湿湿的原则。开袋后7 d向棚内空间及地上喷水,空气相对湿度保持80%~85%,随着耳基的分化和生长可慢慢加大喷水量,但耳棚相对湿度不高于95%。当耳片边缘出现反卷时,可减少喷水量,直到采收前可视情况完全停止喷水。喷水宜用雾状水,同时要勤、轻,尽可能向地面和空间喷,保持耳片湿润状态。

③温度管理。毛木耳生长阶段控制在13~30 ℃,以15~25 ℃为最佳。当棚温高于26 ℃时,耳片生长快,但品质差,应采取措施降低耳棚温度。当棚温低于10 ℃时,耳片基本上停止生长,应采取措施提高耳棚温度。

④通风管理。耳棚内应保持良好的通风环境,特别是耳基形成后,若通风不良,耳片不易展开。当耳棚温度高于30 ℃时,应早晚通风;当耳棚温度低于15 ℃时,应中午通风。

⑤光线管理。耳棚内光照应以40~500 lx为宜。

毛木耳栽培都按耳场要求、原料要求、制袋工艺、栽培管理、病虫害防治、采收管理进行,其产量、效益都较高。

菇事通问答:为什么发生幼耳脱落和烂耳?

答:栽培中常见幼耳结实不展开,稍动就会脱落,耳基无菌丝或只有很少菌丝,培养基木屑变黑潮湿退化。成耳霉烂变为绿色或褐色,呈糊状。这两种病多受螨虫传播所害,或因水质不净有杂菌、细菌,子实体积水后引起耳片污染。烂耳根或烂耳,也因料的pH偏高或偏低、空气湿度偏大、高温通风不良或受绿色木霉侵染。

做好黑木耳栽培措施的各个环节,把握好配料、灭菌、接种和耳期管理,完全可以避免这些问题的发生。

任务7.5　银耳栽培

银耳(*Tremella fuciformis* Berk)在分类学上隶属于真菌门担子菌纲银耳目银耳科银耳属,俗称白木耳、雪耳、白耳子。1894年我国开始人工栽培银耳,是世界上栽培银耳最早的国家,以四川通江银耳、湖北房县和福建漳州银耳最著名。目前,我国银耳单产及总产居于世界首位。

银耳是极著名的山珍之一,富有天然植物性胶质,外加其具有滋阴的作用,是可以长期服用的良好润肤食品。

历代医学家认为,银耳有滋阴补肾、润肺止咳、和胃润肠、益气活血、补脑提神、强身壮体、嫩肤美容、延年益寿的功效。现代医学证明,银耳含有酸性异多糖、中性异多糖、有机磷、有机铁等化合物,能提高人体免疫力,还能提高肝脏的解毒功能,起到护肝作用。

7.5.1　银耳的形态特征

银耳由两部分组成,包括菌丝体(营养器官)和子实体(繁殖器官)。

1)菌丝体

广义的银耳菌丝包括银耳菌丝与香灰菌丝两种。银耳的纯菌丝是一种纤细的有横隔和锁状联合的丝状体,呈白色。气生菌丝直立、斜立或平贴于培养基表面。香灰菌丝又称耳友菌丝,是银耳菌丝的伴生菌。香灰菌丝粗壮,呈羽毛状分枝。香灰菌丝的生长速度比银耳菌丝快,分解木质素纤维素的能力强,能将培养基中的木质素、纤维素分解利用,充当银耳菌丝"开路先锋"。

2）子实体

子实体是人们食用的部分。新鲜的子实体胶质呈纯白至乳白色，半透明，耳机鹅黄色，晒干后呈白色或米黄色。它是由数片多皱褶的瓣片组成，呈耳形或鸡冠状、菊花状的片，用指触破时能流出乳白色黏液。

7.5.2　生长发育条件

1）营养

银耳是木腐菌类，营腐生生活。在自然界中发生于阔叶树枯枝上，但是不能在木屑培养基上生长。因此，人工栽培的是用银耳与香灰菌混合制作的混合菌种，栽培时可以用富含木质素和纤维素的木屑、棉籽壳、秸秆等天然材料为碳源，以米糠、麸皮、尿素等作为氮源，添加少量的磷酸二氢钾、硫酸镁、石膏粉提供矿质元素。

2）温度

银耳是一种中温型的恒温结实型菌类。银耳的孢子萌发温度为 15～32 ℃，以 22～25 ℃ 最为适宜。银耳菌丝生长最适温度 20～25 ℃。香灰菌丝生长的最适温度为 22～26 ℃，低于 18 ℃ 生长受到影响。子实体在 20～25 ℃ 发育最快，不能超过 28 ℃。

3）水分和湿度

银耳在生长发育时需要足够的水分。银耳代料栽培时培养料含水量应在 50% 左右，段木的含水量在 40% 以上为宜。在菌丝生长阶段，空气相对湿度控制在 60%～70% 为宜。子实体生长发育阶段，要求较多的水分。空气相对湿度控制在 80%～95%，干湿交替的湿度条件有利于银耳子实体的生长发育。银耳的菌丝喜干，抗旱能力较强；香灰菌丝喜湿，抗旱能力较差。

4）空气

银耳是一种好气性真菌。银耳整个生长发育过程始终需要充足的氧气，尤其在发菌的中后期，以及子实体原基形成后，此时期呼吸旺盛，需要加强通风换气。发菌室如果通风不良，虽然不至于缺氧，但由于培养料水分蒸发，必然会提高空气相对湿度，造成接种穴口杂菌污染；如果通风过多，接种口过分蒸发失水，影响原基形成。在出耳阶段，耳房空气中的二氧化碳严重影响子实体的形成。

5）光照

菌丝体生长阶段不需要光线。子实体形成和发育阶段需要散射光。栽培场所应该选择"三分阳七分阴，花花阳光照得进"的环境，因为这样的环境最有利于子实体的形成和发育。在银耳子实体接近成熟的 4～5 d 内，室内应尽量保持明亮，这样会使子实体更加质优色美，鲜艳白亮。

6）酸碱度

银耳喜欢微酸性的环境。孢子萌发和菌丝生长的适应 pH 值为 5.2～5.8。配制培养基时应掌握 pH 值在 5～6 为好。

7.5.3 栽培管理技术

1）确定栽培季节

银耳的栽培周期为 35~40 d,其中菌丝生长阶段为 15~20 d,要求温度 25~28 ℃;子实体生长期 18~25 d,要求温度 25~28 ℃。据此,我国长江以南各省区,一年中除了夏季都适宜银耳的生长发育;而长江以北的省区,除冬季外,都适宜银耳生长。如果是自然栽培,可以安排春、秋两季栽培,春栽一般安排在 3—5 月,秋栽 9—10 月。

2）配料拌料

常用的配方有:

①棉籽壳 83%~90%、麸皮 15%~8%、石膏 2%。

②木屑 78%、麸皮或米糠 20%、糖 1%、碳酸钙 1%。

③玉米芯 71%、麸皮 25%、石膏 1.5%、白糖 1%、黄豆粉 1.5%。

④棉籽壳 40%、木屑 38%、麸皮 20%、石膏 1.7%、硫酸镁 0.3%。

3）培养料的准备

棉籽壳透气性好,营养丰富而全面,栽培银耳时菌丝粗壮、出耳齐、朵形达、产量高,是栽培银耳的最好的原料。多种阔叶树的木屑混合经过堆置后效果更好,木屑的颗粒不能过粗。陈旧的木屑比新鲜的木屑要好。在以上各种配方中,以第一种配方的产量高、质量好,而且稳定,现在广泛应用。

4）拌料装袋

选择晴朗的天气,将所有的原料倒在水泥地上,把蔗糖溶解到水中倒进干料中,搅拌均匀。拌料时拌匀的同时,还要注意培养料的含水量,掌握在 48%~52%。用手握料测含水量,以指缝间无水迹,掌心有潮湿感为度。料拌好后要迅速装袋,防止培养料堆积发酵发酸。一般选用聚乙烯或聚丙烯塑料袋,先将一端扎牢,在火焰上熔封。银耳栽培袋口径较小,一般用装袋机进行,以提高装袋效率和质量。装袋时菌袋要上下松紧一致。装好袋后用常压蒸气灭菌。

5）接种

当料温降至 30 ℃以下时,可在接种室或接种箱中进行接种。首先,用高锰酸钾和甲醛熏蒸接种环境,认真检查菌种的质量。银耳菌种主要是银耳菌丝和香灰菌丝的混合体。接种时,先用 75% 酒精棉球对料袋表面打穴区擦拭消毒,然后用打孔器在袋上打穴。在接种室接种时可以多人配合,一人负责打穴,一人负责将菌种接入,一人用食用菌专用胶布将穴口封严,一人负责拌匀、堆垛菌袋。一般一瓶菌种接种 20~25 袋。接种后的料棒叫菌棒。

6）发菌管理

接种后的菌袋要及时置于培养室内进行发菌管理。培养室要选择在通风良好、干净卫生、保温保湿的发菌室发菌。菌袋井字排列,每层排 4 袋。如果室温高,可以排适当减少袋数,降低堆高。

接种后的 1~4 d 是菌丝萌发期,室温控制在 28~32 ℃,最高不超过 34 ℃,促进菌丝早萌发。室内空气相对湿度维持在 60% 以下。接种后的 5~10 d 是菌丝生长期,室温调节在 25~26 ℃,此时要经常检查袋内温度,袋温不得超过 28 ℃,若袋内温度过高,应将菌袋疏散开,及时通风降温;如果温度低的话,要将菌袋集中保温。

经过 10 d 左右的适温培养,袋内白色绒毛状的菌丝已在接种穴的四周呈圆形,此时将接种穴上的封口胶布掀起小缝隙,让新鲜空气透进袋中,促进菌丝的生长发育。此外,还要经常进行翻堆,整个发菌期间室内光线要弱。

7)出耳管理

通常接种后从第 11 d 开始进入子实体发生期,第 15 d 开始进入子实体发育期。

子实体发生期管理 菌棒通过发菌室培养 10 d,就要转移到栽培室进行管理。单层排放在层架上,菌袋之间间隔 2 cm,为随后子实体生长留下空间。将菌袋上的胶布揭起一角,贴成"Ω"形,使之形成一个黄豆大小的通气孔。揭胶布 12 h 后开始喷水,每天喷水 3~4 次,室内空气相对湿度保持在 85%~93%,喷水后通风 30 min,温度控制在 20~25 ℃。揭胶布后通气 2 d,接种穴开始出现黄水珠,这是出耳的前兆。若黄水过多,用干净纱布、棉花将穴口的黄水吸去。

(1)幼耳期管理

接种后 15 d,当接种穴出现白毛团胶质化,形成耳芽,这时要完全揭去胶布,盖上报纸,喷雾保持报纸湿润,每天掀动一次,注意湿度。每隔 3~4 d,把报纸取下,让幼耳通风 8~10 h。喷水和通风时,要注意幼耳的发育情况和室内温度的情况。

子实体长满接种口的时候,进行割膜扩穴管理,用锋利的刀片沿穴口边缘 1 cm 处将塑料膜割掉,扩成 4~5 cm。耳房温度控制在 20~25 ℃,温度不能低于 18 ℃,不能高于 30 ℃。在幼耳期,需要有一定的散射光。

(2)成耳期管理

经过 10 d,子实体已占满整个袋面。进入成熟期,耳片完全展开、疏松、弹性减弱。此时要减少喷水,增加通风次数并延长通风时间,使空气相对湿度降至 80%,让子实体充分吸收培养基的养分,使整朵耳中间尚未扩展的耳片继续扩展,获得优质的银耳。

8)采收

从接种到头茬银耳采收,一般是 35~40 d。银耳的耳片全部展开,无包心、包白,半透明,稍有弹性,四周的耳片开始变软下垂时即可采收。采前要停止喷水一天,采收时,用锋利的刀片从料面将整朵银耳割下,留下耳基,以利再生。

采收后的银耳可直接在太阳下晒开或者用烘干机烘干。第一次采收后,停止喷水 2~3 d,当培养料的耳基上又开始隆起白色的耳片时,恢复正常喷水,重复出耳管理,可以采收 2 茬。

 菇事通问答:为什么发生幼耳萎缩?

答:银耳栽培常出现子实体长到直径 3~4 cm 时,耳片萎缩不伸,色泽由白变黄,停止生长。其主要原因有两点:

①培养基配制时含水量过少而偏干。袋内水分仅供给子实体长到中期 20 d 左右,无法继续提供水分,使幼耳缺乏水分而萎缩。

②通风增氧不足。幼耳需氧量大,常因秋、冬季节为了保温而紧闭门窗,室内二氧化碳浓度超过 0.1% 时,也能使幼耳受到伤害而萎缩。

任务7.6 金针菇栽培

金针菇(*Flammulina velutiper*（Fr.）Sing)隶属于真菌门担子菌纲伞菌目口蘑科金钱菌属。俗称毛柄金钱菌、构菌、朴菌、金菇等。金针菇的栽培距今已有1 400多年的栽培历史。80年代以来,我国普遍使用塑料袋栽培,产量和品质均得到明显的提高。

1)金针菇的营养价值

据上海食品工业研究所分析,金针菇含有丰富的蛋白质、维生素、矿物质,综合营养价值介于肉类食品和蔬菜之间,虽然蛋白质含量不及肉类,但脂肪含量却明显低于肉类及奶制品,其蛋白质含量明显高于常见的蔬菜,如菠菜、芦笋、马铃薯等。金针菇含氨基酸种类齐全,其含有的18种氨基酸中有8种是人所必需的,必需氨基酸含量占总量的44.5%,高出其他菇类。另据浙江农业大学分析,每100 g子实体和菌丝体干品中氨基酸含量分别为21.56 g和25.54 g,其中赖氨酸含量分别为1.163～1.629 g和1.101～1.520 g。赖氨酸和精氨酸常被作为添加剂加入儿童食品中,具有增加儿童身高和体重及促进智力发展的功能,所以国内外又将金针菇称为"增智菇"。

2)金针菇的药用价值

金针菇含有金针菇多糖等多种生物活性成分,具有多方面的医疗保健功能。金针菇可以降低胆固醇,含有酸性和中性的食物纤维(膳食纤维),胆汁酸盐吸附在这种纤维上可以影响体内的胆固醇代谢,并把血液中多余的胆固醇经过肠道排出体外,所以常食用金针菇可以预防和治疗高血压病。同时,该食物纤维可以促进胃肠蠕动,对预防便秘有显著效果,也可以把消化系统的灰尘、纤维等污染物排出体外,起到洗胃、涤肠的作用,因而经常食用金针菇可以预防消化系统的病变。

7.6.1 形态结构

1)菌丝体

菌丝体是金针菇的营养器官,白色绒毛状,气生菌丝弱。在光学显微镜下观察,菌丝管状,具间隔和分支,粗细不均,菌丝间隔处有锁状联合。主要功能是分解吸收贮藏营养,兼有繁殖的作用。因此,培养健壮的菌丝是获得优质高产的基础。有研究表明,金针菇菌丝阶段的粉孢子多少与金针菇的质量有关,粉孢子多的菌株质量都差,菌柄基部颜色较深。在斜面培养基上极易形成子实体。

2)子实体

子实体是金针菇的繁殖器官,在菌盖背面的菌褶上产生孢子。子实体由菌盖和菌柄两部分组成。野生金针菇全部是金黄色,菌盖较大,菌柄短,菌柄基部褐色绒毛多且长,商品外观差。优质的商品菇应是菌盖小,菌柄长,颜色淡(白或淡黄),栽培中通过控制光照强度和环境中二氧化碳浓度得以实现(见图7.12)。

图 7.12 金针菇的形态

7.6.2 生长条件

1)营养

金针菇是一种木材腐生菌,秋末初春多发生在杨、柳、榆、栗、槐、构、桑、柿、枫杨、桂花等阔叶树的枯枝或树桩上,偶尔也发生在这些树的活树上,在树皮和木质部之间形成菌丝,引起木材的腐烂。木屑、棉籽壳、玉米芯、甘蔗渣、稻草、谷壳、油菜壳等均可作为栽培金针菇的主料,用麸皮、米糠、豆饼粉、玉米粉等做辅料,并提供氮源。金针菇生长发育对培养料碳氮比的要求,在营养生长阶段是 20∶1,生殖生长阶段为(30~40)∶1。栽培的时候还要另外添加铁、磷、钙、镁等微量元素,因为金针菇是属于维生素 B_1、B_2 的天然缺陷性,必须外界添加。

2)温度

金针菇属低温结实性真菌,菌丝体在 5~32 ℃范围内均能生长,但最适温度为 22~25 ℃,菌丝较耐低温,但对高温抵抗力较弱,在 34 ℃以上停止生长,甚至死亡。子实体分化在 3~20 ℃的范围内进行,但形成的最适温度为 10~12 ℃。低温下金针菇生长旺盛,温度偏高,柄细长,盖小。同时,金针菇在昼夜温差大时可刺激子实体原基发生。

3)水分和湿度

菌丝生长阶段,培养料的含水量要求在 65%~70%,低于 60% 菌丝生长不良,高于 70% 培养料中氧气减少,影响菌丝正常生长。料水比 1∶1.4。子实体原基形成阶段,要求环境中空气相对湿度在 85% 左右。子实体生长阶段,空气相对湿度保持在 90% 左右为宜。湿度低时子实体不能充分生长,湿度过高,容易发生病虫害。

4)光照

菌丝和子实体在完全黑暗的条件下均能生长,但子实体在完全黑暗的条件下,菌盖生长慢而小,多形成"针头菇",微弱的散射光可刺激菌盖生长,过强的光线会使菌柄生长受到抑制。以食菌柄为主的金针菇,在其培养过程中可加纸筒遮光,促使菌柄伸长。光线过强时,颜色加深,质量降低。

5)空气

金针菇为好气性真菌,在代谢过程中需不断吸收新鲜空气。菌丝生长阶段,微量通风即可满足菌丝生长需要。在子实体形成期则要消耗大量的氧气,特别是大量栽培时,当空气中二氧化碳浓度的积累量超过 0.6% 时,子实体的形成和菌盖的发育就会受到抑制。但为了促

使菌柄长长,需要进行套袋,增加小环境二氧化碳的浓度。

6)酸碱度

金针菇要求偏酸性环境,菌丝在 pH 3~8.4 范围内均能生长,但最适 pH 值为 4~7,子实体形成期的最适 pH 值为 5~6。在生产中,一般采用自然 pH 即可。

7.6.3 栽培管理技术

目前金针菇主要采用代料栽培,有袋栽、瓶栽、箱栽、生料床栽及工厂化栽培,其中袋栽是最常用的栽培方式。

1)栽培季节的选择

金针菇栽培季节的选择,主要依据菌丝生长和子实体发育所需的最适温度条件,以满足金针菇低温出菇的要求。自然温度情况下,长江中下游各地可安排在 9 月中下旬至 11 月底制作栽培袋,当年 11 月至次年 3 月底出菇,其他各地可以适当提前或延后。栽培白色品系的时候,应从确定的适宜栽培期再推迟 1~2 个节气。各地要根据当地气温变化趋势,综合品种特性,灵活安排栽培季节,才能获得优质商品菇。

2)原料准备

(1)常用配方

①棉籽壳 96%、玉米粉 3%、糖 1%、料水比为 1:1.2~1.3。

②棉籽壳 49%、木屑 30%、麸皮 20%、石膏粉 1%、料水比 1:1.2~1.3。

③稻草 50%、木屑 21%、麸皮 25%、石膏 1%、糖 1%、过磷酸钙 1%、石灰 1%,另加尿素 0.05%,料水比为 1:1.3~1.4。

④木屑 75%、麸皮或米糠 23%、糖 1%、石膏粉 1%、料水比 1:1.1~1.2。

(2)拌料、装袋

选好配方的各种原料后,拌料应选择在晴天或者阴天上午进行。将称好的主料放在水泥地面或者台面上,将易溶于水的糖类溶解于水中,分次撒入干料中,边加水边搅拌,直至培养料的含水量达到 65%,以手握培养料,指缝中有 1~2 滴水滴下为宜。

将配制好的培养料堆闷 1 h,使培养料充分吸足水分后,应立即装袋,可用手工或者机器装袋。装袋时一手扶住袋口,一手将料放进袋内,要求边装边压实,特别注意在刚装袋时袋底的边角要用料填实。栽培金针菇的塑料袋规格应选择宽度为 17 cm、长度为 33 cm 的低压聚乙烯料筒。

(3)灭菌

料袋装好后立即进行灭菌,一般采用常压蒸汽灭菌,料温达到 100 ℃以后,维持 10~12 h 即可。

(4)接种

灭菌好的塑料袋,冷却至室温后即可进行接种。接种时严格操作规程,一人将袋口解开,一人用无菌镊子从菌种瓶中夹取红枣大小菌种放入袋口内培养基表面,一人将接种过的料袋用线绳扎好。一般每瓶菌种(750 g/瓶)可接 25~30 袋。接种后及时将袋移入培养室,在温度适宜的条件下,约 24 h 菌丝开始萌发,在 20~25 ℃室温下生长 40~50 d 即可满袋。

(5)发菌管理

接种完后,及时将菌袋移入培养室进行发菌管理。培养室要保持清洁干燥,室内温度要保持在 20 ℃左右。金针菇菌丝生长的适宜温度是 23 ℃,温度过高或过低都不利于菌丝生长。为了使菌丝受温一致,每隔 6~8 d,要将上下层和内外层的菌袋调换位置。一般正常的温度条件下,不需要特殊的通气措施。每天可以通风一次,每次 20 min。发菌期间,菌丝生长发育所需要的水分来自培养料,金针菇发菌阶段的适宜的空气相对湿度保持在 60%~65%。金针菇发菌期间不需要光照。栽培袋经过 20~30 d 的培养,菌丝可长满菌袋,不同原料的培养基菌丝生长速度差异很大。

(6)出菇管理

①催蕾。将长满菌丝的袋料及时搬入干净的经过消毒的菇房中进行出菇管理。首先要将栽培袋袋口打开,用消过毒的手把把培养料表面的一层菌膜连同老菌块一起轻轻把去并弃除。其作用是促使金针菇出菇整齐一致。

催蕾的关键要有适宜的温度、水分和空气,才能形成大量菇蕾。在低温条件下菇蕾发生少,在高温条件下菇蕾发生不整齐。适应的温度在 10~18 ℃,空气的相对湿度应控制在 85%~90%,并加强散射光刺激,5~10 d 就会有整齐的菇蕾形成。

②后期管理。当菇蕾长至 1 cm,进入抑菌阶段。抑菌的目的是使子实体生长整齐。具体操作是:将温度调至 4~6 ℃,空气相对湿度为 85%,CO_2 浓度在 0.1% 以下,并经常通风,初期微风,中期稍强,后期更强,一般抑菌 3~8 d。抑菌结束后,当新形成的菇蕾长至 4~5 cm 高时,可拉直袋口,注意不可拉袋过早。

子实体原基形成后,要严格控制温度,室内温度最好控制在 10~12 ℃。子实体生长阶段空气的相对湿度控制在 80%~90%,每天要向空间和四壁喷雾状水 2~3 d,并保持地面经常有水,切忌往菇体上喷水。子实体生长期需要弱光或阴暗条件,可以用一定的光照诱导菌柄向光伸长,可在床架上方装灯,提供光照。出菇期还要控制菇房的通风换气,每天一次,一次 10~20 min。使其积累一定浓度的二氧化碳,以利于菌柄伸长和抑制菌盖开伞。

(7)采收

当菌柄长 13~14 cm,整齐,菌盖直径小于 1 cm,边缘内卷、没有畸变、菌柄菌盖不呈吸水状,菌柄根分清圆且粗,颜色纯正,菇体结实,含水量不过多时为采收期。采收时,一手抓住菌袋,一手把菇拔起,用剪刀剪去基部附带的培养料,整齐放入采摘筐中。采完第一茬后,清理培养基表面的残菇、小菇,把塑料袋口卷至培养基表面 2 cm 处,盖上覆盖物喷水保湿,经常掀开覆盖物换气,温度保持在 13 ℃左右,4~6 d 之后,培养基表面即出现菇蕾,接着进行上述出菇管理。

7.6.4 金针菇工厂化栽培简介

金针菇的工厂化栽培于 20 世纪 50 年代在日本兴起,发展较为迅速。主要有瓶栽和袋栽两种工厂化生产模式,机械化程度高的工厂化生产企业一般都采用瓶栽系统。我国现在工厂化生产金针菇的生产线大多是从日韩引进的。

瓶栽系统中,拌料、装瓶、搔菌和栽培结束后的挖瓶等均采用机械化作业。已建立起从"培养料配制→拌料→装瓶→灭菌→冷却→接种→培养→搔菌→催蕾→抑制→生育→采收→挖瓶"一整套标准化生产工艺。

袋栽系统不需要挖瓶机等,目前尚没有袋栽搔菌机,因此机械化程度没有瓶栽系统高,投资较瓶栽系统低,但操作用工量较大,产品外观不如瓶栽结实整齐。福建等地采用再生法袋栽出菇。初次形成的菇蕾通过间歇吹风,让针尖菇蕾失水萎蔫,再移入另一催蕾室,在倒伏菇柄基部重新形成菇蕾的栽培方法。其基本工艺模式是:配料→装袋→灭菌→接种→发菌培养→诱导催蕾→通风摧蕾→催蕾再生→驯化→抑蕾→发育→采收。

食用菌工厂化生产必须具备与生产模式相配套的硬件和软件。工厂化生产的硬件是指构成企业工厂化生产运作系统主体框架的物质基础。主要包括配料、拌料机械设备、装瓶(袋)设备、高效灭菌设备、接种设备、培养栽培环境调控设备、采收包装设备和采后清理设备等。高效、稳定的工厂化生产设备是食用菌工厂化生产正常运作和取得成功的物质关键,食用菌工艺装备的不断更新,是提高生产效益的关键之一。例如,装瓶机从 4 000 瓶/h 提高到 12 000 瓶/h,接种机也从 4 头接种发展到了 16 头接种。大大提高了生产效率。金针菇工厂化生产的栽培瓶从 850 ~ 1 000 ml、口径 58 ~ 65 mm,发展到 1 100 ~ 1 400 ml、口径 75 ~ 82 mm,使金针菇单瓶产量从 150 ~ 170 g 提高到 250 ~ 300 g,日产鲜菇 10 ~ 20 吨,使栽培技术又上了一个台阶(见图 7.13)。因此,先进实用的工厂化生产设施设备的不断突破创新和开发应用,是食用菌工厂化生产发展的核心推动力。

图 7.13　工厂化生产金针菇

菇事通问答:菌丝长到一定程度停止生长,为什么?

答:其原因大体有以下几点:

①栽培料配方不合适、原料不新鲜或拌料含水量太大。

②制袋或瓶期间气温过高,配料装袋量过大,料袋上锅或灶灭菌时间拖长,引起培养料酸变,pH 降到 4 ~ 4.5,菌丝无法正常吸收和分解养分。

③料袋灭菌不透心。接种后,前期菌丝可以生长,进入中期伸入袋内后,无法分解吸收未熟透的培养料,以致停顿。

④料袋排场或发菌室散热不到位,高温接种。尤其是底层料袋密集于室内,散热慢,如果袋温没降到 30 ℃以下时进行接种,极易导致菌种受热灼伤,致使发菌时菌丝长势不良。

⑤发菌叠袋过分密集,室内通风不良,严重缺氧。有的因发菌室小,菌袋集堆过密不透气,菌丝增殖困难。

针对上述原因及时采取补救措施方可挽回损失。

任务 7.7 草菇栽培

草菇(*Volvariella volvacea*(Bull. ex Fr.)Sing),属于担子菌亚纲伞菌目伞菌科草菇属。又名兰花菇、美味草菇、美味包脚菇、南华菇、浏阳麻菇、稻草菇、秆菇、麻菇、中国蘑菇等,是热带和亚热带地区夏秋季多雨时节生长在稻草堆上的一种高温型食用菌。

草菇的人工栽培起源于我国广东省韶关市南华寺,距今有200年的历史。最初由南华寺的和尚从腐烂稻草堆上生产草菇这一自然现象得到启示,创造了栽培草菇的方法,故有"南华菇"之称。草菇的另一个原产地是湖南省浏阳地区,当时这带盛产柠条,每年割麻后草菇就大量生长于遗弃的麻秆和麻皮堆上,故草菇又名"浏阳麻菇"。

草菇的栽培技术在20世纪30年代被华侨传到了马来西亚、缅甸、菲律宾、印度尼西亚、新加坡、泰国等东南亚地区,近年来美国和欧洲也有栽培,因此,国外把草菇成为"中国蘑菇"。在我国草菇产量较高的地区有广东、广西、四川、福建、湖南、江西和台湾等省区,以广东产量最高。

1)营养价值

草菇肉质脆嫩,味道鲜美,具有很高的营养价值。据分析,每100 g鲜菇含207.7 mg维生素C,2.6 g糖分,2.68 g粗蛋白,2.24 g脂肪,0.91 g灰分。草菇蛋白质含18种氨基酸,其中必需氨基酸占40.47% ~44.47%,比猪肉、牛肉、牛奶和大豆的含量都高。所含维生素C,是富含维生素C的番茄的17倍,并有"素中之荤"的美名。

2)药用价值

古典医著记载:"草菇性寒、味甘,有消暑去热、增益健康之功效"。现代医学研究表明,草菇中含有一种叫异种蛋白的物质,可增强人体的免疫机能,对恶性肿瘤的抑制率达97%,而且它所含有的含氮浸出物和嘌呤碱,能够抑制癌细胞的生长。由于维生素C含量高,因而对于坏血病有一定的疗效。

7.7.1 形态结构

草菇分菌丝体和子实体两部分。

1)菌丝体

菌丝被隔膜分隔为多细胞菌丝,不断分枝蔓延,互相交织形成疏松网状菌丝体。菌丝纤细而长,爬壁力强,无锁状联合。菌丝无色透明,细胞长度不一。在显微镜下,菌丝呈分支状,透明,有横隔。

2)子实体

草菇子实体由菌盖、菌柄、菌托3部分组成。子实体的菌盖直径5~12 cm,大者达21 cm,初为钟状,成熟时平展,鼠灰色,中央色较深,四周渐浅(见图7.14),具有放射状暗色纤毛,有时具有凸起三角形鳞片。菌柄着生在菌盖中央,白色、肉质,捎带纤维质,近圆柱形,上细下粗。菌托位于菌柄下端,与菌柄基部相连,是幼小子实体的保护被,呈杯状,白色或灰色。菌褶初为白色,后变为粉红色,离生,孢子印粉红色。

图 7.14　草菇的形态

7.7.2　生长发育条件

1)营养

草菇是一种草腐性真菌。富含维生素的废棉、棉籽壳、稻草、麦秸、稻草、玉米秆、中药渣及其他农产品下脚料作为栽培草菇的主料,提供碳源。在草菇生产中,经常采用腐熟的干牛粪、鸡鸭粪、干猪粪和新鲜的麸皮、米糠作为氮源,以满足草菇的生长需要。菌丝体生长阶段,适宜的碳氮比为 20∶1,子实体生长发育阶段以(30∶1)~(40∶1)为好。此外,在料中还常常加入适量的磷酸二氢钾、过磷酸钙、石灰、石膏、硫酸镁等,从而补充各种微量元素,以提高草菇产量。

2)温度

草菇属高温性恒温结实性菌类,孢子萌发温度为 25~45 ℃,最适宜的温度是 35~40 ℃。对温度的要求因品种、生长发育时期而不同。菌丝生长温度在 15~45 ℃,最适宜的温度为 33~36 ℃时,5 ℃以下或 45 ℃以上导致菌丝死亡。子实体分化和生长发育的最适宜温度 28~32 ℃,低于 20 ℃或高于 35 ℃时,子实体难于形成。

3)水分

草菇是喜湿性菌类,只有在高温高湿的条件下才能出好菇。菌丝体和子实体生长需要的水分主要来自培养料,一般培养料的含水量在 70% 左右。菌丝体生长阶段空气相对湿度以80% ~85% 为宜。子实体生长发育的空气相对湿度以 85% ~95% 为宜。空气湿度低于 80%时,子实体生长缓慢,表面粗糙无光泽,高于 96% 时,菇体容易坏死和发病。

4)光照及空气

草菇的菌丝体生长发育阶段完全不需要光线,但子实体生长阶段则需要一定的散射光,光的诱导才能产生子实体。但忌强光,适宜光照 50~100 lx。子实体的色泽与光照强弱有关,强光下草菇颜色深黑,带光泽,弱光下色较暗淡,甚至白色。

草菇是好气性菌类,菌丝生长阶段和子实体生长发育阶段都需要氧气。如通气不良,二氧化碳浓度过高,会使子实体呼吸受到抑制而停止生长或死亡。一定要注意通风换气。

5)酸碱度(pH)

草菇喜欢偏碱性的环境,培养料以 pH 8~9 为宜。草菇对 pH 要求在 4~10.3,担孢子萌发率以 pH 7.5 时最高,菌丝和子实体阶段,以 pH 4.7 ~6.5 和 8 适宜。为了满足草菇生长对 pH 的需求,在拌料时加入一定量的石灰粉或用石灰水浸泡原料,以调节 pH。

7.7.3 栽培管理技术

1)栽培季节的选择

一般而言,当地月平均温度 22 ℃ 以上,日夜温差变化不大,空气相对湿度较大的气候条件下均可栽培。草菇是一种高温型菇类,适宜于在夏季栽培。它肉质幼嫩,味道鲜美,营养价值高,含有丰富的蛋白质、糖类和维生素等。种植草菇最适宜的季节一般分为两期:立夏至小暑,立秋至白露。

2)原料准备

室内草菇栽培以废棉、蔗渣、稻草为主要原料,常用的培养料配方如下:

①废棉 69% ~79%、稻草 10%、麦皮 5% ~ 15%、石灰 6% ~ 8%、pH 8 ~ 9,含水量 68% ~70%。

②废棉 100 kg、稻草粉 12.5 ~25 kg、麸皮 25 kg、干牛粪 12.5 kg、过磷酸钙 2.5 kg、碳酸钙 2.5 kg、含水量 65% ~68%。

③蔗渣 100 kg、麸皮 15 ~20 kg、石灰 3 kg、含水量 60%。

④稻草 100 kg、稻草粉 30 kg、干牛粪 15 kg、石膏粉 1 kg、含水量 60% ~65%。

⑤废棉 65%、稻草碎 10%、牛粪 8%、麸皮 10%、过磷酸钙 2%、石灰 2%、碳酸钙 3%。

⑥甘蔗渣 60%、废棉 12%、稻草 10%、麸皮 12%、过磷酸钙 2%、石灰 2%、碳酸钙 2%。

⑦废棉 88%、麸皮 8%、过磷酸钙 2%、石灰 2%。

主料加入辅料发酵,把辅料均匀拌入浸水后的主料中,调节酸碱度至 8,含水量 70% ~75%。然后把培养料起堆,加塑料膜覆盖,经 4 ~6 h 后开始升温,至 8 ~10 h 后温度升至 60 ~65 ℃。然后进行翻堆,再升温,堆温可升至 70 ~76 ℃,但不宜升至 80 ℃,可通过翻堆来控制升温或降温,水分减少或水分不足可加水。

堆料中稻草变软、金黄色,破籽废棉上看到似灰色粉状的放线菌,有热气,无粪臭及酸腐味。培养料以堆制 12 ~14 h 为宜。堆制后可即时送进菇房,进房上床后料温仍有 40 ℃ 为好。如不能即时进菇房,则要勤翻堆或重新摊开,不让培养料过分发酵,尤其稻草、甘蔗渣、麦秆这类物料。

3)铺料播种

每平方米铺料 15 ~20 kg(干料重),铺成龟背形。播种量为干料重的 10% ~12%,分 3 层播种,第一、二层各占 30%,第三层占 40%。播种后轻轻踩压,并随即在培养料层表面和料床周围均匀地撒播一层过筛的草木灰,使培养料不露在外面即可,然后盖上薄膜。

4)发菌期管理

用聚氯乙烯塑胶袋,袋口周长 50 cm,袋长 38 cm。这样的袋子减少培养料的深度,增加袋口的平面积,适合草菇在面层出菇的特性。袋料经接种后送进 36 ℃ 的培养室进行培养,培养至菌丝长至袋底,袋壁、料的面层有红褐色厚垣孢子块出现。发菌阶段管理的关键是调节料温。料温高于 35 ℃ 时,应揭开薄膜,给菇床通风降温。在正常情况下,播种后 4 ~5 d 菌丝可长满料。菌丝布满后,在料面覆盖约 1 cm 厚的细土,再重喷 0.1% ~0.3% 的石灰水,一般覆土 2 ~3 d,即可见似针头状的白色菇蕾。再过 3 ~5 d,即可分化成子实体。

5）出菇管理

把有厚垣孢子块出现的草菇袋挑选出来，搬到另一间培养室，袋口向上一袋接一袋排好，室温调至 28～30 ℃，增加漫射光照射，打开袋口，在室内喷水增加湿度，1～2 d 后，草菇袋的面层出现白色扭结。上午或下午较凉时，把草菇袋搬到备好的场地。排放方式如下：

①把草菇袋口稍稍斜向，一袋接一袋地紧密排列，最后边缘部分用泥土筑小基防护，有利保温保湿，每天向周围空间、地面喷水，增加湿度，5～7 d 后可收菇，收菇时要把菇脚拔去。收第一潮菇后，停止喷水一天，让面层菌丝干燥收缩，第二天才向着袋口及整个场地喷水，促第二潮菇。

②把草菇袋口斜向排放，每排放一排后，即在袋脚填细土，把半个袋子埋在土里，再排第二排，如此重复排下去。这种方式有利于保温保湿，可延长袋料的寿命，增加产量，但花工多。劳动力充足的地方选用这方式有利。袋子排放时，在袋的中部割开一个小孔，以后在埋土中也可长出草菇。

6）采收

商品草菇采收期是菇体由基部较宽、顶部稍尖的宝塔形变为卵形，质地由硬变软，颜色由深变浅，外菌幕未破之前采收，这时的子实体味道鲜美，蛋白质含量高，品质最好。采收时用一手按住生长处的培养料，一手持菇体左右旋转，并轻轻摘下。头茬菇采完后，应及时整理床面，清除菇脚和死菇，喷洒 1% 的石灰水，以调节培养料的酸碱度和湿度，适当通风后覆盖塑料薄膜，3～4 d 后，可以出第二茬菇，通常可收 2～3 茬菇。

 菇事通问答：草菇为什么不能开伞长大后再采收？

答：因为草菇是高温型品种，生长出菇很快，开伞长大后极易散发孢子，菌褶变黑腐烂，不易保鲜。而幼嫩时顶部稍尖的宝塔形变为卵形营养丰富味道鲜美，商品价格高，所以不能开伞长大后再采收，而是要及时采收并加工保藏或上市销售。

任务 7.8　真姬菇栽培

真姬菇［*Hypsizygus marmoreus*（Peck）H. E. Bigelow］，又名玉蕈、斑玉蕈，属真菌门担子菌门层菌纲伞菌目白蘑科玉蕈属。真姬菇外形美观，质地脆嫩，味道鲜美，具有海蟹味，在日韩称之为"蟹味菇""海鲜菇"。20 世纪 70 年代在日本长野开始栽培，20 世纪 80 年代中期引入我国，90 年代开始规模化栽培，主要在山西、河北、河南、山东和福建等地。

真姬菇是北温带一种优良的食用菌。其子实体群生至丛生。菌盖表面近白色至灰褐色，依此可分为两个品系，白色品系称白玉菇，灰色品系称蟹味菇，这两个品系都实现了规模化工厂化栽培，畅销于市场，备受青睐（见图 7.15）。

蟹味菇味比平菇鲜，肉比滑菇厚，质比香菇韧，口感极佳，还具有独特的蟹香味，在日韩有"香在松茸、味在玉蕈"之说。

白色品系（白玉菇）

灰色品系（蟹味菇）

图 7.15　真姬菇的两个品系

1）营养价值

真姬菇质地脆嫩、口味鲜美、营养丰富，每 100 g 可食部分含水量 92.5 g，蛋白质 2.1 g，脂质 0.3 g，碳水化合物（糖质 3.7 g，纤维 0.7 g），灰分 0.7 g（其中钙 2 mg，磷 75 mg，铁 1.1 mg），维生素 A1 U，维生素 B_1 0.08 mg，维生素 B_2 0.5 mg。真姬菇的蛋白质中氨基酸种类齐全，包括 8 种人体必需氨基酸，其中赖氨酸、精氨酸含量高于一般菇类，对青少年智力、增高起着重要作用。

2）药用价值

真姬菇子实体中提取的 β-1,3-D 葡聚糖具有很高的抗肿瘤活性，而且从真姬菇中分离得到的聚合糖酶的活性也比其他菇类要高许多，其子实体热水提取物和有机溶剂提取物有清除体内自由基作用，因此，有防止便秘、抗癌、防癌、提高免疫力、预防衰老、延长寿命的独特功效。

7.8.1　形态特征

真姬菇由菌丝体和子实体两部分组成。

1）菌丝体

真姬菇的菌丝体白色，棉毛状，气生菌丝不旺盛，不分泌黄色液滴，不形成菌皮。菌丝色白、浓密，气生菌丝长势旺盛，具有较强的爬墙能力，老化后气生菌丝贴壁、倒伏，呈浅土灰色。

2）子实体

子实体丛生，每丛 15～50 株不等，有时散生，散生时数量少而菌盖大。菌盖幼时半球形，边缘内卷后逐渐平展，直径 4～15 cm，近白色至灰褐色，中央带有深色大理石状斑纹。菌褶近白色，与菌柄成圆头状直生，密集至稍稀。菌柄长 3～10 cm，粗 0.3～0.6 cm，偏生或中生。孢子阔卵形至近球形，显微镜下透明，成堆时白色。

7.8.2　生长条件

真姬菇抗逆性较强，其生活条件与香菇、平菇等其他木腐菌有许多共同之处，但也有不同之处，而且真姬菇的不同菌株对各种生活条件的需求不完全相同，目前对它们还未完全了解清楚。现将主要的要求介绍如下：

1）营养

真姬菇是一种低温型的木腐菌，栽培原料比较广，如木屑、玉米芯、甘蔗渣和棉籽壳等都可作为主要原料，以用棉籽壳的产量最高。在栽培过程中加少量的辅料，如米糠、麸皮、大豆皮、棉籽饼和玉米粉等，可以提高单产。实验证实，用玉米秆、玉米芯粉与木屑各占一半的培养基主料栽培真姬菇，产量高。

2）温度

真姬菇与金针菇、滑菇、香菇和平菇等一样，具有变温结实特性。菌丝发育温度范围为 9~30 ℃，适温 22~24 ℃；子实体原基分化在 4~18 ℃，生长适温为 10~14 ℃。

3）水分

真姬菇培养料含水量调到 65% 左右为宜。因其发菌时间较长，培养料会逐渐失水变干，出菇前应补充水分，使含水量为 70%~75%。菇蕾分化期，菇房相对湿度应调节到 98%~100%。菇体发育时，菇房相对湿度应为 90%~95%。

4）光照及空气

真姬菇菌丝生长阶段不需要光线，但菇蕾分化阶段应有弱光刺激。子实体生长时有向光性，如在地下室或山洞栽培真姬菇，每昼夜应开日光灯 10~15 h。

真姬菇生长的各个阶段都需要新鲜空气。培养料的粒度要粗细搭配，防止过湿。防止菇房的二氧化碳过浓，原基大量发生时每小时应通风 4~8 次。

5）pH 值

菌丝生长阶段的最适 pH 值为 6.5~7.5。

7.8.3　栽培管理技术

真姬菇栽培方式主要有袋栽法和瓶栽法两种。现以推广面积较大的熟料袋栽为例，介绍真姬菇的栽培管理技术。

1）栽培季节

自然气温栽培以秋季接种、冬季出菇为好。南方诸省 9 月上旬至 10 月初接种，12 月至春节前后长菇；北方地区宜于 8 月初接种，11—12 月于温室大棚保护地出菇。由于真姬菇菌丝培养时间较长，适温环境下需 6~7 个月接种养菌，夏季移到阴暗通风良好的场所越夏，待秋后温度低于 20 ℃时进房棚长菇。反季节栽培于 12 月初接种，加温养菌，到早春气温回升不低于 10 ℃时进棚长菇。

2）培养料配制

栽培容器采用 17 cm×33 cm 塑料袋。

①杂木屑 77%，麦麸 20%，蔗糖 1%，石膏粉 1%，过磷酸钙 0.8%，硫酸镁 0.2%。

②棉籽壳 50%，杂木屑 30%，米糠 18%，石膏粉 1%，过磷酸钙 0.9%，硫酸镁 0.1%。

③高粱壳 40%，棉籽壳 40%，麦麸 13%，玉米粉 3%，蔗糖 1%，石灰 2%，过磷酸钙 1%。

上述配料加水拌匀后，含水量控制在 60%~65%，pH 值以 7.5 为宜（灭菌前）。并按常规装料。

3）装袋、灭菌、冷却

培养料搅拌均匀后，即可装袋。装袋前先用绳将裁好的塑料筒膜的一头扎紧，留 3 cm 左右的袋头，然后从另一头装料，边装边用手指的背面把料压实，切忌用指尖或拳头沿袋壁重压,装好的袋重 1.5～1.65 kg,长 22 cm 左右,袋面平整,松紧均匀适中。在装袋过程中,要经常翻拌待装的培养料,使之上下含水量始终保持一致。袋装好后,要及时装锅进行高压或常压灭菌,不可久置。在装袋和灭菌过程中,要做到轻拿轻放,必要时可在排放的瓶层之间和袋堆的底部垫报纸,以免薄膜破损。待料温降至 28 ℃以下时,在无菌条件下接种,每瓶菌种可接种 30～40 袋(瓶)。

4)接种培养

培养料经高温灭菌后,极容易感染杂菌,因此接种要在无菌条件下进行。真姬菇的子实体有先在菌种层上分化出菇的习性,这就要求接种时要有足够的用种量,并保持一定的菌种铺盖面和表面积。为此,接种前要把菌种掰成花生仁大小,再接种在种植袋的料面上,使之自然呈凸起状,这种凸起即增加了出菇面积,又有利于子实体的自然排列,不仅产量高而且整齐度好。袋栽最好两头接种,每头接湿菌种 50～80 g。菌袋接种后扎的松紧度要适宜。

菌袋及时移入干燥、阴凉、避光的室内养菌。菌袋培育期正处初秋,常会出现高温气候,要注意袋温、堆温、室温的变化,做好疏袋散热,遮阳避光,防止高温为害菌丝体。发菌培养室控制温度在 26% 以内,空气相对湿度 70% 以下,防止地面潮湿。若菌丝生长缓慢,加之袋口捆扎紧密,袋内缺氧时出现前端菌丝短而齐,呈绒毛状,严重时出现黄色抑菌线,停止延伸。这时应将袋口扎绳松动或在距离菌丝前沿 2 cm 处打孔通气,亦注意降温。待菌丝走满袋后,再扎紧袋口培养 35～40 d,菌丝走到袋(瓶)底后,再继续进行后熟培养 30～35 d。当菌丝由稀疏转为浓白,形成粗壮的菌丝体,料面出现白色粒状并分泌浅黄色色素时,即达到生理成熟。整个发菌培养需 65～70 d。

5)出菇管理

将生理成熟的菌袋搬到野外温室或大棚内,排放于架床上,转入出菇管理。

(1)增氧

菌袋上架后解开袋口,瓶栽的去掉覆盖物。栽培房棚加强通风,空间喷雾使空气相对湿度达 85%。

(2)搔菌

打开瓶口或袋口的封盖物,用抄种耙或搔菌机搔去料面四周的老菌丝,形成中间略高的馒头状。使原基从料面中间残存的菌种块上长出成丛的菇蕾,促使幼菇向四周长成菌柄肥大、紧实、菌盖完整、肉厚的优质菇。搔菌后在料面注入清水,2～3 h 后将水倒出。通过搔菌后菌丝由纯白色转至灰色,先在料面出现一层薄瓦灰色或土灰色短绒,这一色变称为转色,在适宜条件下历时 3～4 d。

(3)催蕾

当出现原基时,空气相对湿度要求 85%。此时可在瓶袋口覆盖报纸并喷水保持潮湿,同时降温至 13～15 ℃,并以 8～10 ℃的温差刺激,另给予 150 lx 光线照射。经 10～15 d,料面出现针头状灰褐色菇蕾。

(4)育菇

菇蕾出现后及时揭去覆盖的报纸,温度控制在 15 ℃,并向地面和空间喷雾,切忌向菇蕾上直接喷水,使室内空气相对湿度保持在 90%。早、中、晚各通风一次,光照度 500 lx,每天最好保持 4 h 光照,使菇质最佳。经 10～15 d,当菌盖直径长至 2～3 cm、菌膜破裂时,即可采收。整个生产周期为 4 个月,生物转化率达 100%。

6）采收

当子实体长至八成熟，应及时采收。采收的标准：菌盖上的大理石斑纹清晰，色泽正常，形态周正，菌盖直径 1.5～3 cm，柄长 4～8 cm，粗细均匀。

产量主要集中在第一茬，在第一茬菇采收后，及时清除袋内死菇、菇柄及料面菌皮，稍拧紧袋口，提高料温，降低湿度，加大通风，密闭光线，使菌袋重新进入养菌的环境中，待袋口料面出现气生菌丝时，可重复出菇管理。

7.8.4　真姬菇（白玉菇及蟹味菇）工厂化生产简介

真姬菇（白玉菇及蟹味菇）工厂化栽培生产也同金针菇的一样实现大规模、集约化生产（见图 7.16）。

图 7.16　白玉菇工厂化栽培

真姬菇栽培也有瓶栽和袋栽两种方式。上海丰科采用瓶栽方式进行工厂化生产，其基本工艺模式是：配料→装瓶→灭菌→自动化接种→发菌培养→后熟培养→搔菌→催蕾→育菇→采收。其生产过程的规范化、精准化调控在此就不再重复讲述了。

　　　菇事通问答：为什么菌丝发满瓶后还不能出菇？

答：在栽培实际管理中，若在培菌期不重视适温培养和积温问题，就大大延长了菌龄，迟迟达不到生理成熟，影响出菇，这在茶树菇、杏鲍菇、真姬菇、白灵菇等食用菌中均有此现象。

在生产上，利用自然气候进行栽培的，其调控温度的有效办法就是掌握当地气候情况、菌种种性情况，拟订科学的制种、制袋、培菌和出菇季节；有调控设施的，则可按生产要求定出控温和其他管理措施。但温度仅是食用菌生活中多种生态因子中的一个，在实践中栽培食用菌受多种因素的影响，要获得优质的高产必须掌握综合生态条件，灵活运用。

· 项目小结 ·

温度、湿度、光照、氧气是影响食用菌生长发育的"四大因子",不同的食用菌、同一食用菌在不同的生长阶段对它们的要求都不一样。如黑木耳是喜光型,草菇是高温型,金针菇则需要累计一定的 CO_2,此外,像双孢菇、草菇在菌丝体培养后期还需覆土。因此,在生产过程中一定要依据各自的生物学特性,根据实际情况适时适度地合理调控。

复习思考题

1. 平菇的栽培方式有哪些?

2. 试述熟料袋栽平菇的技术要点。

3. 人工栽培平菇成败的关键在哪里?

4. 菌筒怎样转色? 转色不正常应如何处理?

5. 香菇怎样进行出菇管理?

6. 怎样进行蘑菇培养料的堆制发酵?

7. 什么叫后发酵? 怎样进行后发酵?

8. 后发酵的好处是什么?

9. 优质发酵料的特征有哪些?

10. 播种前怎样进行菇房、床架、培养料消毒?

11. 双孢蘑菇各生长期的管理要点有哪些?

12. 金针菇的营养药用价值怎样?

13. 金针菇生长发育需要哪些条件?

14. 袋栽金针菇头潮菇的管理分几个步骤?

15. 如何进行袋栽黑木耳生产?

16. 试述银耳的营养价值与药用价值。

17. 银耳纯菌丝与香灰菌丝的特征分别是什么?

18. 试述袋栽银耳的技术要点。

19. 草菇栽培如何管理?

20. 试述袋栽真姬菇的技术要点。

项目 8

美味新秀珍稀品种栽培

📖【知识目标】

● 了解白灵菇、鸡腿菇、杏鲍菇、滑菇、秀珍菇、蟹味菇、大球盖菇、榆黄蘑、茶新菇等珍稀食用菌的重要价值。

● 熟悉白灵菇、鸡腿菇、杏鲍菇、滑菇、秀珍菇、蟹味菇、大球盖菇、榆黄蘑、茶新菇等珍稀食用菌的形态特征和生长条件。

📖【技能目标】

● 学会如何栽培管理白灵菇、鸡腿菇、杏鲍菇、滑菇、秀珍菇、蟹味菇、大球盖菇、榆黄蘑、茶新菇等珍稀食用菌。

● 掌握它们的生长特性及栽培管理的关键技术,能够进行无公害病虫害防治。

● 学会它们工厂化栽培管理的关键调控技术,掌握不同生长阶段的技术调控指标。

📖【项目简介】

● 本项目主要系统介绍了白灵菇、鸡腿菇、杏鲍菇、滑菇、秀珍菇、蟹味菇、大球盖菇、榆黄蘑、茶新菇的重要价值、生物学特性,重点介绍了栽培工艺方法及关键管理技术。

任务8.1 白灵菇栽培

白灵菇(*Pleurotus nebrodensis*)又称为白灵侧耳、白阿魏蘑。隶属真菌门担子菌亚门层菌纲伞菌目侧耳科侧耳属,系原产于南欧、北非、中亚内陆地区一种品质极优的大型肉质伞菌,我国仅分布于新疆干旱的沙漠地区。白灵菇子实体色泽洁白、个体大、品质优良、风味独特,具有较高的食用及保健价值。据分析,白灵菇蛋白质含量高达14.7%,含17种氨基酸,尤其是人体所必需的氨基酸含量占总氨基酸含量的43.4%。此外,还富含食用纤维、真菌多糖、维生素和微量元素等。据报道,白灵菇具有抗病毒、抗肿瘤的疗效,并有降低人体胆固醇含量、防止动脉硬化等功效,可调节人体生理平衡,增强人体免疫力,故享有"西天白灵芝""天山神菇"之美誉,是一种珍稀的天然保健食品,深受国内外消费者的青睐,为当前出口看好的品种,开发前景广阔。

8.1.1 形态结构

白灵菇菌丝体呈白色,羽毛状或绒毛状,老化后分泌黄色汁液并形成菌皮。

白灵菇子实体呈单生或丛生。显蕾时菌盖近球形,后展开成掌形或中央稍为下陷的歪漏斗状,颜色洁白,直径5~15 cm(见图8.1)。开伞后菌盖边缘内卷,菌肉白色、肥厚,中部厚达3~6 cm,向菇盖边缘渐减薄。菌褶密集,长短不一,近延生,奶油色至淡黄白色。菌柄偏心生至近中生,其长度因菌株而异,上下等粗或上粗下细,表面光滑、色白。孢子印白色。

图8.1 白灵菇子实体

8.1.2 生长条件

1)营养类型
白灵菇是一种腐生菌,在自然条件下生长在植物阿魏茎根部。人工栽培常用棉籽壳、木屑、甘蔗渣、稻草、麦草、玉米芯等原料为主料,辅料为皮、玉米粉、蔗糖、石膏粉、碳酸钙等。将主料与辅料按一定比例混合构成白灵菇的生产基质。

2)温度
白灵菇菌丝生长温度范围为3~32 ℃,最适生长温度为24~27 ℃;子实体原基形成的温

度为 0~13 ℃,子实体生长发育的温度范围为 3~26 ℃;现已选育出耐高温的菌株,出菇温度范围为 10~25 ℃,最适生长温度为菇温度范围为 12~22 ℃。

3)水分与湿度

白灵菇生长培养基的适宜含水量为 60%~70%。子实体生长发育期间,需在空气相对湿度为 85%~95% 范围内才能生长良好,但子实体较耐干旱,空气相对湿度在 60% 以上就能生长。

4)空气及光照

白灵菇菌丝生长和子实体生长发育阶段,都需要新鲜空气。白灵菇菌丝生长阶段不需要光线,光线过强对菌丝生长有抑制作用,使菌丝生长速度下降。但子实体生长发育阶段则需要光线,适宜的光照强度为 200~1 000 lx。

5)酸碱度

白灵菇菌丝生长培养基的适宜 pH 为 5~11,最适生长的 pH 为 6~7。

8.1.3　栽培管理技术

1)栽培季节

白灵菇系中低温型菌类。在自然气候条件下,秋季接种,冬、春季出菇,则产量高、质量好。在华北地区,秋季 8 月底到 9 月制菌袋,12 月至翌年 4 月为出菇期。在 12 月至次年 2 月制菌袋,3—4 月出菇。有制冷设备的空调菇房可周年栽培。

2)栽培场所

栽培场所因地制宜,专业菇房、普通民房和塑料大棚等都可使用。无论采用哪种菇房均要求能保温保湿、通风透光,同时栽培场所的环境要洁净,水质纯净无污染。

3)菌种

(1)品种选择

根据白灵菇的菇体形态,有两种基本类型的菌株可供选择:一种是手掌形、短菌柄的或无柄的;另一种是漏斗形、长菌柄的。从目前国内外市场对白灵菇的需求看,手掌形的白灵菇最为畅销,售价也较高;漏斗形的白灵菇则栽培周期相应较短。栽培者可根据自身的目标市场和栽培条件严格进行品种选择,方能增产增效。

(2)菌种制作

母种采用 PDA 或 PSA 培养基,菌丝培养温度为 25 ℃,菌龄为 10 d。原种、栽培种可用棉子壳、木屑、麸皮培养基培养,培养基含水量为 62%~63%,用 750 ml 广口瓶装料,每瓶装干料 200 g。经高压灭菌后接种,25 ℃下培养,经 30 d 后瓶内长满菌丝即可。

4)栽培袋制备

(1)栽培料配制

供栽培白灵菇的原料较广,适合栽培的主料有阔叶树的木屑、棉子壳、甘蔗渣和玉米芯等,辅料有麸皮、玉米粉、黄豆粉、碳酸钙、过磷酸钙、钙镁磷肥和酵母粉等。无论采用哪种原料,务必要求新鲜、干燥、无霉变。如原料陈旧、潮湿、已霉变,则很容易致使栽培失败。

培养料配方如下:

配方 1:棉子壳 68%、麦皮 20%、甘蔗渣 10%、白糖 1%、碳酸钙 1%,料水比为 1:(1.3~1.4)。

配方 2：木屑 78%、麦皮 20%、白糖 1%、碳酸钙 1%，料水比为 1∶1.3。

（2）装袋灭菌

栽培白灵菇多选用 17 cm×36 cm×0.005 cm 的聚丙烯塑料袋培养。每袋装干料 500 g，袋内装料松紧要适中，太紧密则通气性差，太松弛装料少，而产量低。装料用的袋用直径 20 mm、一端削尖的木棍打孔，后套上塑料套环，塞上棉花进行高压或常压灭菌。高压灭菌时保持压力 0.15 MPa 灭菌 2 h。常压灭菌时 100 ℃ 持续 12 h，灭火后再闷 4 h，待料温降至 60 ℃ 以下时，灭菌结束。

（3）接种

将灭菌后的栽培袋降温至 30 ℃ 以下，即在无菌条件下接种。接种最好选择夜间或清晨进行，这有利于提高接种成功率。接种时分别在料面上和孔穴内各植入蚕豆大小的菌种一块，植入料面的菌种块可稍大些，这有利于菌丝迅速萌发布满料面，从而降低污染率。在一般情况下，一瓶菌种可接种 25 个栽培袋。

5）菌袋培养

接种后的菌袋应及时移入预先消毒灭菌好的发菌室内进行避光培养，室内温度应控制在 22～28 ℃，空气相对湿度应控制在 70% 以下，并注意经常进行通风换气，以保持空气新鲜。培养过程中应注意观察菌丝长势，及时剔除已污染上杂菌的袋子。一般培养 35 d 左右，菌丝即可长满袋。

6）后熟培养

当白灵菇菌丝长满袋后，不能立即出菇，因此时菌丝稀疏、菌袋松软，必须进行菌丝后熟处理，即在温度 20～25 ℃、空气相对湿度 70%～75%、通风透气良好的环境下，再继续培养 30～40 d，使菌丝长得致密、洁白、粗壮，菌袋结实坚硬，以累积充足养分，达到生理成熟后才能出菇。在后熟培养后期，需要 200～300 lx 的散射光照射，以促进菌丝扭结。

7）出菇管理

经后熟培养后，即进入出菇管理期。此时出菇场地宜选择塑料温室大棚，采用墙式栽培出菇。管理工作主要分为搔菌、催蕾和育菇 3 个阶段。

（1）搔菌

为促进菌丝更好地发育及定位出菇，可采取"搔菌增氧"措施。具体操作方法：将棉花塞拔出，用小耙刮掉老菌块或轻轻搔去料面中央的菌皮，直径 2～3 cm，其他位置不要搔动，以免菌丝恢复生长较难且现蕾过多。搔菌后将棉花塞轻轻塞上，以保持良好的通气性，且不会使料面干燥。搔菌期间，棚内应注意保湿，控制室温 15～20 ℃，并尽量缩小温差，促使搔菌处的菌丝 3～5 d 内恢复生长。

（2）催蕾

当搔菌处的菌丝恢复生长后即可催蕾。催蕾室要求 300～1 000 lx 散射光，保持相对湿度 85% 左右。白灵菇属于不严格的变温结实性菌类，没有温差刺激也能出菇，但出菇慢，且不整齐。因此，为了克服上述弊病，在催蕾期间应予以 10 ℃ 左右的昼夜温差刺激。具体操作方法：白天在菌袋上覆盖塑料薄膜，温度控制在 15～18 ℃，当夜间气温下降时则揭开薄膜，将室温降至 5～8 ℃。同时，室内要通风透气，这样 10～12 d 原基即可形成。

（3）育菇

原基形成后，菇室温度应控制在 5 ~ 18 ℃，以 7 ~ 13 ℃ 为宜，空气相对湿度在 85% ~ 95%，增强光照强度达到 1 000 lx 左右。当菇蕾长到黄豆大小时，可除去棉花塞及套环；长至蚕豆大小时，则撑开袋口疏蕾，弃弱留强，一般每袋保留 1 ~ 2 个壮实、形态好的菇蕾；当菇蕾长到乒乓球大小时，可剪口育菇，即将塑料袋上端沿料面剪弃，让菇蕾和料面露出，以便为菇体提供足够的生长空间和接触新鲜空气。同时应适当加大通风换气量，气候干燥时，可采用空间喷雾，或朝地面泼水增湿，但切勿直接向菇体喷水，以保证子实体的正常发育。

8）采收加工

白灵菇采收应遵循先熟先采的原则。采收太早，子实体未充分发育，品质欠佳，并影响产量；采收太迟，子实体易老化，直接影响其贮藏与保鲜。从原基形成到采收需要 15 d 左右，一般采收一潮菇，生物学效率平均可达 60% 左右。白灵菇个体大，肉质肥厚致密，含水量较低，保鲜期长，耐远距离冷藏运输，特别适宜鲜销。同时白灵菇不易变色，因而适合于切片烘干、盐渍及制罐加工等，并可深加工成各种料理、饮料添加剂或营养保健品。

8.1.4　白灵菇工厂化栽培简介

1）栽培品种

白灵菇按菇形分为手掌形、马蹄形，而市场上受欢迎的是手掌形；按出菇温度分为低温型、中温型和高温型，生产上主要是低温型或中温型品种。目前，国际市场对菇形的要求为手掌形、菌柄短，销往国外的可选用天山 2 号、k2 或 k4。国内市场可销售漏斗形、长菌柄的，选用天山 1 号或 k5。其他优良品种有白灵菇 10 号、白灵菇 12 号、白玉 1 号、新优 3 号等。

2）工艺流程

目前，我国工厂化栽培白灵菇已达到较高机械化、自动化程度，已形成高产配套的工艺流程：拌料→装瓶或袋→灭菌→接种→培养→搔菌催蕾→育菇剔菇→出菇→装瓶或袋。

3）配料装瓶装袋和灭菌

配方：杂木屑 39%、玉米芯 39%、米糠或麸皮 20%、贝壳粉 2%。pH 自然，含水量 62% ~ 65%。木屑先喷水堆积，玉米芯粉碎为直径为 0.3 ~ 0.5 cm 的颗粒。机械搅拌装瓶或装袋。

如装瓶的同时沿瓶中轴打 1 孔，以利于透气。装瓶时要稍紧一些，然后盖好带有海绵可过滤空气的瓶盖。将瓶或袋装入塑料筐，每筐装 16 瓶或 12 袋，然后装载在灭菌车架上，推入灭菌锅内灭菌，高压 121 ℃ 灭菌 1.5 h。

4）接种与培养

待灭菌锅气压降到零，温度下降到 80 ℃ 以下，打开灭菌锅，开动空气过滤机，推出灭菌架车进行冷却。待冷却到 30 ℃ 以下后，将车架推入接种室内，进行表面消毒，在无菌条件下机械接入固体菌种。接种前将菌种瓶上部 3 ~ 5 cm 的老化部分除去。接种后推入接种室，24 ~ 26 ℃ 黑暗条件下培养，自动控制温度、湿度。培养过程中要检查 2 ~ 3 次，及时拣出污染瓶和未萌发瓶或袋。

5）后熟培养

据试验，白灵菇菌丝长满后，进行后熟培养 30 d，有利于提高产量和质量。

6）搔菌与催蕾

菌丝发满瓶后再继续培养 10～30 d，使其达到生理成熟并积累足够的营养，为出菇打下韧质基础。此后除去瓶口 1～1.5 cm 厚老化菌丝（即搔菌）。此过程由机械一次性完成，包括开瓶盖、搔菌、冲洗。搔菌的作用是促使出菇齐、快。当前生产上瓶栽的一般进行搔菌，搔菌厚度为 10 mm，袋栽的一般不进行搔菌。

搔菌后推入出菇室。在摆排的同时用另一个空筐扣在瓶口上，然后翻转使瓶口朝下，以利于菌丝恢复生长，并将湿度调至 90%～95%，温度调为 16～17 ℃，保持空气新鲜。待菌丝恢复生长后，将湿度下调到 80%～85%，使其形成湿度差，增加光照强度至 500～800 lx，这样 7～10 d 即可形成菇蕾。待菇蕾形成后再用一只空盘筐扣在瓶底上并翻转，即使瓶口朝上，将湿度保持在 90%～95%，温度为 16～17 ℃，培养子实体。

7）育菇与剔菇

子实体培养期间要注意通风换气，如果空气不新鲜，CO_2 浓度过高（超过 0.1%），可造成子实体生长不良，甚至畸形。湿度由调湿设备完成，但不可向子实体直接喷水。

育菇室内保持气温 15～18 ℃，空气相对湿度 85%～90%，光照强度 50～500 lx，注意通风换气。当菇蕾长到花生米大小时，及时用锋利的小刀疏去畸形菇和过密菇蕾，一般每袋留 1～2 个健壮菇蕾。

8）采收

采收时期根据客户要求，一般在菌盖平展、未弹射孢子前采收。采收应采大留小，分次采收，用锋利小刀收割，不影响小菇。当菇盖基本展开，子实体洁白无黄色时即可采收，采收后修整菇脚，分类包装出售。一般从出菇到采收需 10～15 d，工厂化栽培只采收一潮，采收结束后及时挖瓶，以备下轮装瓶栽培。挖瓶由机械进行。

菇事通问答：为什么白灵菇工厂化栽培只收一潮菇？

答：工厂化栽培应尽可能地缩短出菇时间，提高设备利用率，因为工厂化是周年栽培出菇，夏季生产时要降温保证出菇期对温度的要求，如果出菇期长，成本加大，影响效益。

工厂化生产预防杂菌：工厂化生产只收一潮菇，病虫害相对较少。

任务 8.2　鸡腿菇栽培

鸡腿菇（*Coprinus comatus*）又名毛头鬼伞、鸡腿蘑、刺蘑菇，属担子菌亚门层菌纲伞菌目鬼伞科鬼伞属。因子实体形如鸡腿、味如鸡丝而得名。鸡腿菇已被联合国粮农组织（FAO）和世界卫生组织（WHO）确认为具"天然、营养、保健"为一体的 16 种珍稀食用菌之一，并进行大力推广。我国和德、法、意、美、日等国都已大面积栽培。

鸡腿菇幼时肉质细嫩，味道鲜美，营养丰富，色、香、味、体等不亚于草菇。据分析，每 100 g 干菇中含粗蛋白 25.4 g,脂肪 3.3 g,总糖 58.8 g,纤维 7.3 g,灰分 12.5 g;含有 20 种氨基酸,其中 8 种是人体必需氨基酸。鸡腿菇还是一种食药兼用的真菌,其性平味甘,有益脾胃、清心安神、助消化增进食欲等功效,经常食用对治疗痔疮和降低血糖有明显作用。鲜菇、干菇、罐藏均极受消费者欢迎,因此,具有广阔的栽培前景和市场潜力。

8.2.1 生态、生长习性

野生鸡腿菇在春夏和秋季雨后常发生于针、阔叶树混交林的草丛中或防风林带、田野、果园及堆肥中。野生条件下多为单生,个体大,犹如手榴弹。子实体发生后生长很快,易开伞;菌褶变黑,边缘液化自溶。在栽培实践中,鸡腿菇菌丝繁殖能力和抗老化能力很强,适应性广,对生活条件要求不苛刻,各种农作物下脚料均可用于栽培,在适合的条件下容易获得高产和稳产。

8.2.2 形态特征

子实体单生、丛生或群生,棒槌状。菌盖初呈圆柱形,后呈钟状,最后平展(见图 8.2);初白色,后渐加深。菌肉白色,较薄,菌褶厚、密,与菌柄离生,早期白色,老熟后黑色。菌柄圆柱状,白色,中空,基部膨大,长 4~40 cm。菌环白色,生于菌柄中上部,可上下活动,易脱落。孢子印黑色,孢子椭圆形。

图 8.2 鸡腿菇子实体

8.2.3 生长条件

1)营养类型

鸡腿菇属于草腐菌,能够广泛利用葡萄糖、半乳糖、麦芽糖、木糖、糖粉、纤维素、石蜡等作为碳源。蛋白胨和酵母粉是鸡腿菇的最好氮源,可利用各种铵盐和硝态氮,但其他无机氮和尿素不是最适氮源。硫胺素缺少会影响鸡腿菇生长。培养基中加入麦芽浸膏和玉米、红三叶草、苜蓿等绿叶的煎汁,可显著地促进菌丝生长。

2)温度

鸡腿菇属中温型菌类,菌丝生长温度范围 3~35 ℃,最适为 24~26 ℃。菌丝体耐低温能力较强,在冬季零下 30 ℃,土中菌丝依然可以安全越冬。温度超过 35 ℃以上,菌丝发生自溶。子实体形成需要低温刺激。子实体生长温度为 8~30 ℃,最适为 12~24 ℃。在适温范围内,温度低,子实体生长慢,菌盖大而厚,柄短,组织结实,不易开伞,品质优,易于保鲜。高于 25 ℃,子实体生长快,组织疏松,盖小,柄长,肉薄,品质差,易开伞自溶。温度低于 8 ℃ 或高于 30 ℃,子实体不易形成。

3)水分

培养料含水量以 65% 左右为好,子实体发生时空气相对湿度应达到 85% ~95%。空气相对湿度低于 60% 则菌盖表面鳞片反卷,而在 95% 以上时菌盖易得斑点病。

4)光照及通风

菌丝体生长不需要光照。子实体生长发育需要光照强度宜 500 ~1 000 lx。它们属好气性真菌,菌丝体和子实体生长期间都需要新鲜空气。

5)酸碱度

菌丝在 pH 值 3 ~9 范围内均能生长,最适 pH 值为 6 ~7。菌丝生长期间,由于菌丝体的呼吸作用和代谢产物的积累,培养基中的 pH 值会有所下降,因此在配制培养料时应加入 1% ~2% 的石灰进行调节。

8.2.4　栽培管理技术

1)栽培季节

鸡腿菇属中温偏高型食用菌,子实体生长发育的最适温度是 15 ~24 ℃,适宜春、秋两季栽培。

2)优良菌株介绍

目前国内栽培的鸡腿菇品种有 20 多个,有的是从国外引进的,大部分是对本地野生种驯化培育的。现推广面积较大的品种是 CC168 菌株、CC173 菌株、CC944 菌株和 CC988 菌株。

3)菌种制作

(1)母种转管

母种培养基为 PDA 或 CPDA。鸡腿菇母种培养温度为 22 ~25 ℃。

(2)原种制作

①培养基。

a. 发酵棉子壳 90%、麸皮 8%、石灰 2%,料水比为 1∶(1.1 ~1.2)。

b. 发酵棉子壳 80%、麸皮 10%、玉米粉 8%、石灰 2%,料水比为 1∶(1.1 ~1.2)。

c. 麦粒 92%,麸皮、石灰、石膏粉分别为麦粒重的 4%、3%、1% ~2%。

②培养基配制和分装。

a、b 培养基配制方法:先将石灰溶于 1.1 ~1.2 倍的培养基量的水中,然后将培养基主辅干料先均匀拌和,再加入石灰水拌匀。培养料拌好后,应立即装瓶。

麦粒培养基配制方法:先将石灰溶于水中,麦粒投放石灰清液中浸泡,要求麦粒充分吸足水分,透心有弹性。浸泡时间应视气温高低而定,气温高时浸泡时间短些,气温低时浸泡时间长些,夏季浸泡时间约为 24 h,冬季约为 48 h。浸泡结束后,将麦粒捞出,沥至无水滴,摊开麦粒撒上麸皮和石膏粉,均匀拌匀,在拌料中千万不能破损麦粒。每瓶装麦粒(干重)180 g 左右。

灭菌、冷却、接种、培养过程参照前文菌种生产技术有关内容。

(3)栽培种制作方法

与原种相同。

4) 栽培基本设施要求

栽培基本设施包括原料场地及处理场所,灭菌、接种设施,发菌培养室和出菇房或大棚等。环境卫生是食用菌栽培的重要保障,应该时刻保持环境清洁卫生,做到清洁生产。一批菇栽培结束后,应及时将废料清理出菇房,要将出菇房清洗干净,待床面竹片晾干后,用克霉灵药剂将竹片正反面、地面、墙壁全部喷湿,然后用气雾消毒剂进行消毒灭菌,最好采用生石灰、臭氧消毒方法,此法安全、可靠、彻底。

8.2.5　几种栽培模式介绍

鸡腿菇的栽培料处理有多种方法,可以用生料、熟料、半熟料、发酵料等多种方式栽培,其中发酵料较好,因为易操作、成本低,栽培时可在室内栽培,也可在室外栽培,可以袋栽、箱栽、床栽或者畦栽培。

1) 发酵料栽培技术

(1) 培养料配制

每平方米可投料 30 ~ 40 kg。配方为:玉米芯 350 kg、棉子壳 150 kg、麸皮 40 kg、玉米面 30 kg、过磷酸钙 10 kg、生石膏粉 10 kg、鲜石灰粉 15 kg、尿素 2 kg、硼锌铁镁肥 1 kg、多菌灵 0.5 kg、水 800 ~ 850 kg。

在室内外拌料均可。首先把玉米芯碎成花生米大小,摊开,将棉子壳、麸皮、玉米面均匀洒上,把用筛均匀筛过的过磷酸钙、石膏粉、石灰粉干翻 2 遍。尿素、硼锌铁镁肥、多菌灵全部溶于水中,拌匀,然后把水全部均匀泼在料上,边泼边翻,翻匀为止,含水量以手用力握有 3 ~ 4 滴水滴下为宜。

(2) 培养料发酵

把料堆成高 1 m,宽 1.5 m,长不限,不盖塑料膜,料上每 30 cm 用直径 5 cm 木棒打孔至料底,第 2 天翻堆 1 次,冬季气温过低,可用塑料壶装开水埋料中间增温,待温度升至 60 ℃ 时(不超过 65 ℃,温度过高时,可降低料堆高度)保持 10 h,翻堆,再保持 10 h,翻堆时每 500 kg 料用 150 g 敌百虫加水 15 kg 喷雾杀虫,然后把温度降到 50 ℃ 左右,保持 1 昼夜,培养料颜色成黑褐色,有香味,待料温降至 30 ℃ 以下装袋,发酵料若偏干,可加多菌灵水,手用力握含水而不滴为宜。

夏季发料或发酵栽培场地种过或正在栽培其他食用菌时,为避免菇蝇等危害,第二次翻料时按常规法喷 0.1% 敌杀死或者其他杀虫剂,盖好塑料布闷 12 h。

栽培时可用地畦栽培法,也可用袋栽法。

(3) 地畦栽培法

发酵料地畦栽培工艺:配料预湿→建堆发酵(6—4—3—2 d 翻堆)→铺畦床播种→覆土调水→搭拱棚保温发菌→再覆土调水→出菇管理→采收。

①出菇管理。一般覆土后 20 d 左右就可以出菇,虽然在 8 ~ 30 ℃ 都能出菇,但以 12 ~ 18 ℃ 出菇为好。温度低,子实体生长慢,但菌盖大而厚,菌柄短结实,鲜菇便于贮存。两次性覆土就从最后一次覆土算起,在覆土后 5 ~ 6 d 开始,注意降低棚内温度,保持 17 ~ 25 ℃ 为好。降温办法:全盖草帘子,地栽池两边内灌水,夜间温度降到 20 ℃ 以下时,掀开小棚两头,通风换气,棚内空气相对湿度要保持在 85% ~ 90%,地栽时土壤水分向外蒸发比较容易保持,棚内空气相对湿度在 80% 以下时应浇水提湿。

认真调制覆土,鸡腿菇的特点是不管菌丝长得多么好,没有土壤便不能出菇,所以覆土是鸡腿菇栽培的一个很重要环节。要选择地表 10 cm 以下的土壤,其次是要将取来的土壤晒干打碎,使直径在 1 cm 左右的土粒占一半,分别用 1% 的石灰水和 0.1% 的多菌灵处理土壤。

②适时采收。鸡腿菇子实体成熟快,必须在菇蕾期菌环刚刚松动,钟形菌盖上出现卷毛状鳞片时采收,当菌环松动或脱后采收,鸡腿菇很容易发生褐变,菌褶甚至会自溶,失去食用价值和商品价值,因此要及时采收。

(4)袋栽法

①发酵料袋料栽培工艺。配料预湿→建堆发酵(6—4—3—2 d 翻堆)→装袋播种→发菌管理→搭棚入棚→脱袋覆土→浇水调水→出菇管理→采收。装袋与发菌可参考平菇发酵料栽培。

②搭棚入棚、脱袋覆土。在棚内把地整平,再做成宽 100 ~ 150 cm、深 10 ~ 20 cm、长不限的地畦。喷洒 3% 石灰水和 0.2% 高锰酸钾溶液,对场地进行杀虫、杀菌。畦底和畦帮均匀撒一层石灰粉。把发满菌或接近发满菌的菌袋用石灰水(或多菌灵水)擦洗菌袋外表,再剥去塑料袋。将脱袋的菌筒从中间截成两段,截面朝下竖排在畦中,菌棒间隙 2 ~ 3 cm,用挖出的土填满袋缝,浇透水后的菌棒表面覆盖已处理好的消毒土 3 ~ 4 cm 厚,整平料面,覆膜保温、保湿。

③覆土的选择与处理。

a. 土壤选择:选用含有一定腐殖质、透气性好、蓄水力强的土壤为覆土材料。取大田耕作层以下或林地地表 20 cm 以下土质,曝晒 2 ~ 3 d 后拍碎过粗筛。在土中加入 1.5% 生石灰粉、1% 碳酸钙。

b. 土壤消毒:100 m² 需土 3.5 m³,杀菌。把土堆积成长堆,用薄膜覆盖 24 ~ 28 h,闷堆杀虫、杀菌备用。将处理过的土粒调水至手握成团、落地即散。

④出菇期管理。覆土后要保持土层湿润,适当通风,棚内温度控制在 20 ℃ 左右,一般覆土后 10 ~ 15 d 菌丝基本发满,这时用竹片撑起弓棚,以便控制温度、湿度、空气、光线。

⑤及时采收。一般现蕾 7 ~ 10 d,在菌环尚未松动脱落、菌盖未开伞时及时采收,采收后用小刀削去基部泥土和杂质。采收头潮菇后,清理床面,补水喷水、养菌,促蕾出菇,一般每潮菇间隔 10 ~ 15 d,可连续采收 5 ~ 6 潮菇,若管理得好,50 kg 干料可收鲜菇 100 kg 左右。

⑥转潮管理。选床面无菇和转潮期间,喷洒 0.5% 石灰水和肥水,以补足养分,控制菌床酸化。

2)熟料栽培技术

熟料栽培工艺:备料(备种)→培养料发酵→灭菌→接种→发菌期管理→覆土→出菇期管理→采收。

(1)培养料配方

鸡腿菇是草腐菌,秸秆、棉子壳、废棉等都是鸡腿菇的培养材料,但要求先发酵腐熟,且发酵的质量与其产量有直接关系。另外,栽培草菇、金针菇、白灵菇的下脚废料也可作为鸡腿菇的培养料,而且不需要发酵,直接打碎就可装袋。

(2)鸡腿菇熟料栽培的装袋、灭菌、冷却、接种及发菌

可参考平菇熟料栽培。

（3）出菇管理

①脱袋。夏季一般约 20 d 菌丝长满菌袋，春、秋季 25 d 菌丝长满菌袋。一般发菌满袋后 2~3 d 就可脱去塑料袋进行覆土栽培，也可延长 1~2 个星期后脱袋，但此间不可受高温影响，否则会影响菇的产量和品质。如果在冬季自然温度条件下，发菌满袋后过 1~2 个月也不受影响，鸡腿菇菌丝耐寒性较好，−3 ℃冻不死。由于鸡腿菇的菌丝具有较强的抗衰老能力和不沾土不出菇的特性，栽培菌袋长好后，可以在低温、干燥、干净、光线较暗的菌种房内进行贮藏，待栽培生产时，再移入出菇房或出菇棚内覆土出菇。

②床架排袋。出菇房或出菇棚内搭建床架，在其上铺垫地膜，将脱去塑料袋的菌棒截成两截，截面向下排列在床面上，要求平整，菌棒之间留有空隙（3~5 cm），便于填土。

③覆土管理。覆土可用菜园土、稻田土，一般表层土不用。取土前在土层表面撒 1% 尿素，土翻好后撒 1% 石灰，然后将土捣碎，并与石灰拌匀。土粒大小不等，大的 2~3 cm，小的细如豆粒。覆土要求是土质疏松、通气性好、具有一定肥力的土壤，须进行杀虫灭菌处理。

④调湿发菌。当覆好土抹好边后，就要进行调水。一次性调重水，调至大土粒中心湿透，然后闭窗发菌。温度为 25 ℃。一般 10~15 d 形成子实体原基，20~25 d 就可开始采收。当天气干燥时，如冬季菇房空气湿度偏低，可在发菌前期床面加盖地膜，最好是无纺布，以便保持适宜的湿度。如果床面湿度过高，可在调水后 10 d 原基形成前，在床面上撒一层干细土。细土要过筛，以黄豆大为好。

⑤温度调节。在子实体原基形成前，菇房保持恒温 25 ℃，当原基形成时，就应将室温逐渐下调 2~3 ℃，当子实体全面形成，室温控制在 20~22 ℃。随着子实体不断长大，温度逐渐下调。子实体 1 cm 时，温度调至 18~20 ℃，18 ℃为最宜。温度高，菇肉松，品质差。待第一潮菇大部分采摘后，又可将温度逐步调高，当第二潮菇的子实体原基形成后，再按上述要求逐步下调温度。

（4）采收与加工

鸡腿菇生长快，要及时采收。采大留小，不带幼菇，不连根拔起，不伤土层菌丝。子实体采收后，用刀削去基部泥土，整理干净直接进入市场鲜销，或进行保鲜或盐渍加工。

菇事通问答：鸡腿菇工厂化栽培品种类型有哪些？怎样采收加工？

答：鸡腿菇品种主要分为单生和丛生两大类，单生品种个体肥大，总产量略低。丛生品种个体较小，总产量较高。市场鲜销一般采用丛生品种。目前，我国栽培的常见优良品种有 CC-100、CC-168、CC-974、特白 33、CC-173 等。

鸡腿菇子实体成熟的速度快，必须在菇蕾期采摘，即菌环刚刚松动、钟形菌盖上出现反卷毛状鳞片时采收。若菌环松动或脱落后采收，子实体在加工过程中会氧化褐变，菌褶甚至会自溶出黑褐色的孢子液而完全失去商品价值，要及时采收加工（速冻或盐水菇）。采收一潮菇后，清理干净菇床，用细土将菇坑填平，然后将料面调水至发亮为止。转潮管理使菌丝恢复生长累积营养，促使再次出菇，一般能出 3~4 潮菇。

任务 8.3 杏鲍菇栽培

杏鲍菇(*Pleurotus eryngii*)又叫雪芹、刺芹侧耳等,属担子菌纲伞菌目侧耳科侧耳属。杏鲍菇为刺芹侧耳的一个变种。杏鲍菇的菌肉肥厚细嫩,营养丰富,味美质鲜,保鲜期长,因具有杏仁的香味和鲍鱼的风味而得名,既有很高的营养价值,也有多种医用和保健功能,属高档和珍稀菌类。

杏鲍菇是味道最好的菇类之一,被誉为"平菇王"。子实体内含 18 种氨基酸及部分矿质元素,且其呈味物质十分丰富,有令人食后不忘的杏仁味。杏鲍菇不但味美,而且其保健功能十分显著,有益气、杀虫和美容作用,可促进人体对脂类物质的消化吸收和胆固醇的溶解,对肿瘤也有一定的预防和抑制作用,是一种具有药用功能的理想的保健食品,备受青睐。加之较高的耐贮、耐运性,使其保鲜性能及货架寿命大大延长,广受市场和商家欢迎。

8.3.1 生态习性

野生的杏鲍菇在我国主要分布在新疆、青海、四川北部,多生长在干旱草原和沙漠中的刺茸、叶拉瑟草和沙参植物上。大多着生于朽死的刺芹、阿魏等植物根部及四周土层中,有一定寄生性。因野生杏鲍菇多生长在刺芹植物的茎根上,故推测可能与其着生基质中有某种成分能驱避害虫使其得到有效保护有关。杏鲍菇有多种生态型,经人工驯化,利用农林产品下脚料,我国各地都可栽培出品质优良的杏鲍菇。

8.3.2 形态特征

菌丝体的菌丝浓白,有锁状联合,抗杂力较强,菌丝生长速度比白灵菇快,出菇也早。子实体是单生或群生,子实体由菌盖、菌褶和菌柄 3 部分组成,呈保龄球状或哑铃状(见图 8.3)。菌盖宽 2 ~ 12 cm,幼时长圆形,淡灰褐色,后长成圆形或扁形,成熟时形成中间下凹漏斗状,表面平滑,有丝状光泽,颜色浅棕色或浅黄白色,中间和周围有放射状墨绿色细纹。菌盖边缘幼时内卷,成熟后平展呈波状。菌肉白色,具杏仁香味。菌褶向下延长,密集,乳白色,边缘及两侧平滑,具有小菌褶。菌柄侧生或中生,长 2 ~ 8 cm,粗 0.5 ~ 3 cm,中实,肉质白色,长球茎状,脆嫩可口。孢子近纺锤形,平滑,大小为(8.5 ~ 12.5)μm×(5 ~ 6)μm,孢子印白色。

图 8.3 杏鲍菇子实体

8.3.3 杏鲍菇生长发育条件

1)营养类型

杏鲍菇是一种介于木腐菌与草腐菌之间的品种,营养条件包括碳源、氮源、无机盐和维生素类物质。它的菌丝分解纤维素和木质素等复杂碳水化合物能力比较强,可分解利用木屑、棉子壳、玉米芯、甘蔗渣、稻草和麦草等农副产品下脚料作为碳源。以蛋白胨、酵母粉、豆粉、麸皮等为氮源。所需碳源、氮源、无机盐和维生素类物质也可从农副产品原料中获得,不需另外添加。

2)温度

杏鲍菇属于低温菌类,尤其是子实体生长的适宜温度范围较窄。因此,在生长上选择适宜的出菇季节和品种是栽培成功关键之一。杏鲍菇原基形成的温度范围为 8 ~ 20 ℃,最适温度为 12 ~ 15 ℃。子实体生长发育的温度范围为 10 ~ 20 ℃。子实体形成期,温度低,菇生长慢,粗大,但失水多,易结球;温度高于 18 ℃ 时,子实体生长快,细长,菇体组织松软,品质差。在子实体生长过程中,因其属恒温结实的菇类,除在原基形成期给予一定温差外,生长期尽量给予恒温管理。

3)湿度

杏鲍菇比较耐旱,在杏鲍菇出菇阶段不宜往菇体上喷水,因此,菌袋的含水量多少对产量有直接影响。在菌丝生长阶段,培养料含水量以 60% ~ 65% 为宜。在低温季节制袋可提高含水量到 70% 左右,空气相对湿度在 60% 左右。出菇阶段,原基形成期间,适宜的空气相对湿度为 90% ~ 95%;子实体生长发育阶段,适宜空气相对湿度为 80% ~ 90%;在采收前,将空气相对湿度控制在 75% ~ 80%。

4)空气

菌丝体生长或子实体生长都需要氧气,但菌丝生长阶段稍高的 CO_2 浓度对菌丝影响不大,而原基形成和子实体生长要求有充足的氧气,环境通气良好,空气清新,这样有利菌盖生长。若要培养柄粗肉厚的子实体,还要适当控制通气量,提高 CO_2 浓度。

5)光线

菌丝生长不需要光,在黑暗或弱光下菌丝生长良好。原基形成和子实体生长要求一定的散射光,适宜的光照强度为 500 ~ 1 000 lx。

6)酸碱度

菌丝喜欢偏酸性环境,在 pH 值为 4 ~ 8 范围内均能生长,以 pH 值为 5 ~ 6 时最适宜。但在调制培养料时,pH 值可适当调至 7.5 ~ 8,随着培养料的发酵或灭菌,pH 值下降至最适范围。

8.3.4 栽培技术要点

1)栽培季节安排

根据出菇时要求的温度和当地气候特点,确定适宜的栽培时期。杏鲍菇原基形成的温度为 10 ~ 18 ℃,依此温度向前推 40 ~ 45 d 便为栽培的最佳期。一般长江以北分秋、春两季栽培,秋栽在 8 月下旬至 10 月上中旬,春栽在 3—4 月。有控温条件的工厂化栽培时,可周年栽培。

2）栽培管理及增产措施

目前,大面积栽培均采用塑料袋栽培方法,在袋式栽培法中有床架式出菇、床畦覆土出菇等形式。

（1）培养料的选择与配制

栽培杏鲍菇的主料是棉子壳、玉米芯、木屑、蔗渣、豆秸及食用菌废料等。辅料为麸皮、玉米粉、碳酸钙、石膏、石灰等。所有原料应新鲜,无霉变,无虫蛀。

培养基配方仅介绍几种,供参考选择。

①棉子壳 40%、木屑 38%、麸皮 20%、碳酸钙 2%。

②玉米芯 46%、棉子壳 40%、麸皮 6%、玉米粉 6%、糖和石膏各 1%。

③木屑 30%、棉子壳 28%、菌糠 20%、麸皮 15%、玉米粉 5%、糖和石膏各 1%。

④杂木屑 60%、棉子壳 20%、麸皮 18%、白糖和碳酸钙各 1%。

以上配方中含水量均为 60%～65%,pH 值为 7.5～8(用石灰水调)。

在调制培养料时,凡有棉子壳的培养料都要先将棉子壳加水润湿,然后与其他料一起拌匀,因为棉子壳不易吸收水分。将易溶于水的物料先溶解在水内,再拌入料内,水要逐步加入,边拌料边加水,反复拌数遍,达到无结块、无白心、含水量一致。拌好的料可及时装袋灭菌,也可将拌好的料先堆积发酵后,再装袋灭菌。

（2）装袋

将拌好的料或发酵好的料装入塑料袋中。袋的规格多用 16 cm×35 cm 或 17 cm×35 cm。先将袋一端扎牢,将拌均匀装入袋内,达到松紧适中,上下一致。袋装好后,两端打成活结。

（3）灭菌

装好的袋要及时灭菌,不可久放。采用高压灭菌时,0.147 MPa 维持 2 h;常压灭菌时,当锅内温度达 100 ℃时,维持 10～16 h。

（4）接种

灭菌后的料袋取出放入接种室或干净场所冷却,待袋温降至 30 ℃以下时接种。采用两端接种,接种量为 10%。一般每瓶(500 ml 或 750 ml)菌种可接 10～12 袋或 15～18 袋。并且菌种要尽量取块接入,减少细碎型菌种,以加速萌发,尽快让菌丝覆盖料面,最大限度地降低污染,提高发菌成功率。

（5）培养

启用培养室前应执行严格消毒工作,门窗及通风孔均封装高密度窗纱,以防虫类进入接种后的菌袋。移入后,置培养架上码 3～5 层,不可过高。尤其当气温高于 30 ℃时更应注意。严防发菌期间菌袋产热,室内采取地面浇水、墙体及空中喷水等方式,使室温尽量降低,冬季发菌则相反,应尽量使室温升高并维持稳定。一般应调控温度在 15～30 ℃范围,最佳 25 ℃,空气相对湿度 70%左右,并有少量通风。尽管杏鲍菇菌丝可耐受较高浓度二氧化碳,但仍以较新鲜空气对菌丝发育有利。此外,密闭培养室使菌袋在黑暗条件下发菌,既是菌丝的生理需求,同时也是预防害虫进入的有效措施之一。一般在 24～26 ℃条件下发菌,35～40 d 菌丝可长满袋。

（6）开袋搔菌催蕾

菌丝长满袋，后熟时间的长短直接影响到出菇率、转化率、菇体畸形率和产量的高低。菌丝长满袋后，必须再经过 30～40 d 的培养，使菌丝粗壮、洁白、浓密，可达到生理成熟。由营养生长转入生殖生长，并积累足够的养分，才能开袋出菇，应使出菇率达到 90%～94%，转化率达到 97% 左右，畸形菇率降低到最低程度。控制温度在 12～15 ℃，空气相对湿度 85%～90% 条件下打开袋口，搔去袋口料面老菌种块和老菌皮，但不撑开袋口，以便保持袋口料面湿度。当原基已在袋口形成，并出现 1～2 cm 小菇蕾时，撑开袋口或剪掉袋口薄膜，每袋留 3～4 个菇蕾，让其生长发育。

（7）出菇管理

①幼蕾阶段。幼蕾体微性弱，需较严格、稳定的环境条件，该阶段可将棚温稳定在 10～18 ℃、棚湿 90%～95%、光照强度 500～700 lx，以及少量通风，保持棚内较凉爽、高湿度、弱光照及清新的空气，3～5 d 后，幼蕾分化为幼菇，即可见子实体基本形状。

②幼菇阶段。子实体幼时尽管较蕾期个体大，但其抵抗外界不利因素的能力仍然较弱，此阶段仍需保持较稳定的温、水、气等条件，为促其加快生长速度并提高健壮程度，可适当增加光照度至 800 lx，但随着光照的提高，子实体色泽将趋深，故需掌握适度。经 3 d 左右，即转入成菇期。

③成菇阶段。为获得高质量的子实体，该阶段应创造条件进一步降低棚温至 15 ℃ 左右，控制棚湿 90% 左右，光照强度减至 500 lx，尽量加大通风，但勿使强风尤其温差较大的风吹拂子实体；风力较强时，可在门窗及通风孔处挂棉纱布并喷湿，或缩小进风口等，以控制热风、干风、强风的进入，既保证棚内空气清新，又可协调气、温、水之间的关系，使子实体处于较适宜条件下，从而健康、正常地生长。

④采收及采后管理。

a. 采收。当子实体基本长大、基部隆起但不松软、菌盖基本平展并中央下凹、边缘稍有下内卷但尚未弹射孢子时，即可及时采收。

b. 采后管理。将出菇面清理干净，并清洁菇棚，春栽时喷洒一遍菊酯类杀虫药及多菌灵等杀菌剂后，密闭遮光，秋栽时只喷一遍杀菌剂即可。待见料面再现原基后，可重新进行第二潮菇的出菇管理，当菇体充分长大，菌盖展开或按市场要求规格及时采收。

8.3.5　杏鲍菇工厂化栽培简介

1）品种类型

目前栽培较多的菌种类型中，有形似保龄球瓶状、棍棒状（圆柱状）、大盖状 3 种类型供选择。其特点如下：

（1）棍棒状类型

子实体白色，菌柄棍棒状，直径 3～5 cm，均匀，个大，组织致密，脆嫩，口感好，具杏仁香味，保质期长，适合出口，价格高。但出菇速度较保龄球瓶状慢，产量较低。

（2）保龄球瓶状类型

子实体白色，菌柄中间膨大，上下较小，形似保龄球瓶状，个体较大，产量较棍棒状高。但组织疏松，海绵质，脆度差，口感欠佳，保质期短，适合内销。

（3）大盖状类型

子实体盖大、柄细,菌丝粗壮,抗病力强,出蕾早,出菇密而整齐,菇质结实,产量高,杏仁香味浓,口感好,目前是出口、内销、盐渍、加工的主要品种。

2）工艺流程

原料配制→拌料、装袋→灭菌、冷却→接种→培养+催蕾→抑制→套袋→抑菌→发育→采收→包装运输。

3）设施设备

与金针菇类似。

4）原料配方

原料混合搅拌,栽培主料有木屑、玉米芯、棉子壳、甘蔗渣,营养物质有米糠、麸皮、玉米粉和少量的石灰、石膏等。在工厂化生产的配方中,营养物质所占比率比常规栽培的要高,一般要占总量的 30% ~40%,以尽可能提高第一潮菇产量。

基本配方如下:

①棉子壳 30%、玉米芯 36%、麸皮 30%、玉米粉 3%、碳酸钙 1%,含水量 64% ~66%。

②木屑 33%、玉米芯 30%、米糠 22%、麸皮 11%、玉米粉 3%、碳酸钙 1%,含水量 64% ~66%。

通过搅拌使原料在最短的时间内吸取大量的水分,提高培养料自身的蓄水能力,并使物料混合均匀。同时快速完成装瓶和灭菌,避免微生物大量繁殖致使培养料发酵酸败,改变其理化性质,影响发菌速度和产品产量。

5）装袋或装瓶

将混合均匀的原料均匀地装入专用塑料瓶中,并完成打孔和压盖。目前国内使用的栽培瓶有 850 ml 和 1 100 ml 两种规格,塑料瓶栽培杏鲍菇的产量为 130 ~150 g。

6）灭菌

一般采用全自动高压灭菌锅,以提高灭菌效率和灭菌效果。通过灭菌使培养料中的微生物(含孢子)全部被杀死,使培养料处于无菌的状态,同时培养料经过高温高压后,一些大分子物质如纤维素、半纤维素等部分降解,有利于菌丝的分解与吸收。

7）冷却

采用较多的是二级冷却。灭菌结束后,用灭菌车拉至冷却一室(预冷室),通过净化至 1 万级的自然新风将菌瓶温度降至 50% 以下,冷却约 2 h,起到节能的作用。然后移至冷却二室,通过冷风机强制制冷至 20 ℃以下。

8）接种

大多数采用固体自动接种机,液体接种机也在一些企业使用。接种室需保持充分洁净,将 1 万级净化新风引入接种室,并使室内形成正压,防止外界气流进入。在接种区域通过层流罩净化处理,局部达到 100 级,保证接种的成品率。

9）培养

接种后将培养瓶放置在垫仓板上,移至清洁及控温、控湿、控气的培养室中。培养室应保持适宜的温度、湿度和 CO_2 浓度。杏鲍菇的培养时间在 30 ~35 d。如果使用液体菌种,培养时间将缩短 7 ~10 d。后熟培养很重要,杏鲍菇菌丝长满后,进行后熟培养 10 d,有利于提高产量和质量。

10）搔菌

瓶栽食用菌必须经过搔菌，使表面菌丝断裂，菌丝重新形成，缩短出菇时间，提高出菇整齐度。杏鲍菇搔菌时必须去除瓶口表面的菌种块，为了控制原基数量，不需要注水处理。当前生产上一般采用瓶栽时进行搔菌，搔菌厚度为 10 mm。袋栽时一般不进行搔菌。

11）催蕾

杏鲍菇催蕾是获得优质高产的关键之一。催蕾室必须满足适宜的温度、光照、湿度、通风等原基形成条件。

杏鲍菇属中温品种，催蕾菇房内保持气温 12～16 ℃，空气相对湿度 85%～95%，光照强度 50～200 lx，注意通风。CO_2 浓度在 0.1% 以下，催蕾 3～7 d，刺激原基的形成。当袋内形成许多细小菇蕾时，开袋口进行出菇管理。此时相对湿度要略低，杏鲍菇为了减少细菌感染，采用干、湿交替方法，也有先开袋口覆无纺布或薄膜进行催蕾。空调能及时降温（升温），确保在适宜温度下形成原基，灯光必须合理设置和开启，诱导原基形成和控制正常的原基数量，催蕾时要保持较高的环境湿度，室内必须保持一定的气流循环，使不同方位的气流均匀一致，减少上、下层温差，促使原基同步形成和正常生长。

12）育菇

育菇室内保持气温 15～18 ℃，空气相对湿度 85%～90%，光照强度 50～500 lx，CO_2 浓度在 0.2% 以下。当菇蕾长到花生米大小时，及时用锋利的小刀疏去畸形菇和过密菇蕾，一般每袋留 2～3 个健壮菇蕾。

13）采收包装

子实体生长至七八分成熟时即可采收。杏鲍菇削根后一般采用 2.5 kg 的大包装，通过自动化机械包装，以延长保鲜时间。包装后入 2～4 ℃ 冷库贮备销售。

菇事通问答：杏鲍菇工厂化栽培病虫害如何防治？

答：病虫害防治主要是细菌、绿霉、木霉及菇蝇的防治。通常低温时病虫害不易发生，加强通风和进行温度调控可预防。如发现细菌、绿霉、木霉污染，要及时把菌袋取出后室外深埋；对菇蝇可利用电光灯、粘虫板进行诱杀，并结合用斑潜灵 2 000 倍至 2 500 倍液喷雾。

任务8.4　滑菇栽培

滑菇（*Pholiota nameko*）又称为滑子蘑、光帽鳞伞、珍珠菇、光帽黄伞等，隶属于伞菌目球盖菇科鳞伞属。滑菇人工栽培始于日本，20 世纪 70 年代我国引种栽培。目前主要分布在辽宁、吉林、黑龙江、北京、山西等地。

滑菇质嫩味美，营养丰富。据分析，每 100 g 滑菇干物质中含粗蛋白 20.8 g，脂肪 4.2 g，糖类 66.7 g,灰分 8.3 g。菌盖表面所分泌的黏多糖具有抑制肿瘤的作用,并对增进人体的脑力和体质均有益处。滑菇的热水提取物对于移植小白鼠皮下的肉瘤 S-180 有强烈的抑制作用,抑制率为 86.5%,完全萎缩率为 30%,对艾氏腹水癌的抑制率为 70%,还可预防葡萄球菌、大肠杆菌、肺炎杆菌、结核杆菌的感染。因此,滑菇颇受国内外消费者青睐。

8.4.1　形态特征

滑菇由菌丝体和子实体组成。

1)菌丝体

滑菇菌丝为绒毛状,稠密,爬壁能力强。初期为白色,后变淡黄色。在适温条件下,一般 8~10 d 即可长满试管。滑菇双核菌丝经扭结而组织化,形成近球形的原基,在条件适宜时发育成子实体。

2)子实体

滑菇子实体丛生,个体较小,开伞前菌盖直径 1~3 cm,开伞后菌盖直径 3~8 cm(见图 8.4)。菌盖黄褐色,很黏,半球形至扁球形,菌褶较密,直生。菌柄长 3~7 cm,近圆柱形或向下渐粗,纤维质,菌环以上为白色至浅黄色,菌环以下同盖色,近光滑、黏,内部实心至空心。菌环膜质,生柄上部,黏性易脱落。

图 8.4　滑菇子实体

8.4.2　生长条件

1)营养

滑菇属木腐菌。人工栽培常采用阔叶树木屑或某些针叶树(不能单独使用,必要时可加 20% 左右)作为主要的碳素营养,添加一定量的麸皮或米糠作为氮素营养和维生素营养的补充。添加石膏粉或碳酸钙等补充无机盐养分。代料栽培也可选棉子壳、玉米芯、豆秸等农副产品下脚料。

2)温度

滑菇属低温型变温结实性菌类。菌丝生长的温度为 5~30 ℃,最适温度为 20~25 ℃,超过 32 ℃菌丝停止生长,35 ℃以上死亡;子实体生长的温度为 6~20 ℃,最适温度为 15 ℃左右。昼夜如能形成 7~12 ℃的温差,有利于原基的产生。高于 20 ℃时子实体分化较少,菌柄细,菌盖小,开伞早,低于 5 ℃时子实体生长得非常缓慢,基本上不生长。

3）水分和湿度

滑菇是喜湿性菌类。在菌丝体生长阶段培养料的适宜含水量为60%～65%，空气相对湿度为60%～70%；子实体生长阶段培养料的适宜含水量为70%～73%，空气相对湿度为90%左右。空气相对湿度会影响产量，但培养料表面积水又会导致烂菇，且容易滋生霉菌。因此，在菌蕾形成阶段，不要直接向料表面喷水，可逐渐加大空气相对湿度。

4）光照及通风换气

滑菇菌丝体生长阶段不需要光线，因此要避光发菌；子实体分化和生长发育阶段必须有一定的散射光，300～800 lx的光照强度可促进子实体的形成。

滑菇是好气性菌类。菌丝、子实体生长均需要大量的氧气。因此在栽培管理中，加强通风换气至关重要。

5）酸碱度

滑菇是喜弱酸性菌类，适宜pH值为5～6.5，pH值大于7时生长受阻，大于8时停止生长。

8.4.3　栽培管理技术

滑菇人工栽培可分为段木栽培和代料栽培。段木栽培方法近年来很少采用。目前主要采用代料栽培。代料栽培按栽培方式又可分为压块栽培、袋栽、瓶栽、箱栽等。现以推广面积较大的半熟料块栽和熟料袋栽为例，介绍滑菇人工栽培技术。

1）半熟料块栽

滑菇半熟料块栽是指栽培滑菇的培养料拌料后用常压蒸锅蒸散料2～3 h，然后压块播种、发菌出菇的一种栽培方法。这种栽培方法采用早春低温播种，经过春、夏两季发菌，使菌块达到生理成熟，晚秋9—11月出菇。这种栽培方法生产工艺简单，操作方便，容易在广大农村普及推广，是我国滑菇主产区的主要生产模式。

工艺流程：准备工作→半熟料制作→压块播种→发菌管理→越夏管理→出菇管理→采收。

（1）准备工作

①搭建菇棚。小规模生产时，可以在房屋前后的田园或空地上搭建简易菇棚。使用前要收拾干净，地面撒白灰。菇棚内设置床架，进行多层次栽培。

②备种。菌种的准备要计算好时间及数量，选择好适宜的品种，以保证栽培时使用优质的适龄菌种。

③备料。滑菇主要生产原料是阔叶树木屑，在木屑资源贫乏地区，可用粉碎后的玉米芯、豆秸与木屑混合使用。所有的培养料都应在生产前备足。

④准备托帘、木框、压料板、活动托板、塑料薄膜等。托帘是承托菌块的秸秆帘，可用玉米秆或高粱秆制作。帘的规格为61 cm×36 cm，用2根坚硬的枝条穿插固定，1个托帘需要7～8段玉米秆或高粱秆。生产多少菌块就准备多少托帘。在制作托帘时应注意，无论用哪种材料，做成的托帘均要求光滑无刺，以免扎破塑料膜，造成污染；木框是制作菌块的模子，规格为60 cm×35 cm×8 cm，准备2～3个即可。制作木框的木板要求内外光滑，厚度2 cm左右；活动托板与托帘大小相同即可。塑料薄膜是包菌块用的，可选用聚乙烯塑料薄膜，裁成130 cm×120 cm大小，膜厚0.02 mm。

（2）播种时间

滑菇为半熟料块栽，播种的气温以 1~5 ℃ 为宜，因为滑菇菌丝发育的起点温度为 5 ℃，全国各地区可根据当地的气候条件确定适宜的播种时间。在东北多是春季播种，秋冬收获，一年一个生长周期，如牡丹江地区的栽培时间以 3 月中下旬为宜。此时日平均温度较低（一般在 1~2 ℃），低温接菌易控制杂菌污染，提高接种成功率，接种后气温升高，菌丝在 4~8 ℃ 生长繁殖，外界气温升高至 10 ℃ 以上时，菌丝已基本封面，抑制了杂菌的污染。

（3）培养料的选择

滑菇生产中的原料是以硬杂木屑为主，或和棉子壳、玉米芯、豆秆粉等混配栽培。使用前将玉米芯粉碎成玉米粒大小的颗粒状。木屑使用前要过筛，或拣去大木柴棒，以免装袋时刺破料袋。麸皮、米糠、石膏等可作为滑菇栽培的辅助原料。原料要求新鲜、无结块、无霉变。滑菇栽培的配方很多，应因地而异，选择合适的主料。现将生产中常用的配方介绍如下：

①木屑 87%、米糠 10%、玉米粉 2%、石膏 1%。

②木屑 40%、棉子壳 40%、玉米粉 10%、米糠 8%、石灰 2%。

③木屑 40%、玉米芯 40%、玉米粉 10%、米糠 8%、石灰 2%。

④木屑 40%、玉米芯 20%、豆秆粉 20%、玉米粉 10%、麸皮 8%、石灰 2%。

（4）半熟料制作

按比例称取原料。为了达到混拌均匀，先将比例小的原料混拌均匀，再将其与比例大的原料进一步混拌，干料拌均匀后再拌水，培养料的含水量以 55%~60% 为宜（含水量测定方法是用手紧握培养料成团不松散，指缝间有水印而不下滴为宜）。料拌好后准备蒸料。

蒸料时，锅上放入帘子，往锅内注水，水面距帘 20 cm，帘上铺放编织袋或麻袋片，用旺火把水烧开，然后往帘上撒培养料。首先撒上一层约 5 cm 厚的料，随着蒸汽的上升，哪里冒蒸汽就往哪里撒料，即见汽撒料，一直撒到离锅口 10 cm 处为止。撒料时要"勤撒、少撒、匀撒"，不可一次撒料过厚，造成上汽不均匀，产生"夹生料"。最后用厚塑料薄膜和帆布封锅顶盖，外边用绳捆绑结实。上大汽后，塑料膜鼓起，呈馒头状，这时开始计时（锅内料温为 100 ℃）。保持 2~3 h，停火后再闷 2 h 后出锅。

（5）出锅压块

出料前 30 min，对出料室、所用工具、托帘及操作人员的衣服用配好的 2%~3% 来苏儿溶液进行喷雾消毒。出料压块一般需 4 人操作，其中 1 人出料，用锹从锅内挖出蒸过的培养料，2 人包块，1 人搬运。在托帘上依次放上活动托板，木框，再将浸泡消毒后的薄膜铺在木框模具内，趁热快速将蒸好的料铺在塑料膜上，用压料板压平，料的厚度为 5.5 cm，特别注意框内四角要压实，以防塌边，用薄膜将料块包紧，随即抽出活动托板，撤下木框，用托帘承托料块，送到消毒后的接种室中，每 5~10 个码放一垛，冷却到 28 ℃ 播种。

（6）播种

播种时将栽培种袋打开，挖弃袋内表面一层老菌丝，把菌块掏出，放在消毒过的盆中，掰成玉米粒大小备用。揭开料包薄膜，迅速将菌种均匀撒在培养料表面，每块播种 1/4 袋栽培种（17 cm×33 cm 菌种袋），稍压实，立即包严。压块和播种时揭膜的时间是播种成败的关键。播种时，一般以 3 人相互配合为宜，其中 1 人搬料块，1 人揭膜，1 人播种。应做到动作准确迅速，同时要尽量减少挖出的菌种在空间滞留的时间，随挖随接。

接种结束后,将菌块搬到室外堆垛发菌或直接搬到菇棚内上架发菌。接种后的菌块最好采用室外堆积发菌方式,不但节省空间,而且白天室外阳光充足,气温较高,有利于菌丝生长,堆积发菌时,地面用木杆或砖垫起,每5~7块堆成一垛,垛与垛之间留10 cm间隙,以利于空气流通,上面及四周盖20 cm厚的稻草,以利于前期低温时增温、保暖,后期防止阳光直射,堆放期间要防止畜、禽及老鼠为害。

(7)发菌与越夏管理

①发菌管理。一般播种后,初期外界温度在1~3 ℃,达不到菌丝生长的最低温度要求,此时要以保温为主,尽量勿使菌块结冰。室外堆积5~7 d,菌种开始变白;经过10 d左右,菌块上的白色菌丝开始向料内生长。大约30 d培养料表面可长满菌丝并开始向料内穿透;发菌期间,不要向菌块喷水,要注意通风换气,防止烧料。一般在4月末进棚上架,高温提前到来时应早上架,气温较低的年份可晚上架,一般当堆内温度达10~12 ℃时应及时进棚上架,防止高温烧菌。

②越夏管理。滑菇菌丝培养后能否安全越夏是生产成败的关键。越夏管理的主要任务是控制菇房的温度,加大菇房的遮阳程度,防止阳光直射菇房而导致温度升高。这个时期应使菇房温度控制在26 ℃以下,如果超过26 ℃,在加强通风、遮阳的同时可采取喷冷水降温的措施。因为滑菇不耐高温,特别是处于老熟休眠阶段的菌丝,超过30 ℃连续4 h就会受到伤害。菇棚的门窗需要用玉米秸串成的遮阳帘或草帘遮光。进入出菇管理前夕,应对所有菌块检查一遍,如果有整块污染杂菌的,应及时拣出处理掉,对于局部污染的菌块,可移出菇房,与正常生长的菌块分开,单独进行管理。

(8)出菇管理

靠自然温度养菌,要到立秋后,气温降到15 ℃才能出菇。出菇前需要进行如下管理:

①揭膜划面。将料包的塑料膜揭开,将菌块表面的蜡质层划破进行搔菌处理,刺激菌块进入出菇期。在揭膜前,首先要清扫菇房,喷3%的来苏儿溶液消毒防虫,喷药30 min后揭膜,底膜不动,菌盘四边膜揭到底,以利于边缘出菇。划料面时用有刃的金属工具每隔4 cm划一道,深度根据表面蜡质层厚薄而定。对于较厚的锈红色蜡质层,划面以1 cm深为宜。较薄、发白的蜡质层要轻划,菌块表面未形成蜡质层的可不划。通过揭膜和搔菌处理,使菌块内部得到新鲜的空气,能够促进菌丝扭结,形成原基。

②水分管理。蜡质层划好后,管理的重点是水分管理。滑菇是喜湿耐水的菌类,出菇期间空气相对湿度为90%~95%才能出菇整齐,产量高。

在正常情况下,打包划面喷水后30 d左右,菌丝即可开始扭结,菌块表面出现白色原基,逐渐形成黄色的幼菇,再经过7~8 d的生长即可采收。

(9)采收

一般在菌膜即将开裂之前,在菇盖直径达2~3 cm,菇盖呈橙红色半球形,表面油润光滑,质地鲜嫩时采收为好。大面积栽培时,菇盖直径达到商品规格标准的上限与下限之间为采收适期。

2)熟料袋栽

滑菇的熟料袋栽是指培养料配制装袋后经高温灭菌,再进行播种、发菌、出菇的一种栽培方法。与滑菇半熟料块栽方法相比较,其最大优点是一年四季均可以进行栽培,只要出菇场所环境条件适宜,可全年出菇,满足市场的需求。

(1)菌袋制作

菌袋制作的关键步骤如拌料、装袋灭菌、冷却接种及发菌管理,可以参考杏鲍菇袋料栽培,在此不再赘述。

滑菇在温度上升至 5 ℃以上时,菌丝开始萌发。一般 3 月 10 日开始接菌,4 月 20 前接菌结束,5 月 30 日前后菌丝长满袋,当菌丝长满袋后,可以进行分墙转色,此时温度较高,菌丝代谢旺盛,应加强通风,湿度以自然湿度为好,不用进行特意的增湿,也不用进行特别的管理,6 月下旬开始转色,7 月初转色完毕。

(2)出菇管理

当室温降至 13 ~ 15 ℃时,此时应将塑料袋袋口剪去,露出培养基,培养 2 ~ 3 d,进行喷水增湿,空气相对湿度保持在 85% ~ 90%,经常进行通风换气,散射光以能阅读报纸为宜,诱发出菇。

(3)采收

采收标准及方法同半熟料块栽。如果条件适宜,可采收 3 潮菇。每潮菇采收后,要停水 1 周,让菌丝恢复生长,待原基出现后再进行出菇管理。

8.4.4 滑菇工厂化栽培简介

1)品种类型

(1)品种选择

根据出菇温度的不同,滑菇分极早生种(出菇适温为 7 ~ 20 ℃)、早生种(5 ~ 15 ℃)、中生种(7 ~ 12 ℃)、晚生种(5 ~ 10 ℃)。生产者要根据当地气候、栽培方式和目的来选用优良品种。现在主产区的主栽品种主要有早丰 112、c1、c2、c3 等。

近几年,生产使用的品种主要有丹东市林业科学研究所选育的丹滑 8 号(中早生种)、丹滑 9 号(中早生种),另有引进品种奥羽 2 号、奥羽 3 号(中生种)、CTE(早生种)。

(2)菌种选择

选用菌种时要求不退化、不混杂,从外观看菌丝洁白、绒毛状,生长致密、均匀、健壮。要求菌龄在 50 ~ 60 d,不老化,不萎缩,无积水现象;选用菌种时应各品种搭配使用,不可使用单一品种,防止出菇过于集中影响产品销售。

滑菇属低温变温结实型菌类,我国北方一般采取春种秋出,半熟料栽培,最好选择气温在 8 ℃以下的早春季节,最佳播种期为 2 月中旬至 3 月中旬。南方地区适宜的出菇期为 11 月下旬至次年 3 月中旬。工厂化种植可以不受季节限制进行周年生产。

现代标准化生产一般采用百叶窗式出菇厂棚,棚高 5.5 m,棚内培养架可用木杆、竹竿分层搭设,一般架高 1.7 ~ 1.8 m,宽 0.6 m,底层距地面 0.2 m,层架间距 0.3 ~ 0.4 m,以设 7 层为宜,中间留 0.8 m 宽走道。也可用水泥当立柱,拉 4 条 8 号铁线为横杆。

2)常用培养料配方

①木屑 77%、麦麸(或米糠)20%、石膏 2%、过磷酸钙 1%,pH 值为 6 ~ 6.5,含水量为 60% ~ 65%。

②目前推广的配方:木屑 84%、麦麸或米糠 12%、玉米粉 2.5%、石膏 1%、石灰 0.5%,pH

值为 6 ~ 6.5,含水量为 60% ~ 65%。

③木屑 50%,玉米芯粉 35%,麦麸 14%,石膏 1%。

④木屑 54%,豆秸粉 30%,麦麸 15%,石膏 1%。

3)拌料

将培养料按比例称好,搅拌均匀,加水量可根据原料的干湿,使含水量达 60% ~ 65%,堆闷 30 min。

4)装袋或装盘及灭菌

拌好料即可装袋(17 cm×33 cm×(0.04 ~ 0.05) cm,聚丙烯),每袋装湿料 750 ~ 800 g,边装边压实,把袋撑起,用 2 cm 粗的木锥在料面中央向下扎 1 个接种孔,套上直径为 2.5 ~ 3 cm 的颈圈,靠颈圈上口将袋子口反折下,在颈圈口塞上棉塞。用活动模板框做成料盘,装箱(盘)。

①箱盘的规格为(55 ~ 60) cm×35 cm×9 cm。

②将消毒过(0.1% 高锰酸钾溶液)的塑料膜铺在盘或箱内(事先用 0.2% $CuSO_4$ 溶液喷洒)。

③趁热将料装入盘中,厚 7 ~ 8 cm,整平,稍加压实。

高压灭菌 1.5 h 或常压灭菌 8 ~ 10 h。常压灭菌时,将加水拌料后的混合物放入蒸锅内进行蒸料。整个蒸料过程应按"见汽撒料"的要求进行,撒料完毕,封严锅口后待锅口缝隙冒出大量热气时,持续蒸料 2 h,整个蒸料过程要做到火旺气足,经过蒸料过程培养基的含水率会增加到 62% ~ 63%,这是滑菇栽培的适宜含水率,蒸料完毕,闷锅 50 ~ 60 min 后趁热出锅并包盘,盘的规格为 55 ~ 60.35 cm,培养基在盘内压实的厚度为 3.5 ~ 4 cm,质量为 4.5 ~ 5 kg。

5)接种

(1)接种室消毒及准备工作

首先应做好接种室的消毒,每立方米用 5 ~ 8 g 消毒剂重点消毒,操作者应按操作要求做好接种前的准备工作,用 5% 来苏儿喷洒培养盘和一切搬运、接种工具。关闭门窗,防止空气流通。

(2)接种方法

当料温降至 25 ℃ 左右时,即可按无菌操作要求接种。生产实践证明,接种量适当加大些,菌丝生长迅速,可以防止杂菌的早期发生。

6)发菌管理

(1)菌丝萌发定植期管理

北方滑菇接种一般安排在 2 月中旬至 3 月中旬完成,此时日平均温度在 -6 ~ 5 ℃,未达到菌丝生长所需的最低温度 5 ℃ 以上,这时需人为升温,如在室外码盘发菌的,夜间应用玉米秸或稻草将菌垛周围围起,促进菌丝定植,并每隔 3 ~ 4 d 测料温 1 次。菌块温度高于 12 ℃ 以上时,应将菌盘单盘上架摆放。

(2)菌丝扩展封面期管理

定植的菌丝体逐渐变白,并向四周延伸。随着温度提高,菌丝生长加快并向料内生长,但随着温度的升高,杂菌也会蔓延,造成污染,这个阶段应以预防污染为中心,棚内温度控制在 8 ~ 12 ℃ 为宜,要求 5 ~ 7 d 倒垛一次,加大通风量。

(3)菌丝长满期管理

进入4月中旬,气温升高,菌丝已长满,此时菌丝呼吸加强,需氧量加大,释放热量,需要控温在18℃左右,另外加大通风量。

(4)越夏管理

7—8月高温季节来临,滑菇一般已形成一层黄褐色蜡质层,菌块富有弹性,对不良环境抵抗能力增强,但如温度超过30℃,菌块内菌丝会由于高温及氧气供应不足而死亡。因此,此阶段应加强遮光度,昼夜通风,棚顶上除打开天窗或拔风筒外,更应安装双层遮阳网或喷水降温设施。并且在所有通风口处安装防虫网,防止成虫飞入或幼虫危害,必要时可喷洒低毒无残留的生物农药,如喷洒20%的溴氰菊酯或氯氰菊酯等。

7)出菇期管理

8月中旬气温稳定在18℃左右,滑菇已达到生理成熟,可进行出菇管理。

(1)划菌

菌块的菌膜太厚不利于出菇,需用竹刀或铁钉在菌块表面划线,纵横划成宽2 cm左右的格子。划透菌膜,深浅要适度,一般1 cm深即可,划线过深则菌块易断裂。然后平放或立放在架上,喷水,调节室温到15℃左右,促使子实体形成。

(2)温度管理

滑菇属低温型种类,在10～15℃下子实体生长较适宜,高于20℃时子实体形成慢,菇盖小,柄细,肉薄,易开伞。子实体对低温抵抗力强,在5℃左右也能生长,但不旺盛。变温条件下子实体生长极好,产菇多,菇体大,肉质厚,质量好,健壮无杂菌。9月以后深秋季节,自然温差大,应充分利用自然温差,加强管理,促进多产菇。夜间气温低,出菇室温度不低于10℃。中午气温高,应注意通风,使出菇室温度不高于20℃。

(3)湿度管理

水分是滑菇高产的重要条件之一,为保证滑菇子实体生长发育对水分的需要,应适当地喷水,增加菌块水分(70%左右)和空气湿度(90%左右),每天至少喷水2次,施水量应根据室内湿度高低和子实体生长情况决定。空气湿度要保持在85%～95%,天气干燥,风流过大,可适当增加喷水次数。子实体发生越多,菇体生长越旺盛,代谢能力越大,越需加大施水量。

喷水时应注意,菌盘喷水时要用喷雾器细喷、勤喷,使水缓慢通过表面划线渗入菌块,不许喷急水、大水。喷水时,喷雾器的头要高些,防止水冲击菇体。冬季出菇室采用升温设备,不能在加温前喷水,应在室温上升后2 h喷水。

(4)通风的管理

出菇期菌丝体呼吸量增强,需氧量明显增加,因此,需保持室内空气清新。通风时,注意温度、湿度变化,出菇期如自然温度较高,室内通风不好,会造成不出菇或畸形菇增多。此外,温度较高的季节出菇时必须日夜开启通风口和排气孔,使空气对流,保证有足够的氧气供菇体需要。

(5)光照的管理

滑菇子实体生长时需要散射光,菌块不能摆得太密,室内不能太暗,如没有足够的散射光,则菇体色浅,柄细长。

8)采收

滑菇应掌握在六分成熟、菌盖边缘卷曲时采收,开伞后采收会造成滑菇商品质量下降。

采收时用手指捏住菌柄基部,轻轻旋起,使菇体脱离培养基。每采完一潮菇后,及时清除表面残根和老菌皮,停止浇水3~5 d,让菌丝恢复生长后进入下一潮菇的管理。

菇事通问答:滑菇畸形菇及预防措施

1)发生原因

滑菇属低温型种类,畸形菇多发生在低温季节。温度低于10 ℃时,菇棚的角落,或通风不良,光线较差,较长时间覆盖薄膜而没有注意换气的情况下出现畸形菇。

2)预防措施

①在低温季节,要保持菇棚温度8~12 ℃为宜,特别是滑菇子实体原基分化生长期,更不能连续几天低于5 ℃或高于15 ℃,低于5 ℃易形成畸形菇甚至死亡。

②低温季节出菇时,当滑菇子实体正处于成形阶段,要注意通风换气,勿使菇棚内二氧化碳积累。

③注意调节菇棚的光线,尤其是容易遮光的角落处,更应注意给以充足的光照。

④滑菇原基形成和分化阶段,要经常注意调节菇棚内空气湿度,保持菇棚内空气湿度在85%~95%,当遇到干燥时,要喷水调节增湿。

⑤栽培滑菇选择原料时,要严格掌握不要使用被农药污染的材料。

任务8.5　秀珍菇栽培

秀珍菇(*Pleurotus geesteranus* Singer)也称为袖珍菇、姬平菇、印度鲍鱼菇等,隶属于担子菌亚门伞菌目侧耳科侧耳属。秀珍菇肉质脆嫩,鲜美可口,纤维含量少,富含有蛋白质、脂肪、真菌多糖、维生素和微量元素,秀珍菇的蛋白质含量接近于肉类,比一般蔬菜高3~6倍,并含有17种以上氨基酸,其中含有人体必需的8种氨基酸。更为可贵的是,秀珍菇含有人体自身不能制造而素食中通常又缺乏的苏氨酸、赖氨酸、亮氨酸等。秀珍菇不仅营养丰富,而且多食秀珍菇可降低人体胆固醇和血脂。因此,秀珍菇近年来深受国内外消费者欢迎。

8.5.1　形态特征

秀珍菇由菌丝体和子实体组成。

1)菌丝体

秀珍菇菌丝洁白、粗壮,气生菌丝发达。菌丝在生长过程中,显微镜下能明显地观察到菌丝的锁状联合。菌丝抗杂菌能力强,达到生理成熟阶段后条件适宜时,形成子实体。

2)子实体

秀珍菇子实体多数为丛生,少数为单生。外形及颜色与平菇或凤尾菇相似。菌盖浅灰白至深灰,半圆形、圆形、扇形、肾形,完全展开后贝壳形或漏斗状,菌盖多为3~4 cm(见图8.5);菌褶较密、白色、延生;菌柄侧生、偏生或近中生,白色,柄长2~10 cm,柄粗0.4~3 cm,上粗下细、基部无绒毛;成熟后的子实体中至大型。

图 8.5　秀珍菇子实体

8.5.2　生长条件

1)营养类型

秀珍菇属木腐菌类。秀珍菇菌丝分解纤维素和半纤维素的能力很强。因此,栽培秀珍菇的原料来源很广,常以棉子壳、杂木屑、玉米芯、甘蔗渣及多种农业和加工产品的下脚料为主料。辅料有麸皮、米糠、玉米粉等,在栽培料中适当加入过磷酸钙、碳酸钙、石膏等矿物质,有助于菌丝的生长和产量的提高。

2)温度

秀珍菇为低温型变温结实性菌类。菌丝生长温度范围较广,在 8 ~ 35 ℃均能生长,最佳温度为 24 ~ 27 ℃;子实体形成温度为 10 ~ 25 ℃,以 15 ~ 20 ℃最好;出菇温度为 8 ~ 28 ℃,最适温度为 12 ~ 20 ℃。在适温范围内,昼夜温差 5 ~ 8 ℃能促进子实体分化、增加产量、提高品质。

3)湿度

秀珍菇是喜湿性菌类。菌丝生长阶段,培养料含水量应控制在 65% ~ 70%,比其他食用菌所要求的含水量要高,空气相对湿度控制 65% 左右;出菇阶段空气相对湿度应调高到 85% ~ 95%,若湿度过低,子实体变小,严重时会引起原基萎缩、菇蕾死亡。

4)空气

秀珍菇是好气性真菌。在其生长发育的全过程,都要经常通风换气,以保持空气新鲜,促进秀珍菇的正常生长发育。

5)光照及酸碱度

菌丝体生长阶段不需要光线,因此要避光发菌;子实体分化和生长发育阶段必须有一定的散射光,300 ~ 800 lx 的光照强度可促进子实体的形成。

秀珍菇生长发育喜欢偏酸性的环境。最适酸碱度为 pH 值 5.5 ~ 6.5。

8.5.3　栽培管理技术

秀珍菇人工栽培方式又可分为瓶栽、袋栽、箱栽、畦栽等。现以推广较好的熟料袋栽为

例,介绍秀珍菇人工栽培技术。

工艺流程为:准备工作→培养料制作→装袋灭菌→冷却接种→发菌管理→出菇管理→采收→转潮管理。

1)准备工作

(1)场地选择

秀珍菇栽培室可以利用一般民房,也可在庭院内搭简易栽培棚,有条件的可以建造专用栽培室。要求地势稍高,靠近水源,通风良好,彻底消毒。我国北方菇农一般将发菌室兼做出菇室,如果将二者分开,即采用二区制栽培,可增加栽培批次。栽培室要能够密闭,利于保温和消毒,提高秀珍菇产量和质量。栽培室在每次使用前3~5 d须进行杀虫、消毒。

(2)备种及备料

菌种的准备要计算好时间和数量,选择好适宜的品种,以保证栽培时使用优质的适龄菌种。栽培种发满后应该菌丝洁白、均匀、健壮,无杂菌感染。

因地制宜地选择棉子壳、木屑、玉米芯、豆秸等农副产品的下脚料。所有的培养料都应在生产前备足。

2)播种时间

秀珍菇栽培季节的选择应依据出菇温度和当地自然气候条件而定。气温稳定在8 ℃以上时可以栽培。根据北方气候特点,秀珍菇栽培一般安排在春、秋两季生产,春季为4—5月,秋季为9—10月。南北气候有别,可根据出菇适温适当提前或推迟20 d。

3)培养料制作

(1)配方

秀珍菇栽培材料十分广泛,几乎所有用来栽培平菇的材料都可用来栽培秀珍菇。棉子壳、木屑、玉米芯、各种秸秆等都是培养秀珍菇较好的材料。秀珍菇喜高氮营养,因此,在培养料中要适当添加麸皮、米糠、玉米等有机氮源。

现将生产中常用的配方介绍如下:

①棉子壳85%、米糠(或麸皮)10%、白糖1%、石灰3%、石膏粉1%。

②棉子壳55%、木屑40%、黄豆粉2%、石膏粉2%、过磷酸钙1%。

③棉子壳49%、木屑49%、白糖1%、石膏粉1%。

④棉子壳30%、玉米芯48%、麸皮20%、白糖1%、石膏粉1%。

⑤木屑77%、米糠(或麸皮)20%、白糖1%、石膏粉1%、石灰1%。

⑥木屑38%、玉米芯40%、麸皮20%、白糖1%、石膏粉1%。

⑦豆秸46%、木屑32%、麸皮20%、石膏粉1%、白糖1%。

(2)拌料

按比例称取原料进行拌料,按料水比1∶(1.2~1.4)加水,充分搅拌均匀,堆闷2 h后即可使用。菌袋制作的其他步骤如装袋灭菌、冷却接种及发菌管理可以参考杏鲍菇袋料栽培,在此不再赘述。

4)出菇管理

秀珍菇菌丝长满袋后再继续培养5~7 d,使菌丝达到生理成熟并积累养分便可出菇,具体管理办法如下:

（1）解报纸

当套环周围呈现原基时,即脱掉报纸,橡皮筋仍固住套环。

（2）控制温度

保持在 15 ~ 25 ℃,出菇品质最好。

（3）水分管理

秀珍菇各生长阶段对水分的要求有所不同。催蕾时,采取空间喷雾,维持空气相对湿度90%,保持料面湿润,促进菇蕾形成。随着子实体的发育,菇长至 1 cm 以上时可以向空间和菇体上同时喷水,最好喷雾状水,做到细喷和勤喷,空间相对湿度为85% ~95%,此时,切忌向菇蕾直接喷水,否则菇蕾易变黄、萎缩死亡。每潮菇采收后都要清理料面,同时停止喷水,让菇房和料面干燥 3 ~ 5 d,以利于菌丝恢复,减少病虫害的发生。

（4）通风及光照

通风时间及通风量应结合温度灵活控制,高温季节夜间多通风,尽可能降低菇房温度。

原基分化和子实体生长需要光线刺激,栽培场所适当给予散射光,光线以人在房内、棚内能看清报纸的一般字体为宜。

5）采收

秀珍菇栽培一般在现蕾后 3 ~ 4 d,当秀珍菇子实体的菌盖已开展,边缘内卷,菇盖直径 2 ~ 4 cm 时即可采收,优质商品鲜菇的标准是菌盖直径 2.5 ~ 3.5 cm,菇柄长 4 ~ 5 cm。

6）转潮管理

每潮菇采收结束后,都要清理出菇口的料面残柄及死菇,3 ~ 5 d 不喷水,让菌丝恢复生长,再进入下一潮菇的管理,一般 10 ~ 12 d 采一次。秀珍菇可采收 5 ~ 7 潮菇,生物学转化率可达80% ~100%。一个栽培周期为 3 ~ 4 个月。

8.5.4 秀珍菇工厂化栽培简介

秀珍菇得名于其秀气而珍贵,其子实体单生或丛生,朵小形美,菇盖直径小于 3 cm,菇柄长小于 6 cm。秀珍菇质地脆嫩、清甜爽口、味道鲜美,富含蛋白质、真菌多糖等保健成分。

目前,秀珍菇在有些地方已经成为食用菌主栽品种之一,栽培前景与效益良好。通过冷库低温处理,秀珍菇可进行周年栽培。

1）品种选择

目前主栽品种大多是源于台湾的秀珍菇系列品种,如秀 57、杭农 1 号、864 菌株、农秀 1 号,以及秀珍菇 1、2、3、4、5 号等。其栽培特性与产品品质均有一定的差异,栽培者应根据市场需要,选用适宜的品种。一般要选可适宜冷库处理出菇、单生菇多、转潮快及品质好的品种。目前发现,有的品种在引进多年后出现退化,表现为出菇期推迟,低温处理后出菇不齐,甚至不出菇。因此,引种后一定要进行小规模试种,否则极易造成产品不适销,甚至出现不出菇等问题。

2）栽培季节

工厂化栽培时,有完善的设施条件,如菇房有温控条件、栽培场所有冷库等设施,则可周年生产,可以不受季节限制。一般利用自然气候,秀珍菇制包以安排在 2—3 月或 9—10 月为佳,在这两个产季,温度较易控制,湿度又不高,制包成功率较高,2—3 月制包时要注意保温,

9—10月制包时要注意降温;同时,这两个产季制包,出菇期可遇上秀珍菇栽培适宜的季节。由于秀珍菇是以采收小菇为主,因此,每潮菇子实体生长阶段很短,营养消耗相对较少,而潮次数较多,整个栽培周期拉得较长,可达6~10个月。大面积栽培时,一年中制包有1~2个产季即可,否则出菇期应避开夏季高温。不然持续高温,气温高于28 ℃,极易造成不出菇。

3)培养料配方

培养基一般保持一定的碳氮比(20∶1)~(30∶1),可以防菌丝徒长,提早出菇,且适宜的培养基可使后期菌包不易萎缩,也不易形成侧生菇。培养基中加入适当的棉子壳为佳,以下配方可供参考:

①杂木屑77%、麸皮20%、石膏1%、碳酸钙1%、糖1%。

②棉子壳78%、麸皮20%、石灰粉1%、糖1%。

③棉子壳39%、木屑39%、麸皮20%、糖1%、石灰1%。

4)培养管理

秀珍菇培养管理主要是温度处理、水分及湿度控制、通风换气、光照刺激等。

菌袋生理成熟后,搬进菇棚上架排袋或平地墙式重叠。然后拔塞或解绳,敞开袋口让氧气透进袋内。同时采取白天罩膜,午夜揭膜,人为创造8~12 ℃的温差刺激。有冷库设施的单位,可将菌袋搬进2~4 ℃的冷库中进行刺激10~12 h,然后搬进菇棚叠袋出菇。出菇阶段菇房应给予300~500 lx光照,促进原基分化子实体形成。长菇期温度最好控制在18~22 ℃。若冬季气温低于15 ℃则菇蕾难以形成,应加温催蕾,同时做好菇房通风换气,空间相对湿度控制在85%~95%。防止过湿缺氧,引起杂菌滋生而烂菇。

5)采收

要即时采收,不留菇柄,即时搔清出菇面。出菇面不能积水,否则易发生霉菌污染。

菇事通问答:采后怎样养菌管理?

答:采收一茬后,风晾10~15 d,让菌丝营养再积累,活力恢复,同时,养菌期间还要适当喷水,以防表面菌丝过干,影响活力。然后再"浸水→吸水→低温处理(6~9 ℃或温差在10~15 ℃,24 h以上)→控水→进菇房出菇管理→再采收"。

任务8.6　大球盖菇栽培

大球盖菇(*Stropharla rugosoannulata* Farlow apud Murrill)又名皱环盖菇、皱球盖菇、酒红球盖菇,是欧美各国人工栽培的珍稀名贵食用菌新品种,也是联合国粮农组(FAO)向发展中国家推荐的,在国际市场上畅销的十大菇种之一。其菇鲜品色泽艳丽,肉质脆嫩滑爽,味道清香鲜美,营养丰富,富含蛋白质、糖质、矿物质、维生素及17种氨基酸,含人体必需的8种氨基酸,且具有较高的药用价值,有预防冠心病、促进消化等功效。该菇口感好,干菇浓香,是珍稀菇类的后起之秀,颇受消费者青睐。

8.6.1 形态特征

子实体单生、丛生或群生，中等至较大，单个菇团可达数公斤重。菌盖近牛球形，后扁平，直径 5 ~ 45 cm，菌盖肉质，湿润时表面稍有黏性。细嫩子实体初为白色，常有乳头状小突起，随着子实体逐渐长大，菌盖渐变红褐色至葡萄酒红褐色或暗褐色，老熟后褪为褐色至灰褐色。有的菌盖上有纤维状鳞片，随着子实体的生长成熟而逐渐消失（见图 8.6）。菌盖边缘内卷，常附有菌幕残片。菌肉肥厚，色白。菌褶直生，排列密集，初为污白色，后变成灰白色，随菌盖平展，逐渐变成褐色或紫黑色。菌柄近圆柱形，靠近基部稍膨大，柄长 5 ~ 20 cm，柄粗 0.5 ~ 4 cm，菌环膜质，较厚或双层，位于柄的中上部，白色或近白色，上面有粗糙条纹，深裂成若干片段，裂片先端略向上卷，易脱落，在老熟的子实体上常消失。

图 8.6　大球盖菇子实体

8.6.2 生态习性及分布

大球盖菇从春至秋生于林中、林缘的草地上或路旁、园地、垃圾场、木屑堆或牧场的牛马粪堆上。人工栽培除了 7—9 月未见出菇外，其他月份均可长菇，但以 10 月下旬至 12 月初和次年 3—4 月上旬出菇多，生长快。野生大球盖菇在青藏高原上生长于阔叶林下的落叶层上，在攀西地区生于针阔混交林中。

大球盖菇在自然界中分布于欧洲、北美洲、亚洲等地。在欧洲国家如波兰、德国、荷兰、捷克等，均有栽培。我国野生大球盖菇分布于云南、四川、西藏、吉林等地。

8.6.3 生长条件

1）水分

大球盖菇菌丝及子实体生长不可缺少的因子。基质中含水量 65% ~ 80% 的情况下能正常生长，最适宜含水量为 70% ~ 75%。子实体发生阶段一般要求环境相对湿度在 85% 以上，以 95% 左右为宜。菌丝从营养生长阶段转入生殖生长阶段，必须提高空气的相对湿度方可刺激出菇，否则菌丝虽生长健壮，但空气湿度低，出菇也不理想。

2）营养

营养物质是大球盖菇的生命活动的物质基础，也是获得高产的根本保证。大球盖菇对营养的要求以糖类和含氮物质为主。碳源有葡萄糖、蔗糖、纤维素、木质素等,氮源有氨基酸、蛋白胨等。此外,还需微量的无机盐类。实际栽培结果表明,稻草、麦秸、木屑等可作为培养料,能够满足大球盖菇生长所需的碳源。栽培其他蘑菇所采用的粪草料以及棉子壳反而不是很适合大球盖菇的栽培。麸皮、米糠不仅是氮素营养和维生素来源,也是早期辅助的碳素营养源。

3)温度

温度是控制大球盖菇菌丝生长和子实体形成的一个重要因素。

(1)菌丝体生长阶段

大球盖菇菌丝生长适温范围是 5 ~ 36 ℃,最适生长温度是 24 ~ 28 ℃,在 10 ℃ 以下和 32 ℃以上生长速度迅速下降,超过 36 ℃菌丝停止生长,高温延续时间长会造成菌丝死亡。在低温下菌丝生长缓慢,但不影响其生活力。

(2)子实体生长阶段

大球盖菇子实体形成所需的温度范围是 4 ~ 30 ℃,原基形成的最适温度为 12 ~ 25 ℃。在此温度范围内,温度越高,子实体的生长速度越快,朵形较小,易开伞;而在较低的温度下,子实体发育缓慢,朵形较大,柄粗且肥,质优,不易开伞。子实体在生长过程中,遇到霜雪天气,只要采取一定的防冻措施,菇蕾就能存活。当气温越过 30 ℃ 以上时,子实体原基难以形成。

4)光线

大球盖菇菌丝的生长可以完全不要光线,但散射光对于实体的形成有促进作用。在实际栽培时,栽培场所选半阴(四荫四阳)的环境,栽培效果更佳。

5)空气

大球盖菇属于好气性真菌,新鲜空气是保证正常生长发育的重要环境之一。

6)pH 值

大球盖菇在 pH 值 4.5 ~ 9 均能生长,但以 pH 值为 5 ~ 7 的微酸性环境较适宜。在 pH 值较高的培养基中,前期菌丝生长缓慢,但在菌丝新陈代谢的过程中,会产生有机酸,而使培养基中的 pH 值下降。菌丝在稻草培养基自然 pH 值条件下可正常生长。

7)土壤

大球盖菇菌丝营养生长阶段,在没有土壤的环境能正常生长,但覆土可以促进子实体的形成。不覆土,虽也能长菇,但时间明显延长,这和覆盖层中的微生物有关。覆盖的土壤要求含有腐殖质,质地松软,具有较高的持水率。覆土以园林中的土壤为宜,切忌用砂土和黏土。土壤的 pH 值以 5.7 ~ 6 为好。

8.6.4　栽培管理技术

通过近几年来的引种试验推广证明,大球盖菇具有非常广阔的发展前景。大球盖菇由于产量高,生产成本低,营养丰富,作为新产品投放市场,很容易被广大消费者所接受。

1)菌种制作

大球盖菇菌种生产方法和蘑菇、草菇菌种生产方法基本相同,可用组织分离法和孢子分离法获得纯菌种。

2) 栽培生产

（1）栽培材料

大球盖菇可利用农作物的秸秆原料，不加任何有机肥，菌丝就能正常生长并出菇。如果在秸秆中加入氮肥、磷肥或钾肥，大球盖菇的菌丝生长反而很差。木屑、厩肥、树叶、干草栽培大球盖菇的效果也不理想。作物秸秆可以是稻草、小麦秆、大麦秆、黑麦秆、亚麻秆等。早稻草和晚稻草均可利用，但晚稻草生育期长，草秆的质地较粗硬；用于栽培大球盖菇，产菇期较长，产量也较高。适宜栽培大球盖菇的稻草应是干的、新鲜的。贮存较长时间的稻草，由于微生物作用可能已部分被分解，并隐藏有螨、线虫、跳虫、霉菌等，会严重影响产量，不适宜用来栽培。实验证明，大球盖菇在新鲜的秸秆上，每平方米可产菇 12 kg，而使用上一年的秸秆每平方米只产鲜菇 5 kg，生长在陈腐的秸秆上每平方米则只产鲜菇 1 kg。稻草质量的优劣，对大球盖菇的产量有直接影响。

（2）栽培方式

大球盖菇可以在菇房中进行地床栽培、箱式栽培和床架栽培，适合集约化生产。目前，德国、波兰、美国主要在室外（花园、果园）采用阳畦进行粗放式裸地或保护地栽培。在我国也多以室外生料栽培为主，因为不需要特殊设备，制作简便，且易管理，栽培成本低，经济效益好。

（3）栽培季节

栽培季节根据大球盖菇的生物学特性和当地气候、栽培设施等条件而定。在中欧各国，大球盖菇是从 5 月中旬至 6 月中旬开始栽培。在我国华北地区，如用塑料大棚保护，除短暂的严冬和酷暑外，几乎全年都可安排生产。在较温暖的地区可利用冬闲田，采用保护棚的措施栽培。播种期安排在 11 月中下旬至 12 月初，使其出菇的高峰期处于春节前后，或按市场需求调整播种期，使其出菇高峰期处于蔬菜淡季或其他食用菌上市少的季节。

（4）栽培场所

室外栽培是目前栽培大球盖菇的主要方法。温暖、避风、遮阴的地方可以提供适合大球盖菇生长的小气候，半荫蔽的地方更适合大球盖菇生长，但持续荫蔽（如大树下的树荫）会严重影响大球盖菇的生长发育。

（5）整地作畦

首先在栽培场四周开好排水沟，主要是防止雨后积水，整地作畦的具体做法是先把表层的土壤取一部分堆放在旁边，供以后覆土用，然后把地整成垄形，中间稍高，两侧稍低，畦高 10 ~ 15 cm、宽 90 cm、长 150 cm，畦与畦间距 40 cm。

（6）浸草预堆

①稻草浸水。在建堆前稻草必须先吸足水分，把净水引入水沟或水池中，将稻草直接放入水中浸泡，边浸草边踩草，浸水时间一般为 2 d 左右。不同品种的稻草，浸草时间略有差别。质地较柔软的早稻草，浸草的时间可短些，36 ~ 40 h；晚稻草质地较坚实，浸草时间需长些，大约 48 h。

对于浸泡过或淋透了的稻草，自然沥干 12 ~ 24 h，让其含水量达 70% ~ 75%。可以用手抽取有代表性的稻草一把，将其拧紧，若草中有水滴渗出，而水滴是断线的，表明含水量适度；如果水滴连续不断线，表明含水量过高，可延长其沥干时间。若拧紧后尚无水渗出，则表明含水量偏低，必须补足水分再建堆。

②预发酵。在白天气温高于23 ℃以上时,为防止建堆后草堆发酵、温度升高而影响菌丝的生长,需要进行预发酵。在夏末秋初季节播种时,最好进行预发酵。具体做法是将浸泡过的稻草放在较平坦的地面上,堆成宽1.5～2 m、高1～1.5 m的长度不限的草堆,要堆结实,隔3 d翻一次堆,再过2～3 d即可移至栽培场建堆播种。

(7)建堆播种

建堆时堆制菌床最重要的是把秸秆压平踏实。草料厚度20 cm,最厚不得超过30 cm,也不要小于20 cm,每平方米用干草量20～30 kg,用种量600～700 g。堆草时每一层堆放的草离边约10 cm,一般堆3层,每层厚约8 cm,菌种掰成鸽蛋大小,播在两层草料之间。播种穴的深度5～8 cm,采用梅花点播,穴距10～12 cm。增加播种有穴数,可使菌丝生长更快。

(8)播种后管理

建堆播种完毕后,在草堆面上加覆盖,覆盖物可选用旧麻袋、无纺布、草帘、旧报纸等。旧麻袋片因保湿性强,且便于操作,效果最好,一般用单层即可。大面积栽培也可用草帘覆盖。

草堆上的覆盖物,应经常保持湿润,防止草堆干燥。将麻袋片在清水中浸透,捞出沥去多余水分后覆盖在草堆上。用作覆盖的草帘,既不宜稀疏,也不宜太厚,以喷水于草帘上时多余的水分不会渗入料内为度。若用无纺布、旧报纸,因其质量轻,易被风掀起,可用小石块压边。

①发菌期的管理。

a.温度、湿度的调控。温度、湿度的调控是栽培管理的中心环节。大球盖菇在菌丝生长阶段要求堆温22～28 ℃,培养料的含水量70%～75%,空气相对湿度85%～90%。在播种时,应根据实际情况采取相应调控措施,保持其适宜的温度、湿度指标,创造有利的环境促进菌丝恢复和生长。

b.覆土。播种后30 d左右,菌丝接近长满培养料,这时可在堆表覆土。有时表面培养料偏干,看不见菌丝爬上草堆表面,可以轻轻挖开料面,检查中、下层料中菌丝,若相邻的两个接种穴菌丝已快接近,这时就可以覆土了。具体的覆土时间还应结合不同季节及不同气候条件区别对待。如早春季节建堆播种,若遇多雨,可待菌丝接近长透料后再覆土;若是秋季建堆播种,气候较干燥,可适当提前覆土,或者分两次来覆土,即第一次可在建堆时少量覆土,仅覆盖在堆上面,且尚可见到部分的稻草,第二次覆土待菌丝接近透料时再进行。

②子实体形成期间的管理。菌丝长满且覆土后,即逐渐转入生殖生长阶段。一般覆土后15～20 d就可出菇。此阶段的管理是大球盖菇栽培的一个关键时期,工作重点是保湿及加强通风透气。

大球盖菇出菇阶段空气的相对湿度为90%～95%。气候干燥时,要注意菇床的保湿。出菇的适宜温度为12～25 ℃,当温度低于4 ℃或超过30 ℃均不长菇。为了调节适宜的出菇温度,在出菇期间可通过调节光照时间、喷水时间、场地的通风程度等,使环境温度处于较理想的范围。

出菇期的用水、通气、采菇等常要翻动覆盖物,在管理过程中要轻拿轻放,特别是床面上有大量菇蕾发生时,可用竹片使覆盖物稍隆起,防止碰伤小菇蕾。

(9)采收

采收应以没有开伞的为佳。当子实体的菌褶尚未破裂或刚破裂,菌盖呈钟形时为采收适期,最迟应在菌盖内卷、菌褶呈灰白色时采收,若等到成熟,菌褶转变成暗紫灰色或黑褐色、菌盖平展时才采收就会降低商品价值。不同成熟度的菇,其品质、口感差异甚大。

菇事通问答:大球盖菇何时采收最适宜?

答:大球盖菇比一般食用菌个头大,朵重可达200 g左右,最重的可达2 500 g,直径5~40 cm。应根据成熟度、市场需求及时采收。子实体从现蕾,即露出白点到成熟需5~10 d,随温度不同而表现差异。

达到标准采收时,用拇指、食指和中指抓住菇体的下部,轻轻扭转一下,松动后再向上拔起。注意避免松动周围的小菇蕾。采收菇后,菌床上留下的洞口要及时补平,清除留在菌床上的残菇,以免腐烂后招引虫害而危害健康的菇。采下来的菇应切去带泥的菇脚,并进行低温保鲜。

任务 8.7　榆黄蘑栽培

榆黄蘑(*Pleurotus citrinopileatus* Sing)又名金顶侧耳、玉皇蘑、黄蘑、元蘑,属担子菌纲伞菌目侧耳科侧耳属的一种木腐菌。因常见腐生于榆树枯枝上而得名,是我国北方杂木林中一种常见美味食用菌。

自榆黄蘑驯化栽培成功以来,已有季节性批量栽培,以鲜菇供应市场。市场上也有干品销售。目前菌种筛选有所开展,栽培方法如平菇一样有多种方式。近年来的生化研究发现,榆黄蘑的子实体含有较丰富的β-葡聚糖,具有良好的抗肿瘤和提高人体免疫功能的作用,受到食品、医药部门的重视,常作为保健食品和别具风味的食品添加剂进行开发。干品近年批量出口。

现代营养分析表明,榆黄蘑营养丰富,含蛋白质、维生素和矿物质等多种营养成分,其中氨基酸含量尤为丰富,且必需氨基酸含量高,属高营养、低热量食品。长期食用有降低血压、降低胆固醇含量的功能,具有滋补的功效,可治虚弱萎症(肌萎)、痢疾等,是老年人心血管疾病患者和肥胖症患者的理想保健食品。

8.7.1　形态特征

榆黄蘑菌丝体浓白色,类似平菇。子实体成覆瓦状丛生或单生。菌盖基部下凹呈喇叭状或漏斗形,边缘平展或波浪状,为鲜黄色(见图8.7),老熟时近白色,直径2~13 cm,菌肉、菌褶白色,褶长短不一,柄偏生,白色;菌柄白色至淡黄色,基部相连,长1.5~11.5 cm,粗0.4~2 cm。孢子印白色,孢子圆柱形,无色,光滑,(6.8~9.86)μm×(3.4~4.1)μm,遗传特性属异宗配合。

8.7.2　生长条件

1)营养类型
榆黄蘑为木腐性食用菌,与平菇一样,具有较强的纤维素、木质素分解能力,栽培时需要

图 8.7　榆黄蘑子实体

丰富的碳源和氮源,特别是氮源丰富时,菌丝粗壮洁白、生长速度快、子实体产量高。

　　榆黄蘑是腐生性真菌。生长发育过程中,需要的主要营养物质是有机态碳,即糖类,如木质素、纤维素、半纤维素及淀粉、糖等。这些物质存在于木材、稻草、麦秸、玉米芯、棉花子壳、豆秸、葵花子壳等各种农副产品中,利用天然培养料,碳素营养能得到满足。氮源主要是天然培养料中的蛋白质,菌丝中所含的蛋白酶使其分解成为氨基酸后再吸收利用。尿素、铵盐和硝酸盐等也是榆黄蘑的氮素来源,能被菌丝直接吸收。

　　营养生长阶段要求培养料提供的碳氮比为 20∶1,生殖生长阶段为 40∶1。

　　榆、栎、槐、桐杨等阔叶木屑,以及棉秆、玉米秸、豆秸等农副产品都能满足其对碳源的需求,同时,生产中往往加入玉米粉、麦麸、饼肥等含氮物质,以提供给榆黄蘑生长发育所必需的氮源。对于生长所需的磷、镁、硫、钙、钾、铁等和维生素,天然培养基内的含量基本可满足需要。

　　2)环境条件

　　榆黄蘑是一种中高温型且广温型的食用菌,菌丝生长温度为 6~32 ℃,适宜温度为 23~28 ℃,34 ℃时生长受抑制;子实体形成的温度范围为 16~30 ℃,适宜温度为 20~28 ℃;代料栽培的基质含水量以 60% 为宜。适宜空气相对湿度 85%~90%;适宜 pH 值为 5~7,pH 大于7.5、小于 4 时菌丝生长缓慢;子实体生长需光,光线弱时子实体色淡黄,室外栽培时子实体色鲜黄。出菇不需温差刺激。

8.7.3　栽培管理技术

　　榆黄蘑可采用生料栽培,也可采用发酵料栽培。生料栽培较发酵料栽培工艺简单,便于操作,但前提是必须使用新鲜洁净的棉子壳作培养料,且不可添加麦麸、玉米粉、饼肥粉等辅料。除此之外的料和配方必须采用发酵料栽培。其生料和发酵料的栽培工艺和要点与平菇基本相同。栽培中要注意的是榆黄蘑出菇温度较高,低于 20 ℃时虽可形成原基,但很难分化。子实体发育阶段要保证温度在 20 ℃以上,最好为 22~26 ℃。

　　1)栽培季节

　　榆黄蘑出菇最适温度为 22 ℃,从制袋接种到出菇需 50~60 d,根据榆黄蘑生长发育过程中对外界条件的需求,在一般情况下,分春、秋两季生产,春季 3—4 月栽培,秋季 9—10 月栽培。根据各地不同的气候特点,合理安排生产,有控温设备的可随时播种,常年生产。中原、江南地区栽培安排在春季 2—3 月制袋,4—5 月出菇;秋季 8—9 月制袋,9—11 月出菇。

2）菌种制作

根据栽培季节,选用相应类型的品种,母种培养基用马铃薯、葡萄糖培养基即可。原种、栽培种最好用谷粒菌种,也可用棉子壳培养基、木屑培养基。

常用原种和栽培种配方如下:

①麦粒 67%、木屑 30%、碳酸钙 3%,含水量 50% ~55%。

②木屑 78%、麸皮 20%、石膏粉 1%、蔗糖 1%,含水量 55%。

③棉子壳 78%、麦麸 20%、石膏粉 1%、蔗糖 1%,含水量 60%。

原种和栽培种袋制作与平菇栽培袋的相似,选择 17 cm×35 cm×0.005 cm 的低压聚乙烯或高压聚丙烯塑料袋均可。拌料装袋、灭菌、接种按常规进行。一般原种、栽培种在 25 ℃下培养 30 ~35 d 可以长满瓶。

3）栽培操作

榆黄蘑常用袋料熟料栽培,其工艺流程为:备料→制备培养料→装袋→灭菌→接种→菌丝培养→覆土栽培→出菇管理→采收加工。

（1）栽培场所

干净、通风的房间或蘑菇棚均可用于栽培,床架以坐北朝南排列。

（2）原料配方

①棉子皮 85%、麸皮 12%、糖 2%、石膏 1%。

②碎玉米芯或豆秸 80%、麸皮 10%、玉米面 9%、石膏 1%。

③杂木屑 80%、麸皮 18%、石膏 1%、糖 1%。

④玉米芯 78%、玉米粉 20%、石膏粉 1%、过磷酸钙 1%,含水量 60% ~65%,pH 6 ~6.5。

⑤棉子壳 50%、杂木屑 30%、麸皮 18%、蔗糖 1%、碳酸钙 1%,含水量 60% ~65%,pH 6 ~6.5。

（3）菌袋制作

榆黄蘑生长适温为 20 ~25 ℃,属中温型食用菌。可在春末、秋初种植。选无霉变的棉子皮或玉米芯,在阳光下曝晒 2 ~3 d 后,加适当比例的水、石膏粉及石灰粉拌匀,闷 30 ~40 min（玉米芯提前用 1% 的石灰水堆闷 1 h）。料的相对湿度为 60% ~65%。高压灭菌 125 ℃保持 2.5 h 或常压灭菌 100 ℃保持 10 h,冷却到 25 ℃。

（4）发菌管理

在无菌条件下接入菌种。接种后,在室温 23 ~25 ℃、相对湿度 70% 以下的培养室中培养,保持室内黑暗清洁,经常通风换气,通风不宜过大,料温 25 ~27 ℃时生长最好。经过 30 ~35 d 培养即可满袋,搔菌后转入出菇房。

（5）出菇管理

菌丝长满袋后,解开袋口或拔出袋口棉塞后,竖直排放于床架上,再维持 3 ~7 d,即可进行出菇管理。菇房温度保持在 15 ~20 ℃,空气相对湿度 85% ~95%,拉大温差,增加光照及通风,注意通风换气并给予一定的散射光刺激,约 1 周后,菌蕾就会大量出现。出菇期间在栽培场所地面、空间增加喷雾 2 ~3 次,并注意通风,保持空气新鲜,榆黄蘑从显蕾到采收一般需 8 ~15 d。

(6)采收及管理

子实体菌盖边缘平展或呈小波浪状时,或菇盖呈漏斗状、孢子尚未弹射时为采收期,产量高,质量好。采收前一天应停止喷水,适当减少菇体所含的游离水,有利于延长鲜菇的货架寿命和提高烘干后的菇体品质。采收后清弃污染菌袋,调节好菇房的温度、湿度、通风、光线,经10~15 d,又可长出第二潮菇。由于第一潮菇采完后,菌袋已明显变轻,应及时补充菌袋水分或营养液,提高第二潮和第三潮菇的产量和质量。管理得当,可收3~4潮菇,一般生物学效率可达80%左右。

 菇事通问答:榆黄蘑与平菇有何不同?

答:榆黄蘑与平菇是近缘种,形态相似。但榆黄蘑颜色为金黄色较艳美,口感脆嫩,备受人们青睐。它是中高温品种适宜高温季节栽培。

任务8.8　茶薪菇栽培

茶薪菇(*Agrocybe cylindracea*)隶属于担子菌亚门层菌纲伞菌目粪锈伞科田头菇属(田蘑属)。茶薪菇是我国发现的新种,首次记载于《真菌试验》1972年第1期,命名人为我国著名食用菌专家黄年来。茶薪菇的形态与杨树菇(*Agrocybe aegerita*)的极为相似,但茶薪菇仅自然生长于油茶树上,菇柄实而脆,有特别的香味,其品质和风味明显优于杨树菇。茶薪菇营养丰富,蛋白质含量高达19.55%。所含蛋白质中有18种氨基酸,其中含量最高的是蛋氨酸,占2.49%,其次为谷氨酸、天冬氨酸、异亮氨酸、甘氨酸和丙氨酸。总氨基酸含量为16.86%。人体必需的8种氨基酸含量齐全,并且有丰富的B族维生素和钾、钠、钙、镁、铁、锌等矿质元素。中医认为,该菇性甘温、无毒,有健脾止泻的功效,并且有抗衰老、降低胆固醇、防癌和抗癌的特殊作用。

8.8.1　生态习性

野生茶薪菇主要发现于福建和江西交界处的武夷山区。福建省主产地在建宁、泰宁、宁化、光泽、长泰、大田等县;江西省主产地在黎川、广昌等县。野生茶薪菇大部分生长在油茶林腐朽的老树枯干上、树根上及其周围。

8.8.2　形态特征

子实体单生,双生或丛生,菌盖直径5~10 cm,表面平滑,初暗红褐色(见图8.8),有浅皱纹,菌肉(除表面和菌柄基部之外)白色,有纤维状条纹,中实。成熟期菌柄变硬,菌柄附暗淡黏状物,菌环残留在菌柄上或附于菌盖边缘自动脱落。内表面常长满孢子而呈锈褐色,孢子呈椭圆形,淡褐色。

图 8.8　茶薪菇子实体

　　菌盖初生,后逐平展,中浅,褐色,边缘较淡。菌肉白色、肥厚。菌褶与菌柄成直生或不明显隔生,初褐色,后浅褐色。菌柄中实,长 4 ~ 12 cm,淡黄褐色。菌环白色,膜质,上位着生。孢子卵形至椭圆形。

8.8.3　生长发育条件

1)营养

　　茶薪菇为木腐菌。代料栽培时,在木屑、棉子壳、秸秆粉、蔗渣等主料中添加有机氮如麸皮、米糠、玉米粉、黄豆饼粉等,有利于提高鲜菇的产量和质量。

2)环境条件

　　茶薪菇与杨树菇所需温度相近,为中温性菌类。菌丝在 5 ~ 34 ℃下均能生长,最适生长温度为 24 ~ 26 ℃,32 ℃时菌丝尚有微量生长,超过 34 ℃菌丝不再生长。子实体发育期适当拉大昼夜温差,即给以适当的温差刺激,更有利于其子实体的发育。

　　培养料含水量以 65% 左右为宜,子实体生长期,要求空气相对湿度较高,以 85% ~ 90% 为宜。

　　茶薪菇为好氧性真菌,菌丝生长阶段也需要一定的氧气,因此发菌环境要经常通风换气,但子实体分化后要控制通风量和通风方法,培养室空气要新鲜,而袋口膜内 CO_2 含量稍高,有利于菇柄伸长,从而可提高菇的质量和产量,这种现象类同于金针菇。

　　同样菌丝生长期不需要光照。子实体有明显的趋光性,没有光刺激则不会现原基,现原基后没有散射光子实体也不能分化。在微弱的光下子实体呈灰白色,所以在子实体生长阶段,培养室要有较强的散射光(500 lx 左右)。

　　茶薪菇喜在弱酸性环境中生长,pH 值为 4 ~ 6.5 时菌丝均能生长,最适 pH 值为 5 ~ 6。栽培时可采用自然 pH 值。

8.8.4　栽培管理技术

　　常规袋式栽培法。这种栽培和其他食用菌一样,可充分利用空间,生产管理比较方便。

1)培养料配方

　　①以木屑为主料的培养料配方:木屑 38%、棉子壳 35%、麦麸 15%、玉米粉 6%、茶子饼粉

4%、石膏1%、红糖0.5%、磷酸二氢钾0.4%、硫酸镁0.1%。

②以棉子壳为主料的培养料配方:木屑9%、棉子壳75%、麦麸15%、硫酸钙1%。

2)配料制栽培袋

拌料、装袋灭菌、发菌培养这些步骤类似榆黄蘑,可以参照进行,在此不再重复。

3)菇棚准备

可利用空闲房屋作出菇室,也可搭建简易菇棚。采用室外菇棚可以充分利用空闲地扩大栽培面积,增加产量,节约成本,提高经济效益。

4)催蕾管理

(1)菌袋排场

适时削袋排场,是生产成功和提高产量的关键。割袋时间要根据以下条件来决定:

①生理成熟。根据生产实践,当菌袋重比原始减少25%～30%时,表明菌丝已发足,培养料已适当降解,积累了足够的营养,正向生殖生长转化。

②菌龄。从接种之日算起,正常发菌培养的时间称为菌龄。茶薪菇菌丝达到生理成熟一般需要60 d。

③菌袋色泽。这也是反映菌丝是否达到生理成熟的一种标志。如果菌袋内长满白色菌丝,长势旺盛浓密,气生菌丝呈棉绒状,菌袋口出现棕褐色斑或吐黄水,将引起转色。

(2)转色管理

割袋之后,断面菌丝受到光线刺激,供氧充足,就会分泌色素吐黄水,使菌袋表面菌丝渐渐转化成褐色,随着时间的延长,菌丝体褐化和菌丝体颜色的加深,袋口周围表面的菌丝会形成一层棕褐色菌皮。这层菌皮对菌袋内菌丝有保护作用,能防止菌袋水分蒸发,提高对不良环境的抵御能力,加强菌袋的抗震动能力,保护菌袋不受杂菌污染并有利于原基的形成。转色正常的菌皮呈棕褐色和锈褐色,且具光泽,出菇正常,子实体产量高,品质优良。

转色是一个复杂的生理过程,为了促进菌袋正常转色,在割袋后3～5 d,要保持室温在23～24 ℃,并加强通风,提高菇棚内相对湿度,促使割开的袋口迅速转色。

5)出菇管理

(1)催蕾

在褐色菌皮形成的同时,茶薪菇子实体原基也随之开始形成。变温刺激是促进原基形成的重要措施,温差越大形成的原基就越多。其方法是结合菌袋转色,连续3～7 d拉大温差,白天关闭门窗,晚上10时后开窗,使昼夜温差拉大到8～10 ℃,直到菌袋表面出现许多白色的粒状物,说明已经诱发原基,并将分化为菇蕾。除变温刺激外,还必须注意创造阶段性的干湿差和间隙光照条件,并采用搔菌及拍击等方法进行刺激。菌袋割袋过早,应注意保水保湿。光照越充足,通风越好,则转色过程越短,转包越好。光照刺激可在必要时将棚顶的遮阳物拨开或打开门窗,使较强光线照射菇床。处理3～5 d后,菌袋面上出现细小的晶粒,并有细水珠出现,再过2～4 d,在袋面会出现密集的菇蕾原基。原基的形成是生殖生长的开始,随着原基生长,分化出菌盖和菌柄,标志着菇蕾的形成。茶薪菇在割袋催蕾之后,分秋、春两季出菇。由于秋、春气候不同,故在管理上有所不同。

(2)秋菇管理

秋季出菇期间,自然气温逐渐从28 ℃以上降到10 ℃左右,空气干燥,昼夜温差越来越小,于 12 月底进入低温期。前期气温偏高,因而保湿、补充新鲜空气及防治杂菌是秋菇期管理重点。菌袋转色后 7 ~ 8 d,第一潮菇开始形成。此时,应注意通风换气、保温和增湿,可采用喷雾调湿、覆盖薄膜保湿的措施来实现。尽可能维持菇房内空气相对湿度为 90% 左右,减少菌袋失水。菌袋含水量若低于 65%,则可通过喷雾保湿来减少菌袋水的蒸发量。

（3）采菇后管理

当茶薪菇子实体的菇盖即将平展,菌环尚未脱落时就要及时采收。因茶薪菇质较脆,柄易折断,盖易碰碎,所以采收时应用手抓住基部轻轻拔下,同时要防止周围幼菇受损伤。

根据秋菇出菇情况及菌袋出菇后的重量情况,给菌袋注水或浸水,增加菌袋的含水量使菌丝复壮。如果冬末保温好,还可收 1 ~ 2 潮菇。也可越冬至次年春季继续出菇。

8.8.5 茶薪菇工厂化栽培简介

1）品种类型

目前茶薪菇菌株很多,早期在江西省广昌一带推广的茶薪菇菌株有江西赣州地区菌种保存中心选育的 As78、As982 等。近几年福建省推广的茶薪菇菌株有三明市真菌研究所选育的茶薪菇 1 号、茶薪菇 3 号、茶薪菇 5 号等菌株。

2）培养料配方

茶薪菇虽然无虫漆酶活性,但可以利用的原料比较丰富,蛋白酶活性强,利用蛋白质能力强,最适碳氮比为 60 : 1,栽培料中增加有机氮(如麸皮、米糠、玉米粉、饼肥等)有利于提高产量。因此,各地可根据原料情况,以效益为准则选择配方,参考配方如下:

①棉子壳 76%、麸皮 15%、玉米粉 5%、糖 1%、过磷酸钙 1%、碳酸钙 1%、石膏 1%。

②杂木屑 58%、棉子壳 20%、麸皮 15%、黄豆粉 5%、糖 1%、石膏粉 1%。

③杂木屑 68%、麸皮 15%、茶子饼粉 15%、糖 1%、石膏粉 1%。

3）菌袋制作

首先加水拌料,料水比以 1 : 1.2 左右为宜。原料要新鲜、无霉变、无虫害,拌料要均匀一致,特别是棉子壳不能有干粒,否则不能彻底灭菌。然后,选择规格为(15 ~ 17) cm×35 cm×0.05 cm 的低压聚乙烯塑料袋,每袋装料干重 350 g 左右,湿重 720 ~ 750 g,装料松紧适度,高度 14 ~ 15 cm,稍整平表面,及时用编织线扎紧(也可套上颈圈并塞好棉塞),防止水分蒸发散失,然后进行灭菌。

4）菌袋接种

待料温降至 30 ℃以下即可接种。接种箱或接种室应消毒完全,接种量为每瓶接 30 ~ 40 袋,接种后要避光培养。茶薪菇菌丝恢复吃料慢,且易发生杂菌虫害,因此接种后注意培养室清洁、干燥和通风换气,防止高、低温的影响,促进菌丝均匀生长。同时要进行经常性检查,如发现杂菌污染的菌袋,要及时搬出处理,防止扩散蔓延。一般接种后 30 ~ 40 d 菌丝即可长满菌袋。

5）出菇管理

在正常情况下,茶薪菇接种后 50 d 左右即可出菇。要在夏季出菇的,将菌袋搬入厂房荫棚;要在冬季出菇的,将菌袋搬入泡沫厂房。出菇前要进行催蕾管理。栽培空间相对湿度降到 90% ~ 95%,并减少通风次数和时间,以防氧气过多导致早开伞、菌柄短、肉薄。如果菇蕾太密,还可进行疏蕾,每袋 6 ~ 8 朵,使朵数适中、长势整齐、朵型好、菇柄粗,提高品质和产量。夏季出菇的做好降温措施(如棚顶喷水或畦沟排放冷水),在低温季节出菇的可以在泡沫房内加温。

6）采收

从菇蕾到采收一般5~7 d。当菌盖呈半球形、菌环尚未脱离柄时就要采收。采收第1潮菇后,可淋一次重水,进行搔菌,扒去料面上发黑的部分,菌袋料面需清理干净,停止喷水3~5 d,15 d后再将空气湿度提高到90%以上,促使生长第2潮菇,以后按以上管理方法再出第3潮菇。采收后的子实体剪去根部及附着的杂质即可上市鲜销,也可烘干,分级包装销售。

 菇事通问答:病虫害如何防治?

答:茶薪菇在菌袋制作和栽培管理过程中,常常会遭受到杂菌的污染和病虫的侵入,因此,在栽培过程中,必须加强病虫害的预防控制。茶薪菇栽培过程中常见的杂菌污染有绿霉、红色链孢霉、根霉等,其防治措施与香菇栽培一样。

·项目小结·

在不同珍稀食用菌生产过程中,技术要点主要在于温度、湿度、通风、光照的控制以及采收时机的把握和病虫害防治等。控制的恰当程度是食用菌产品质量和产量的关键。

 复习思考题

1. 白灵菇子实体的形成需要哪些条件?

2. 生产中如何提高白灵菇的产量和质量?

3. 鸡腿菇栽培过程中覆土的作用是什么?

4. 鸡腿菇发酵料栽培和熟料栽培有何异同?

5. 杏鲍菇出菇需要什么样的环境条件?

6. 如何提高杏鲍菇的产量和质量?

7. 分析造成滑菇出菇迟、菌柄长、菌盖小的原因。

8. 菌丝转色后形成的蜡质层对滑菇生产有何影响?

9. 秀珍菇栽培都可以使用哪些原料?

10. 简述秀珍菇出菇期间菇房管理的工作要点。

11. 简述大球盖菇的生态习性。

12. 大球盖菇如何进行出菇管理?

13. 榆黄蘑的形态特征是什么?

14. 简述榆黄蘑的管理技术。

15. 如何确定茶新菇的栽培季节?

16. 茶新菇的转色与产量有何关系?

项目 9
食用药用畅销品种栽培

📖【知识目标】
- 认知灵芝、茯苓、天麻、竹荪、蛹虫草、灰树花、巴西蘑菇和猴头菇的生物学特性及重要价值。
- 掌握几种畅销食用药用真菌品种的栽培管理技能及关键环节。

📖【技能目标】
- 能栽培管理具有重要食用药用价值的品种;学会调控它们所需的营养和环境条件。
- 通过所学知识能指导生产,学会具有重要经济价值的食用药用菌产品加工方法。

📖【项目简介】
- 食用药用真菌是一类对人体具有保健和治疗作用的真菌,我国国土辽阔,食用和药用真菌资源十分丰富,具有广阔的发展前景。本章介绍了灵芝、茯苓、天麻、竹荪、蛹虫草、灰树花、巴西蘑菇和猴头菇几种畅销食用药用真菌的重要价值及其生物学特性,着重介绍了它们的栽培技术。

任务9.1　灵芝栽培

灵芝自古以来就被人们认为是吉祥、富贵、美好、长寿的象征,素有"仙草""瑞草"之称,中华传统医学长期以来也一直视之为滋补强壮、固本扶正的珍贵中草药。民间传说灵芝具有起死回生、长生不老之功效。东汉时期的《神农本草经》中将灵芝列为上品,认为"久食,轻身不老,延年神仙"。明朝李时珍编著的《本草纲目》中也记载:"灵芝味苦、平,无毒,益心气,活血,人心充血,助心充脉,安神,益肺气,补肝气,补中,增智慧,好颜色,利关节,坚筋骨,祛痰,健胃。"

灵芝是名贵中药材,现代医学、药理研究证明,灵芝体和孢子皆为药材,菌丝体也含有药用成分。灵芝含有多种生理活性物质,能够调节、增强人体免疫力,对高血压、肝炎、肾炎、糖尿病、肿瘤等有良好的协同治疗作用。最新研究表明,灵芝还具有抗疲劳,美容养颜,延缓衰老,调节机体免疫力,防治艾滋病等功效。

古代神话传说"白娘子采灵芝草救许仙",虽然夸大了灵芝的作用,但灵芝作为名贵中药材,确实可提高机体免疫力,保肝护肝,抗肿瘤等。

9.1.1　灵芝的形态结构

1)灵芝的菌丝体、子实体及孢子

灵芝由菌丝体和子实体组成。子实体单生、丛生或群生,由菌盖和菌柄组成,成熟后为木质化的木栓质(见图9.1)。菌盖扇形,腹面布满菌孔,盖宽3~20 cm。幼时黄白色或浅黄色,成熟时变红褐色或紫黑色,皮壳有光泽,但成熟的子实体菌盖上常覆盖孢子,呈棕褐色而无光,有环状轮纹和辐射皱纹。菌柄侧生,紫褐色。孢子褐色,卵形,(8.5~11.5) μm×6.5 μm,孢子壁双层,中间有小刺状管道,中央有一个大油球。灵芝品种虽多,但药用价值最高的为赤灵芝。灵芝的菌丝体、子实体及孢子皆为药材。

图9.1　灵芝子实体

2)灵芝的繁殖方式及生活史

灵芝在自然界是以有性繁殖为主,产生有性孢子——担孢子。

灵芝的生活史是指从有性孢子萌发开始,经过菌丝生长发育,形成子实体,再产生新一代孢子的整个生长发育过程,也就是灵芝的一生所经历的全过程。一般来说,它是由孢子萌发,形成单核菌丝,发育成双核菌丝和结实性双核菌丝,进而分化形成子实体,再产生新孢子这样一个有性循环过程。

9.1.2 灵芝的生长条件

1)营养条件

灵芝为木腐菌,其分解木质素、纤维素的能力比较强,生长的营养物质以含分解木质素、纤维素的基质原料为主,主要是碳素、氮素和无机盐。灵芝在含有葡萄糖、蔗糖、淀粉、纤维素、半纤维素、木质素等基质上生长良好。它也需钾、镁、钙、磷等矿质元素。

2)环境条件

与其他真菌类似,灵芝生长需要一定的温度、水分、湿度、光照、空气和酸碱度。

(1)温度

灵芝属中高温型菌类,其温度适应范围较为广泛。温度是影响灵芝生长发育的重要环境因子,它对灵芝的影响较大。温度影响灵芝体扇片的分化和光泽。灵芝在不同生长阶段的适宜温度不同。菌丝体生长阶段比子实体阶段适宜温度高,一般相差 5 ~ 8 ℃。

①菌丝体。生长温度范围为 3 ~ 40 ℃,正常生长范围为 18 ~ 35 ℃,较适宜温度为 24 ~ 30 ℃,最适宜温度为 26 ~ 28 ℃。

②子实体。子实体形成的温度范围为 18 ~ 32 ℃。最适宜温度为 26 ~ 30 ℃,30 ℃下发育快,质地、色泽较差,25 ℃下生长时质地致密,光泽好。温度持续在 35 ℃以上,18 ℃以下时难分化,甚至不分化。

③孢子。萌发最适温度为 24 ~ 26 ℃。

(2)水分和湿度

灵芝对基质水分含量和环境湿度要求不同,适合灵芝菌丝体生长的培养料的含水量通常在 60% 左右,子实体生长阶段(出菇期)要求环境湿度在 80% ~ 90%,在形成子实体阶段,空气相对湿度要求在 85 % ~ 95%,不可超过 9 5%,否则对子实体发育形成与分化不利。空气相对湿度可用湿度计来测量。

(3)光照

灵芝为相对强光照型菌类。光照影响灵芝体扇片的分化和颜色光泽的形成。灵芝子实体在形成阶段,若在全黑暗环境下不分化,而过强的光线也将抑制子实体的正常分化,当漫射光在 200 ~ 5 000 lx 范围内时,子实体正常分化与形成。荫棚遮阴程度达到"四分阳,六分阴"便可。四周不必遮围密闭,棚顶稍加遮阴。

灵芝子实体不仅有趋光性,而且有明显的向地性,即灵芝子实体的菌管生长具有向地性。

(4)空气

灵芝为需氧菌,在菌丝体生长阶段和子实体阶段都需要氧气。通风换气可改变环境中的氧气和二氧化碳的含量,在管理中要注意通风,保持空气新鲜。

(5)酸碱度(pH 值)

灵芝喜欢微酸性环境,菌丝体生长的适宜 pH 值范围在 5.5 ~ 6.5,在拌料时注意调节培养料的 pH 值。

野生灵芝长得好,是因为在野生环境中,"聚天地之灵气,积日月之光辉"。人工栽培灵芝要想长得好,细致管理很重要。温度、湿度、光照、空气四大因素协调,才能长得好。

9.1.3　栽培管理技术

人工栽培灵芝采用段木栽培和代料栽培两种方式。段木栽培历史悠久,是传统的栽培方式,在山区推广较多;代料栽培又可分为瓶栽、地畦栽培和塑料袋栽培。目前广泛采用代料栽培,其生长周期短、工序少、成本低、产量高,根据出芝场所的不同,又分为室内栽培和室外栽培。

1)灵芝的栽培季节

段木栽培方式一般安排在春季,从立春至立夏这段时间都可进行。代料栽培灵芝时,生产季节安排对灵芝的产量、质量产生明显的影响。根据灵芝生长发育对温度的要求,黄河流域一般安排在4月下旬至5月中下旬。秋季栽培因产量低、子实体形态差而不常采用。

2)灵芝的栽培品种

灵芝的品种较多,以其颜色不同,主要有赤灵芝、黑灵芝、黄灵芝、密纹薄芝、紫芝、鹿角灵芝、白灵芝等。目前推广的品种主要有泰山赤芝、日本赤芝、韩芝、台湾一号、云南四号、植保六号、801等。

3)灵芝代料栽培技术

灵芝代料栽培就是用木屑、秸秆、棉子壳等原料代替段木进行栽培。目前代料栽培已有多种方法,这里重点介绍瓶栽法和塑料袋栽培法。

栽培季节一般来说以4月上中旬接种为宜,5月制栽培瓶或袋,6—9月出灵芝。

(1)瓶栽法

瓶子一般用罐头瓶或用750 g菌种瓶作栽培瓶。培养料以杂木屑、秸秆、米糠、麦麸等为主。

①原种与栽培种培养料配方。

a.杂木屑78%、麦麸或米糠20%、蔗糖1%、石膏1%。

b.杂木屑74.8%、米糠25%、硫酸铵0.2%。

c.棉子壳44%、杂木屑44%、麦麸或米糠10%、蔗糖1%、石膏1%。

d.杂木屑80%、米糠20%。

②培养料配制。根据当地资源,选好培养料,按比例称好,拌匀,加水至手捏培养料只见指缝间有水痕而不滴水为宜。

③装瓶、灭菌、接种。将拌匀的培养料及时装入瓶内,边装边适度压实,使瓶内培养料上下松紧一致,料装至瓶肩再压平,并在中间扎一个洞,以利于接种。随即将瓶口内外用清水洗干净,塞好棉塞。进行高压或常压间歇灭菌。灭菌后,温度降至30 ℃以下时,移入接种箱,进行无菌操作接种,然后移入培养室培养。

④栽培管理。灵芝在生长发育过程中需要的生活条件主要有营养、温度、水分和湿度、空气、光照和酸碱度等。以上几方面条件细致管理,相互协调,即可长出芝盖扇片大、光泽度明亮的灵芝。

（2）塑料袋栽培法

灵芝塑料袋栽培法是一种人工栽培的新方法。该法具有操作管理方便、运输成本低和效益好等优点，是目前代料栽培灵芝的主要方法。

①塑料袋的规格。要求选用耐高温、韧性强、透明度好、厚度为 0.045 ~ 0.055 cm、宽度为 17 cm 的聚乙烯菌袋，长度可采用 30 cm、35 cm 两种规格，短袋每袋可装干料 0.5 kg 左右，长袋每袋装干料 0.75 kg 左右。若采用高压灭菌，应采用（15 ~ 18）cm×（30 ~ 35）cm 的聚丙烯菌袋。

②培养料配方：

a. 杂木屑 78%、米糠或麦麸 20%、蔗糖和石膏粉各 1%。

b. 棉子壳 78%、麸皮 20%、蔗糖、石膏粉各 1%。

c. 玉米芯粉 75%、过磷酸钙 3%、麸皮 20%、白糖和石膏粉各 1%。

d. 玉米芯粉 50%、木屑 30%、麸皮 20%。

e. 木屑 40%、棉子壳 40%、玉米粉（麸皮）18%、石膏粉和蔗糖各 1%。

f. 豆秸粉（花生壳、棉秆粉）78%、麸皮 20%、蔗糖和石膏各 1%。

将上述配方中玉米芯、豆秸等去除杂质和霉变部分后晒干粉碎，锯木屑、石灰、过磷酸钙等过筛，按规定比例分别称好，混合均匀。把蔗糖用清水溶解后徐徐加入混合料中，搅拌均匀，使含水量达 60% ~ 65%。用手紧握一把料，手指间有水印即为适宜含水量。

③装袋、灭菌、接种及发菌管理。可以参考茶新菇袋料栽培。

④后期管理。灵芝生长对光照相当敏感，要搭荫棚，郁蔽度比香菇棚透亮些。灵芝属好气性真菌，在良好的通气条件下，可形成正常肾形菌盖，如果空气中 CO_2 浓度增至 0.3% 以上则只长菌柄，不分化菌盖。

做到"三防"，确保菌盖质量。一防连体子实体的发生，排地埋土菌袋要有一定间隔，当发现子实体有相连可能性时，除非有意嫁接，否则不让子实体互相连接，并且要控制袋上灵芝的朵数，一般直径 15 cm 以上的灵芝以 3 朵为宜，15 cm 以下的以 1 ~ 2 朵为宜，过多灵芝朵数将使一级品数量减少。二防雨淋或喷水时泥沙溅到菌盖造成伤痕，品质下降。三防冻害，海拔高的地区当年出芝后应于霜降前用稻草覆盖菌木畦面，其厚度为 5 ~ 10 cm，清明过后再清除覆盖稻草。

⑤采收。灵芝的子实体生长初期为白色，后变为淡黄色，经过 50 ~ 60 d，就变成棕黄色或褐色，生长停止。由于种类不同，子实体颜色也不同。当菌盖已经有减色边缘。菌盖不再长大时，子实体已成熟，应立即采收。灵芝不能过老采收，否则会降低药效，且不利于第二次生长。采收方法是用小刀从柄中部切下，不使切口破裂。采收后停止喷水 1 ~ 2 d，按上述方法管理，又会长出芽茬。采收后应及时烘干、晒干，烘干时温度不能超过 60 ℃。

4）灵芝段木栽培技术

段木栽培灵芝是传统的栽培方法，有生段木栽培和熟段木栽培两种。

①生段木栽培。生段木栽培是指用未经灭菌的段木（长 1 ~ 1.2 m）直接接种培养的方法，又称长段木栽培。

②熟段木栽培。又称短段木栽培，是近年来广泛采用的，将段木截成短段（长 30 ~ 40 cm），灭菌后再接种培养、覆土的栽培方法，转化率高，质量好，是值得在林区推广的方法。

(1)生段木栽培技术

①段木准备。能够栽培灵芝的树种很多,但以栎、枫香、槐、榆、桑、悬铃木等木质较硬的段木栽培灵芝产量高,材质疏松的杨、枫杨、桐等产芝期短,产量低。一般2月准备段木,要求段木直径为10～15 cm,长1～1.2 m,井字形堆起架晒。经40 d左右,当从段木截面看由木质部中心向外有放射状裂纹,树皮和木质部交界处出现深色环带时即可接种。

②接种与发菌。3月上中旬接种,接种穴深为1.2～1.5 cm,直径为1～1.2 cm,穴距为6～8 cm。接种后用相应大小的树皮块盖于穴面或用溶解的固体石蜡油涂于接种穴表面,以防菌种干萎、死亡。接种后的段木要堆垅覆盖塑料膜,控制适宜的温度、湿度,使其迅速发菌。堆垛前底部四角应先各用两块砖垫起,上架木棍,然后段木以井形堆放发菌,每根间距1～2 cm,堆高1 m,堆后盖塑料膜,上再盖草帘。

为保持发菌一致,应每隔一周翻堆一次,上堆半月后将塑料膜留出孔隙,以利于通气。堆内温度应保持在26～28 ℃,空气相对湿度保持在80%左右,塑料膜内有水珠出现为宜。若条件适宜,5～6周后在段木接种穴口有白色菌丝,菌落直径7～8 cm或子实体原基出现时菌棒即可埋于土中出芝。

③室外埋土栽培。生段木栽培灵芝子实体培养方法与室外代料栽培管理方法大致相同。具体方法是选择通风、环境清洁的地方挖一个宽1.2 m、深0.16 m、长度根据需要而定的浅坑,上面排放发好菌或出现子实体原基的菌棒,段木之间留出一指宽缝隙,中间用细土填实,然后在段木上再覆盖2～3 cm厚的土,保持与地面相平或稍高,然后喷水,使土壤保持湿润而不沾手为宜,四周开排水沟,上建30～40 cm低荫棚,上盖塑料膜,再盖草帘以遮阳及防雨冲刷。正常情况下30 d左右可以出芝,生段木栽培灵芝一般可长2～3年,其中第二年产量最高,每100 kg段木可产干芝3 kg左右。

(2)熟段木栽培技术

生产工艺流程为:树木选择→砍伐→切段→包装→灭菌→接种→菌丝培养→场地选择→搭架→开畦→脱袋→埋土→管理(水分、通气、光照)→出芝→子实体发育→孢子散发→采收→晒干→烘干→分级→包装→贮藏。

①段木准备及灭菌。熟段木栽培灵芝时因段木经灭菌后菌丝发育迅速,故接种应比生段木晚20 d左右。3月上旬将适宜灵芝生长的6～15 cm直径范围内的段木截成长12～15 cm的短段,用塑料袋包装,塑料袋一般长85 cm,宽65～75 cm。装袋时先用竹片或铁丝圈成比袋直径稍小的圆圈,将段木塞入圈中,塞紧,将整捆段木装入袋中,两端横断面要平整,每一塑料袋可装两层打捆的段木。装好后将袋口束拢、扎紧,袋口外再用纸包住放入灭菌锅中灭菌。高压灭菌0.15 MPa保持1.5 h,常压灭菌100 ℃保持10 h,不要排气,让其自然降温,待温度降至30 ℃左右时出锅。

②接种及菌材培养。接种按照常规要求无菌操作,接种时2层段木接3层菌种,即袋的两端各一层和两层段木相接触的中间接一层。需要注意的是,每根段木上都要接到菌种,每根段木的接种量为5～10 g。接好后袋口仍按原要求束拢、捆扎,然后送培养室发菌。菌材培养的温度、光照、空气湿度与代料栽培相同。培养中当菌丝生长缓慢或菌材表面出现皮状菌膜时,可用针尖在袋口处刺孔来增加袋内的氧气,刺孔后袋上用清洁的报纸覆盖以防止杂菌进入。菌材接种后30～40 d,菌丝已充分长入菌材内部,菌材表面有少量子实体原基出现时

即可埋于土中栽培。

埋土法栽培管理同室外代料栽培。

③搭棚作畦,排场埋土。

a.栽培场地的选择。应选择在海拔 300~700 m,夏、秋最高气温在 36 ℃以下,6—9 月平均气温在 24 ℃左右,排水良好,水源方便,土质疏松,偏酸性砂土,朝东南,坐西北的疏林地或田地里。

b.作畦开沟。栽培场应在晴天翻土 20 cm,畦高 10~15 cm,畦宽 1.5~1.8 m,畦长按地形决定,去除杂草、碎石。畦面四周开好排水沟,沟深 30 cm。有山洪之处应开好排洪沟。

c.搭架建棚。具体操作与古田式普通香菇荫棚相同。

d.排场埋土。排场时间应选择 4—5 月天气晴好时进行。场地应事先清理干净,注意白蚁的防治。去袋按序排行,间距为 5 cm,行距为 10 cm。排好菌木后覆土 2 cm,以菌木半露或不露为标准。覆土最好用火烧土,既可提高土壤热性又可增加含钾量,有利于出芝。

④加强管理,适时采收。在灵芝子实体达到下列条件时采收:

a.有大量褐色孢子弹散。

b.菌盖表面色泽一致,边缘有卷边圈。

c.菌盖不再增大转为增厚。

d.菌盖下方色泽鲜黄一致。

采收时,要用果树剪从柄基部剪下,留柄蒂 0.5~1 cm,让剪口愈合后,再形成菌盖原基,发育成二潮灵芝。但在收二潮灵芝后准备过冬时,则将柄蒂全部摘下,以便覆土保湿。灵芝收后,过长菌柄剪去,单个排列晒干,最好先晒后烘,达到菌盖碰撞有响声,再烘干至不再减重为止。

⑤病虫害防治。

a.白蚁防治。采用诱导为妥。即在芝场四围,每隔数米挖坑,坑深 0.8 m,宽 0.5 m。将芒萁枯枝叶埋于坑中,外加灭蚁药粉,然后覆薄土。投药后 5~15 d 可见白蚁中毒死亡,该方法多次采用,以便将周围白蚁群杀灭。

b.害虫防治。用菊酯类或石硫合剂对芝场周围进行多次喷施。如发现蜗牛类可人工捕杀。

c.杂菌防治。在覆土埋木前如发现有裂褶菌、桦褶菌、树舌、炭团类,应用利器将污染处刮去,涂上波尔多液,并将杂菌菌木灼烧灭菌。

★兴趣小贴士:灵芝熟了! 怎样收集灵芝孢子粉?

答:灵芝成熟以后,它就会自然弹射灵芝孢子粉,它是红褐色粉末(铁锈红色)。灵芝孢子粉是灵芝最精华的部分,很多药效成分都含其中,收集灵芝孢子粉是在灵芝旺盛生长期进行,其菌盖为 3~5 cm 大小,直至最后采集它都散发孢子。当然还与品种有关,有的品种散孢子很多,有的品种散的较少。

在收集孢子粉的过程中最重要的还要干净不能有灰尘混入。管理人员最好不要和灵芝同住,以免吸入过多孢子。收集灵芝孢子可采取铺薄膜法或套袋法。

任务9.2　茯苓栽培

茯苓[*Poria cocos*(Schw.)wolf]是一味重要的中药材,又称松茯苓、茯灵、松白芋、松木薯、野苓等。在分类学上属担子菌亚门层菌纲非褶菌目多孔菌科卧孔菌属(又称茯苓属)。它是松树的亲密"伴侣"。它生在土里,紧紧围着松根,形似龟、兔,所以又叫茯龟、茯兔;抱根生的则称为"茯神"。茯苓多寄生于气候凉爽、干燥、向阳山坡上的马尾松、黄山松、赤松、云南松等针叶树的根部,深入地下 20~30 cm 处生长。

我国茯苓以云南的"云苓"、福建的"闽苓"、安徽的"皖苓"最为著名。目前,人工大量栽培茯苓的有湖北、安徽、河南、广西、广东和福建等省(自治区)。茯苓(见图9.2)味甘淡,性平无毒,能入心、脾、肺、肾,有利水渗湿,镇静安神,益脾健胃之功效,常用于治疗小便不利,体虚浮肿、脾胃虚弱、腹胀泄泻、心悸失眠、梦遗白浊等多种疾病,自古以来被誉为"除湿之圣药"、"仙药之上品",是中药"八珍之一",在我国医药库中有极其重要的地位,《神农本草经》《伤寒论》《汤液本草》《本草纲目》等古医药书中均有详细、确切的记载。

茯苓

茯苓块

图9.2　茯苓及茯苓块

茯苓不但是可以入药的药用菌,而且是有保健功能的食用菌。《红楼梦》中就有"玫瑰露引出茯苓霜",说是茯苓和人奶每日早起吃一盅最补人;美国南部及印第安人将茯苓制作成"红人面包";日韩则将它制成颗粒,称之为"兵粮丸",供海军作为保健食品;其他如"茯苓饼"、"茯苓糕"、"茯苓粥"、"茯苓包子",早在明清时期就在民间出现了。

9.2.1　生态习性

茯苓生态习性特殊,需生于松树根部,故不易发现,采集困难。在松树中,以马尾松和赤松根部最爱生长。一般根据松树的生长年龄、长势好坏以及地表土质的变化来观察地下有无茯苓。自然界野生的茯苓,直径一般只有 10~20 cm,而经人工栽培的可达 30~50 cm 或更大,最重者近百斤。不少地区由于松林被砍伐,破坏了生态平衡,使茯苓生长受到影响。

茯苓是一种腐生真菌菌核,是由无数菌丝体纠结缠绕在一起,并经过特化后形成的一种休眠体。它的营养菌丝可以分化成特殊的结构和组织,伸入基质吸收营养物质。它生长发育所需要的碳素、氮素和某些矿物质,恰好与死松树根所能提供的营养相近,所以松树的地下部分也就成了茯苓生长的理想场所。正因如此,要挖取茯苓,就得到干燥、向阳、气候凉爽、有松树生长的山坡上去找。由于长有茯苓的松树周围多不长草或长草易枯萎,所以寻找野生茯苓并不困难。砍伐后的松树横断面呈红色,无松脂气味,不朽不蛀,一敲即碎,其根部就可能有茯苓;树蔸四周的土壤有白色膜状物或地面有裂纹,那么下面也可能有茯苓;用探条插入土中不易拔出及拔出后探条槽内有白色粉末者,一定有茯苓。

9.2.2　茯苓的形态结构及生活史

1)形态结构

子实体生于菌核表面,呈平伏状,一年生,厚 0.3~1 cm。初期白色,老后或干后变为浅褐色。菌核(见图 9.3)呈球形、椭圆形、卵圆形等,直径 10~30 cm 或更大,重量不等,可达数十斤甚至近百斤。

图 9.3　茯苓的菌核

新鲜时稍软有弹性,干后稍硬,表面粗糙多皱或瘤状,淡棕黄色至褐色,变至黑褐色,内部白色或带粉红色。中医认为形如鸟、兽、龟、鳖,肉带玉色,体糯质重者为佳。管孔多角形或不规则形,菌管长 2~8 mm。偶有双层,厚可达 1~3 cm,孔径 0.5~2 mm,壁薄,孔口边缘老后呈齿状。孢子长椭圆形至近圆柱形,$(6~8)\mu m \times (3~3.5)\mu m$。孢子大量集中时呈灰白色。

2)生活史

茯苓在人工培育和栽培的过程中往往是由菌丝到菌核,正常情况下不会有有性阶段,这样就不是茯苓完整的生活史。茯苓在自然界中的完整生活史是从担孢子到担孢子,其过程为担孢子在适宜的条件下萌发形成单核菌丝,单核菌丝相互进行质配,发育成双核菌丝,在条件适宜时形成菌核,并在菌核一定部位上产生子实体,由子实体产生担子。担子先是完成核配,接着进行减数分裂,产生新的担孢子。但在某些情况下,也可由双核菌丝直接发育成子实体。

9.2.3　生长条件

1)营养

茯苓属于木腐菌,营腐生生活,以松属树木(松树的地下部分)作为其营养源。人工栽培时主要的营养成分是碳水化合物、含氮化合物和矿物质。生产中,为了提高茯苓产量,弥补松木等栽培材料中营养成分之不足,往往加入一些糖和谷物皮壳类物质。

2)温度

菌丝生长的温度范围为6~32 ℃,最适温度为22~28 ℃,0~6 ℃菌丝即进入休眠状态,35 ℃以上菌丝易衰老死亡。菌核的形成和生长温度在25~35 ℃,菌核能耐受40 ℃高温和-10 ℃低温,昼夜温差大,有利于松木的分解和茯苓聚糖的积累而结苓。在25 ℃左右,并伴有70%以上的空气湿度条件下,易产生子实体并产生大量孢子。

3)湿度

段木下窖时的含水量应在20%左右,空气相对湿度控制在70%以下,土壤含水量为50%~60%时最适菌丝的正常生长。为便于土壤水分管理,苓场应排水通畅,干燥、不积水。生产中段木茯苓窖要求干燥,否则从土层中吸湿过高,温度低,通气差,影响发菌。

4)酸碱度

茯苓喜微酸性的培养条件,适宜的pH值为3~6.5。因为茯苓的生长发育所需要的营养主要靠分解木质素、纤维素而来,而茯苓菌丝分泌的分解木质素、纤维素的酶类,在微酸性的条件下活性最强,所以栽培茯苓时,应选微酸性土壤作为栽培场。

5)光照

茯苓菌丝生长和菌核的形成不需要光照,在无光的情况下都能正常生长。但是在栽培时要选择少树荫、光照强的地方作苓场。这主要是利用光照提高地温,加大昼夜温差,有利于菌核的形成。

子实体的形成需要一定的光照,所以在人工栽培时,为了控制子实体的产生,在菌核生长过程中,当窖面膨胀露出菌核时,要及时覆土掩盖,避免菌核见光而产生子实体,降低茯苓的产量和质量。

6)空气

茯苓属好气性真菌,对空气比较敏感。在通气不良时,如覆土过厚、土壤板结或湿度过大,则不易或不能形成菌核。试验表明,含水量70%左右的土壤,通气性和保水性都比较恰当,是理想的苓场。下窖覆土宜薄,厚度一般为5~7 cm,为了兼顾保水和通气二者的关系,要求覆土为砂壤土。

9.2.4 栽培管理技术

1)菌种选育

一般供生产用的菌种需每年选育扩制才能达到优质高产,选择种苓时要从好的品系(云苓、皖苓、鄂苓、闽苓等)中选取好的个体,其标准是:个体大小适中,以3~4 kg为好,质地坚实,苓期短,生长7~8个月,皮薄,龟裂多,形态好,肉色白而细润,结苓率高等。

选取种苓后,通过组织分离得到母种,最好通过对菌核的培养使之形成子实体,然后收集孢子进行分离获得母种,这种有性繁殖法分离可以有效地防止菌种的衰退、老化,明显地提高产量和质量。获得的母种应通过认真的筛选,优良母种的标准是:菌丝绒毛状,旺盛均匀,分支浓密粗壮,分泌乳白色露珠,平贴,洁白,纯净无杂。

2）制种和栽培季节

茯苓栽培分春播和秋播。江南春播一般在5—6月进行，多在夏初（芒种前后）接种栽培；秋播8—9月，往前推1～2个月制原种、栽培种。江淮地区秋播时夏季备的料，多在秋初（8月末9月初）接种栽培。

3）人工栽培模式简介

我国人工栽培茯苓的历史已有1 500多年，可谓源远流长。古老的栽培方法是用小茯苓做种，把浆液渗入破开的松根中，选择沃土埋藏，经2～3年即可掘取。这种传统的栽培方法至今有些地方仍在使用，但因质量无法保证，产量不稳定，兼之做种用的茯苓约占总产量的1/8，成本高，收益低，使茯苓的生产发展受到影响。

近20年来，不少科研单位探索人工栽培茯苓的新方法，取得了可喜的成果。如用组织分离法从优良的茯苓种块上分离菌种，扩大培养，直接接种到松树根上就是一例。采用这种接种方法，茯苓的质量和产量都大大提高，既节省了种用茯苓，又增加了收益。近年发现，茯苓并非绝对要在松树根下营腐生生活，在其他树木上也可栽种，从而为人工栽培展现了广阔的前景。

下面介绍段木栽培技术。

①选树。马尾松、云南松、赤松、红松、黑松等均可种植，杉树、枫香等也可。树龄以20～40年的中龄树为好，老龄树心材大，松脂多，幼龄树材质疏松不均不宜采用。阴山树比阳山树好，前者高大笔直松脂少，材质适中，茯苓产量高，后者多弯，枝叶茂密，脂多材硬，不利于菌丝生长，产量低。树径10～40 cm。

②砍伐。宜早不宜迟，一般大寒前全部砍完，砍倒后即剃去枝条，留下部分尾梢，促使蒸发干燥。

③削皮。伐木干后，从基部向梢部削去3～7 cm宽、深达木质部的树皮，间隔3～7 cm再削去一条，如此间隔削皮，称为"去皮留筋"，要求成单数，实践中一般先削3～4条，留下1～2条待接种前再削去，这样料面新，有利于菌丝定植生长。削皮的目的是促松脂和水分外溢挥发和加速树木干燥，留筋则有利于结苓和抵抗不良环境。

④截段堆叠。"去皮留筋"后半个月，将松木搬至苓场周围，补削树皮并锯成60～80 cm的段木，锯时应避开节疤，选向阳、通风处，清理场地，铲除杂草，开好排水沟和撒杀白蚁药物，然后以石为枕，将段木井字形叠放在石枕上，上盖薄膜或树皮防雨，让其干燥，播种前翻堆1～2次，使堆内段木干燥均匀。

⑤苓场准备。

a. 选场。以海拔700～1 000 m山地为佳，不超过1 500 m，海拔高时，气温低，应全日有光照，海拔低时，气温高，以半日照为好，坡度以15°～35°最适，选阳山，即方向朝南（或东南、西南），切忌朝北，因为北向阳光不足，土温过低，不利于发菌、结苓，且易滋生白蚁。土壤以土层深厚的砂质酸性土为佳，石灰山和种过庄稼或已种过茯苓的山地均不宜栽培，荒芜3年后才可使用。

b. 整理。春节前后，先除场内杂草、灌木、树根、石块等杂物，然后深翻60～65 cm，并结合施撒白蚁药物，沿山势以人字形或个字形开好排水沟。

c. 作畦。接种前10 d进行第二次翻土，并沿等高线开沟作畦，畦面宽度根据坡度大小而定,缓坡畦宽2.3~2.6 m,畦内安排两行苓窖,陡坡畦宽1~1.3 m,只安排1行苓窖,畦间及苓场圈内开排水沟。

⑥备种。我国茯苓栽培目前使用的菌种生产技术有3种,即菌引、肉引、木引。

菌引是我国20世纪70年代应用微生物分离培养技术,从优质菌核里分离出的茯苓纯菌丝体菌种。菌引的应用和推广提高了茯苓菌种的质量,节约了大量种用茯苓,使茯苓栽培范围和产量有了大幅度增长,在生产中使用最广。肉引即用鲜苓做种,一般用采挖后半月内的鲜苓。种龄最好控制在1~2代,最多不要超过3代,以防退化。野生苓或吊式苓的质量更好。

⑦采收与产品加工。茯苓全年均可采挖,一般在7—9月,挖后去泥土、堆积,以草垫覆盖,使内部水分渗出,取出置通风处阴干,反复数次,直至干燥,即为"茯苓个";在稍干、表面起皱时,削取外皮,称为"茯苓皮";中心部分切成块、片,称为"茯苓块"与"茯苓片",带棕红色或淡红色部分切成的片块称为"赤茯苓",近白色部分切成的片块称为"白茯苓"。带松根者称为"茯神"。

(1)采收

①采收时期。从播种到成熟一般需要8~10个月,栽培期的长短和气温、土温及段木粗细有关。温度高,菌丝生长和结苓快。段木细,生长也快,反之则慢。采收时应先采收南面温暖的地段,然后逐渐采收低温地段。

②采收标准。段木变为棕褐色,一捏即碎,苓块皮色呈黄褐色,白色则太嫩,黑褐色则太老,苓块与段木相连接的苓蒂已松脱,同时,地面不再龟裂,说明苓块已不再长大,应及时采收。

③采收方法。若成熟期不一致,可采大留小,成熟期一致的则全部采收。采收时,距苓窖0.5 m处把土扒开,由坡下向上或由上向下逐窝采收,不遗漏,对于质地仍硬的段木,可将大苓采下,小苓连同段木重新埋放于苓窖内,仍可结苓。

(2)产品加工

①自然风干。又称"发汗",鲜苓含水量为40%~50%,需自然去水使之松软,不可烘烤或曝晒。先在不通风的房间铺上稻草,把起窖后的茯苓除泥沙,分层堆叠,上盖稻草,每隔2~3 d,将茯苓翻身一次,翻身时应慢慢转动,不能一次就上下对翻,共翻3~4次后,改为单层晾干,然后再次堆叠,如此反复数次,至表面呈暗褐色,表皮皱起,有鸡皮状裂纹即可。

②切制。将苓皮削去,用平口刀把内部白色的苓肉与近处的红褐色苓肉分开,削时尽量不带苓肉,然后按不同规格切成所需的大小和形状,切时握刀要紧,应同时向前向下用力,切成块、片状。

③干燥。将切好的苓块或苓片平放摊晒,雨天则以文火烘焙,次日翻面再晒至七八成干,收回后让其回潮,稍压平后复晒或风干即成商品。成品要求干透、无霉、无泥、无杂物、无虫蛀,折干率约50%。

★兴趣小贴士:茯苓为什么可以用松木屑栽培?

答:因为茯苓在自然状态下喜欢长在松树根部,能分解利用其内的物质作为营养而生长。这一点不同于其他食用菌,例如香菇、平菇栽培时不能用松、柏、杉木屑,要求用阔叶林树木屑。

任务 9.3　天麻栽培

天麻(*Gasfrodia elata* Bl.)为名贵的兰科药用植物。入药已有 2 000 余年的历史,历代中医中药都将之列为上品。天麻主要以地下块茎入药,主治高血压、头痛眩晕、口眼歪斜、肢体麻木、小儿惊厥等症。药理试验结果证明,天麻有镇静和镇痛作用。天麻注射液对三叉神经痛、血管神经性头痛、脑血管病头痛、中毒性多发神经炎等疾病的有效率达 90%;在新兴的航天医学上,将天麻用于高空飞行人员的脑保健药,能显著减轻头晕,增强视神经的分辨能力。天麻还具有降低血压,减慢心率,增进脑血流量与冠脉流量,提高心肌耐缺氧能力,增加心输出量与心肌营养,舒张外周血管及降低血管阻力等作用。此外,还发现天麻素具有增加大鼠学习记忆能力的作用,天麻多糖能提高机体免疫功能,具有美容护肤等功效。

野生天麻分布在我国的云南、贵州、四川、西藏、陕西、甘肃、青海、湖北、湖南、江西、安徽、浙江、福建、台湾、河北、河南、山东、辽宁、吉林、黑龙江等省(自治区)的部分高山地带;俄罗斯的西伯利亚地区、朝鲜的北部、日本的北海道部、印度等也有分布。贵州是我国天麻的主要产区之一,全省有 40 多个县有野生天麻分布。因贵州的气候、土壤、植被等环境条件非常适宜天麻的生长,所以产出的天麻质优价高。

天麻适宜覆土栽培,生长不需阳光,从种到收不施肥、不锄草、不喷农药,只需注意温度(地下 10 cm 的温度 15~28 ℃)和湿度(50%~65%)的人工调控加适宜管理就能正常生长,因而不与农作物争地、争肥、争营养,是种植业项目中回报率最高的"懒汉黄金产业"。无论山区平原、乡村城市、室内室外、田间地头或者阳台、楼道、窑洞、地道、防空洞及荒山林地,都可人工种植,也可工厂化、现代化、规范化、产业化种植。

9.3.1　天麻与蜜环菌的关系

天麻在植物学中隶属植物门被子植物亚门单子叶植物纲兰科天麻属。天麻为多年生草本植物,但是无根、无绿色叶片,不能进行光合作用制造营养,而是与蜜环菌共生,依靠蜜环菌为其生长提供营养。

1)天麻的生物学特性

(1)天麻的繁殖方式和生活史

天麻的生活史比较复杂,能够进行无性繁殖和有性繁殖。天麻在自然生长状态下能进行有性繁殖,具有兰科植物的特性,可以抽薹接穗,开花结果,产生种子。

天麻是一种既没有根系,又没有绿色叶片的高等植物。它的营养器官高度退化,在种子发芽期间,胚根停止生长,胚突破种皮后,首先形成的是原球茎;继之形成初生营养茎,并形成一至数个短的侧枝;在主轴和侧枝的顶端形成地下块茎。叶退化成膜质鳞片,不能进行光合作用,除抽薹开花期外,整个生长期中 85% 的时间以块茎的形态潜居地下,块茎成为全部生长发育和无性繁殖等生理机能的唯一个体。块茎的生长依靠蜜环菌(真菌)供给营养,是一种典型的异养型植物。

①有性繁殖。以剑麻作种栽,使其抽薹、开花、结果,并采用蒴果内的成熟种子繁殖后代,

称为天麻的有性繁殖。

天麻种子成熟后借助流水或风力传播,在适宜条件下便萌发成新的个体。根据栽培试验,5—6月播种,播后2个月种子陆续萌发,当年形成原生球茎,次年春由原生球茎分生出初生球茎,第三年春由初生球茎分生出次生球茎,并逐渐增大成为具花茎芽的剑麻,第四年春剑麻抽茎开花结实,种子成熟后又开始新的一代。

在通常条件下,由种子萌发到形成剑麻约需两年半的时间,到新一代种子的形成约需3年的时间。而通常采用的无性繁殖法,因为播种的是仔麻,所以从播种至形成剑麻的时间要比采用有性繁殖法短得多,但依所用种麻的大小而有所差别,一般播种大白麻1年就能形成剑麻,播种小白麻需要2年,播种米麻需要3~4年。在自然条件下,天麻种子虽可萌发,但萌发率极低。关于天麻种子的萌发条件,目前的研究报道尚不一致。研究认为,天麻种子是借助于一种菌的活动而萌发的,并鉴定出这种菌为口蘑科小菇属的紫萁小菇。

天麻的有性繁殖就是利用天麻开花结实形成的种子作为种源播种,进行天麻栽培。采用这种方法可以大大增加天麻的繁殖系数。以1枚剑麻结果30个,每果含种子2万粒,播后出苗率30%计,繁殖1代苗数就可以增加20多万倍,这就从根本上解决了扩大天麻生产而种源缺乏的问题,而且有性繁殖也为天麻的杂交育种和种性复壮提供了条件。

②无性繁殖(人工栽培的主要方式)。天麻人工栽培可以进行无性繁殖,即蜜环菌加木屑或木棒加天麻麻种进行快繁法。天麻由小长大的过程主要分为以下几步:

a.选种麻。应选新鲜完整、无病害、无冻伤腐烂的白麻或米麻做种麻。每年10月至次年5月为种植期。第二年4月地温回升(10~15℃),天麻开始生长时蜜环菌(6~8℃开始生长)已能供给天麻营养。

b.固定菌床下种栽培。先挖土坑成地窖或菌床,将蜜环菌菌种接种在木棒上培养形成菌材,把菌材用木屑或枝叶、泥土等填充物覆盖。播种时,使菌材两边下侧扒开露出,在菌材两边的下侧每隔13 cm紧贴菌材顺放1个麻种,菌材两端各放1个,每根菌材放麻种8~10个。麻种放好后,在两根菌材间加放新鲜木段根,然后填充覆盖物(如麻栎树叶、稻壳、沙、腐殖土等)直至不见菌材。第一层栽好后,按上述方法再栽培第二层,上下层菌材间覆土7 cm,再盖一层树叶,然后坑穴覆土10~20 cm。

c.管理。经常检查坑穴内温度、湿度。进冬季前加厚盖,并加盖树叶防冻;夏季坑穴上加盖树叶、树枝,适当浇水,降低坑穴内温度。雨季清沟排水,防止雨水冲刷;旱季要适当浇水,以保持土壤湿润。春季、秋季应增强光照,增加坑穴温度,以利于天麻生长。

(2)天麻的形态特征

天麻别名离母、鬼督邮、神草、独摇芝、合离草、定风草、赤箭芝、还筒子。贵州天麻产区群众称之为山萝卜、水洋芋。本属约25种,产于亚洲、非洲及大洋洲,我国有两种。通常供药用的天麻为 *Gastrodiaelata* B1。天麻整个生育过程无根、无叶、全身无叶绿素,不能自身制造养料和独立生存,必须依靠蜜环菌提供营养才能进行生长繁殖。

①地下部分为块茎,长椭圆形。根据块茎的形体大小、作用、生长成熟度,将其分为剑麻、白麻、米麻。

a.剑麻。指成熟的天麻块茎。大小为(3~5)cm×(8~20)cm,重50~500 g,黄棕色或土黄色,肉质坚实,含水量低,供药用。顶芽红色或紫红色。

b. 白麻。指未成熟的天麻块茎。重量、成熟度不如剑麻,白色或淡黄色,含水量高。顶芽淡粉色或白色,多用于种麻。50 g 以上的也可加工供药用。

c. 米麻。由天麻有性繁殖的种子发芽形成,或由剑麻、白麻的芽眼处分生而成(即像土豆块上发出的小芽一样)。重不足 5 g,体型和颜色与白麻相似。用于扩大繁殖天麻(即种麻)。

②天麻的地上部分叫花苔或地上茎,由剑麻发育而出(见图9.4)。

图9.4 天麻的地上部分(花苔)

当春季气温回升到 15 ℃,剑麻由顶芽抽薹出土,花薹高 50 ~ 150 cm,直立、圆柱状。花薹上部有花穗,花的中央有雄蕊和雌蕊合生的蕊柱。开花授粉成功后,子房发育膨大成淡褐色的果实,每果内含有 3 万 ~ 5 万粒种子,种子细小如粉末,在显微镜下才能看到其形状为月牙形或纺锤形。

(3)天麻对环境条件的要求

①温度。天麻喜欢生活在冬暖夏凉的环境中,并且不同的生育阶段对温度有不同要求。秋天气温低于 12 ℃时,生长停止,进入休眠期(50 d 左右)。春天气温为 16 ~ 18 ℃时,天麻开始生长,25 ℃左右最适宜生长。4—5 月,当气温升到 15 ~ 20 ℃时,剑麻开始抽薹开花,6月气温升至 22 ~ 25 ℃时果实成熟。从剑麻抽薹到果实成熟需要 45 ~ 60 d。

②湿度。天麻生长喜湿。一般要求空气湿度为80%,土壤含水量为40% ~ 60%。

③光照。地下生长时不需光线;地上生长(抽薹开花阶段)时需一定的散射光,遮阳度以60%为好。

④氧气。天麻生长需一定氧气,栽培室应有通风孔;栽培覆土通透性要好,一般用砂壤土箱栽或地窖栽培。

2)天麻伴生菌——蜜环菌的生物学特性

蜜环菌又称小蜜环菌、蜜色环菌、蜜蘑、榛蘑、栎蘑、根索蘑,在真菌分类学上属于真菌门担子菌亚门层菌纲无隔担子菌亚纲伞菌目口蘑科蜜环菌属。蜜环菌是一种木腐菌,其子实体可食用。

（1）形态特征

①营养体。包括菌丝体和菌索，作用是分解基质，吸收营养和水分。

菌丝体是一种纤细的丝状物。纯培养的菌丝为黄白色，绒毛状，在显微镜下观察，为一根根无色透明的细丝，有分隔。菌丝体在木材上生长的初期呈白色珊瑚状，肉眼可见。

许多菌丝扭结形成菌丝束，同时由菌丝分泌出一种胶状黏液，经氧气氧化而形成一层韧膜包住菌丝束，并有很多分叉，使之状似植物的须根，称为菌索。在培养基上，初期为白色，后逐渐变棕褐色，坚韧不易拉断。菌索的颜色一般为棕红色，老化的菌索为黑褐色或黑色。因此，根据鞘的颜色不同，可以区分菌索的生活力。

②实体。蜜环菌的子实体为菇类，由菌盖和菌柄构成，肉质，伞状。菌盖圆形，直径为 3 ~ 12 cm，盖表面土黄色，菌肉白色。菌柄细长，圆柱形，菌柄中上端有一双层膜质菌环，故称为蜜环菌。孢子椭圆形。

（2）蜜环菌生长条件

①温度。菌丝生长温度范围为 6 ~ 30 ℃，最适温度为 20 ~ 25 ℃。子实体生长温度范围为 18 ~ 25 ℃，最适温度为 20 ~ 22 ℃。

②湿度。要求有较高湿度，培养基的含水量为 70% 左右，在不影响透气性的情况下，湿度越高，菌索生长越快。因此，培养蜜环菌用枝条做培养基，通常采用半液体培养菌种。

③酸碱度。适宜在偏酸的环境中生长，适宜 pH 值为 5 ~ 6。

④氧气。蜜环菌为好氧性真菌，所以在培养菌棒和伴栽天麻过程中，须选择透气性好的土壤。

蜜环菌是一种能发光的真菌，在氧气充足时，生长旺盛的菌丝体能发出较强的荧光，25 ℃时发光最强。

⑤光照。菌丝生长不需光（所以伴生天麻不需光），子实体形成和发育需散射光。

天麻的人工栽培必须有蜜环菌相伴，而蜜环菌又以树木为主要营养来源。这样就必须分离出蜜环菌纯菌种，再培养出长有大量蜜环菌的树段（称为菌棒或菌材），才能进行天麻栽培。

9.3.2　天麻栽培技术

天麻在人工栽培条件下连续 2 ~ 3 代以后就会产生生理退化，产量剧减，剑麻变得又长又细，一级品率下降。采用有性繁殖，增殖倍数高，可防止退化，增强抗逆性。选择有性杂交的后代进行无性繁殖，繁殖系数高，增重快，是无性繁殖的优良种麻，也是防止天麻退化的极好方法。在自然界繁衍过程中，天麻产生了许多变异现象，形成变异个体及不同的分布，将其分为 4 个变异种，即红天麻、绿天麻、乌天麻、黄天麻。

天麻的有性栽培要求较高，在此不再详细介绍，下面主要介绍天麻的无性栽培技术。

（1）栽培季节

天麻一般从 10 月开始到次年的 3 月都可以进行栽培。但应在 10—11 月当温度降至 14 ℃以下时，天麻进入 50 d 左右的休眠期，而蜜环菌进入缓慢生长期（一定适当降低水分，控制蜜环菌缓慢生长。否则，天麻在休眠期不能分解溶菌素，而蜜环菌菌丝深入天麻内部，吸收营养，使天麻变空腐烂）。封冻前和解冻后这段时间内，有利于蜜环菌与天麻结合，使二者建立共生关系。当天麻开始萌动时（春季温度升到 16 ~ 18 ℃），能及时得到密环菌所提供的充足营养,从而促进天麻的无性繁殖和生长。

（2）种麻的选择

在天麻的无性栽培中,多采用白麻和米麻作为种麻,它们生命力强、繁殖率高、增重快。选种原则是无病斑、体型饱满、芽头浑圆（见图9.5）,麻体姜黄色为最佳。

　　图9.5　天麻体顶芽

　　图9.6　天麻的接种方式

（3）栽培方法

①室外窖栽法。一般在10—11月,选择遮阳好、土质肥沃疏松的地方挖窖。

a.挖窖的要求。窖深30~40 cm,宽45~60 cm,长80~100 cm。窖地要挖松,底层铺2~3 cm厚玉米秸。（基本同菌棒培养）

b.菌材（没有长蜜环菌的树段）、菌棒（已长蜜环菌的树段）及种麻的排放（见图9.6）。

②箱栽法。在室内、地道等场所,为充分利用空间可进行箱式立体栽培。

用木条或木板做成箱子（长60 cm、宽50 cm、高35 cm的简易木箱）。进行箱栽时,所用填充料、覆盖物及菌棒、菌材和种麻的排放与窖栽相同。一箱箱栽好后,可把箱与箱摞在一起,但在每层箱之间要用树段垫起,以利于透气。

（4）管理

种植天麻,栽培是基础,管理是关键。一是夏季要求场地凉爽,避免阳光直射,室外栽培要做好遮阳;二是水分要适当,长期存水易烂麻,过干则又不能生长,一般15~20 d浇一次水,夏季天气炎热应增加浇水次数;三是冬季寒冷时要在天麻窖上多盖些枝叶、稻草、麦秸,用以保温。

（5）采收与加工

天麻的生产周期为8~12个月,即一年一收。收获时间最好在11月,此时天麻进入休眠期,天麻的质量好、药效高。收获后的天麻应及时加工,以防腐烂、变质,影响商品价值和药效。常用的加工方法有沙炒法和蒸煮法。

9.3.3　天麻退化原因及防治

①多代无性繁殖,会导致产量明显下降,甚至失收。应发展有性繁殖或有性繁殖与无性繁殖交替进行,不断更新麻种,也可采挖野生球茎做种。

②蜜环菌衰退,即菌索分支能力弱、生长慢、扁形、易断等,使天麻得不到足够的营养而减

产。采取孢子分离或菌索分离更新蜜环菌,或在野生天麻地区培养菌材用于栽培。

③同窖连栽,造成病虫危害和蜜环菌分泌物积累而使栽培失败。生产中应每年换窖,若同窖栽培则必须换土,最好异地栽培。

④密集深层栽培,造成缺氧而减产。改深层栽培为浅层栽培;填充、覆盖物应疏松,种麻排放菌材四周,特别是菌材两端蜜环菌菌索多的地方。

★**兴趣小贴士:天麻的大小分类及作用**

剑麻、大白麻加工药用;小白麻、米麻留作种用,随采随种,避免贮藏不好受损。加工方法是将剑麻、大白麻洗去泥土,浸入水中,用石块磨去粗皮,并用水洗净后放于沸水中煮 13 min 左右,取出一个麻体对光照看,若见半透明无实心即可。煮好后用炭火或煤火烘干,温度由低至高,逐渐升到 70~80 ℃,以便麻体内的水分迅速蒸发,干至七成时,边烘边整形,使之成为圆形,待干后即为成品。

任务 9.4　竹荪栽培

竹荪(*Dictyophora*)是世界上珍贵的食用兼药用菌之一,被誉为"菌中皇后""真菌之花""素菜之王",历史上列为宫廷贡品,近代作为国宴名菜。它营养丰富,蛋白质含量较高,可消化率达 72.73%,还含有多种无机盐及维生素,对高血压、肥胖症、肝炎、细菌性肠炎、流感等有一定疗效。

人工栽培的竹荪有短裙竹荪(*D. duplicata*)、长裙竹荪(*D. indusiata*)(见图 9.7)。近年来,我国食用菌工作者驯化栽培成功了两个新种,即红托竹荪(*D. rubrovolvata*)和刺托竹荪(*D. echino volvata*)。黄裙竹荪有毒,不宜食用。

竹荪菇形如美女着裙,但并非无瑕,其菇顶部有一块暗绿色而微臭的孢子液,因而又叫臭角菌;因其子实体未开伞时为蛋形,还叫蛇蛋菇;此外,还有竹参、竹菌、竹姑娘、面纱菌、网纱菇、蘑菇女皇、虚无僧菌(日本)等俗名。这些名称均与竹荪发生的环境或形状有关。在生物分类学上,竹荪属于担子菌亚门腹菌纲鬼笔目鬼笔科竹荪属。该属有许多种类,已被描述的竹荪有近 10 种。

图 9.7　长裙竹荪

图 9.8　竹荪子实体形态图

9.4.1　形态特征

竹荪又名竹参,因自然生长在有大量竹子残体和腐殖质的竹林中而得名。竹荪品种不同,性状相异。完整的竹荪子实体包括菌盖、菌柄、菌裙和菌托等几部分(见图9.8)。

竹荪子实体是生长在地上的繁殖器官,地下还有菌丝体和菌索。菌索的形成表明菌丝体内已积累了足够的养料,并达到了生理成熟。此时生育条件适宜,许多菌索便交织扭结在一起,菌索顶端逐渐膨大形成原基,进而长大成菌蕾,俗称菌球、菌蛋等。

在自然条件下,菌蕾生在离地表1~2 cm处的腐殖土层中,由菌索顶端逐渐膨大而形成,初期米粒状,白色。米粒状的白色菌球继续长大,经过一段时间,可发育成鸡蛋大或更大的卵形球。菌蕾表面初期有刺毛,后期刺毛消失,呈粉红色、褐色或污白色。菌蕾内部是竹荪子实体的幼体,随温度的变化,菌蕾开裂伸出子实体的时间也长短不一,人工栽培大约为20 d,气温低时可长达60 d以上。

9.4.2　生活习性及生活史

1)生活习性

竹荪之名与竹类有关,由此带给人以误解,以为竹荪只能在竹林内生长。其实不然,疏松而富含腐殖质的竹林下的落叶层、盘根错节的庞大竹林地下根系,固然为竹荪的生长繁育创造了良好环境,但阔叶树混交林,热带经济作物中的橡胶林、芭蕉园,亚热带地区的草地乃至茅草屋顶上,也能成为竹荪的栖身之所。竹荪如多数腐生真菌一样,只要条件合适,也能在腐熟的稻草、麦秸、玉米秆、甘蔗渣、棉子壳等农作物秸秆上生长。

野生竹荪在我国主要分布在吉林、河北、河南、陕西、四川、湖北、湖南、浙江、江苏、福建、云南、贵州等省。大多位于海拔200~3 000 m的温热亚高山区。但在河南博爱的竹林中,海拔仅100~150 m,也有大量长裙竹荪生长。发生时间为每年的4—11月,但以6—9月为集中发生期。竹荪一般在雨后2~3 d内大量发生。在一天当中,一般早上5—7时破球而出,9—10时菌裙开张度达最大,孢子成熟。

2)生活史

成熟的竹荪顶端菌盖有凹陷的、具有暗绿色或黄绿色孢子液的盖帽,孢子着生在其中,在适宜的生活条件下,竹荪的孢子萌发出菌丝,菌丝体由无数管状细胞交织而成,菌丝体呈蛛网状,开始萌发出来的菌丝是单核菌丝。这种菌丝质配后形成双核菌丝,粗线状。

双核菌丝进一步发育便成了组织化的索状菌丝,即三次菌丝。竹荪菌丝初期白色,经过较长时间培养以后,便具有不同程度的粉红色、淡紫色或黄褐色,这些色素受到变温、光照、机械刺激或干燥脱水后更为明显,色素也是鉴别竹荪菌种的主要依据。

在适宜的条件下,伸长到地表面的索状菌丝的尖端逐步膨大成白色小球,这就是竹荪子实体原基,经过40~60 d的时间,这些原基中的少数处于生长优势的部分便继续长大成鸡蛋或鸭蛋大的卵形菌蕾,随后破土分化成子实体。成熟的子实体顶端产生孢子,从而完成其生活周期。

9.4.3　生长发育条件

1)营养

竹荪是一种腐生性真菌,对营养物质没有专一性,与一般腐生性真菌的要求大致相同,其营养包括碳源、氮源、无机盐和维生素。碳源主要由木质素、纤维素、半纤维素等提供,生产中常利用竹鞭、竹叶、竹枝、阔叶树木块、木屑、玉米秸、玉米芯、豆秸、麦秸等作为培养料来栽培竹荪。一般情况下,培养料中常添加少量的尿素、豆饼、麸皮、米糠、畜禽粪等作为氮源。在配制培养基时,也常加入适量的磷酸二氢钾、硫酸钙、硫酸镁等来满足竹荪生长发育对无机盐的需要。维生素类物质在马铃薯、麸皮和米糠等植物性原料中含量丰富,一般不必另行添加。

2)温度

大部分竹荪品种(长裙竹荪和短裙竹荪)属中温型菌类,菌丝生长的温度为 8 ~ 30 ℃,适宜温度为 15 ~ 28 ℃,高于 30 ℃ 或低于 8 ℃时,菌丝生长缓慢,甚至停止生长。子实体形成温度在 16 ~ 25 ℃,最适温度为 22 ℃。在适温范围内,子实体的生长速度随温度的升高而加快。引种时,须了解品种的温型,根据当地的气候条件适时安排生产季节。

3)水分

竹荪生长发育所需的水分主要来自基质。营养生长期,培养基含水量以 60% ~ 65% 为宜。进入子实体发育期,培养基含水量和土壤含水量要提高到 70% ~ 75%,以利于养分的吸收和转运。同时,空气相对湿度对竹荪的生长发育也有很大影响。一般来说,竹荪在营养生长阶段,空气相对湿度以维持在 65% ~ 75% 为宜;当进入生殖生长阶段,空气湿度要提高到 80%;菌蕾成熟至破口期,空气湿度要提高到 85%;破口到菌柄伸长期,空气湿度应在 90% 左右;菌裙张开期,空气湿度应达到 95% 以上,这时如果空气湿度低,菌裙就难以张开,黏结在一起而失去商品价值。

4)空气

竹荪属好氧菌,因此,无论是菌丝生长发育,还是菌球生长、子实体发育,环境空气必须清新。否则,二氧化碳浓度过高,不仅菌丝生长缓慢,而且影响子实体的正常发育。但也必须注意,在竹荪撒裙时,要避免风吹,否则会出现畸形。

5)光照

竹荪菌丝生长发育不需要光线,遇光后菌丝发红且易衰老。在自然界中,竹荪生长在郁蔽度达 90% 左右的竹林和森林地上。这说明菌球生长及子实体成熟均不需要强光照,因此,人工栽培竹荪场所的光照强度应控制在 15 ~ 200 lx,并注意避免阳光直射。

6)土壤及酸碱度

在自然界中,竹荪的生长离不开土壤,人工栽培竹荪时,一定要在培养料面上覆 3 ~ 5 cm 厚的土层才能诱导竹荪菌球发生。竹荪菌丝生长的土壤或培养料要求偏酸,其 pH 值为 4.6 ~ 6。

9.4.4　菌种分离制作

1)母种制作

培养基配方如下:

①豆芽(黄豆)500 g,琼脂 20 g,蛋白胨 5 g,白糖 20 g,磷酸二氢钾 2 g,硫酸镁 1.5 g,碳酸

钙 1 g,维生素 B₁ 0.5 g,水 1 000 ml,pH 5.5。

②竹屑 300 g,琼脂 20 g,蛋白胨 3 g,白糖 20 g,磷酸二氢钾 2 g,硫酸镁 1.5 g,碳酸钙 1 g,维生素 B₁ 0.5 g,水 1 000 ml,pH 5.5。

具体操作与其他母种相同,0.1~0.15 MPa 灭菌 30 min,冷却后待余水干即可接种。分离方法:在无菌条件下,将竹蛋切开取中心组织部分约黄豆大一块,放入斜面培养基上恒温培养,待菌丝长满斜面即为母种。

2)原种制作

培养基配方如下:

①牛粪 60%,竹屑 30%,麦麸 5%,壤土 1%,石膏 1%,白糖 1%,磷酸二氢钾 0.5%,硫酸镁 0.5%,过磷酸钙 1%,pH 5.5,含水量 65%。

②竹屑 71%,木屑 20%,麦麸 5%,壤土 1%,石膏 1%,过磷酸钙 1%,磷酸二氢钾 0.5%,硫酸镁 0.5%,含水量 65%,pH 5.5。

在无菌条件下,每支母种可接原种 3~5 瓶,放入无光、恒温条件下约 60 d,菌丝可长满瓶。

3)栽培种制作

竹荪栽培种的原料与原种相同,菌丝一般 50~60 d 才能长满瓶。若在自然常温条件下,大约需半年时间才能长满瓶。

9.4.5 竹荪栽培模式及管理技术

下面介绍在林间或农作物间套种竹荪栽培技术。

在树林或竹林下,利用竹木加工后的废竹、木屑,农副产物(如甘蔗渣、作物秸秆)等进行竹荪栽培。这种方法具有应用范围广、投资省、用工少、管理方便、成本低、效益好等优点,是在广大农村的竹区、林区栽培竹荪行之有效的方法。

由于林间,无论是竹林或树林,特别是老年林,其地下根交错盘踞,因砍伐或自然死亡等多种原因,地下埋藏了不少腐根,这些腐根是竹荪生长所需的营养物质。在林间播种,菌丝不仅在投料的地方生长,而且蔓延到其他有养料的地方。野外林间或农作物间套种竹荪,只要场地选择恰当,一般不需要搭棚遮阳。因此,野外林间空地或农作物间套种竹荪是最经济、最常用的栽培方法。

(1)栽培原料选择

现行栽培竹荪的原料分为四大类:一是竹类,包括各种竹子的秆、枝、叶、竹头、竹根、竹器加工厂的废竹屑;二是树木类,包括杂木片、树枝、叶以及工厂下脚料的碎屑;三是秸秆类,包括豆秆、黄麻秆、谷壳、油菜秆、玉米芯、棉秆、棉子壳、高粱秆、葵花子秆、壳等;四是野草类,包括芦苇、菅、芒萁、斑茅等。上述原料晒干备用。

(2)生产季节安排

竹荪栽培一般分春、秋两季,以春播为宜。我国南北气温不同,应把握两点:一是播种期气温不超过 28 ℃,适于菌丝生长发育;二是播种后 2~3 个月为菌蕾发育期,气温不低于 10 ℃,使菌蕾健康发育成子实体。南方各省竹荪套种农作物,通常春播,惊蛰开始铺料播种,清明开始套种农作物;北方适当推迟。播种后 60~70 d 养菌,进入夏季 5—9 月间出菇,10

月结束,生产周期为 7 个月左右。

(3)场地畦床整理

利用竹林竹园,苹果、柑橘、葡萄、桃、梨等果园内的空间地,山场树木以及高秆农作物空间地套种竹荪。要求平地或缓坡地,近水源,含有腐殖质的沙壤土。播种前 7～10 d 清理场地残物或杂草,翻土晒白。果树上可喷波尔多液杀灭病虫害。一般果树间距 3 m×3 m,中间空地作为栽培竹荪畦床。畦宽 60～80 cm,人行道间距为 30 cm,整地土块不可太碎,以利于通气,竹、树或高秆农作物旁留 40～50 cm 为作业道(见图9.9)。

竹荪与高秆作物套种　　　　　竹荪在树林中套种

图9.9　竹荪套种

(4)播种覆土养菌

播种前将培养料浸水,控制含水量为 60%～70%,拌料或提前发酵备用。播种采取一层料一层种,菌种点播与撒播均可。每平方米畦床铺放培养料 10 kg、菌种 5 瓶,做到一边铺料一边播种,然后在畦床上覆盖地膜。播种后 15～20 d,一般不需喷水,最好每天揭膜通风 30 min,后期增加通风次数。春天雨水多,挖好排水沟,沟要比畦深 30 cm;菌丝生长温度为 23～26 ℃。播种后在畦床表面覆盖一层 3 cm 厚的腐殖土,腐殖土的含水量以 18% 为宜。覆土后再用竹叶或芦苇切成小段,铺盖表面,并在畦床上罩好薄膜,防止雨水淋浸。若采用农作物套种方式,套种品种有黄豆、脾豆、高粱、玉米、辣椒、黄瓜、向日葵等高秆或藤蔓作物。当竹荪播种覆土后 15～20 d,就可在畦旁挖穴播种作物种子,按间隔 50～60 cm 套种一棵。

(5)出菇科学管理

播种后正常温度下培育 25～33 d,菌丝爬上料面,可将畦床上盖膜去掉。菌丝经过培养不断增殖,吸收大量养分后形成菌索,并爬上料面,由营养生长转入生殖生长,很快出现菇蕾,并破球形成子实体。此时正值林果树和套种的农作物枝叶茂盛时期,起到遮阳作用。出菇期培养料内含水量以 60% 为宜,覆土含水量不低于 20%,空气相对湿度以 85% 为好。菇蕾生长期,除阴雨天气外,每天早晚各喷水一次,保持相对湿度不低于 9%。菇蕾长大逐渐出现顶端凸起,继之在短时间内破球,尽快抽柄撒裙形成子实体。竹荪栽培十分讲究喷水,具体要求"四看":一看盖面物,竹叶或秆、草变干时,就要喷水;二看覆土,覆土发白,要多喷、勤喷;三看菌蕾,菌蕾小时轻喷、雾喷,菌蕾大时多喷、重喷;四看天气,晴天、干燥天蒸发量大要多喷,阴雨天不喷。这样才能长好蕾,出好菇,朵形美。

(6)采收加工包装

竹荪播种后可长菇 4～5 潮。子实体成熟都在每天上午 12 时前,当菌裙撒至离菌柄下端 4～5 cm 时就要采摘。采后及时送往工厂脱水烘干。干品返潮力极强,可用双层塑料袋包装,并扎牢袋口。作为商品出口和国内市场零售的,则需采用小塑料袋包装,每袋有 25 g、50 g、100 g、300 g 不同规格,外包装采用双楞牛皮纸箱。

野外林间栽培竹荪,只要场地选择恰当,一般不需要搭棚遮阳。土壤湿润也不必浇水。春秋季节若遇干旱,则需在菇床及竹头、坑边附近适当浇水以补充水分。越冬后的菌丝待气温回升后,开始向四周蔓延伸展,形成菌索,在 3—4 月,菌索尖端形成小菌蕾,在菌蕾形成时,需经常浇水。此阶段若严重缺水,则菌蕾会因分化不成而死亡,即使形成菌蕾,也张不了裙;若浇水过多,则菌丝徒长,幼菌蕾到成熟时便全破口,给病菌的侵入以可乘之机,从而导致菌蕾死亡。一般在雨水较多的 6—8 月是竹荪大量出现撒裙的时候,要注意及时采收(见图 9.10)。

图 9.10 竹林栽培竹荪

9.4.6 竹荪的采收与加工

竹荪的商品部分一般是指菌裙和菌柄。菌裙、菌柄的完整性和颜色的洁白程度直接影响到竹荪的产品质量。这就要求在采收和加工过程中要特别注意。

1)采收时期

菌蕾破壳开伞至成熟为 2.5 ~ 7 h,一般 12 ~ 48 h 即倒地死亡。因此,当竹荪开伞待菌裙下沿伸至菌托、孢子胶质将开始自溶时(子实体成熟)即可采收。实际采收应在竹荪生长发育过程中的成型期进行。因为成型期的竹荪子实体菌柄伸长到最大高度,菌裙网完全张开达到最大粗度,产孢体(菌盖上黑褐色孢子液组织)尚未自溶,所以这时采收的竹荪子实体具有很好的形态完整性,菌体洁白。否则,过早地采收,菌裙、菌柄尚未完全伸长展开,干制后个体小,商品价值低;过迟采收,菌裙、菌柄萎缩、倒伏,而且产孢体自溶沿裙柄下流,污染裙、柄,严重地影响到产品的色泽。

2)采摘方法

采摘时,用一只手扶住菌托,另一只手用小刀将菌托下的菌索切断,轻轻取出,放入瓷盘和篮子内。决不要用手扯,因为菌裙、菌柄很脆嫩,极易折断,采摘时应轻拿轻放。采收后,将菌盖和菌托及时剥掉,保留菌裙、菌柄。去掉菌托表面上的泥土,菌盖可在清水中浸洗除掉表面上的孢体,再进行干制。若裙柄已有少量污染,则应及时用清水或干净湿纱布去污。然后,将洁白的竹荪子实体一只一只地插到晒架的竹签上进行日晒或烘烤。商品要求完整、洁白、干燥。

★兴趣小贴士:竹荪的产品分级与贮存

1)产品分级

(1)一级

长 18 cm 以上,柄宽 4 cm,白色,完整。

(2)二级

长 15 ~ 17 cm,柄宽 3 cm,白色,完整。

（3）三级

长 10～14 cm，柄宽 2 cm，白色稍黄，略有破碎。

（4）四级等外品

长 10 cm 以下，色黄，有破碎。

2）贮存

烘干后的竹荪按等级用食品塑料袋包装，每小扎 25～50 g，两端用线扎紧。每 600 g 装 1 小袋，袋内放入用棉布包裹的变色硅胶 5 g 吸潮。每两小袋再装 1 中袋，4 中袋装 1 纸箱，其内衬上 1～2 层防潮纸，后用胶纸封箱口，以免受潮变色。长期保存处室温不要超过 20 ℃，最好贮于低温干燥场所。

任务 9.5　蛹虫草栽培

蛹虫草（*Cordyceps militaris*）又称为北冬虫夏草、北虫草、蛹草，是菌虫结合的药用真菌，属于真菌门子囊菌纲肉座菌目麦角菌科虫草属。蛹虫草是现代珍稀中草药，与野生冬虫夏草的组成相近，营养齐全，具有重要的滋补价值，可与人参、鹿茸相媲美，特别是其活性成分虫草酸仆—甘露醇、虫草素—脱氧腺苷、虫草多糖的含量明显高于冬虫夏草，其中虫草素、腺嘌呤的含量则比冬虫夏草高 3 倍左右。蛹虫草的蛋白质、糖、脂肪略低于冬虫夏草，而氨基酸的含量除胱氨酸之外，均高于野生冬虫夏草。特别是苏氨酸、缬氨酸、异亮氨酸、苯丙氨酸、亮氨酸、赖氨酸、色氨酸的含量分别为冬虫夏草的 6.2、5.3、5.1、4.9、3.8、5.2、11.6 倍。另外，维生素 B_1、B_6、E、A、B_{12} 及矿物质 Fe、Cu、Zn、Mo、Se 的含量也高于野生冬虫夏草，蛹虫草的含硒量也很高，比高硒抗癌中药黄芪的含硒量高 12 倍。

蛹虫草能益肾补阳，用于治疗肾阳不足、眩晕耳鸣、健忘不寐、腰膝酸软、阳痿早泄等症状。蛹虫草还能止血化痰，它既可以补肾阳，又能益肺阴，对肺肾不足、久咳虚喘、痨咳痰血者具有较好的疗效。

9.5.1　生物学特性

1）形态结构

蛹虫草是指蛹虫草真菌寄生在磷翅目夜娥科昆虫的蛹（幼虫）体上形成的蛹（幼虫）与子座的复合体。蛹虫草的形态分为菌丝体和子座两部分。

（1）菌丝体

蛹虫草的菌丝是一种子囊菌，其无性型为蛹草拟青霉。其菌体成熟后可形成子囊孢子，孢子散发后随风传播，孢子落在适宜的虫体上，便开始萌发形成菌丝体。

（2）子座

子座单生或数个一起从寄生蛹体的头部或节部长出，颜色为橘黄色或橘红色（见图 9.11），全长 2～8 cm，蛹体颜色为紫色，长 1.5～2 cm，圆柱形或扁形，一般不分支，顶部稍宽，头部呈棒状。

图 9.11　蛹虫草的子座

2）生活条件

（1）营养

蛹虫草属兼性腐生菌。野生蛹虫草以蚕蛾科、舟蛾科、天蛾科、尺蛾科、枯叶蛾科等鳞翅目昆虫蛹为营养，人工栽培时可利用碳源、氮源、矿质元素作为营养。蛹虫草可利用的主要碳源是葡萄糖、麦芽糖、蔗糖、淀粉、果胶等，尤其以单糖或小分子双糖的利用效果为佳。碳源中以甘露醇为最好，培养的菌丝生长最健壮，生产中利用大米或小麦作为碳源。蛹虫草能利用的氮类物质是有机态氮和无机态氮，有机态氮的种类较多，如蛋白胨、豆饼粉、酵母膏等，无机态氮中以柠檬酸氨作为氮源效果最好。人工栽培蛹虫草时需加入一定量的动力蛋白，以蚕蛹粉、蛋清为最佳。

蛹虫草菌丝及其子座生长需要矿质元素，因此生产时常加磷酸二氢钾、硫酸镁等。蛹虫草栽培时添加适量的生长素有刺激和促进蛹虫草菌丝生长、提高产量的作用，因此，生产时应适量添加维生素 B_1、B_6、B_{12} 等。适宜的碳氮比是蛹虫草人工栽培的必需条件，合适的碳氮比为（3～4）：1。碳氮化过高或过低将导致菌丝生长缓慢、污染严重、气生菌丝过旺，难以发生子座，即便有子座分化，其产品的数量和质量也不佳。

（2）温度

蛹虫草属中低温型变温结实性菌类。温度是蛹虫草生长发育环境因素中最重要的因素之一。菌丝生长温度为 6～30 ℃，最适生长温度为 18～22 ℃，子实体生长温度为 10～25 ℃，最适生长温度为 16～23 ℃。原基分化时需较大温差刺激，一般应保持 5～10 ℃的温差。在实际生产时，控制温度常是发菌时 16～19 ℃，出草时 18～20 ℃，长草时 20～21 ℃。试验证明，蛹虫草在 10～20 ℃下变温培养需要 30～45 d 才能出草，而在 19 ℃恒温条件下培养，仅需要 15～25 d 就出草。因此栽培时，尤其是菌丝生长期间要避免高温，以减少细菌或真菌的污染。

（3）水分和湿度

蛹虫草生长所需的水分是培养基含水量要求为 58%～65%，低于 55% 时菌丝生长缓慢，高于 65% 时培养基易酸败。

空气相对湿度对蛹虫草的产量和质量影响较大，尤其是在中后期，空气相对湿度在 85% 以上，可延迟蛹虫草的衰老时间，大大提高产量，即使在 95% 以上的湿度条件下，蛹虫草也能

正常生长。菌丝体培养阶段的空气相对湿度应保持在65%左右,而子实体生长期间则要求空气相对湿度达到80%~90%。

(4)空气

蛹虫草是好气性菌类。菌丝和子实体发育均需要清新的空气。尤其子座发生期应增大通气量,若二氧化碳积累过多,则子座不能正常分化或出现密度大、子座纤细、畸形,因此在生产时要注意通风换气。

(5)光照

蛹虫草是喜光性菌类。孢子萌发和菌丝生长不需要光线,光照会使培养基颜色加深,易形成气生菌丝,并使菌丝提早形成菌被。在菌丝成熟由白色转成橘黄色,即原基形成时,需要一定的光照,此时要保持100~200 lx的光照刺激,每天光照时间要达到10 h以上,生产时夜间可用日光灯作为光源。光线过弱,原基分化困难,出草少,子实体呈淡黄色,产品质量低。

(6)酸碱度

蛹虫草适应酸性环境,菌丝生长阶段要求pH值为5~8,最适pH值为5.4~6.8。由于高温灭菌及菌丝生长会产生酸类物质,使培养基pH值下降,因此在配制培养基时要将pH值调高至7~8,同时添加0.1%~0.2%的磷酸二氢钾或磷酸氢二钾等缓冲物质,以减缓培养过程中pH值的急剧变化对菌丝生长的影响。

9.5.2 栽培管理技术

蛹虫草人工栽培主要有蚕蛹培养基栽培和大米(小麦)培养基栽培。目前,大规模生产蛹虫草以大米(小麦)培养基栽培方式为主。

栽培工艺流程:菌种制备→栽培季节的确定→培养料的选择→培养基配制、装瓶→灭菌→冷却→接种→培养→转色管理→子座生长期→采收加工。

1)菌种制备

选用菌丝洁白、适应性强、见光后转色和出草快、性状稳定的速生高产优质菌种,是获得栽培成功和高产的关键。

与其他食(药)用菌相比,蛹虫草菌种极易退化,因此正确地选种、保种与用种非常重要。具体做法:一是不用3代以上的母种进行扩制;二是保种时不宜用营养丰富的培养基,保种与生产要轮换使用不同配方的培养基;三是长期保藏的菌种需转管复壮后才可使用。

蛹虫草人工培养大多数用液体菌种接种,常用的液体菌种培养基如下:

①葡萄糖2%、蛋白胨0.4%、牛肉膏0.4%、磷酸二氢钾0.4%、硫酸镁0.4%、维生素B_1微量,pH 6.5~7。

②玉米粉2%、葡萄糖2%、蛋白胨1%、酵母粉0.5%、硫酸镁0.05%,pH 6.5~7。玉米粉加水煮沸10 min,过滤取滤液,加入其他成分。

③马铃薯20%、奶粉0.5%、葡萄糖2%、磷酸二氢钾0.2%,pH 6.5~7。马铃薯去皮切块后加水煮沸10~15 min,过滤取滤液,加入其他成分。

④葡萄糖1%、蛋白胨1%、蚕蛹粉1%、奶粉1.2%、磷酸二氢钾0.15%、磷酸氢钠0.1%,pH 6.5~7。

将配制好的培养基装入三角瓶内,一般500 ml的三角瓶装量为100~200 ml。塞上瓶塞,在 0.1 ~ 0.15 MPa(121 ~ 125 ℃)下灭菌 20 ~ 30 min,冷却后在无菌条件下接入母种,每支母种接 6 ~ 8 瓶,接种后先静置培养 24 h,再置于摇床上振荡培养。摇床转速为 120 r/min,培养温度为恒温 19 ℃,3 ~ 5 d 后即可使用。优质液体菌种的标准是:培养液澄清,棕色,无混浊,培养液中有大量均匀的菌丝球,有浓浓的香味。

2)栽培季节的确定

根据蛹虫草对温度的要求,可分春、秋两季栽培。适宜的播种时间由两个条件决定:一是播种期当地旬平均气温不超过 22 ℃;二是从播种时往后推 1 个月为出草期,当地旬平均气温不低于 15 ℃。春播一般安排在 4 月上旬播种,秋播在 8 月上旬播种。立秋过后,气温由高转低,昼夜温差过大,正好有利于出草,是栽培的最佳季节。

3)培养料的选择

蛹虫草人工栽培可选用大米或小麦等作为栽培主料,大米以粗糙籼米为最佳,因其含的支链淀粉较少,灭菌后通气性较好,有利于菌丝的生长。选用的大米、小麦要求新鲜无霉变、无污染、无虫蛀。

4)培养基配制与装瓶

蛹虫草人工栽培培养基配方有多种,具体如下:

①籼米 35 g、蚕蛹粉 1 g、营养液 45 ml。

营养液组分:葡萄糖 10 g、蛋白胨 10 g、磷酸二氢钾 2 g、硫酸镁 1 g、柠檬酸铵 1 g、维生素 B$_1$ 10 mg,捣碎,补充水至 1 000 ml,pH 值为 7;马铃薯 200 g,煮汁去渣,滤液内加入蔗糖 20 g、奶粉 15 ~ 20 g、磷酸二氢钾 2 g、硫酸镁 1 g,补充水分至 1 000 ml,pH 值 7 ~ 8;葡萄糖 10 g、蛋白胨 10 g、磷酸二氢钾 2 g、柠檬酸铵 1 g、硫酸镁 0.5 g、维生素 B$_1$ 10 mg,补充水至 1 000 ml。

②籼米 70%、蚕蛹粉 23%、蔗糖 5%、蛋白胨 1.5%、酵母粉 0.5%、维生素 B$_1$ 微量。

③籼米 89%、玉米(碎粒)10%、酵母粉 0.5%、蛋白胨 0.2%、KH$_2$PO$_4$ 0.1%、MgSO$_4$ 0.05%,蚕蛹粉、蔗糖、维生素 B$_1$ 适量。

④小麦 93.6%、蔗糖 5%、磷酸二氢钾 0.5%、硫酸镁 0.1%、酵母粉 0.5%、蛋白胨 0.3%。

⑤高粱 45%、玉米渣 40%、小米 10%、蔗糖 2%、蛋白胨 2%、酵母粉 0.8%、磷酸二氢钾 0.1%、硫酸镁 0.1%。

用罐头瓶、塑料瓶(耐高温高压)作为栽培容器,每瓶装主料 30 ~ 40 g。在制作培养基时要注意:一是主料与营养液的比例要适当,不能太干或太湿,适宜的含水量为 57% ~ 65%;二是培养基 pH 值严格控制在 5.5 ~ 7.2;三是主料与营养液在灭菌前的浸泡时间不能太长,一般不能超过 5 h,否则会发生培养基发酵和糖化,影响前期的转色和出草;四是培养基采用常压灭菌时必须在 3 h 以内使灶内温度达到 100 ℃,否则培养基容易酸化变质,影响产量。

5)灭菌

配制好的培养基应及时彻底灭菌,采用高压蒸汽灭菌时为 40 ~ 60 min,常压蒸汽灭菌时为 8 ~ 10 h。灭菌后的培养基要求上下湿度一致,米粒间有空隙,不能黏稠成糊状。

6)冷却接种

灭菌结束后取出冷却,移入接种室,当培养基冷却到 30 ℃以下时,在无菌条件下接种,每瓶接种液体菌种 10 ml 或固体菌种 10 g。栽培中为防止污染,可适当增加接种量,以利于菌丝加快生长,迅速占领料面。接种完后即移入消毒和防虫处理的培养室内培养。

7）菌丝培养

在接种后的3周内，要进行遮光培养。接种后最初将温度保持在16℃恒温培养，以减少杂菌污染，当菌丝生长至培养基1/2～2/3时，可将温度升至19～21℃，室内要保持黑暗、通风，空气相对湿度控制在65％左右。经15～20 d菌丝可发满瓶。

8）子座培养

菌丝长满后，由白色逐渐转成橘黄色时，表明菌丝营养生长已经完成，此时菌丝已经成熟，可以增加光照，同时给予10℃左右的温差刺激，以促进转色和诱导原基的形成。当培养基表面和四周有橘黄色色素出现，开始分泌黄色水珠，并伴有大小不一的圆丘状橘黄色隆起物时，则表示子座已经开始形成。此时室内温度应该保持18～23℃，空气相对湿度保持80％～90％。湿度太大则容易产生气生菌丝，对子实体生长不利；湿度太低则容易使培养基失水而影响产量。

在子座形成之后，应根据蛹虫草有明显趋光性的特点，结合实际情况适当调整光源方向，保证受光均匀，避免光线不均匀造成子实体扭曲或一边倒，整个培养期间要适当通风，但不可揭掉封口塑料薄膜，可在薄膜上用针穿刺小孔，以利于气体交换。

9）采收加工

一般从播种到子囊成熟需要40 d左右，菌丝扭结到子实体成熟需要20 d左右，每瓶可生长子座10～20支，但只有5支左右商品性状最好，生物学效率在30％左右。

当子座呈橘红色或橘黄色棒状，高度达5～8 cm，头部出现龟裂状花纹，表面可见黄色粉末状物时，应及时采收。若采收过迟，则子实体枯萎或倒苗腐烂。采收时，用无菌弯头手术镊将子实体从培养基轻轻摘下即可。子座采收后，应及时将根部整理干净，阴干或于低温下烘干。然后用适量的黄酒喷雾使其回软，整理平直后扎成小捆，并包装出售。采用罐头瓶熟料栽培的方法，一瓶可出干品2～3 g。

10）转潮管理

子座采收后应停水3～4 d，然后将5～10 ml无菌营养液注入培养基内，再扎薄膜放到适温下遮光培养，使菌丝恢复生长。待形成菌团后再进行光照等处理，使原基、子实体再次发生，一般10～20 d后可生长第二批子座。

★兴趣小贴士：蛹虫草人工栽培过程中常出现的异常情况及解决措施

1）菌丝体表面出现菌皮

菌皮形成的主要原因是转色条件控制得不好，造成转色期过长。菌皮严重影响产量和品质。措施如下：

（1）温度

白天控制在20℃，夜里控制在15℃，每天保持5℃温差刺激。转色阶段温度不得低于14℃，否则不能形成子实体。

（2）光照

每天光照12 h左右，光照强度以200 lx左右为宜，白天充分利用自然散射光，晚上用日光灯补光。

（3）湿度

培养室内空气相对湿度控制在65％。

（4）通风

适当通风换气,2 d 1 次,每次 30 min。

经过上述管理,3 d 后菌丝开始转色,6～7 d 后,菌丝全部转为橘黄色。

2）接种后菌种不萌发或发菌慢

菌种不萌发或发菌慢的原因是:培养基受杂菌污染,腐臭发黏;使用固体种接种,操作不熟练,造成菌种块灼伤或死种,或使用液体种接种,悬浮液中菌丝含量不足或杂菌污染所致;培养温度处于菌体正常生长温度的下限,接种块在低温下愈合慢,生长迟缓。措施如下:

①确保培养料的灭菌效果,灭菌结束后不要急于出锅,待压力表指针至零后,再冷却一段时间,以防止高温出锅料瓶内外空气交换。料瓶冷却后要及时接入菌种。将接种后培养基污染严重、已腐臭发黏的培养瓶挑出后,远离培养场地,将污染料深埋,以防杂菌扩散。

②严格无菌操作,熟练运用操作技术。对确认不萌发又未污染杂菌的料瓶重新接种。

③接种培养后,若环境温度偏低,培养室要辅以加温措施,保持 15～18 ℃,以加快菌种定殖萌发,迅速占领料面。

任务9.6 灰树花栽培

灰树花（*Grifola frondosa*）原发生于栗树根部,其子实体形似盛开的莲花,扇形菌盖重重叠叠,因而称为灰树花。日本人认为灰树花形同舞女穿的舞裙,故名"舞茸"。属于担子菌亚门的多孔菌科,正式名叫贝叶多孔菌（《真菌的名词和名称》）,别名还有千佛菌（四川）、重菇（福建）、莲花菌等。灰树花有独特香气和口感,营养丰富,不仅是宴席上的山珍,还具有保健和药用价值,是珍贵的食药两用菌。

我国栽培灰树花的资源丰富,各种阔叶树修剪的枝丫与棉产区的棉子壳均可做栽培原料。随着栽培技术的不断进步,将有许多新的原料如玉米芯等农业秸秆也可用于栽培灰树花,因此发展前景广阔。

9.6.1 生物学特性

1）形态结构

（1）菌丝与菌核

灰树花的形态分为菌丝体和子实体两大部分,可食用的部分就是灰树花的子实体,也称为菇体。灰树花菌丝在越冬或遇不良环境时能形成菌核,菌核直径 5～15 cm,菌核的外层由菌丝密集交织形成,呈黑褐色。菌核内部由密集的菌丝、土壤砂粒和基质组成。菌核既是越冬的休眠器官,又是营养贮藏器官,野生灰树花的世代就是由菌核延续的。因此,野生灰树花在同一个地点能连年生长。

（2）子实体

它是灰树花的繁殖器官,一个成熟的粟蘑子实体由多个菌盖组成,重叠成覆瓦状,是群生体（见图9.12）。

①菌盖。粟蘑菌盖肉质,呈扇形或匙形,直径2~8 cm,厚2~7 mm。灰白色至灰黑色(菌盖颜色与品种及光照强度有关),有放射状条纹,边缘薄,内卷。幼嫩时,菌盖外沿有一轮2~8 mm的白边,是菌盖的生长点,子实体成熟后白边消失。当子实体幼嫩时,菌盖背面为白色。子实体成熟后,菌盖背面出现蜂窝状多孔的子实层,菌孔长1~4 mm,每平方厘米有菌孔20~32个,管孔白色,呈多角形。菌孔侧壁着生子实层,能产生担孢子。灰树花孢子印白色,在显微镜下观察,孢子卵形,光滑。

②菌柄。菌柄多分枝,侧生,扁圆柱形,中实,灰白色,肉质(与菌盖同质)。成熟时,菌孔延生到菌柄。

图9.12 灰树花子实体的形态

2)生态习性

野生灰树花发生于夏季、秋季之间阶段的粟树根部周围,以及栎、栲等阔叶树的树干及木桩周围,导致木材腐朽,是白腐菌。野生灰树花在我国分布于河北、黑龙江、吉林、四川、云南、广西、福建等省(自治区)。

3)生活史

灰树花的生活史与其他担子菌的类似,是由担孢子萌发形成单核菌丝体,经质配形成双核菌丝,最后形成原基,再形成子实体(见图9.13)。

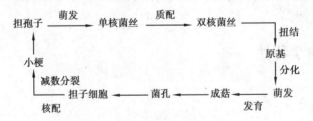

图9.13 灰树花的生活史

4)生长条件

灰树花菌丝生长最适温度为24~27 ℃,子实体生长最适温度为18~23 ℃。菌丝生长的环境相对湿度以65%为宜,子实体发生的最适湿度为90%。灰树花属好氧型真菌,无论菌丝生长还是子实体发育都需要新鲜空气,特别是子实体发育阶段要求保持经常对流通风,室内一般难以满足,因而出菇多在通风较好的室外进行。菌丝生长对光照要求不严格,子实体生长要求较强的散射光和稀疏的直射光,光照不足色泽浅,风味淡,品质差,并影响产量。灰树花生长的最适 pH 值为5.5~6.5(见表9.1)。

表 9.1　灰树花生长的环境条件

阶段 条件	菌丝生长阶段		原基分化	菇体生长阶段	
	范围	适宜		范围	适宜
温度/℃	5～32	20～25	18～22	10～25	18～23
湿度/%	60～70		80～90	80～95	85～95
光照/lx	50		200	200～500	
氧气	少		多	多	
二氧化碳	多		少	少	
pH 值	5.5～6.5				

9.6.2　灰树花栽培技术

对于一般的灰树花生产者而言,引种是快捷可靠的办法,但需要选择优良品种。

1)选择优种

不同来源的灰树花菌株,其菌丝生长表现出较大差异,表明它们的遗传性状不同。不同株系不仅有形态差别,在原基形成所需日数和产量上也有差异,尤其是原基形成所需日数与产量有直接关系,原基形成越早产量越高。

迁西县所用的灰树花菌种是该县食用菌研究所选育的,已筛选出迁西 1 号、迁西 2 号等优良品种。该品种适合仿野生条件栽培,特点是菇形大、色泽深、产率高。

2)灰树花菌种制备

(1)灰树花母种适宜的培养基

灰树花母种适宜的培养基为 PDA 综合培养基和谷粒培养基。

①PDA 综合培养基:

a.去皮马铃薯 100 g、麸皮 30 g、葡萄糖 20 g、琼脂 20 g、磷酸二氢钾 0.5 g、磷酸氢二钾 0.1 g、硫酸镁 0.5 g、蛋白胨 2 g、水 1 000 ml。

b.去皮马铃薯 100 g、玉米粉 30 g、葡萄糖 20 g、琼脂 20 g、磷酸二氢钾 0.5 g、磷酸氢二钾 0.1 g、硫酸镁 0.5 g、蛋白胨 2 g、水 1 000 ml。

②谷粒培养基:谷粒(小麦、大麦、高粱、玉米、稻谷等)98%、石膏 1%、糖 1%,水适量。

(2)母种制作步骤

按常规方法制作,如前所述,在此不再重复。分离和转扩均在无菌操作下进行,要注意母种菌龄,及时转为原种和栽培种。

(3)原种和栽培种制作

主要步骤如前所述,在此不再重复。菌种袋感官标准为:在发菌条件适宜的情况下,小袋经 25～30 d、大袋经 40～50 d 发满菌,菌袋口处有不规则突起或灰树花原基,菌袋周身白色,基本上没有杂菌污染,手握较硬,略有弹性。

9.6.3 栽培模式简介——袋料室内或室外大棚栽培

这是代料栽培的常见模式,主要原料是棉子壳、木屑、作物秸秆等。又可分为袋料室内出菇、袋料室外大棚出菇等方式。

(1)培养料配方

①栗木屑 70%、麸皮 20%、生土 8%、石膏 1%、白糖 1%。

②栗木屑 50%、棉子皮 40%、生土 8%、石膏和白糖各 1%。

③棉子皮 40%、板栗苞屑 40%、麸皮 8%、石膏和白糖各 1%、沙壤土或壤土 10%。

各配方加 105% ~110% 水拌料,使含水量达 55% ~57%。湿度过大,子实体形成时渗出棕色液体太多,易导致子实体腐烂。按常规操作加水拌料。

(2)装袋

选用耐高温的聚乙烯或聚丙烯塑料袋。可购买成品袋,也可购进筒料,裁割成标准长度,袋的一端用蜡烛烧熔密封或用细纤维绑扎。装袋操作如下:

①将料面按平压实。手拿菌袋稍用力,松手后指印应能恢复,表面平滑无褶。

②套塑料环。一头接种的菌袋使用。套环的目的,一是接种时方便,二是棉塞较粗,有利于菌袋内外气体交换,促进菌丝生长。套袋时环的小口朝上,大口朝下,塑料袋由下向上穿出,袋口向环外侧翻转,用大拇指在塑料环中间扭转一周,使塑料袋紧贴于套环内壁,这样便于接种。棉塞上盖纸防湿,用皮筋扎紧。注意事项有:调整料的水分,上下拌匀;捡出硬物如木棍、铁钉等,以免扎坏菌袋;装好的菌袋要轻拿轻放,袋口向上,不能乱堆挤压,以防菌袋变形或脱塞。

(3)灭菌

灰树花要求熟料栽培,即培养料装袋后必须经灭菌才能接种(详见灭菌设备)。

(4)接种(参见原种制备)

接种量一般为每袋接入菌种 15 ~20 g,一瓶容量 500 ml 的原种,一般可接 20 ~30 个栽培袋。

(5)培养

操作基本与原种生产相同,但由于栽培袋生产量大,必须保证培养室空气新鲜。实践表明,灰树花是一种强好氧的菇类,因此通风换气是灰树花发菌过程中一个不可忽视的环节。发菌室如果单独强调保温而透气不良,则菌丝生长速度缓慢,颜色发黄,生长线平齐,表现干枯,易感染杂菌。因此,必须强调通风换气。还要注意保湿,在温度较高、通风大的情况下,发菌室内容易过度干燥,引起培养料失水,影响菌丝的正常生长。

(6)出菇管理

床架立体袋式栽培:浙江省庆元县的灰树花栽培技术不同于河北省迁西县的仿野生栽培,而是采用大棚内的床架立体式袋栽,不覆土出菇,菇体洁净,出二潮菇,生物学转化率一般为 60% 左右。

无覆土栽培的灰树花菇体由于无土层支撑,菌柄较长且菇形较小,但其基部洁净。要想增大菇体,则需增大菌袋培养料重量,日本工厂化栽培所用的菌床,含干料 1 kg,比我国迁西县及庆元县的菌袋重 1 倍。

（7）采菇

菌袋入菇房 20 ~ 25 d 后,菇体八成熟可采摘,成熟一朵采摘一朵。采摘标准如前述。头潮菇 200 g 左右,转化率为 30% ~ 40%。经适当管理,菌袋可出二潮菇,总转化率为 60% ~ 70%。

（8）采摘

灰树花从现原基到采菇的时间,在其他条件相同的情况下,随温度的不同而有所不同。但这不是绝对的,应根据子实体生长状况来定,一般八成熟就可采摘,成熟一朵采摘一朵。

9.6.4　灰树花的保鲜贮运及加工技术简介

1）保鲜贮运

鲜灰树花应贮放在密闭的箱内或筐内,每朵灰树花单层排放,尽量不要堆得过高,造成挤压。需要密集排放时,应使菇盖面朝下,菇根面朝上。灰树花贮藏温度以 4 ~ 10 ℃ 为宜,温度过高,鲜菇继续生长因而老化。贮运时切勿挤压、碰撞和颠簸。

2）灰树花干制加工

灰树花的干制可以用晒干或烘干的方法来进行。在烘干时,要注意温度由低向高逐渐进行。起始温度一般为 40 ℃,每隔 4 h 将温度升高 5 ℃ 左右,最后用 60 ℃ 将子实体烘干。

为了较快地烘干子实体,可以将子实体分成单片后进行。灰树花子实体的含水量相对较低（一般为 80% ~ 90%）,烘干方式较好。烘干后的灰树花香味较浓,比晒干的好。

灰树花的干品较容易吸潮,由于其香味浓郁又营养丰富,比较容易出现虫蛀或发霉现象。所以干品最好用双层塑料袋密封保存,并放在干燥的地方,有条件的可以放在冷库中贮藏。

3）灰树花盐渍

灰树花的盐渍加工与其他食用菌的盐渍加工方法一样。由于灰树花的子实体朵形较大,因而在煮之前要用小刀将子实体分成单片的扇形菌盖,煮透后冷却,用盐或盐水盐渍。在盐渍时要注意经常倒缸,更换盐水或加盐,直到腌透为止（盐水浓度不再下降）。

腌好后可以转入塑料桶中。在桶中要加足饱和盐水,并加入封口盐,盖上内外盖。然后放入温度较低的仓库贮存。

★兴趣小贴士:常见的菇体异常现象及产生原因

答:

1）原基枯黄

由于环境干燥,光线太强（阳光直射）温度过高,使原基分泌的水珠消失,变得枯黄不能分化,形成木质化的斑块。

2）小菇、密菇

由于栽培较晚,气温适宜,栽培后很快出菇,菌块尚未连成一体。或因栽培过早管理不当,使菌块周围形成黄色菌皮,菌块不能充分连接,温度适宜后出菇迟,菇体小而密且易老化。

3）出菇慢

栽培时覆土过厚（超 3 cm）或畦挖得太深,将使出菇推迟 20 ~ 35 d。

4）菌块发霉

遇上高温天气,若通风不良,就会引起覆土或菌块局部霉害。栽培后上水不及时,或菌块周围有干土,水未润透,使表面菌丝失水死亡发生霉害。

任务 9.7 巴西蘑菇栽培

巴西蘑菇又名姬松茸、小松菇,属担子菌亚门层菌纲伞菌目蘑菇(黑伞)科蘑菇(黑伞)属,原产于巴西、秘鲁。美国加利福尼亚州南部和佛罗里达州海边草地上也有分布。我国于1992年引进,目前福建省有较多栽培。

巴西蘑菇盖嫩、柄脆,口感极好,具杏仁味,鲜美可口,是食药兼用的珍稀食用菌。每100 g干菇中含粗蛋白质40%~45%,糖质38%~45%,纤维质6%~8%,粗灰分5%~7%,粗脂肪3%~4%,是一种含糖质和蛋白质非常丰富的食用菌。蛋白质组成中包括18种氨基酸,其中人体必需的8种氨基酸齐全,还含有多种维生素和麦角甾醇,其多糖含量为食用菌之首,提取物对肿瘤,特别是腹水瘤、痔疮、心血管病等具有神奇的功效,并因其较高的食用价值、药用价值,深受美食、保健和医学、药学界的极大关注。

9.7.1 生物学特性

1)形态特征及生态习性

巴西蘑菇是夏秋间发生在有畜粪的草地上的腐生菌,要求高温、潮湿和通风的环境条件。

巴西蘑菇由菌丝体和子实体两部分组成。菌丝绒毛状,白色,气生菌丝旺盛,爬壁强,菌丝直径5~6 μm。菌丝有初生菌丝和次生菌丝两种。孢子萌发后产生菌丝,菌丝不断生长发育,菌丝之间相互连接,呈蛛网状,菌丝无锁状联合。

子实体单生、丛生或群生,伞状,由菌盖、菌褶、菌柄和菌环等组成(见图9.14)。菌盖直径3.4~7.4 cm,最大的达到15 cm,原基呈乳白色,菌盖初时为浅褐色,扁半球形,逐渐成馒头形,最后平展,顶部中央平坦,表面有淡褐色至栗色的纤维状鳞片,成熟后呈棕褐色,有纤维状鳞片,盖缘有菌幕的碎片。菌盖中心的菌肉厚达11 nm,边缘的菌肉薄,菌肉白色,受伤后变橙黄色。菌褶离生,密集,从白色转肉色,后变为黑褐色。菌柄圆柱状,中实,长4~14 cm,直径1~3 cm,上下等粗或基部膨大,表面近白色,手摸后变为近黄色。菌环以上最初有粉状至棉屑状小鳞片,后脱落成平滑状,中空,菌环大,上位,膜质,初白色。后微褐色,膜下有带褐色棉屑状的附属物。

图9.14 巴西蘑菇

2)**生活条件**

(1)营养

巴西蘑菇主要以分解利用农作物秸秆,如稻草、玉米秆、麦秸、棉子壳、甘蔗渣和木屑等作为碳源,巴西蘑菇能利用蔗糖、葡萄糖,而不能利用可溶性淀粉、豆饼、花生饼、玉米粉、麸皮、畜禽粪和尿素、硫酸铵等作氮源,巴西蘑菇能利用硫酸铵,浓度为 0.3% 左右,也可利用硝酸铵,但不能利用蛋白胨。

(2)温度

巴西蘑菇属于中高温型菌类。菌丝生长温度为 $10 \sim 37$ ℃,最适温度为 $23 \sim 28$ ℃。子实体发育温度为 $16 \sim 33$ ℃,最适温度为 $20 \sim 26$ ℃,低于 15 ℃ 或高于 33 ℃ 时几乎不能现蕾形成子实体。

(3)水分

巴西蘑菇菌丝在含水率 65% ~ 70% 的培养料中能正常生长。最适培养料含水量为 55% ~ 60%,料水比为 1:(1.3 ~ 1.4),覆土层最适含水量为 60% ~ 65%,子实体发生时菇房空气相对湿度以 75% ~ 85% 为宜。

(4)光线

菌丝生长不需要光线,但阳光能间接影响培养料的温度。少量的散射光有利于子实体的形成。

(5)空气

巴西蘑菇是一种好氧性真菌,菌丝生长和子实体生长发育都需要充足的新鲜空气。

(6)酸碱度

培养料的 pH 在 4.5 ~ 8 范围内皆可生长,最适 pH 为 6.5 ~ 7.5。

9.7.2 栽培管理技术

巴西蘑菇与双孢蘑菇同属于粪草腐生性菌类,其栽培方法与双孢蘑菇的相似。

1)**菇房菇棚的设置及栽培季节**

巴西蘑菇菇房可以是现代化菇房、塑料大棚、简易塑料棚和空闲房屋。巴西蘑菇一年有两个栽培季节,即春秋两季,当自然温度稳定在 20 ~ 25 ℃ 时为出菇初期,此期向前推 50 d 左右即为播种期。一般春栽在 3—4 月播种,5—7 月采收;秋栽在 9—10 月播种,11—12 月采收。

2)**培养料选择与配方设计**

巴西蘑菇栽培可就地取材,充分利用当地成本低的资源进行栽培配方设计,巴西蘑菇栽培以甘蔗渣为原料最为合适。也可用稻草、麦秆、棉子皮、茅草、芦苇和玉米秆等原料进行栽培,辅以牛粪、马粪、禽粪或少量化肥。

巴西蘑菇生长发育的高产优质培养料配方如下:

①甘蔗渣 80%、牛粪 15.5%、石膏粉 2%、尿素 0.5%、石灰粉 2%。

②稻草 80%、牛粪 13.4%、石膏粉 3%、石灰粉 3%、尿素 0.6%。

③玉米秆(或麦秸)80%、牛粪 14.6%、石膏粉 3%、石灰粉 1%、饼肥 1%、尿素 0.4% 或硫酸铵 0.8%。

④稻草 31%、甘蔗渣 15%、木刨花 12%、棉子壳 4%、菜子饼 1.5%、麸皮 4%、干牛粪 22%、尿素 0.4%、复合肥 0.5%、沸石粉 6.7%、过磷酸钙 1.1%、生石灰 1.8%。

⑤茭白叶（秆）32%、稻草 16%、豆秸 10%、麸皮 5%、牛粪 26%、尿素 0.5%、复合肥 0.6%、过磷酸钙 1.1%、沸石粉 7%、生石灰 1.8%。

⑥稻草 85%、菜子饼 4%、麸皮 2%、复合肥 1.6%、尿素 0.8%、过磷酸钙 1.6%、石膏 2.8%、生石灰 2.2%。

3）培养料堆制发酵

巴西蘑菇的建堆发酵与双孢蘑菇一样，可以参考。

4）培养料的上架

将发酵成熟的培养料均匀地、不松不紧地铺入菇床或畦床，厚度以 20 cm 为宜，每平方米投干料 20 kg 左右。培养料上床后，关闭菇房的出入口、通风口，然后用甲醛加高锰酸钾熏蒸（每立方米空间用甲醛 10 ml、高锰酸钾 5 g）或用硫黄熏蒸 24 h，排除菇房或畦内的药味后，待料温降至 28 ℃时播种。

5）播种及管理

将菌种均匀地撒于培养料表面，播种量为每平方米面积一瓶半（750 ml）的菌种，再盖上一层进房时预先留下的培养料，厚度以看不到菌种为度。播种后用木板轻轻压实，使之与料紧贴，以利于菌种萌发、定植。注意保温保湿，3 d 后当菌丝发白并向料上生长时，适当增加通风量。播种后 6～8 d，菌丝基本封面，此时需逐渐加大通风量，促使菌丝整齐往下吃料，菇房相对湿度宜控制在 80% 左右。露地栽培，播种后要在畦面两边用竹木条扦插成弯弓形，然后覆盖塑料膜，使其在小气候中发育生长。菇床罩膜内温度，以不超过 30 ℃为宜，过高则应揭膜散温，并保持相对湿度不低于 85%。

6）覆土

覆土是栽培上非常重要的一环，覆土土质的好坏直接影响产量和质量。播种后 20 d 左右，菌丝长到整个培养料的 2/3 时开始覆土。一般采用田底土、肥田土或红壤土。覆土前 3 d，覆土材料用甲醛喷雾消毒，并用膜盖 24 h，以杀死害虫和杂菌。用石灰水将 pH 值调至 7.2～7.5，含水量为 60%～65%，一般以手捏可成团、松开一抖即可松散为宜。覆土厚度 3～4 cm，均匀覆在床面上。

7）出菇管理

通常播种后 40 d 左右，快的只需 30 d 左右，即开始现蕾。当菇床土面涌现白色粒状菇蕾后大约 3 d，菇蕾即生长发育至直径 2～3 cm，此时应停止喷水，避免造成死菇和畸形菇。此时要消耗大量的氧气，出菇期应注意菇房的通风换气。在通风的同时注意菇床土层的湿度，确保菇房内空气湿度在 85%～95%。床面喷水应以间歇喷为主，轻喷为辅，坚持一潮菇喷一次重水的原则，处理好喷水、通风、保湿三者的关系，以达到高产、稳产、优质。

巴西蘑菇采收后，菌床上的土坑要及时补上，将菌床上遗留残根碎片清除干净，以防止腐烂后污染和发生虫害，继续保温保湿管理，还能收 2～3 潮巴西蘑菇。

8）采收与加工

巴西蘑菇以菌盖尚未开伞、表面淡黄色，有纤维状鳞片，菌幕尚未破裂时采收为宜。若过熟采收，菌褶会变黑，降低商品价值。采收后的鲜菇可通过保鲜、盐渍、脱水、烘干等方法加工销售,或根据客户要求加工和包装。

★兴趣小贴士:病虫害防治措施

近两年来,巴西蘑菇病虫害常有发生,给菇农造成不少损失。巴西蘑菇种植中最常见的几种病原菌有棉絮状霉菌、胡桃肉状菌、白色石膏霉以及鬼伞类杂菌等。其中,以胡桃肉状菌的危害性最为严重,它生长迅速、传染快,极难根治,被称为"巴西蘑菇的癌症",该病原菌属土壤真菌,通常存活于土壤及有机物中,其病原孢子多随覆土、培养料而进入菇棚。它与巴西蘑菇争夺养分,抑制菌丝生长,严重时可使巴西蘑菇绝收。

防治措施如下:

①搞好菇棚环境卫生,及时清除废料,并用 500 倍疣霉净喷洒菇棚、菇架。

②取用覆土时,尽量远离菇棚,取地表 30 cm 以下的深层土,并用药物消毒处理,即将覆土晒干后,用 5% 的甲醛溶液将覆土拌匀后,用薄膜覆盖堆闷 24 h 以上,然后摊开,散尽药味后覆土即可进棚,以彻底杀灭潜在的杂菌孢子。

③培养料堆制时不宜过熟、过湿,并要进行二次发酵,料要偏碱性。

④播种后将菇房温度控制在 18 ℃左右,可抑制其子囊孢子萌发。

⑤一旦发生此病害,应立即停止喷水,加大通风,局部感染时,应及时小心地将覆土和培养料完全挖除,并在周围喷洒 1∶100 的疣霉净(效果显著)。

⑥挖出的病料要烧毁或深埋,万万不可乱丢,以防风力将其病原孢子吹进菇棚,从而产生大面积感染。

任务9.8 猴头菇栽培

猴头菇又名猴头、猴头菌、刺猬菌、花菜菌、山伏菌,既是珍贵的食用佳肴,又是重要的药用菌。其子实体圆而厚,常悬于树干上,布满针状菌刺,形状似猴子的头并因此得名。近年来,人工栽培尤其代料瓶栽的成功,产区日益广泛,加上可用于栽培的原料种类多,生长周期短,成本低,收益大,猴头菇的生产得到迅速发展。

猴头菇是我国传统的名贵菜肴,肉嫩味香,鲜美可口,色、香、味上乘,是我国著名的"八大山珍"之一。自古就有"山珍猴头,海味燕窝"之说,并与熊掌、海参一起列为"四大名菜"。猴头菇也是贵重药材,具有滋补健身、助消化利五脏的功能,其菌体所含多肽、多糖和脂肪族的酰胺物质,对消化道肿瘤、胃溃疡和十二指肠溃疡、胃炎、腹胀等有一定疗效。以猴头菇为原料制成的"猴头菌片"就是作为治疗消化道系统溃疡和癌症的一种药物。

9.8.1 生物学特性

猴头菇[*Hericium erinaceus* (Bull. ex Fr) Pers]属于真菌门担子菌纲多孔菌目猴头菌科猴头菌属。猴头菇在自然界中寄生在树木的枯枝上,主要产于我国东北、西北各省区,其他各省也有生产,但数量稀少。

1)猴头菇的形态特征

猴头菇由菌丝体和子实体两部分组成。菌丝体在不同的培养基上略有差异。在试管培养基上,初时稀疏呈散射状,后变浓密粗壮,气生菌丝呈粉白绒毛状;在木屑培养料基质中,浓密,呈白色或乳白色。其菌丝细胞壁薄,有分支和横隔,直径$10 \sim 20 \mu m$。子实体肉质,外形头状或倒卵形(见图9.15),基部着生处较窄,外布有针形肉质菌刺,刺直伸而发达,下垂毛发,刺长$1 \sim 5$ cm。新鲜子实体洁白或淡黄,干后变淡黄褐色,形似猴子的头,直径为$3.5 \sim 10$ cm,人工栽培的可达14 cm以上。猴头刺面布有子实层,能产孢子。孢子椭圆形至圆形,无色,光滑,直径为$5 \sim 6 \mu m$,内含油滴,大而明亮。

图9.15　猴头菇的子实体形态

2)猴头菇的生活史

猴头菇完成一个正常的生活史,必须经过担孢子、萌丝体、子实体、担孢子几个连续的发育阶段。猴头菇孢子萌发后产生单核菌丝,为单倍体,又称一次菌丝。不同性的两种一次菌丝接触,两个细胞互相融合,形成双核菌丝(即二次菌丝)。二次菌丝达到生理成熟后就形成子实体。子实体上长出菌刺,在菌刺上形成担子。担子中的两个细胞核进行核配,很快又进行减数分裂,形成4个单倍体的细胞核,然后4个单倍体的细胞核进入担子小梗的尖端,形成担孢子。一个猴头菌实体上可产生数亿个担孢子。在干燥、高温等不良环境条件下,产生厚垣孢子。在适宜条件下,厚垣孢子又会萌发菌丝,继续进行生长繁殖。

3)猴头菇的生活条件

(1)营养

猴头菇是一种腐生真菌,分解纤维素、木质素的能力相当强,能使朽木变白色,称为白腐。猴头菇在生长发育过程中能利用纤维素、木质素、有机酸、淀粉等作为碳素营养,通过分解蛋白质、氨基酸等有机物质,吸收利用硝酸盐、铵盐等无机氮化物作为氮素营养。同时,还需要一定量的钾、镁、钙、铁、铜、锌等矿质营养。目前,棉子壳、甘蔗渣、锯木屑、稻麦秆、酒糟、棉秆等已被用作碳素营养的来源。锯木屑、棉秆、甘蔗渣等蛋白质含量较低,必须添加含氮量较高的麸皮、米糠等物质。在猴头菇营养生长阶段碳氮比为25∶1,在生殖生长阶段碳氮比以$(35 \sim 45)∶1$为宜。

(2)温度

猴头菇属中温型真菌。但适应范围较广,菌丝正常生长的温度为$10 \sim 34$ ℃,最适生长温度为$20 \sim 26$ ℃。子实体属低温结实型和恒温结实型,最适温度为$16 \sim 20$ ℃。菌丝体在$0 \sim 4$ ℃下保存半年仍能生长旺盛。

(3)水分与湿度

菌丝体和子实体生长时要求培养料的含水量为$60\% \sim 70\%$;子实体生长发育的最适空气相对湿度一般为$85\% \sim 90\%$。在这种条件下,子实体生长迅速,颜色洁白;如相对湿度低于

60%,子实体很快干缩,颜色变黄,生长停止;如相对湿度长期高于95%,会生长长刺,很易形成畸形的子实体,产量低。

（4）空气

猴头菇是一种好气性真菌。菌丝体生长阶段对空气的要求并不严格,而子实体的生长对二氧化碳特别敏感,当通气不良、二氧化碳浓度过高时,子实体生长受到抑制,生长缓慢,常出现畸形。在栽培时,子实体生长阶段要特别加强通风换气,空气中二氧化碳含量以不超过0.1%为宜。

（5）光照

菌丝体可以在黑暗中正常生长,不需要光线,而子实体需要有散射光才能形成和生长。栽培时必须注意控制光照条件,避免阳光直射。

（6）酸碱度

猴头菇是喜偏酸性菌,在酸性条件下菌丝生长良好,最适 pH 值为5~6。所以在人工栽培时,培养料内加入适量的柠檬酸对菌丝的生长有促进作用。

猴头菇菌丝在培养基中生长时,由于分解有机物质而产酸,使培养基变酸,形成了反馈抑制作用而影响自身生长,所以在培养基中加一定量的石膏粉或碳酸钙,不但增加猴头菇的钙质营养,而且可调节培养基中的酸碱度。

9.8.2 栽培管理技术

人工栽培猴头菇有瓶栽、袋栽、菌砖栽、段木栽培等多种方法。但目前应用较多、周期短、管理方便、成功率高的是瓶栽和袋栽。

1）猴头菇的栽培工艺流程

备料→配制培养基→装瓶→灭菌→冷却接种→发菌管理→出菇管理→采收。

2）栽培季节及类型品种

（1）栽培季节

目前,大多是利用春、秋两季自然气温适宜的时期进行栽培。长江中下游地区,春栽在3—6月,秋季以9月上旬—11月中下旬为适宜;河南省春天在3月,秋天在9月。

（2）品种类型

猴头菇属常见的有如下3种类型:

①猴头菇[*Hericium erinaceus*(Bull)Pers],是著名的山珍之一,可药用,其提取物对癌有一定的抑制作用。分布于云南、贵州、四川、广西、浙江、甘肃、山西、东北等地。

②格状猴头菇[*Hericium clathrotdes*(Pall)ex. Fr. Pers],别名假猴头菌、分枝猴头菌。子实体通常比猴头菇要大,味美。分布在云南、四川、吉林等地。

③珊瑚状猴头菇[*Hericium corallotdes*(Scop. ex Fr.)Pers. ex. Gray],别名玉髯、红猴头。子实体分支,刺成丛生,可食,味美,也可药用并有抗癌活性。分布于云南、四川、贵州、新疆等地。

3）原材料的准备

（1）培养基的选择

代料栽培猴头菇选用的培养料以木屑、棉子壳、玉米芯和麸皮较多,还有稻草、甘蔗渣、米糠、麦秸、废甜菜丝等。最好选用新鲜、无病虫害、不结块的材料。如果材料隔年,应曝晒 2~3 d,并放在通风阴凉处保存,防止霉变或腐烂。

（2）原料的处理

①稻草的处理。选干燥、新鲜、无霉变、无腐烂的稻草,用铡刀切成 2~3 cm 长,放入 1%~2% 的石灰水中浸泡 12~24 h。除去稻草表面的蜡质并消灭部分病虫害,然后用清水洗至中性,沥干备用。

②麦秸的处理。选新鲜、无霉变的干麦秸,用 1.5 mm 网底的粉碎机粉碎。用 2% 的石灰水浸泡 24 h,然后用清水洗至中性,沥干备用。

4）培养基配方及配制

（1）培养基配方

目前生产上常用的培养基配方有以下 5 种:

①棉子壳 78%、谷壳 10%、麦麸 10%、蔗糖 1%、石膏 1%。

②棉子壳 100%,或另加 1% 石膏粉。

③甘蔗渣 78%、麦麸 10%、米糠 10%、石膏粉 2%。

④锯木屑 78%、米糠 10%、麦麸 10%、石膏 2%。

⑤玉米芯 78%、麦麸 20%、蔗糖 1%、石膏 1%。

（2）培养基配制

根据当地资源,选好培养基配方,按照比例分别称好各种配料。如果有蔗糖,要先把蔗糖溶于水中,然后将配方的其他料混匀,再将蔗糖水徐徐加入料中,边加水边搅拌,使料与水混合均匀,以用手握料时手指缝有水渗出但不滴下为宜。其料中含水为 65%~75%。调 pH 值至 5~6。

5）袋栽和瓶栽的装料

（1）袋栽的装料

袋栽具有降低生产成本、简化栽培工具的优点。与瓶栽相比,生长周期可缩短 15 d 左右。目前,国内袋栽猴头菇有袋口套环栽培法和卧式袋栽法两种方式。

①袋口套环栽培法。采用长 50 cm、宽 17 cm、厚 0.6 cm 的聚丙烯塑料袋作容器。培养料含水量要比瓶栽低一些。装料时逐渐压实,然后在袋口套上塑料环代替瓶口。再用聚丙烯薄膜或牛皮纸封口,灭菌接种。

②卧式袋栽法。将长 50 cm 的聚丙烯塑料膜做成筒形袋。装料后两头均用线扎口,并在火焰上熔封。用打孔器在袋侧面等距离打 4~5 个孔,孔径为 1.2~1.5 cm,深 1.5~2 cm,将胶布贴在接种孔上,然后灭菌接种。

（2）瓶栽的装料

将配好的培养料装入培养瓶(菌种瓶,或用广口瓶代替),边装边用木棒拧实,使料上下松紧一致,料装至瓶肩,再将斜面压平,并在中央用捣木向下打一洞穴,以便接种。装好料后用清水将瓶口内外及瓶身洗干净,塞上棉塞,进行灭菌。

6）灭菌

培养料装满瓶或袋后,按常规进行高压蒸汽灭菌或常压蒸汽灭菌。用高压蒸汽灭菌时,在 0.14~0.15 MPa 压力下,持续 2~3 h;用常压蒸汽灭菌时,在 100 ℃ 条件下,持续 8~10 h,再闷一夜。冷却后迅速将袋移入无菌箱或无菌室进行接种。

7）接种

待料温降到 28 ℃ 时，按无菌操作规程撕开胶布，接入菌种后再将胶布封好，移入培养室培养。瓶装时，拔开棉塞进行操作。

8）栽培管理

（1）菌丝培养

培养温度为 25 ~ 28 ℃，瓶栽约 20 d 菌丝可以发到瓶底。袋栽培养 15 ~ 18 d，即两个接种穴菌丝开始接触时，应揭去胶布，以改善通气状况，约 1 个月后袋内长满菌丝。

（2）出菇管理

当菌丝长至料中 2/3 时，原基已有蚕豆粒大小时，开始催蕾（瓶要竖立并去掉封口纸）盖上湿报纸，保持空气相对湿度在 80% 左右，给予 50 ~ 400 lx 微弱散射光，通风良好，温度调至18 ~ 22 ℃。

（3）子实体发育期

当幼菇长出瓶口 1 ~ 2 cm 高时，便进入出菇期管理。室温为 18 ~ 22 ℃，空气相对湿度为85% ~ 95%。切忌直接向子实体喷水，否则会影响菇的质量。

9）采收

在子实体充分长大而菌刺尚未形成，或菌刺虽已形成，长度在 0.5 ~ 1 cm，但尚未大量弹射孢子时采收。此时子实体洁白，含水量较高，风味纯正，没有苦味或仅有轻微苦味。采收时，用弯形利刀从柄基割下即可。采割时，菌脚不宜留得过长，太长易于感染杂菌，而且影响第二茬猴头菇的生长。但也不能损伤菌料，一般留菌脚 1 cm 左右为宜。

9.8.3　猴头菌工厂化栽培简介

1）菌种的选择及配方

目前，较适合工厂化生产的猴头菇菌种是中温型 0605（上海食用菌所菌种保藏中心）。可采用以下两个栽培配方：

①棉籽壳 88%、麸皮 12%。

②棉籽壳 42%、木屑 42%、麸皮 15%、石膏粉 1%。

2）拌料和装袋

按配方比例称取棉籽壳和麸皮，每袋装干料 0.55 ~ 0.65 kg。棉籽壳预湿后，均匀撒入麸皮拌匀，料水比为 1 : (1 ~ 1.2)，含水量 60% 左右，pH 自然。将培养料湿料装袋，在料中心位置打孔，套颈圈，盖上盖子，除去袋口周围残留的料。

3）灭菌

袋装好后装锅灭菌。仔细检查菌袋是否有破损，破损处应用胶布粘好后再装锅。常压灭菌快速升温，温度达到 100 ℃ 后，保持 10 h 不降温，10 h 后熄火，再焖 6 h，待袋温降至 70 ℃ 即可出锅，如进行高压灭菌，121 ℃ 保持 2 h，灭菌结束后将菌包置于冷却室冷却。

4）接种

将菌袋冷却到 30 ℃，在无菌条件下进行接种。

5）菌丝培养

接种后的菌袋在培养室进行培养，培养室的温度为 23 ~ 25 ℃，湿度为 50% ~ 60%，CO_2

浓度为 0.05% ~0.1%,适当的通风量;培养 12 ~15 d,料面布满白色菌丝、侧面有少量菌丝出现时,检查一次看有无杂菌污染;25 ~30 d 时,菌包盖口位置会出现隆起的白色或黄色原基。

6)出菇管理

出菇房设为温度 18 ~20 ℃,相对湿度 80% ~90%,CO_2 浓度 0.03% ~0.05%,通风量 50% ~60%,风速 60% ~70%,室内日光灯开;将原基暴露于空气中;当子实体大小长足坚实,孢子还未落下,菌刺长度在 0.5 ~1 cm 时即可采收。

7)采收

采摘方法:用割刀从子实体边缘插入料面,沿料面切割,除去杂质后,按规格分类。采收后除去料面杂质停水养菌 2 ~3 d,再按出菇要求管理可出第二茬。

8)病虫害防治

主要病害预防:主要病害有霉菌(毛霉、脉孢霉、木霉、黄曲霉)和细菌性基腐病。预防方法:严格检查种源;保持环境清洁;发现病害及时清除,并进行无害化处理;出菇期间禁止使用化学农药。

★兴趣小贴士:猴头菇发生畸形的原因与防治

常见的畸形类型有珊瑚丛集型、光秃型和色泽异常型等。出现以上畸形的原因主要是在栽培过程中管理不当。若生长中湿度大,通气差,二氧化碳浓度超过 0.1%,就会刺激子实体基部产生分支,形成珊瑚状,致使不能形成球状子实体;若温度高于 25 ℃,加上空气湿度低,会出现不长刺的光秃子实体;若温度低于 14 ℃,子实体即开始变红,并随温度下降而加深。

防治方法:当出现珊瑚状子实体时,应加强通风透气,促进子实体健壮生长;产生光秃型子实体时,要加强水分管理,向空间喷雾状水或地面洒水,以降温补水;当子实体出现红色时,加强温度管理;若因菌种传代次数较多,种性退化而产生畸形猴头菇时,应提纯复壮,培育优良菌种;若因感染菌造成子实体变黄,则应及时连同培养基一并挖除。

● 项目小结 ●

灵芝的菌丝体、子实体和孢子都是珍贵药材,菌丝体是其营养器官,子实体是其繁殖器官,子实体即是灵芝体。茯苓栽培的特殊性就是可以用松木屑作为原料。天麻栽培需要伴生菌——蜜环菌。竹荪栽培的特殊性就是可以用竹叶、竹竿、竹子屑作为原料。蛹虫草栽培可以用蚕蛹,也可以用大米、小麦作为原料。灰树花栽培的特殊性就是可以利用板栗苞壳作为原料。巴西蘑菇属于粪草菇类,可以利用稻草麦秸发酵栽培。猴头菇可以利用棉籽壳、玉米芯及杂木屑作为原料。

它们在栽培中主要涉及 3 个方面问题:菌种、营养和环境。菌种可分为母种、原种和栽培种。营养包括碳源、氮源、无机盐和生长因子等。环境条件包括温度、湿度、空气、光照等。只有细致管理才能获得高产。

复习思考题

1. 灵芝的生物学特征有哪些?

2. 灵芝的代料栽培步骤有哪些? 关键步骤是什么?

3. 灵芝栽培管理应注意什么?

4. 什么是发菌期?

5. 灵芝代料栽培有什么优点?

6. 灵芝袋栽的技术要点有哪些?

7. 灵芝后期怎样管理?

8. 收集灵芝孢子粉时应注意什么?

9. 天麻的生物学特征有哪些?

10. 天麻的栽培步骤有哪些? 关键步骤是什么?

11. 茯苓栽培管理应注意什么?

12. 为什么松木屑可以栽培茯苓?

13. 竹荪的生物学特征有哪些?

14. 竹荪栽培的关键步骤是什么?

15. 竹荪栽培管理应注意什么?

16. 如何进行蛹虫草液体菌种接种?

17. 蛹虫草子座生长期管理技术要点有哪些?

项目 10

潜力巨大的驯化品种

【知识目标】
- 了解冬虫夏草、羊肚菌等珍稀食用药用菌的生态分布和重要价值。
- 熟悉冬虫夏草、羊肚菌的形态特征和野生环境条件,了解它们的近缘种的特性。

【技能目标】
- 学会如何驯化栽培管理冬虫夏草、羊肚菌等珍稀食用药用菌。
- 能够模拟仿野生栽培管理并能够进行无公害病虫害防治。

【项目简介】
- 本项目主要系统介绍了冬虫夏草、羊肚菌等珍稀食用药用菌的生态分布和重要价值,重点介绍了它们驯化栽培的工艺及仿野生栽培的注意事项。

任务 10.1 冬虫夏草

10.1.1 重要价值

冬虫夏草是麦角菌科植物冬虫夏草菌寄生在蝙蝠蛾科昆虫幼虫体内长出的子座(又称"草头")及幼虫尸体的复合体,它是一种动物昆虫与植物真菌的分离体,虫是虫草蝙蝠蛾的幼虫,草是虫草真菌。广义上的虫草有很多种类,据统计全球有3 000多个种类,国内约有60种,如冬虫夏草、亚香棒虫草、凉山虫草、新疆虫草、分枝虫草、霍克虫草、蛹虫草等。冬虫夏草生长在海拔3 000~5 000 m的青藏高原地域,产区内海拔高、气温低、自然环境恶劣,虫草真菌对寄主的选择十分专注,迄今没有发现除寄生于蝙蝠蛾幼虫以外的任何幼虫,因而冬虫夏草是中国青藏高原独有的药材。通常所说的虫草是指狭义上的虫草,即冬虫夏草。

冬虫夏草内的化学成分复杂,其水分为10.84%,粗蛋白为25.32%,粗纤维为18.55%,糖类为28.9%,灰分为4.1%,脂肪为8.4%。脂肪中,不饱和脂肪酸占82.8%,从虫草中还分离出D-甘露醇、尿嘧啶、腺嘌呤、腺嘌呤核苷、蕈糖、麦角甾醇、麦角甾醇过氧化物和胆甾醇软脂酸酯,以及具有抑菌、抗病毒、抗癌作用的虫草菌素。

冬虫夏草具有补肺益肾、止血化痰的功效,用于久咳虚喘、劳嗽咯血、阳痿遗精、腰膝酸痛的治疗。《本草从新》记载,冬虫夏草"保肺益肾,止血化痰,已劳嗽"。《药性考》记载:"秘精益气,专补命门。"冬虫夏草还具有保肝、抑制器官移植排斥反应、抑制红斑狼疮、降血糖、抗肿瘤等作用。

10.1.2 生态环境及生物学特性

1)生态环境

(1)地理分布

冬虫夏草主要分布在我国的青藏高原,主产自青海和西藏,以青海的产量最多,其次为西藏的北部。此外,四川西部、云南西北部、甘肃南部和尼泊尔也有少量分布。商品中把产于藏民居住区的称为"藏草",质较优,藏语称为"牙扎衮布";把产于非藏民居住区的统称为"川草",质较次。青海省玉树地区的囊谦县和曲麻莱县所产之虫草个大、色黄、气浓,为全省所产虫草中之极品。

(2)生态环境

冬虫夏草产于我国青藏高原及其边缘地带,一般生长在海拔3 000~5 000 m的气候高寒、土壤潮湿、土层较厚且含一定有机质的树林草甸上和草坪上。由于土质的缘故,生长在树林草甸上的冬虫夏草颜色以暗黄棕色或褐色为主,生长在草坪上的冬虫夏草则以黄棕色为主。前者多产自四川、云南、甘肃,后者多产自西藏、青海,其中以西藏那曲和青海玉树所产冬虫夏草质量最佳。

2)生物学特性

虫草菌的子实体是指延伸于寄主昆虫体外的、由菌丝反复扭结和分化后形成的、肉眼可以识别的繁殖器官。其中,又往往把长有有性的子囊壳的子实体统称为子座。虫草属的子座产生于昆虫、蜘蛛或大团囊菌属(*Elaphomyces*)有产囊结构的种的紧密菌丝体团块之中。子座单生,稀分支,由昆虫头部与虫体平行生出,紫褐色、咖啡色至深褐色。全长 5 ~ 7 cm(见图 10.1)。

图 10.1　冬虫夏草子实体

冬虫夏草寄生于蝙蝠蛾的幼虫体上。我国西南高山带的阔孢虫草是生于白马蝙蝠蛾幼虫上的虫草,用途与本种均称上品。无性阶段较易于培养。

每当盛夏,在海拔 3 000 m 以上的高原草甸上,体小身花的成年蝙蝠蛾便将千千万万个虫卵产在地上,经 1 个月左右孵化后蛾卵变成小虫,再钻进湿润、疏松的土壤里,吸食植物根茎的营养,逐步将身体养得洁白肥胖。土层里有一种球形的虫草真菌子囊孢子,当虫草蝙蝠蛾幼虫遭到孢子侵袭后,便钻进地面浅层,孢子在幼虫体内生长,幼虫的内脏就一点点消失,最后幼虫头朝上尾朝下而死去,这时虫体变成了一个充溢菌丝的躯壳,埋藏在土层里,这就是"冬虫"。经过一个冬天,到第二年春夏季,菌丝又开始生长,从死去幼虫的口或头部长出一根紫红色的小草,高 2 ~ 5 cm,顶端有菠萝状的囊壳,这就是"夏草"。这样,幼虫躯壳与长出的小草共同组成了一个完好的"冬虫夏草"。

10.1.3　驯化栽培工艺简介

下面介绍虫草的基本栽培过程。

1)工艺流程

菌种分离、纯化、复壮、保存→昆虫选取与培育→接种→管理。

2)栽培条件

虫草的人工驯化栽培主要是准备菌种和昆虫两个条件。

(1)菌种

虫草的栽培首先要有优良的纯菌种,一是要早熟、高产,主要目的是缩短生产周期,降低成本;二是要感染力强,要求菌种有较强的生命力,成活率达 95% 以上,能对昆虫迅速感染,尽快得病死亡;三是适应范围广,特别是对环境温度变化和其他杂菌感染有一定的抵抗能力。

(2)昆虫

主要利用蝙蝠蛾幼虫作为冬虫夏草的寄生,幼虫必须是活的,个体大、肥胖的较好,数量多少根据自己的栽培而决定。一般每平方米需幼虫 1 kg、母种 1 支、细砂土 50 kg。

（3）环境

虫草的人工栽培无论海拔高低都可以，关键取决于温度。冬虫夏草是一种中、低温型菌类，菌丝生长繁殖温度是 5～32 ℃，最适宜温度是 12～18 ℃，菌核和子座形成以 10～25 ℃ 为宜。

（4）栽培季节

利用自然气温一年可栽培两季，即春季 3—5 月，秋季 9—11 月。若在室内人工控温，一年四季均可栽培，而且可缩短生长期。

3）栽培方法

虫草的栽培方式很多，可进行室内外瓶栽、箱栽、床栽、露地栽培等方式，根据自己的条件选择。无论哪种栽培方式，在栽培前都必须先培养菌虫，使昆虫在入土之前感染上带病毒性的菌液，到入土时已重病在身不会乱爬，有利于早死快出、生长均匀。

菌虫培养方法是将已制好的液体菌种用喷雾器喷在幼虫身上，见湿为止，每天喷 2 次，3 d 后这种受菌液侵害的幼虫出现行动迟缓，处于昏迷状态，即可进行栽培。

因为冬虫夏草的栽培还在驯化中，没有大面积推广，所以在此不再详讲。

★ **兴趣小贴士：冬虫夏草为什么市场价格那么昂贵？**
①物以稀为贵，冬虫夏草的地理分布特殊，只生长在四川、西藏、青海、新疆南疆一带地域。现在还不能人工栽培，只有靠挖采野生的。
②冬虫夏草为珍贵药材，对人体有保健功能。
③冬虫夏草市场销售有人为炒作因素。

任务 10.2 羊肚菌

10.2.1 重要价值

羊肚菌是世界上最名贵的真菌之一，既是宴席上的珍品，又是久负盛名的良药。它功能齐全，香味独特，食疗效果显著。它含蛋白质 22.06%、脂肪 3.82%、糖类 40%，脂肪中不饱和脂肪酸与饱和脂肪酸之比为 5∶3，对人体有益的亚油酸占脂肪酸量的 56%。此外，它还含钙、锌等多种矿物质和微量元素以及维生素 B_1、B_2 等。

羊肚菌的特殊风味来源于其中的顺-3-氨基酸，a-氨基异丁酸和 2,4-二氨基异丁酸等稀有氨基酸。研究发现，添加乙醇胺、尿素、NH_4Cl 等含氮化合物可促进上述风味物质的合成。气相色谱分析表明，羊肚菌的挥发性香气成分主要为 1-辛烯-3-醇和沉香醇。另外，从羊肚菌中还分离出 1,5-D-脱水果糖，它是吡喃酮抗生素的前体。

传统医学认为，羊肚菌性平，味甘，能益肠胃，化痰理气。中医验方：羊肚菌干品 60 g 煮食喝汤，日服 2 次，治消化不良、痰多气短。

现代医学研究结果表明，羊肚菌具有增强机体免疫力、抗疲劳、抗病毒、抑制肿瘤等的诸多作用。

10.2.2 生长条件及生物学特性

1)生长条件

羊肚菌常生长在以栎树、杨树、桦树为主的阔叶林下腐殖土中,在田边、溪边、山坡果园及火烧地也有发现。一般 3—5 月大量发生,对海拔高低无特殊要求。

（1）温度、湿度

菌丝生长最适温度为 18~22 ℃,孢子萌发适宜温度为 15~18 ℃。昼夜温差大,有利于子实体的形成。羊肚菌适宜在土壤湿润的环境中生长,子实体大量发生时,要求土壤含水量为 40%~50%,空气相对湿度为 80%~90%。

（2）酸碱度

羊肚菌生长土壤最适宜 pH 值为 7~7.9,pH 值降至 4.5 以下或高于 9 以上时菌丝停止生长。

（3）光照

光线过强会抑制菌丝生长,菌丝在暗处或微光条件下生长很快,但适度的散射光对子实体的形成有促进作用。

（4）空气

菌丝生长阶段对空气要求不严,子实体形成阶段对空气十分敏感,CO_2 浓度超过 0.3% 时,子实体瘦弱甚至畸形。

2)生物学特性

羊肚菌(*Morchella escuLenta* L.)又名美味羊肚菌,俗称羊雀菌、包谷菌等,属子囊菌亚门盘菌纲盘菌目羊肚菌科羊肚菌属。本属除美味羊肚菌外,常见的还有圆锥羊肚菌、粗腿羊肚菌、黑脉羊肚菌和小羊肚菌等。

羊肚菌菌盖呈不规则圆形或长圆形,长 4~16 cm,宽 4~6 cm,表面形成许多凹坑,似羊肚,淡黄褐色(见图 10.2)。菌柄白色,长 5~7 cm,粗 2~2.5 cm,有浅纵沟,基部稍膨大。子囊(200~320)μm×(18~22)μm,子囊孢子 8 个,单行排列,宽椭圆形,(20~24)μm×(15~25)μm,侧丝顶端膨大。

图 10.2 羊肚菌子实体

10.2.3　人工驯化栽培关键技术

菌丝的生长和菌核的形成是羊肚菌子实体产生的关键环节,目前也是人工栽培难以把握的技术环节。湿度和温度对子实体生长是关键,温度应低于多数食用菌。以下为关键技术参考值。

1)菌种管理

培养温度 21~24 ℃,相对湿度 100%,时间 10~14 d,二氧化碳浓度大于 0.5%,新鲜空气交换每小时 0~1 次。

2)菌核形成

培养温度 16~21 ℃,相对湿度 90%~100%,时间 20~30 d,二氧化碳浓度大于 0.5%。新鲜空气交换每小时 0~1 次,黑暗环境。

3)耳基形成

初始温度 4.4~10 ℃,相对湿度 85%~95%,时间 10~12 d,二氧化碳浓度小于 0.5%,新鲜空气变换每小时 2~4 次,光线 200~800 lx。

4)子实体发育

温度 4.4~16 ℃,相对湿度 85%~95%,时间 10~20 d,二氧化碳浓度小于 0.5%,新鲜空气交换每小时 2~4 次,光线 200~800 lx。

10.2.4　驯化栽培工艺简介

1)仿生栽培方法

工艺流程为:母种制作→原种制作→栽培种制作→发菌培养→菌核培养→出菇管理→产品采收。栽培种配方为小麦粒 81%、麸皮 18%、石膏 1%,水料比为 1:1,占总量 30% 的混合草炭土(草炭土与木材灰质量比为 96:4);菌核培养是将发菌培养完成的菌丝发满塑料容器,温度调到 16~18 ℃,避光,空气湿度调至 90%~95%,培养时间 25 d。

2)扩繁

选择适合羊肚菌扩繁的林地、采伐地、空地进行清理,然后接种菌丝,进行日常管理,最后适时采收。

3)室内或大棚栽培

在室内可调控温度、湿度、光照、空气的条件下进行栽培。以 30%~40% 的植物有机物加入 15%~20% 的辅助营养物质,混入 40%~55% 的泥土构成培养基质,含水量为 60%~65%,装袋经过 100~150 ℃ 灭菌后,在无菌条件下接入羊肚菌纯菌种,经过控温、控湿、控光、发菌培养至出菌采收。但目前出菇不稳定,还没有大量推广,仍处于驯化栽培。

★兴趣小贴士:羊肚菌室外畦床栽培

羊肚菌室外畦床栽培是目前的主要驯化模式。在大棚内整理畦床,以 30%~40% 的植物有机物加入 15%~20% 的辅助营养物质,混入 40%~55% 的泥土构成培养基质,含水量为 60%~65%,铺畦床经过消毒或 100 ℃ 蒸汽通入巴氏消毒后,在无菌条件下接入羊肚菌纯菌种,在可调控温度、湿度、光照、空气的条件下进行栽培管理。经过控温、控湿、控光及通风调

节,发菌后可培养出羊肚菌。但随机性很大,经常间歇性休眠或长出子实体。

· 项目小结 ·

　　物以稀为贵。冬虫夏草、羊肚菌等珍稀食用药用菌,目前的市场价格昂贵是受多方面的因素影响,其一主要是冬虫夏草生态分布主要在川藏高原,其二是人们还没有完全掌握它们的生长条件,不能大量推广栽培。在它们的仿野生栽培过程中,技术难点主要在于温度、湿度、通风、光照的控制及病虫害防治等。人们不断探索并希望能够完全实现人工栽培,使它们成为济世良药。

1. 野生菌有毒吗?

2. 野生菌有什么重要价值?

3. 冬虫夏草的野生环境如何?

4. 冬虫夏草人工栽培关键难点在哪里?

5 蛹虫草可以代替冬虫夏草吗?

6. 羊肚菌人工栽培关键难点在哪里?

7. 块菌可以食用吗? 有什么重要价值?

8. 云芝可以药用吗? 有什么重要价值?

项目 11

食用菌产品加工开发技术

【知识目标】
- 了解各种食用菌产品保鲜、加工原理和意义。
- 掌握各类食用菌产品的加工技术和工艺流程。
- 知晓名贵食用菌有效成分提取深加工前景和工艺方法。

【技能目标】
- 了解各种食用菌产品的保鲜技术、干制加工技术、盐渍及糖渍加工技术、罐藏加工技术、深加工技术的意义,掌握它们的关键技术及注意事项。
- 学会做一些食用菌的即食食品及美味菜肴。

【项目简介】
- 本项目主要介绍了一些与食用菌产品相关的保鲜、干制加工技术、盐渍及糖渍加工技术、罐藏加工技术、深加工技术,以及食用菌即食食品及美味菜肴制作方法。

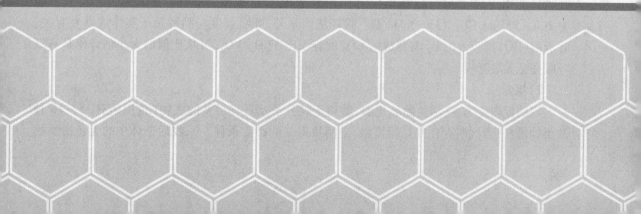

任务 11.1　食用菌的保鲜技术

11.1.1　食用菌产品保鲜的意义

①食用菌鲜品形态优美,脆嫩诱人,市场畅销。

②食用菌鲜品即洗即炒,烹调快速,满足人们的快节奏生活。

③新鲜食用菌,常温下易腐烂变质,重视贮藏保鲜,确保食用菌食用安全。

④食用菌产品通过保鲜加工延长货架期,提高附加值。

新鲜食用菌在包装和运输过程中容易破损,降低质量,造成损失。在生产旺季要鲜销食用菌,在炎热的季节要收集加工食用菌产品,必须做好保鲜和贮藏。所以重视食用菌贮藏保鲜,对满足人民生活需求具有重要意义。

11.1.2　怎样才能保鲜食用菌

采收后的食用菌虽然离开培养料或者培养基质,但是仍然是活的有机体,各项生理活动还是处于活跃期。为了延长货架期增加鲜菇的商品质量,需要应用到食用菌保鲜方法及相关技术。尽可能地降低鲜菇的新陈代谢并维持其正常的生命活动,是食用菌保鲜的原则。

为了延长菇类保鲜时间,将鲜菇贮存在自然温度较低、环境湿度较高的条件下,或采用人工方法进行冷藏,均可延长菇类的货架寿命。将鲜菇用某些抗氧剂、植物激素进行处理,或降低 pH 值以抑制酶活性,也能适当延长保鲜时间。由于保鲜技术的不断发展,现在还出现了冷冻保鲜、速冻保鲜、气调保鲜和辐射处理等新的保鲜技术,能收到更好的保鲜效果。在人口比较集中的城市,各种鲜菇都是充实"菜篮子工程"的重要组成部分,掌握这些新的保鲜技术,对发展国内的鲜菇市场,提高栽培者的经济效益,具有很重要的意义。

11.1.3　影响食用菌保鲜的因素

1)呼吸作用

采收后鲜菇的生理生化变化直接或间与呼吸作用有关。呼吸是代谢在酶类催化下的生物氧化-还原反应链,包括有氧呼吸和无氧呼吸。呼吸产物有二氧化碳、水、乙醇或甲醛等,并放出呼吸热。呼吸底物是糖类、有机酸、脂肪等,其中甘露醇是食用菌呼吸反应的重要底物。呼吸强度用单位重量产品在单位时间内释放的 CO_2 或吸入的 O_2 量表示,20 ℃下一般为 $200 \sim 500$ mg $CO_2/(kg \cdot h)$ 鲜菇。除环境因素外,呼吸强度与品种及子实体成熟度有关。呼吸商(RQ)指吸入的 O_2 与释放的 CO_2 的容积比 VCO_2/VO_2,可从比值的大小估计出是有氧呼吸还是无氧呼吸。

2)褐变

以酶促褐变为主,活性酚氧化酶、游离子氧分子及具有羟基的底物(食用菌有 $15 \sim 16$ 种酚类物质)三者同时存在并互相接触,是酶致褐变的必要条件。采收后菇体中的无色酚类物质被氧化成赤褐色的醌和水,醌再经氧化,聚合形成黑褐色物质。糖类与脂类无酶自身氧化的美拉德反应也引起变色及产生异味。

3)微生物侵染

造成菇体生理病害变质腐败。影响采收生理生化变化的主要因素有温度、相对湿度、气体环境及 pH 等。诸因素综合影响其变化过程,适当控制将有利于遏制劣变进程。

11.1.4　常用的保鲜方法

食用菌保鲜的关键是要想方设法控制菇体的代谢活动,使代谢处于比较低的水平而又不丧失生命活力,这样才有利于菇体保持新鲜不衰。但是,保鲜措施不能使菇体完全停止所有代谢,所以保鲜措施只能延长贮藏期,而不能无限期地将菇体永远保存下来。

食用菌的保鲜方法很多,主要有鲜贮、冷藏、气调贮藏、辐射贮藏、薄膜包装贮藏和化学贮藏等方法。

1)鲜贮

采收后的鲜菇经整理后立即放入干净的竹篮、竹筐或木桶等容器中,上用多层湿纱布或塑料薄膜覆盖,置阴凉处。鲜菇在室温下贮藏的时间受温度和空气湿度影响较大。若室温为 3～5 ℃,空气相对湿度为 80% 左右,鲜菇可贮藏 7 d。

另外,也可将菇体压于冷水水面以下,但所用水必须卫生,水中的含铁量应低于 2 mg/L,这样菇体不仅不会变黑,而且还可延长保藏期。

2)冷藏

冷藏是指用接近于 0 ℃或稍高几度的温度贮藏食用菌的一种方式。即使是急于上市也先冷藏 4～8 h,俗称"打冷"。低温使得菇体内各种酶活性减小,呼吸作用减弱,因而减缓了基质的失水失重以及褐变的发生,利于食用菌的保鲜。不同菇类对温度的要求也不同,一般都有一个最低限度,超过这个限度会引起代谢反常,减弱对不良环境的抗性。如草菇的最适保藏温度为 0～2 ℃(可贮 14 d),4～6 ℃下很快液化,10～15 ℃能贮 2～3 d,30 ℃只能贮存 24 h。双孢蘑菇 0 ℃下可贮存 35 d,5 ℃下可贮存 28 d,15 ℃时只能贮存 12 d。

注意:食用菌的冷藏室内不能同时放置水果,因为水果可产生乙烯等还原性物质,使双孢蘑菇、金针菇、香菇、猴头等食用菌很快变色。

3)气调贮藏

该方法是通过人工控制环境的气体成分以及温度、湿度等因素,达到安全保鲜的目的。一般是降低空气中氧的浓度,提高二氧化碳的浓度,再以低温贮藏来控制菌体的生命活动。

适当降低环境中氧气的浓度,增加二氧化碳的浓度,不仅可以抑制呼吸作用,还可延缓菇体开伞和影响菇体中多酚氧化酶的活性。因此,气调贮藏是现代较为先进有效的保藏技术。

生产实践中,降低氧的方式有自然降氧和人工降氧两种。

(1)自然降氧气

将菇体保藏在具有一定透气性的容器里,利用菇体自身的呼吸作用使氧的浓度下降,二氧化碳的浓度上升。当前,大多使用透气性塑料薄膜容器,也有使用硅窗气调袋的。自然降氧方法简单易行,设备简单,但降氧的速度慢。

塑料袋装保鲜法是目前保鲜食用菌最为常用的方法。用这样的方法每袋放 0.5 kg 平菇,在室温下可保鲜 7 d;如果用塑料袋加保鲜剂保存金针菇,保鲜可达 10 ~ 15 d;塑料袋装香菇放入冰箱可保鲜 15 ~ 20 d。

(2)人工降氧

人工降氧是将菇体封闭人容器后,充入大量的氮作为氧的稀释剂,使氧迅速下降到要求的浓度,也可用抽气和充氮相结合的方法以节约氮。二氧化碳的加入可用自然积累或人工加入。人工降氧气调贮藏效果好,但消耗大量的氮,此外还需要有降氧机等机械,保藏费用比较高。

4)薄膜包装贮藏

这是气调贮藏的一种方式。该方法在贮藏过程中氧和二氧化碳的浓度变化不确定,因而多用于短期贮藏、运输以及作为鲜销的一种临时性贮藏方式。薄膜包装可减少菇体中水分蒸发,保护产品免受机械损伤,另外,包装材料来源广,保存费用低,而且既卫生又美观,是鲜销包装贮藏的良好方法。

5)辐射贮藏

辐射贮藏是食用菌贮藏的新技术,与其他保藏方法相比有许多优越性。例如,无化学残留物,能较好地保持菇体原有的新鲜状态,而且节约能源,加工效率高,可以连续作业,易于自动化生产等。辐射作用对食用菌的影响有以下几点:

(1)抑制呼吸

据报道,用 2.5 ~ 10 戈瑞剂量处理新鲜菇体,对其呼吸作用有显著抑制作用。

(2)抑制开伞

在一定剂量范围内,抑制开伞的效果与辐射剂量成正比。

(3)延缓变色过程

新鲜菇体颜色变深同多酚氧化酶、自溶酶活性增强有关。用 10 ~ 30 戈瑞处理后,酶活性受到抑制,延缓了菇体变色过程。

(4)杀死或抑制腐败性微生物、病原微生物活动

试验表明,用 10 戈瑞剂量辐射可抑制疣孢霉等杂菌生长。

6)化学贮藏

可以用于贮藏食用菌的化学药品最主要的有 0.1% 的焦亚硫酸钠,0.6% 的氯化钠,4 mg/L 的三十烷醇,20 mg/L 的矮壮素,50 mg/L 的青鲜素,50 mg/L 的乙烯利,0.05% 水杨酸,0.05% 高锰酸钾和 0.1% 草酸混合液,0.05% 高锰酸钾和 0.1% 亚硫酸钠混合液等。

具体做法:将采摘的鲜菇进行修整后,放入上述药液中浸渍 1 ~ 5 min,捞出,吸干表面的水分,装入 0.03 mm 厚的聚乙烯薄膜袋中,扎紧贮藏。

7)其他方法贮藏

除上述保鲜方法外,还有减压保鲜、负离子保藏、微波保鲜等方法。

(1)减压保鲜

减压保鲜法是把菇体贮藏场所或贮藏容器内的气压降低,造成一定的真空度(绝对压力为 39 ~ 3 923 Pa)的保鲜方法。其原理是:在真空下,容器内氧气分压很低,抑制了菇体的呼吸作用,同时也促进了由菇体生命活动所产生的有害气体如乙烯、乙醛等向环境里的扩散速度,减轻了菇体自身的生理中毒。减压法不但可以延长新鲜食用菌的贮藏期,而且还有保持

菇体色泽、防止组织软化的效果。

（2）负离子保藏

负离子对菇类有良好的保鲜作用。其机制是：负离子发生器在产生负离子的同时，也产生臭氧，由臭氧放出的臭氧离子具有很强的氧化力，能杀死菇体表面和环境中的微生物，并能抑制机体的代谢活动，起到延缓衰老和枯萎过程的作用。

具体做法是：刚采下的菇体不经洗涤，装入 6 mm 厚的聚乙烯袋中，在 15 ~ 18 ℃下存放，每天用负离子发生器处理 1 ~ 2 次，每次 20 ~ 30 min，负离子浓度为 $1×10^5$ 个/cm³。

（3）微波保鲜

食用菌采用微波处理，并用复合塑料袋包装，于 14 ~ 29 ℃温度下存放，能保持菇体原形、原色及原有风味，保鲜期可达 90 d。经保鲜处理过的鲜菇符合国家规定的卫生标准。

微波是一种频率在 300 Hz ~ 300 kHz 的电磁波，微波保鲜食用菌多在微波炉中进行。把新鲜菌体置于其中，微波能穿透菇体，深度可达 3 ~ 4 cm，内外同时加热，菇体瞬时升温干燥。严格控制加温时间，使菇体中的微生物、虫害等被彻底杀灭，保证菇体在一定期间内保持新鲜，从而延长货架期。

任务 11.2　干制加工技术

11.2.1　食用菌产品干制加工的意义

①食用菌的干品不易腐烂变质，能长久贮藏，便于运输销售。
②食用菌产品有些干制加工时产生香味物质，有独特风味，成为美味菜肴。
③有些食用菌干制加工适宜晒干，成本低廉。
④食用菌的干品延长货架期，提高附加值，调节市场淡旺季需求。

11.2.2　怎样进行食用菌的干制加工

食用菌的干制是通过干燥将食用菌中的水分减少而将可溶性物质的浓度增高到微生物不能利用的程度，同时，食用菌本身所含酶的活性也受到抑制，产品能够长期保存。

1）干燥机理

食用菌在干制过程中，水分的蒸发主要是依赖两种作用，即水分的外扩散作用和内扩散作用。水分外扩散是水分在食用菌表面的蒸发；水分内扩散是水分由内部向表面转移。表面积越大，空气流通越快，温度越高以及空气相对湿度越小，水分从食用菌表面蒸发的速度越快。当原料水分减少到一定程度时，由于其内部可被蒸发的水分逐渐减少，蒸发速度减慢，当原料表面和内部水分达到平衡时，蒸发作用也就停止了，从而完成干燥作用。

2）影响食用菌干制的因素

干制加工过程就是食用菌体内所含水分的蒸发过程，食用菌与干热空气接触时，表面水分向外界环境散发，从内到外形成一个水分含量的梯度差，梯度差越大，水分向外移动越快，反之越慢,直到内外含水量一致时,水分的运动才停止。

在干燥过程中,干燥作用的快慢受许多因素的相互影响和制约,如相对湿度和空气的温度的影响。空气的温度升高,相对湿度就会减少。在温度不变化情况下,相对湿度越低,则空气的饱和差越大,食用菌的干燥速度越快。升高温度同时又降低相对湿度,则原料与外界水蒸气分压相差越大,水分的蒸发就越容易。气流循环的速度影响水分的扩散。还有食用菌种类和状态以及原料的装载量等,也都影响干燥作用。

11.2.3　常用的干制方法

食用菌的干制方法有自然干制和人工干制两类。在干制过程中,干燥速度的快慢,对干制品的质量起着决定性影响。干燥速度越快,产品质量越好。

自然干制利用太阳光为热源进行干燥,适用于竹荪、银耳、金针菇、猴头、香菇等品种,是我国食用菌最古老的干制加工方法之一。加工时,将菌体平铺在向南倾斜的竹制晒帘上,相互不重叠,冬季需加大晒帘倾斜角度以增加阳光的照射。鲜菌摊晒时,宜轻翻轻动,以防破损,一般要2~3 d才能晒干。这种方法适于小规模培养场的生产加工。有的菇农为了节省费用,晒至半干后,再进行人工烘烤,这需根据天气状况、光照强度、食用菌水分含量等恰当掌握,否则会使菇体扭曲、变形、变色。

人工干制用烘箱、烘笼、烘房,或用炭火热风、电热以及红外线等热源进行烘烤,使菌体脱水干燥。此法干制速度快,质量好,适用于大规模加工产品。

任务 11.3　盐渍及糖渍加工技术

11.3.1　食用菌盐渍及糖渍的意义

食用菌盐渍及糖渍的意义有以下几点:

①食用菌的盐渍及糖渍菇不易腐烂变质,能长久贮藏,便于运输销售。

②有些食用菌盐渍加工做成盐水菇,成本低廉,便于操作。

③食用菌的盐渍及糖渍菇延长货架期,提高附加值,调节市场淡旺季需求。

④盐水菇烹调方便多样化,满足人们的快节奏生活需求。

11.3.2　怎样进行食用菌的盐渍及糖渍加工

盐渍主要是利用食盐溶液的高渗透压,使附着在菇体表面的有害微生物细胞内的水分外渗,致使其原生质收缩,质壁分离,导致生理干燥而死亡,从而达到防止蘑菇腐烂变质,完成盐渍的目的。

糖渍是利用高浓度糖液所产生的高渗透压,析出菇中的大量水分,抑制微生物的生命活动,从而达到长期保藏食用菌的目的。

11.3.3　食用菌盐渍加工技术

1)食用菌盐渍常用设施、材料

(1)盐渍加工场所

一般选择交通方便、近水源、排水良好、清洁卫生的地区。

(2)加工设施

盐渍加工场应设置选菇分级台、漂洗池、杀青锅、冷却槽、盐渍池或盐渍缸、盐库和成品包装库等配套设备。

(3)盐渍用具

常备盐渍加工工具有不锈钢剪或刀、锅、波美计、pH 试纸、竹编盖、多孔盆、料盒、勺、包装桶等。

(4)常用药品、材料

鲜菇、精制盐、焦亚硫酸钠、偏磷酸、柠檬酸、明矾。

2)具体方法

工艺流程:鲜菇采收→等级划分→漂洗→杀青→冷却→盐渍→翻缸→调整液→补充装桶。

操作要点:

(1)选菇

供盐渍的菇,都应适时采收,清除杂质,剔除病、虫危害及霉烂个体。蘑菇要求菌盖完整,削去菇脚基部;平菇要把成丛的子实体逐个掰开,淘汰畸形菇;猴头菇和滑菇要求切去老化菌柄。当天采收,当天加工,不能过夜。

(2)漂洗

①先用 0.6% 的盐水,以除去菇体表面泥屑等杂质。

②接着用 0.05 M 柠檬酸液(pH 值 4.5)漂洗。若用焦亚硫酸钠漂洗,则应先放在 0.02% 溶液中漂洗干净,然后再置入 0.05% 焦亚硫酸钠溶液中护色 10 min。

③漂洗后用清水冲洗 3 ~ 4 次。

(3)杀青

①杀青的目的。在稀盐水中煮沸杀死菇体细胞的过程,其作用是进一步抑制酶活性,防止菇开伞,排出菇体内水分,使气孔放大,以便盐水很快进入菇体。

②杀青的方法。杀青要在漂洗后及时进行。使用不锈钢锅或铝锅,加入 10% 的盐水,水与菇比例为 10∶4,火要旺,烧至沸腾,7 ~ 10 min,以剖开菇体没有白心,内外均呈淡黄色为度。锅内盐水可连续使用 5 ~ 6 次,但用 2 ~ 3 次后,每次应适量补充食盐。

(4)盐渍

①容器要洗刷干净,并用 0.5% 高锰酸钾消毒后经开水冲洗。

②将杀青分级后沥去水分的菇按每 100 kg 加 25 ~ 30 kg 食盐的比例逐层盐渍。

③缸内注入煮沸后冷却的饱和盐水。表面加盖帘,并压上卵石,使菇浸没在盐水内。

(5)翻缸

盐渍后 3 d 内必须倒缸一次,以后 5 ~ 7 d 倒缸一次。盐渍过程中要经常用波美比重计测

盐水浓度,使其保持在23波美度左右,低了就应倒缸。缸口要用纱布和缸盖盖好。

(6)装桶

①盐渍20 d以上即可装桶。装桶前先将盐渍好的菇捞出控尽盐水。

②一般用塑料桶分装,出口菇需用外贸部门拨给的专用塑料桶,定量装菇。然后加入新配制的调酸剂至菇面,用精盐封口,排除桶内空气,盖紧内外盖。

③再装入统一的加衬纸箱,箱衬要立着用,纸箱上下口用胶条封住,打"#"字腰。

④存放时桶口朝上。注意防潮和防热,包装室严禁放置农药、化学药品及其无关杂物。

11.3.4 食用菌糖渍加工技术

1)工艺流程

顶煮或灰漂→糖渍→干燥或蜜置→上糖衣 。

2)工艺要点

(1)预煮或灰漂

糖渍前,有些食用菌采用顶煮处理,有些则采用灰漂处理,预煮的目的和方法与罐藏相同。灰漂就是把食用菌子实体放在石灰溶液中浸渍,石灰与食用菌组织中的果胶物质作用生成果胶物质的钙盐,这种钙盐具有凝胶能力,使细胞之间相互粘连在一起,子实体变得比较坚硬而清脆耐煮,所以又称硬化。同时细胞已失去活性,细胞膜透性大增,糖液容易进入细胞中,析出细胞中的水分。灰漂用石灰浓度为5%~8%,灰漂时间为8~12 h。灰漂后捞出用清水洗净多余的石灰。

(2)糖渍

糖渍的方法有两种,即糖煮和糖腌。糖煮适用于坚实的原料,糖腌适用于柔软的原料。糖煮的方法南北不同。

①南方多用的方法:把已处理的原料先加糖浸渍,糖度约38波美度,10~24 h后过滤,在滤液中加糖或熬去水分以增加糖度,然后倒入经过糖浸渍的原料,再浸渍或煮沸一段时间,捞出沥干。

②北方多用的方法:把处理好的原料,直接放入浓度为60%左右的糖液中热煮,煮制时间为1~2 h,中间加砂糖或糖浆4~6次,以补充糖液浓度,当糖液浓度达到60%左右时取出,连同糖液一起放入容器中浸渍48 h左右,捞出沥干。

(3)干燥

一般进行烘干是用烘灶或烘房(修建方法参考干制一节)。干燥时,温度维持在55~60 ℃直至烘干。整个过程要通风排湿3~5次,并注意调换烘盘位置。烘烤时间为12~24 h,烘干的终点一般根据经验,以手摸产品表面不粘手为度。

(4)蜜置

有的糖渍蜜饯糖制后不经过干燥手续,而是装入瓶中或缸中,用一定浓度的糖液浸渍蜜置。

(5)上糖衣

如制作糖衣"脯饯",最后一道工序就是上糖衣。方法是将新配制好的过饱和糖液浇在"脯饯"的表面上,或者是将"脯饯"在饱和糖液中浸渍一下而后取出冷却,糖液就在产品的表面上凝结形成一层晶亮的糖衣薄膜。

煮制结束后,捞起沥干糖液,置烘盘中于 60~70 ℃下烘 2~3 h,至表面干燥、手捏无糖液滴出为宜。用无毒塑料袋定量密封包装。

任务 11.4　罐藏加工技术

11.4.1　食用菌罐藏加工的意义

①食用菌罐藏不易腐烂变质,能长久贮藏,便于运输销售。
②罐藏菇烹调方便多样化,满足人们的快节奏生活需求。
③食用菌的罐藏延长货架期,提高附加值,调节市场淡旺季需求。
④食用菌罐头备受外国人及岛屿人青睐,可以出口贸易换取创汇。

11.4.2　怎样进行食用菌的罐藏加工

1)食用菌罐藏

食用菌罐藏即是把食用菌的子实体密封在容器里,利用高温处理,将绝大部分微生物杀死,使酶丧失活性,同时防止外界微生物再次入侵,从而达到在室温下长期保藏食用菌的一种方法。

高温灭菌条件的选择和实际操作是罐藏成败的关键环节。要既杀死所有致病菌、产毒菌和引起食用菌腐败的菌,又要尽可能保持食用菌的形态、色泽、风味和营养成分。如果灭菌的温度高,时间长,虽可以彻底杀菌,但对营养成分的破坏过多。灭菌的温度低,时间短,对营养成分破坏少,但杀菌不彻底。

2)影响细菌耐热性的因素

①罐藏原料的 pH 值。
②罐内原料中糖及无机盐的浓度。
③罐藏原料污染菌的初始数。
④罐内原料的传热速率。

罐内原料的传热方式基本上可分为导热和对流两种。导热是靠相邻分子碰撞来传递热量,传热速率没有对流快。原料为固体的罐头,其传热方式是导热,灭菌时间要长些。加有糖水或盐水等汤汁的罐头,其热量是靠对流传递的,灭菌时间可短些。

3)食用菌罐藏的容器

食用菌罐藏容器要求是对人体无毒害,不改变菇体的色香味,密封性好,耐腐蚀且能适于工业化生产。

(1)马口铁罐

马口铁罐是用镀锡薄板制成的,其形状有圆罐、方罐、椭圆形罐和马蹄形罐等。在食用菌罐藏中最常用的是圆罐。

（2）玻璃罐

玻璃罐或瓶是使用最早的罐藏容器,在食用菌罐藏中普遍应用(见图11.1)。

（3）软包装

软包装即是用复合塑料薄膜装制罐头,这样制成的罐头叫作软罐头。具有开启方便,能经受高温灭菌,升温时间短,食品质量好,运输携带方便等优点。

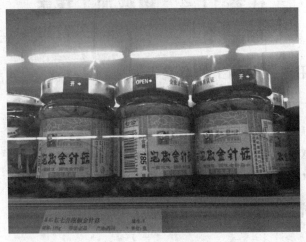

图 11.1 玻璃瓶罐头

11.4.3 食用菌罐藏的一般工艺流程

1）工艺流程

原料菇的验收→漂洗→预煮→分级→装罐→加汤汁→预封→排气封罐→杀菌冷却→揩听→检验→包装。

2）操作要点

（1）原料菇的验收

鲜菇采收后极易变色和开伞,因此鲜菇在采收后到装罐前的处理要尽可能地快,以减少在空气中的暴露时间。

为了确保罐头质量,验收时要按照罐头规格要求严格进行验收,验收后立即浸入2%的稀盐水或0.03%的焦亚硫酸钠溶液中,并防止菇体浮出液面,迅速运至工厂进行处理。

（2）漂洗

漂洗也叫护色。采收的鲜菇应及时浸泡在漂洗液中进行漂洗。目的是洗去菇表泥沙和杂质,隔绝空气,抑制菇体中酪氨酸氧化酶的氧化作用,防止菇体变色,保持菇体色泽正常,抑制蛋白酶的活性,阻止菇体继续生长发育,使伞菌保持原来的形状。

漂洗液有清水、稀盐水(2%)和稀焦亚硫酸钠溶液(0.03%)等。为保证漂洗效果,漂洗液需注意更换,视溶液的浑浊程度,使用1～2 h更换1次。

（3）预煮

预煮即杀青。鲜菇漂洗干净后及时捞起,用煮沸的稀盐水或稀柠檬酸溶液等煮10 min左右,以煮透为度。预煮目的是破坏菇体中酶的活性,排去菇体组织中的空气,防止菇体被氧化褐变；杀死菇体组织细胞，防止伞状菌开伞；破坏细胞膜结构，增加膜的通透性，以利于汤汁的渗透；使菇体组织软化，菇体收缩，增强塑性，便于装罐，减少菌盖破损。预煮完毕，立即放入冷水中冷却。

由于食用菌菇体中含有含硫氨基酸，易与铁反应生成黑色的硫化铁。所以，预煮容器应是铝质的或不锈钢的。

（4）分级

为了使罐头内菇体大小基本一致，装罐前仍需进行分级。分级有人工分级和机械分级。

（5）装罐

处理好的菇体要尽可能快地进行装罐，以防止微生物的再次污染。装罐时要注意菇体大小、形状、色泽基本一致，装罐量力求准确，并留有一定的顶隙。所谓顶隙是指罐内菇体表面与罐盖之间的距离。原料装罐有手工装罐和机械装罐。

（6）加汤汁

菇体装罐后，再注入一定的汤汁，其目的是增进风味，提高罐内菇体的初温，改变罐内的传热方式，缩短杀菌时间，提高罐内真空度。

汤汁的种类、浓度、加入量因食用菌种类不同而有所差异。常用精制食盐水或用柠檬酸调酸的食盐水。汤汁温度要求在80 ℃左右。加汤汁一般采用注液机。

（7）预封

原料装罐后，在排气前要进行预封，以防止加热排气时罐中菇体因加热膨胀落到罐外、汤汁外溢等现象发生。预封使用封罐机，封罐机的滚轮将罐盖的盖钩与罐身的身钩初步钩连起来，钩连的松紧程度为罐盖能自由地沿着罐身回转，但罐盖不能脱离罐身，以便在排气时让罐内空气、水蒸气等气体能够自由地由罐内逸出。

（8）排气和密封

为了防止罐头中嗜氧细菌和霉菌的生长繁殖，防止在加热灭菌时因空气膨胀而导致容器变形和破坏，减少菇体营养成分的损失等，罐头在密封前，要尽量将罐内空气排除。排气的方法常用的有加热排气法和真空封罐排气法。

（9）灭菌和冷却

食用菌罐头经高温灭菌后要迅速冷却至40 ℃左右。将罐头灭菌过程的升温阶段、恒温阶段和冷却阶段的主要工艺条件按规定的格式连写在一起，称为杀菌公式。如某种罐头的杀菌式是10′—23′—5′/121 ℃。

11.4.4 食用菌罐头加工个例

菇罐头加工

我国生产的蘑菇罐头品种有整菇、钮扣菇、片状菇和碎菇等。出口罐头用马口铁罐，规格有184 g装至3 000 g装等十余种（见图11.2）。

（1）原料菇的验收

用于加工出口蘑菇罐头的鲜菇必须是一级菇；二级菇和三级菇可以用于加工一般罐头。作为片状菇罐头的原料，菌盖直径不超过4.5 cm，作为碎片菇罐头的原料，菌盖直径不得超过6 cm。

图 11.2　蘑菇罐头

（2）漂洗

将不同级别的鲜菇分别倒入 0.03% 的焦亚硫酸钠溶液中,轻轻地上下翻动,洗去泥沙、杂质以及菇表层的蜡状物、脂质等。漂洗 2 min 后,捞出放入流水中洗净。

（3）预煮

先把配制好的 0.1% 柠檬酸溶液在预煮机中煮沸,然后放入漂洗好的蘑菇,水与菇之比约3 : 2。继续煮沸直至煮透为止,共 8 ~ 10 min,然后快速冷却。

（4）分级和切片

按加工罐头的规格要求进行分级,挑出菌盖裂开、畸形、开伞及色泽不正等不适宜整装的菇体,直径 1.5 cm 左右为一级菇;直径 2.5 cm 左右为二级菇;直径 3.5 cm 左右为三级菇;在4.5 cm 以下的用于加工片菇,直径超过 4.5 cm 以上的大菇、脱柄菇等可供加工碎菇用。

（5）装罐

马口铁罐或玻璃瓶罐装罐前应严格进行检查,剔出不合格的空罐。然后在 90 ~ 95 ℃热水中洗净,倒置于洁净的架子上沥干备用。

（6）加汤汁

汤汁配方是精盐含量为 2.3% ~ 2.5% ,柠檬酸含量为 0.05% 。加汤汁时汤汁温度应在80 ℃以上。

（7）预封、排气和密封

预封后及时排气。加热排气时,3 000 g 装罐排气温度为 85 ~ 90 ℃ ,17 min;284 g 装罐排气温度为 85 ~ 90 ℃ ,7 min。如果用真空排气密封,真空度为 3 432 ~ 3 922 Pa。

（8）灭菌和冷却

排气密封后的罐头应立即进行灭菌。依罐装规格不同,灭菌工艺也不同。净重 198 g、284 g、425 g、184 g 装罐,杀菌式是:1′—17′—20′/121 ℃;净重 850 g 装罐,杀菌式是:15′—27′—30′/121 ℃;净重 3 062 g、2 840 g、2 977 g 装罐,杀菌式是:15′—30′—40′/121 ℃。灭菌完毕,进行反压冷却。

（9）揩听、检验和包装

从略。

任务 11.5　食用菌即食食品及美味菜肴

11.5.1　常见的食用菌即食食品及工艺简介

1)食用菌乳酸菌发酵饮料

食用菌乳酸菌发酵饮料是近年来开发研制的一类新型食用菌饮料,也是一类新型乳酸菌发酵饮品。食用菌含有丰富的营养,适合乳酸菌生长;而乳酸菌本身就是一种益生菌,且生长过程中还能产生多种生理活性物质和特有的风味。因而两者的结合具有营养互补、功能互补的增效作用,是一种较理想的营养保健饮品。该产品的加工通常是采用食用菌深层发酵液或子实体的浸提液,经过乳酸菌发酵后配制而成。

以下以灵芝酸奶为例,说明其加工过程。

(1)接种

按常规方法将灵芝母种接入 PDA(马铃薯、葡萄糖、琼脂培养基)试管斜面培养。

(2)摇瓶

将母种接入综合 PDA 液体培养基中,于 26~28 ℃摇瓶,菌丝球为培养液的 2/3 即可。

(3)匀浆

菌丝球和发酵液一并置于匀浆器内,匀浆 10~15 min。

(4)过滤

用 4 层纱布过滤匀浆后的发酵液。

(5)配料

奶料、发酵液、水按 1∶3∶5 或 1∶2∶6 的比例混匀,若为鲜奶,可按发酵液与鲜奶之比为 1∶2 混匀即可,并加入配料总量 5% 的白糖(5 526,90,1.66%)。

(6)分装

配好的原料分装于酸奶瓶或无色玻璃瓶内,装量为容器的 4/5。

(7)灭菌

装瓶后的配料置 90 ℃水中浸浴 5 min 或在 80 ℃水中浸浴 10 min,取出放在干净通风处冷却。

(8)接种

等瓶壁温度降至室温时,按 5%~10% 的接种量接入市售新鲜酸奶;或将嗜热乳酸链球菌和保加利亚乳杆菌按 1∶1 混合后接入,接种量为 2.5%~3%。

(9)发酵

接种后的发酵瓶口覆盖一张洁净的防水纸,并用线扎好,在 42~43 ℃下恒温发酵 3~4 h,注意观察凝乳情况。检查时切忌摇动发酵瓶,以免出现固、液分层和大量乳清析出,影响产品质量。待全部出现凝乳后,取出进行后熟处理。

(10)后熟

将发酵好的酸奶置 10 ℃以下后熟 12~18 h,即为成品灵芝酸奶。

2）多味香菇丝的制作

香菇加工过程中，因出口或档次的需要，常有大量的残碎菇柄被剔除出来。这些菇柄的蛋白质、多种氨基酸和维生素 B、D、C 的含量与菇盖、菇褶持平，弃之十分可惜。为此，现介绍一种以其为原料制作多味香菇丝的方法。

（1）浸泡

去除残碎菇柄中的杂质及染病、腐烂等部分，放进重量为其两倍的清水内，添加适量醋，浸泡 24 h 后捞起撕成丝状，放水槽中以流动的水洗涤，再取竹筛过滤，沥干。

（2）干燥

香菇丝搁通风光照处晒干，有条件的地方可送入烘房，在 50～55 ℃温度范围焙烤，待其水分降至 18%以下时取出备用。

（3）配粉料

按淀粉 80%、白糖 10%、精盐 4%、胡椒粉 3%、鲜辣椒粉 2%、味精 1%的比例备齐，然后充分混合，兑适量水调匀。上列各辅料均应符合国家卫生和食用标准。粉料重量一般占香菇丝重量的 10%～15%较妥。

（4）油炸

大锅内盛菜籽油，加热升温至 150 ℃，香菇丝与粉料混和后，分次倒入大丝捞子中，置锅内油炸。注意要不停地抖动丝捞子，使香菇丝受热均匀，并防止其相互粘接。炸至金黄、酥脆时捞出，不可油炸过度或不足。

（5）分装

成品冷却后按 200 g 或 250 g 称重，装进食品塑料袋，用封口机密封包装即可。经上述途径制得的多味香菇丝，呈金黄色丝状、香脆酥松、甜中带辣、风味独特，是一种老幼皆宜的方便小食品。这种食品既可使菇柄增值，又适宜贮存和长途远销，经济效益比较理想。

任务 11.6　食用菌的深加工技术

11.6.1　食用菌产品深加工的意义

①食用菌的深加工能利用高科技开发更多产品。
②食用菌深加工能提取重要的有效成分，为食品、药品、保健品生产提供优质的原材料。
③食用菌深加工能提高食用菌的利用率，减少浪费，节约资源。
④食用菌的产品深加工延长产业链，提高附加值，开发产业发展潜力。

11.6.2　怎样进行食用菌的深加工

食用菌的深加工技术是指利用食用菌的菌丝体、子实体或孢子作为主要原料，利用高科技提取研制生产食品调味品、添加剂、饮料、中药制剂原料、保健品（胶囊、冲剂、口服液）等产品。它是食用菌产业的重要环节，还与其他产业的发展密切相关。

11.6.3 食用、药用菌有效成分提取

食用菌深加工是改变食用菌的传统面貌,包括改进食用菌保鲜技术,充分利用原料加工,科学提取食用菌多糖等有效成分,加工成药品、保健食品、化妆美容产品等。目前,我国利用大型真菌类加工的保健食品中,已进入商品化生产或尚在中试阶段的产品有 500 种之多,其中主要有营养口服液类、保健饮料类、保健茶类、保健滋补酒类、保健胶囊类等 5 个系列的产品,市场潜力巨大,前景诱人。

食用菌多糖作为一种天然多糖类化合物,具有抗肿瘤和增强免疫力的作用,天然植物中免疫多糖的生物学效应已越来越受到人们的重视。在多糖的提取中,大多采用水溶醇提方法对食用菌中的多糖进行粗提、分离,也有用高科技方法提取的,大大提高了食用菌的药用价值,是当前研究的热点。

下面以香菇多糖提取为例,简单介绍食用菌多糖的提取方法及操作步骤。

1)发酵液中胞外多糖的提取

工艺流程:

发酵液 $\xrightarrow{离心}$ 发酵上清液 $\xrightarrow{浓缩}$ 上清浓缩液 $\xrightarrow{透析}$ 透析液 $\xrightarrow{浓缩}$ 浓缩液 $\xrightarrow{离心}$ 上清液 $\xrightarrow{乙醇沉淀}$ 沉淀物 $\xrightarrow[丙酮、乙醚洗涤]{P_2O_5 \ 干燥}$ 胞外粗多糖。

工艺条件如下:

①离心沉淀或离心过滤,分离发酵液中的菌丝体和上清液。

②上清液在不高于 90 ℃的温度下浓缩至原体积的 1/5。

③转移上清浓缩液至透析袋中,于流水中透析至透析液中无还原糖为止。

④将透析液浓缩为原来浓缩液体积,离心除去不溶物,将上清液冷却至室温。

⑤加 3 倍预冷至 5 ℃的 95% 乙醇,5 ~ 10 ℃静置 12 h 以上,沉淀粗多糖。

⑥沉淀物分别用无水乙醇、丙酮、乙醚洗涤后真空抽干,然后置于 P_2O_5 干燥器中进一步干燥,得到胞外多糖。

2)菌丝体胞内多糖的提取

工艺流程:

发酵液 $\xrightarrow{离心}$ 菌丝体 $\xrightarrow{干燥}$ 菌丝体干粉 $\xrightarrow{抽提}$ 抽提液 $\xrightarrow{浓缩}$ 浓缩液 $\xrightarrow{离心}$ 上清液 $\xrightarrow{透析}$ 透析液 $\xrightarrow{浓缩}$ 浓缩液 $\xrightarrow{离心}$ 上清液 $\xrightarrow{乙醇沉淀}$ 沉淀物 $\xrightarrow[丙酮、乙醚洗涤]{P_2O_5 \ 干燥}$ 胞内粗多糖。

工艺条件如下:

①菌丝体 60 ℃干燥,粉碎,过 80 目筛。

②菌丝体干粉水煮抽提 3 次,总水量与干粉质量之比为(50 ~ 100)∶1。

③提取液在不高于 90 ℃的温度下浓缩至原体积的 1/5。

④转移上清浓缩液至透析袋中,于流水中透析至透析液中无还原糖为止。

⑤将透析液浓缩为原来浓缩液体积,离心除去不溶物,将上清液冷却至室温。

⑥加 3 倍预冷至 5 ℃的 95% 乙醇,5 ~ 10 ℃静置 12 h 以上,沉淀粗多糖。

⑦沉淀物分别用无水乙醇、丙酮、乙醚洗涤后真空抽干,然后置于 P_2O_5 干燥器中进一步干燥,得到胞内多糖。

· 项目小结 ·

食用菌子实体含水量高,组织脆嫩,常规条件下极易腐烂变质。常见的食用菌保鲜方法有鲜贮、冷藏、气调贮藏、辐射贮藏、薄膜贮藏和化学贮藏等。对于食用菌产品的开发,目前主要有干制加工技术、盐渍及糖渍加工技术、罐藏加工技术、深加工技术和食用菌即食食品及美味菜肴制作技术。

复习思考题

1. 食用菌保鲜的原理是什么?

2. 影响食用菌保鲜的因素有哪些?

3. 常见的食用菌保鲜方法有哪些?

4. 食用菌干制的原理是什么?

5. 影响食用菌干制的因素有哪些?

6. 常用的干制方法有哪些?

7. 食用菌盐渍的原理是什么?

8. 食用菌糖渍的原理是什么?

9. 食用菌盐渍的因素有哪些?

10. 食用菌盐渍的工艺流程是什么?

11. 请设计一种食用菌即食食品的操作工艺。

12. 怎样开发食用菌的深加工技术?

13. 食用菌产品加工有何意义?

14. 你了解的食用菌产品加工前景如何?

项目 12

食用菌产品的市场营销

📖 【知识目标】

- 了解我国食用菌产销现状及食用菌产品市场营销的重要性。
- 明白食用菌产业当前的国内情况和面临的国际形势。
- 掌握一些食用菌市场的营销策略。

📖 【技能目标】

- 设计有效的营销方案，打造自己的食用菌品牌。
- 形成产销对路的食用菌生产销售模式。

📖 【项目简介】

- 本项目简要分析了食用菌产品生产所面临的市场优势及销售状况、国内和国际的形势和机遇。此外，结合食用菌产品当前市场规律和发展趋势，提出了一些合理营销方案和建议，为促进食用菌产业快速发展奠定基础。

任务 12.1　认知食用菌产品的市场营销

12.1.1　食用菌产品有着广阔的国内外销售市场

①随着我国国民经济的快速发展,居民的收入水平越来越高,对食品的需求日益提高。人们对绿色食品如低糖、低脂肪、高蛋白的食品消费需求日益旺盛,此类食品的营业额一直保持较强的增长势头。食用菌是营养丰富、味道鲜美、强身健体的理想食品,也是我们人类的三大食物之一,同时它还具有很高的药用价值,是人们公认的高营养保健食品。食用菌生产既可变废为宝,又可综合开发利用,具有十分显著的经济效益和社会效益。随着人民生活水平的不断提高和商品经济的进一步发展,食用菌产品不仅行销于国内各大市场,而且还畅销于国际市场。

②我国食用菌行业发展态势明显,主要体现在连锁经营、品牌培育、技术创新、管理科学化为代表的现代食品企业,逐步替代传统食用菌业的随意性生产、单店作坊式、人为经验生产型,快步向产业化、集团化、连锁化和现代化迈进,现代科学技术、科学的经营管理、现代营养理念在食用菌行业的应用已经越来越广泛。

③从国家政策和社会大环境来看,食用菌已经到了发展的黄金时期。由于食用菌栽培技术是劳动密集型产业,在解决劳动就业方面有着非常重要作用,而目前解决劳动就业问题是各级政府为民谋利的主要体现和政策取向。

④食用菌行业还能带动畜牧业、种植业的发展,是解决“三农”问题、增加农民收入的一个重要行业,在我国工业化、城镇化和农业现代化方面发挥着重要的作用,所以国家在税收政策、产业政策等方面给予了大力倾斜。

⑤在市场方面,我国的城市化步伐加快,大量的农村人口逐步城市化,原有城市人口的消费能力逐步增强,由于人口众多和我国经济的持续高速发展,在“民以食为天”“绿色健康饮食”的文化背景下,我国已经成为世界上最大的食用菌生产消费市场。

12.1.2　我国食用菌产销现状及销售市场的动态发展

分析我国食用菌产业现状及特征,探索破解制约食用菌产业发展瓶颈所在,提出科学合理的创新发展构想,对于做大做强食用菌产业,提高产业科技含量,挖掘产业发展潜力,提高产业经济效益,促进产业持续健康发展具有积极意义。

1)当前食用菌产业生产方式及优劣势

(1)生产经营分散,产业集约化程度不高

据在湖北省香菇生产基地随州市的调查,户均种植段木香菇 4 000 棒、代料香菇 30 000 袋;双孢蘑菇生产大多也以小规模为主,在新洲区的生产者中,户均种植规模为 280 m^2,基本上都属于作坊式的农户生产。这种分散化的生产方式给产品质量控制、市场风险防御、产业稳定发展等带来较大困难,农户效益也难以得到有效保障,产业集约效益无法实现。

（2）生产方式较为粗放，资源消耗和环境污染现象较为严重

当前食用菌栽培过程中，林木与农作物秸秆等原料的利用效率低，现有森林资源的材耗严重，食用菌栽培后产生的废弃物再分解与再利用效率低，没有完全实现食用菌产业的"清洁生产"，提高食用菌的生物转化率，减少环境污染仍需重视。加强对现有森林资源的保护，以"造用结合，动态平衡"为原则，以真正实现造林与用林挂钩，保护森林生态，为木腐食用菌的可持续发展提供充足的原料和良好的生态环境任重道远。

（3）食用菌市场流通体系不够健全

虽然基本形成了以批发市场、集贸市场为载体，以农民经纪人、运销商贩、中介组织、加工企业为主体，以产品集散、现货交易为食用菌产品的基本流通模式，以原产品和初加工产品为营销客体的流通格局。但是，食用菌市场流通规则尚未建立和完善，市场主体行为混乱无序，加之缺乏准确、快速覆盖全国的市场信息网络以及相关的市场预警系统，隐藏了较大的市场风险。

（4）食用菌加工水平较低，产品附加值不高

目前，我国食用菌初加工产品比重高于85%，主要是采用鲜销（如平菇、草菇、金针菇、白灵菇、杏鲍菇等）、干制（如香菇、木耳、银耳、猴头菌等）、盐渍（如双孢蘑菇、草菇、鸡腿菇等）、速冻等的方式。我国食用菌的深加工产品极少，特别是许多具有重要保健作用的食用菌加工产品的开发更是严重滞后，加工增值占食用菌总产值不足10%，而日、韩等发达国家一般是30%～40%。

（5）生产成本加速上升，利润空间被压缩

调查数据显示，近几年主要生产要素成本迅速上升。木屑颗粒、优质麦麸、玉米芯、棉籽壳等价格大幅度上涨。加上国内流动性过剩（过多的货币投放量）带来的劳动力、菌种价格的上涨，食用菌生产成本增加，投入产出比由1∶3下降到1∶2，菇农利润空间受到压缩，生产积极性降低。

2）现有的生产与营销模式

（1）以分散的农户生产形式

自产自销，优点是原料就地取材，设备投入资金少，成本低，部分产品就地销售与市场对接快，中间环节少，利润空间大；部分产品由销售商贩销售；缺点是生产受季节、环境影响大，产品的产量和质量稳定性差；生产规模小、分散，产品销售易受商贩的控制而缺失销售的主动权，价格上受市场影响相对波动较大。我国食用菌生产出70%以上的产品是以这种方式进入市场的，包括一些工厂化栽培和设施栽培生产的产品。

（2）龙头企业设基地带动农户的形式

其优点是组织化程度相对高一些，是以龙头企业带农户松散的合作方式，技术管理和抵御市场风险能力均增强；还是属于食用菌的"中小企业"，对市场的驾驭能力稍弱，在标准化生产和满足市场周年供应上欠缺实力。

（3）农民合作社形式

近几年兴起的农民合作社，是国家为了解决农民"一家一户、各自为政"而鼓励菇农自发的、带有地域特征的合作组织；需要在菇农中涌现出"经纪人"式的管理者；很多省的菇农均已尝试这种组织形式进入市场，并已积累了一定的经验。

（4）工厂化生产经营

技术先进，资金投入大，厂房设计规范，生产环境可控性好，产品质量相对稳定，可满足市场的周年供应；但能源消耗大，生物转化率较低（大部分品种均是采收一茬），完全按照工厂化的运行模式进行，对管理团队要求比较高，承担的技术与设备、生产与市场等的风险比较高。近几年，我国在一线发达城市食用菌工厂化快速发展，每年都有生产能力在日均 10～20 吨的数十个食用菌工厂建成，绝大部分为初级产品，缺乏自主品牌；2009 年我国工厂化企业不足50 家，2014 年工厂化生产企业已经达到 650 余家，5 年累计增长逾十多倍。食用菌产能也随之剧增，竞争的结果使产品售价急剧下滑，许多工厂化企业举步维艰。

3）食用菌销售市场的动态发展

近几年，食用菌产业也面临着多方面挑战，关注发展动态，迎难而上；知彼知己，抓住机遇，勇迎挑战。

（1）出口贸易的"技术壁垒"，折射我们的质量观

近几年，出口贸易的"技术壁垒"成为制约食用菌产业发展和出口的重大障碍。我国食用菌生产主要是依靠自然气候条件，由分散农户进行生产，这种生产模式在一定的时期为农民增收、食用菌发展起到重要的作用。但新形势下，暴露出许多弊端。如农户栽培管理不严格，技术参差不齐，不注意对环境的保护等；对食用菌栽培技术和育种的研究只注重追求产量，忽视产品质量；为获得高产，有时过多地使用增产素；为防治病虫害过多地使用杀菌剂和有毒农药，甚至为产品美观使用硫黄熏蒸；为保鲜使用甲醛等不正当方法，造成食用菌的污染，药残超标而被限制出口。对食用菌无公害栽培技术研究及相应生产标准和加工体系的建立没有引起足够的重视，这必将制约我国食用菌的进一步发展。

加强食用菌产品质量安全体系建设，提高产品市场竞争力尤为重要。食用菌产品质量是市场竞争力的重要决定因素，也是做大做强该产业的重要条件。建立完善的食用菌产业生态安全体系和产品质量安全体系，对于提升我国食用菌产业产品质量、安全水平和市场竞争力，促进产业增收增效和可持续发展具有重要作用。

食用菌生产具有技术含量高、实践性强等特点，为适应和解决"技术壁垒"问题，应尽快建立食用菌标准化生产体系，包括原料的选择和处理、菌种生产、无公害食用菌栽培技术、食用菌加工等技术体系，使菇农尽快能够达到"生产标准化，经营国际化"的要求。

（2）外来冲击力是双刃剑，激发市场活力同台共舞

日韩等国的工厂化栽培的发展迅速，在于政府的大力扶持，农民在建厂时提出申请就可以获得政府 40%～50% 的固定资产投资补贴。韩国多个部门一直对食用菌产业进行扶持补助，政府对出口再加以补贴，因此，韩国产品的国际竞争力很强。

我国的食用菌产业在很多专家特别是老一辈人的艰苦努力下蓬勃发展起来，创造了辉煌的成就。但是新的挑战已经来临了，在新的市场经济环境下，市场的变化速度越来越快，我们不仅要科研同时更要适应市场的变化，科研需要直接面对市场并参与市场竞争。

日韩设备工厂和栽培工厂已投向我国，全球化的今天，意味着国际市场竞争的必然性，而我国的工厂化产业刚刚起步，却迎来了国际竞争对手的压力，我国的菌种科研企业及自动化设备的制造企业要面对的市场是全球性，竞争也是全球性的。

针对目前国内、国际市场急需优质高产食用菌品种，首先应广泛收集食用菌野生种质资

源,利用分子生物学技术对所收集的野生资源与表现优良的栽培品种进行遗传差异分析,为合理选用亲本提供依据;然后以孢子或单核原生质体杂交技术为研究方法,最终培育出优质、高产、抗病虫害、抗逆性强、耐储运、具有自主知识产权的新品种。

（3）国内消费是主力,国外市场要开拓

食用菌是一种绿色食品,适合现代人对膳食结构调整的需求,国内外市场前景一致看好。近20年来国内食用菌市场的需求直线上升,尤其是长三角、珠三角、环渤海湾等发达地区销量更大,仅上海地区而言,20世纪90年代初,食用菌日消费量不足20吨,现在上海市日均消费各种食用菌200吨左右。这不仅大大丰富了市民的菜篮子,满足了人们对食品安全、卫生、健康的需求,也极大地推动了我国食用菌产业的加速发展,使我国成为世界上食用菌总产量最高的国家,年生产量占世界总产量的65%。目前,我国已是全球最大的食用菌生产国。近年来在技术上引进快,改进也快。同时,中国食用菌产业潜力巨大,如果每个中国人每天吃3个蘑菇的话,这个市场将庞大到无法估量。

欧美食用菌市场经过多年的普及推广、探索引导,消费者已从过去单一青睐白色菇类（如双孢菇、平菇等）,发展为对深色菌菇（如香菇、木耳、灵芝等）也普遍接受,表现为销量逐年上升,品种逐渐丰富。2013年我国食用菌出口量占世界食用菌贸易量的48%,占亚洲总出口量的80%。我国已经成为名副其实的食用菌出口大国。

任务12.2 食用菌国内外市场的营销策划

1）因地制宜发展食用菌生产,选择适销对路的品种

了解市场需求,优化品种结构,一定要选择适销对路的品种。在菌株选择中,菇农要根据当地资源、气候等条件,搞好适应性试验示范,因地制宜地发展具有区域特色的品种,特别是要注意发展适销对路的名、特、优新品种。

2）强化新技术、新品种的集成创新

实施食用菌技术推广支持政策。加大食用菌新型栽培技术推广资金的支持力度,重点用于对配套技术的试验、示范和推广应用,以及对菇农的科技培训工作,促使良种良法配套,进一步提高配套技术的入户率和到位率。从生产小国到生产和消费大国,从奢侈品到寻常美食,从农业化栽培到工厂化生产,食用菌的发展离不开科技。要建立符合市场需要的新技术研究和扩繁体系。各食用菌科研机构和各级菌种厂站、食用菌推广部门,应围绕食用菌优良品种选育、病虫害防治、产品保鲜、加工、储运等方面开展研究推广,及时将科研成果转化为生产力,尽快提高食用菌种植户的科技素质,抓好规范化栽培和标准化生产的示范基地建设,强化新技术、新品种的集成创新。

3）加强食用菌产品质量安全体系建设,提高产品市场竞争力

食用菌的产品质量是市场竞争力的重要决定因素,也是做大做强食用菌产业的一个重要条件。建立完善的食用菌产业生态安全体系和产品质量安全体系,对于提升我国食用菌产业产品质量、安全水平和市场竞争力,以及促进食用菌产业增收增效和可持续发展具有非常重要作用。

(1)加快制定和发布生产标准和质量标准,促使标准体系的不断完善

可根据绿色产品的质量标准和生产技术操作规程,制定食用菌产品的相关生产程序;可以根据各地方特殊情况,发布地方性的生产和质量标准,尤其是在主要原辅材料和生产环境的标准上,要加大质量标准的制定与实施力度。

(2)开展法规宣传,使食用菌产品质量安全观念深入人心

通过开展"农业下乡""科技下乡"春季农业技术培训、农业法制宣传月等,采取办培训班、制作电视专题片、电台热线,举办现场咨询会等,广泛深入开展《中华人民共和国农产品质量安全法》等法律法规宣传,努力使食用菌产品质量安全法律法规进村入企,家喻户晓。

(3)实行全流程标准化生产

保障食用菌产品质量安全,标准化生产是关键,在提高人们认识的同时,狠抓优质食用菌产品生产基地建设,加大产品标准化生产技术推广力度,以现代农业展示中心为依托,在各地大力兴办食用菌标准化生产技术示范区,推动食用菌标准化生产。

(4)开展投入品专项整治

强化食用菌生产投入品监管,是实现食用菌产品质量安全的保障。农药、菌种、肥料等农业投入品的使用,直接关系到食用菌产品质量安全,应当根据食用菌生产的季节特点,将常年监管与专项整治有机结合起来,组织从业人员进行法律法规和技术培训,提高经营者的安全责任意识,积极开展农资打假和市场整治,严厉查处生产、销售和使用高毒农药行为,对农资经销实行许可证制度,引导经营户实行进货检查验收制度,并建立购销台账。

(5)完善食用菌产品质量检测体系

建立以市级食用菌产品质量检测机构为中心、镇级农产品质量检测站为基础的覆盖全省范围的农产品质量监测网点,建立健全食用菌产品质量安全监管体系,扩大抽检范围和加大抽检频率,从农产品生产基地到城区各农产品批发市场、超市、农贸市场,加强监管队伍建设,努力提高服务质量与服务水平。

4)扶持龙头企业,提升食用菌产品精深加工水平

食用菌产品加工企业规模偏小和精深加工水平低,以及加工转化率不高是当前影响食用菌产品竞争力的重要因素,因此要采取一些有效措施进行改善。

(1)加强食用菌工作的领导和管理

食用菌产业在全国新一轮农业结构调整中被作为一个重点来抓,已列为我国高效生态农业、创汇农业和特色农业的一个重要组成部分。今后应在政策扶持、资金投入、信息引导、技术普及等方面给予支持,以加快食用菌产业的发展。另外,要加强食用菌行业管理,杜绝劣质菌种的生产和销售,为农民提供优质高产食用菌菌种。要加大资源整合,通过资产重组和结构调整,以市场前景好、科技含量高、辐射带动力强的食用菌产品加工企业为主体,将散、小、弱的企业整合为大型企业(集团),实行跨行业、跨地区、跨所有制经营,不断增强企业抗风险和参与国际竞争的能力。

(2)要建立龙头企业发展的长效机制,加大资金支持力度

各级政府要将食用菌产品精深加工纳入农业强省富民战略规划中,加大对食用菌产品精深加工企业的扶持力度。加强对食用菌保鲜技术和深加工技术研究。

为延长食用菌鲜食品的货架寿命,应加强对食用菌保鲜技术研究,研究出保鲜效果好而

且无毒的化学制剂、生物制剂和物理方法。另外,食用菌含有丰富的氨基酸、多糖和生物活性因子。因此,要重视食用菌系列保健食品的研究和开发,开发食、药兼用系列新药品。

（3）要利用新型科技成果和工业化装备来武装龙头企业

要按照"公司+基地+农户"的农业产业化经营模式,围绕食用菌优势农业产业,整合力量,突出重点,搞好企业与基地对接,不断壮大龙头企业。要利用新型科技成果和工业化装备来武装龙头企业,逐步改变食用菌产品精深加工环节的技术和工艺薄弱的现状,不断提高食用菌产品加工转化率。要针对食用菌产品的深精加工和多层增值环节发展薄弱的状况,全方位、多层次的加大招商引资力度,借用外商的技术与资本优势,加快壮大食用菌产品加工业。

5）创新思路,更新理念,发展食用菌产品大市场大流通

推进食用菌产品市场体系建设,促进食用菌产品的合理高效流通培育,完善食用菌产品市场体系,是推动我国食用菌产业化经营、做大做强现代菌业的重要环节。应采取政府、集体、农户相结合,多渠道、多形式地建设市场。要积极培育和完善食用菌产品物流主体,加强食用菌产品物流基础设施建设,支持食用菌重点批发市场建设和升级改造,落实食用菌批发市场用地等扶持政策,搭建食用菌产品物流信息平台,发展食用菌产品大市场大流通。

（1）建设食用菌产品批发市场体系

在食用菌主要产区和集散地,分层次抓好一批地方性、区域性的食用菌批发市场建设,打造具有较强辐射功能的专业性批发市场,改造升级传统批发市场,重点培育一批综合性产品交易市场,优化农产品批发市场网络布局。原国家农业部早在 2007 年曾投资兴建了 4 家食用菌批发市场:吉林蛟河黄松甸食用菌批发市场、黑龙江省中国绥阳黑木耳山野菜批发市场、河北平泉中国北方食用菌交易市场、福建省古田食用菌批发市场。各地也结合产业发展需求建立了一些批发市场。例如,南阳西峡双龙镇食用菌交易市场,湖北随州草店镇食用菌交易市场等,为食用菌产品的营销发挥了重要作用。

（2）加快食用菌产品的流通开放

加大农产品流通项目招商引资,着重引进跨国物流公司、世界知名食用菌产品加工企业和国内大型食用菌产品经营企业,促进生产要素快速集聚,投资建设食用菌产品物流园区,或直接从事食用菌产品流通,改善产品交易和信息服务系统,提高产品流通能力,以进一步提升我国食用菌产业的国际竞争力。

（3）加快食用菌产品流通队伍建设

引导多种经济组织和专业大户参与食用菌产品流通,大力发展食用菌产品购销大户、经纪人队伍,发展代理批发商和经纪人事务所,鼓励一部分农民从生产环节脱离出来,专职从事食用菌产品贩销,带动菇农进入市场。

（4）发展食用菌产品现代流通业务

鼓励创新食用菌产品的交易方式,积极推行食用菌产品"衔接基地、连锁配送、全程控制"模式,加快发展产品连锁经营、直销配送、电子商务、拍卖交易等现代流通业务,引导和鼓励连锁经营企业直接从原产地采购,与食用菌产品生产基地建立长期的产销联盟,以农产品流通发展带动食用菌产业的专业化、产业化和规模化,提升产业竞争力。

（5）健全食用菌产品流通信息服务体系

依托食用菌产品批发市场交易平台和商务网络平台,发布世界各国和我国重要食用菌产

品生产与供应信息、科技成果信息、食用菌产品主产区的气象信息、主要经销商信息、主要食用菌产品产量信息、价格信息以及预测走向等,强化信息引导生产功能和沟通产销衔接功能,实现菇农增产增收。

• **项目小结** •

　　食用菌自古就被视为"山珍",其产业有着广阔的国内外销售市场。只要实时把握市场规律,制订行之有效的营销策略,就能创造出客观的经济经济效益和社会效益。得市场者得发展,"小蘑菇也有大市场",开创出自己的食用菌产品品牌,形成特色食用菌产业也是至关重要的。

1. 我国食用菌的产销模式有哪些?

2. 食用菌产品怎样创品牌?

3. 我国国内食用菌市场的营销策略有哪些?

4. 食用菌国际市场的营销策略有哪些?

实验实训模块

情境实验模块

情境实验1　食用菌形态结构的观察

1）目的要求

①观察食用菌菌丝体的生长状态,利用显微镜认识食用菌的营养体和繁殖体的微观结构。

②利用徒手切片观察食用菌子实体的微观结构,通过对食用菌子实体形态特征的观察,让学生们了解和熟悉各种食用菌子实体的类型和特征,并能根据子实体的外形进行分类。

2）材料及用具

（1）材料

平菇、香菇、双孢蘑菇、草菇、金针菇、木耳、银耳、猴头菇、灵芝、密环菌、羊肚菌、虫草、茯苓等食用菌子实体或菌核液浸标本或干标本、鲜标本及部分食用菌的菌丝体,孢子收集器及担孢子等。

（2）仪器工具

光学显微镜(100~600倍)、接种针、无菌水滴瓶、染色剂(石炭酸复红或美蓝等)、酒精灯、75%酒精瓶、火柴、载玻片、盖玻片、刀片、培养皿、绘图纸、铅笔等。

3）操作内容与步骤

（1）菌丝体形态特征观察

①菌丝体宏观形态观察。

a.观察平菇、草菇、金针菇、木耳、银耳及香灰菌、蘑菇、猴头、灵芝等食用菌的试管斜面菌种或PDA平板上生长的菌落,比较其气生菌丝的生长状态,并观察菌落表面是否产生无性孢子。

b.观察菌丝体的特殊分化组织。蘑菇菌柄基部的菌丝束;密环菌的菌索;茯苓的菌核;虫草等子囊菌的子座。

②菌丝体微观形态观察。

a.菌丝水浸片的制作。取一载玻片,滴一滴无菌水于载片中央,用接种针挑取少量平菇菌丝于水滴中,用两根接种针将菌丝拨散。盖上盖玻片,避免气泡产生。

b.显微观察。将水浸片置于显微镜的载物台上,先用10倍的物镜观察菌丝的分支状态,然后转到40倍物镜下仔细观察菌丝的细胞结构等特征,并辨认有无菌丝锁状联合的痕迹。

（2）子实体形态特征观察

①子实体宏观形态观察。仔细观察各种类型的食用菌子实体的外部形态特征,并比较各种子实体的主要区别,特别注意菌盖、菌柄、菌褶(或菌孔、菌刺)、菌环、菌托的特征,并对之进行比较、分类。

②子实体微观形态及孢子观察。

a.菌褶切片观察。取一片平菇菌褶置于左手,右手持刀片,横切菌褶若干薄片漂浮于培养皿的水中,用接种针先取最薄的一片制作水浸片,显微观察平菇担子及担孢子的形态特征。

b.有性、无性孢子的观察。灵芝担孢子水浸片观察;羊肚菌子囊及子囊孢子水浸片观察;草菇厚垣孢子水浸片观察;银耳芽孢子水浸片观察。(以上各类孢子的观察可用标本片代替)

4)实验总结

①描述菌丝体的生长状态,并画出所观察菌丝、无性孢子、担子及担孢子的形态结构图。

②列表说明所观察各种类型的食用菌子实体的形态特征,如伞状、头状、耳状、花絮状、肾状、扇状、蛋形、钟形等。

③绘制一种食用菌子实体的形态图,用绘图笔或钢笔(黑)绘制生物图,要求图形真实、准确、自然,画面整洁。

情境实验2 食用菌母种培养基制作

1)目的要求

①了解食用菌母种的配方,掌握马铃薯葡萄糖琼脂简称(PDA或PSA)配制及操作过程。

②熟练高温高压灭菌锅的构造及灭菌原理,正确掌握高温高压灭菌锅使用的方法。

③熟悉超净工作台及接种箱的消毒灭菌方法。

④学会食用菌转接母管技术。

2)材料及用具

(1)材料

马铃薯、葡萄糖(或蔗糖)、琼脂、水等。

(2)仪器用具及消毒药品

电炉子、铝锅、漏斗、量筒、纱布、止水夹、漏斗架、切菜小刀、切板、坩埚或烧杯、捆扎绳、脱脂棉、试管、标签、天平、高温高压灭菌锅,消毒药品包括高锰酸钾、75%酒精溶液、5%石炭酸溶液、新洁尔灭溶液等。

(3)接种材料用具及设备

菌种可任意选择黑木耳、平菇、香菇母种等。超净工作台或接种箱、紫外线灯、75%的酒精棉球、接种铲、酒精灯、火柴等。

3)操作步骤

(1)母种培养基(PDA或PSA)配方

马铃薯200 g、葡萄糖(蔗糖)20 g、琼脂16~20 g、水1 000 ml,pH值自然。

(2)母种斜面培养基配制方法

①熬制。将马铃薯洗净,去皮挖芽眼,准确称量200 g,然后把马铃薯切成细条或小薄片放在小锅内。用干净的量筒量取1 000~1 200 ml水放在小铝锅内煮马铃薯,待水煮沸后计时20~30 min,用2~4层纱布过滤于量筒内,如果过滤后的土豆汁不足1 000 ml,则用水补充到所用量,再把土豆汁倒回小铝锅内加温火,先加入琼脂融化后再加入葡萄糖或蔗糖,不断搅拌融化后,分装试管。

②分装。将熬制好的培养基趁热分装试管,将培养基倒入小漏斗内,左手握3~6支试管,右手持漏斗下面的胶皮管放开止水夹,让培养基均匀流入试管内,培养基高度为试管的1/6~1/5,10~15 ml,注意试管口内外壁不要沾上培养基,如有应及时清理干净,培养基凝

固前立放。用棉塞或胶塞封口,以 5 ~ 6 支试管为一捆,试管上端用两层报纸或用一层牛皮纸包住 2/3 用绳扎好,贴上标签,进行灭菌。

（3）培养基的灭菌及排斜面

高压灭菌标准为 0.1 ~ 0.15 MPa 的压力,温度上升到 121 ℃灭菌 30 min。自然降压至压力为至零时,慢慢打开放气阀缓慢出锅。锅盖半开,使锅内的余热烘干棉塞,再开盖取出试管培养基凉斜面,斜面凉试管的 1/2 为宜。自然冷却,凝固后备用。

4）实验总结

①母种培养基的 PDA 配方与土豆综合培养基的配方有何不同?

②使用高压灭菌锅应注意哪些事项?

情境实验3　食用菌的母管转管技术

1）目的要求

①了解食用菌母种的接种操作。

②熟悉超净工作台及接种箱的消毒灭菌方法。

③学会食用菌转接母管技术。

2）材料及用具

（1）材料

上述配制的马铃薯斜面培养基等。

（2）仪器用具及消毒药品

消毒药品包括酒精灯、75%酒精溶液即棉球;菌种可任意选择黑木耳、平菇、香菇母种等。超净工作台或接种箱、紫外线灯、接种铲、火机或火柴等。

3）方法步骤

（1）环境用具严格消毒

常用的消毒方法如下:

①接种箱或接种室的消毒灭菌。

②熏蒸消毒。在坩埚内放上高锰酸钾 5 g,再放上 37% 的甲醛溶液 10 ml/m^2。甲醛溶液和高锰酸钾发生强烈的氧化还原反应,立即沸腾发挥出有强烈的刺激气味,产生的部分原子氧有强烈的杀菌作用,或是微生物吸收原子氧后中毒而死亡。

③药物消毒。石炭酸 5%。浓度用于喷雾消毒;浓度 1% ~2% 来苏尔水用于皮肤消毒。

④紫外线照射消毒。在接种箱的顶部安装一个 40 W 左右的紫外线灯管,照射 30 min 可使微生物吸收臭氧后中毒而死亡(杀死物体表面及空气中的微生物)。

（2）接种操作

①在无菌的条件下,用 75% 的酒精棉球将手正面和背面擦拭消毒,然后把试管壁及接种用具擦拭消毒后接种。

②菌种转管(移接)方法。在无菌的条件下,左手持母种管和斜面管并列拿于拇指和食指间,拇指在上,食指在下。两支试管口对齐在火焰旁上方。右手持接种铲,用食指和手掌拔掉试管棉塞,使棉塞底部朝外。接种铲用 75% 的酒精棉球擦拭后,在火焰上烧灼消毒灭菌冷却,将接种铲移入母管内把菌丝连同培养基一起接种在斜面培养基上,菌丝向上。然后将棉塞在

火焰上快速烧灼后塞入试管口内,塞紧棉塞。换上第二支斜面培养基重复接种。接种特点是轻、快、准,接种铲不要接触培养基及试管壁,以防感染杂菌。进行适宜温度培养。结束接种后,将菌种移入培养箱中调到适宜温度培养。然后把酒精灯盖灭,酒精灯、接种铲及一切用具摆放整齐,接种结束。

③贴标签。将接种后的试管贴好标签,注明菌种名称、接种时间。

④菌种培养。将接种后的试管取出,置于适宜的温度下(恒温箱等)培养至菌丝长满试管斜面即可。待菌丝长满后可扩大成原种或保藏备用。

4)实验总结

简述母管转管技术操作应注意的事项。

情境实验4　食用菌组织分离制母种

1)实训目的

①理解组织分离法制母种的原理。

②掌握组织分离接种技术。

③会使用超净工作台和培养箱。

2)实训原理

组织分离法是利用子实体组织来分离获得纯菌丝的方法。组织分离是一种无性繁殖法,双亲的染色体没有经过重组,因此组织分离基本上可保持亲本的生物学特性,优良菌株用组织分离法能使遗传特性稳定下来。该法操作简便,取材广泛,菌丝生长发育快,比较常用。

实训设计思路为:

①母种培养基的成分不同对菌丝生长有什么影响?

②组织分离选用的材料及分离的部位不同有什么影响?

③培养温度不同有什么影响?

④杂菌污染的原因有哪些?

3)实训器材

新鲜菇(耳)体、刀片、镊子或接种针;试管斜面培养基、接种箱或超净工作台、无菌室、酒精灯、75%酒精及酒精棉球、培养箱等。

4)组织分离操作的主要步骤

①挑选种菇。挑选生长健壮,菌龄适中,无病虫害,具有本品种优良性状的菇体或组织作为种菇。

②环境、用具严格消毒。即超净工作台或无菌室的使用,形成无菌的环境。

③菇体消毒。将子实体菌柄基部切除,置接种箱内,在无菌箱内以0.1%的升汞水浸几分钟,再用无菌水冲洗并揩干,或用75%酒精棉球擦拭菌盖与菌柄2次,进行表面消毒。

④组织分离操作。组织分离部位的选择(菌肉组织、菌核组织)。组织分离操作是解剖刀经火焰灭菌,在菇柄中部纵切一刀,用手掰开菌再用刀片在菇盖与菇柄交界处切取黄豆大小的小方块。

⑤接种。在无菌条件下,随后挑取一组织小块,迅速移接到PDA斜面培养基上,并塞好棉塞。

⑥贴标签培养。试管从接种箱取出之前,应逐支试管正面的上方贴上标签,写明菌种编号、接种日期,随后把试管放入培养箱(室)中,置适宜温度(平菇22 ℃,香菇25 ℃)下培养,待组织块长出菌丝无污染即为纯种。

⑦培养观察。置于适宜温度下培养3~5 d,就可以看到组织上产生白色绒毛状菌丝,转管扩大即得到菌种。如香菇、平菇、双孢菇、草菇、猴头菌等多采用此方法。

5)实验总结

①组织分离法制母种过程中的关键环节有哪些?

②记录你制作的母种的生长状态。

③是否有杂菌污染? 如有,分析其原因。

情境实验5 食用菌原种及栽培种制作技术

1)目的要求

①掌握食用菌原种及栽培种的操作方法。

②学会原种及栽培种培养料的灭菌和接种技术。

2)材料及用具

(1)材料

棉籽壳、木屑、麸皮、蔗糖、石膏粉、过磷酸钙、水等。

(2)菌种

黑木耳、平菇、香菇母种及原种等。

(3)仪器用具

脸盆、铁锹、接种箱、接种工具、打孔器、标签、高温高压灭菌锅、常温常压灭菌锅、消毒杀菌剂等。

3)方法步骤

原种的生产是由母种移入瓶内或袋内培养基中经培养长满菌丝后称为原种,也叫二级种。由原种移入到瓶内或袋内培养料中长满菌丝后称为是栽培种,又称三级种,原种及栽培种的生产程序是相同的,即选配方、称量、拌料(堆置0.5~1 h或发酵3~5 d)、装袋或装瓶、灭菌、接种、适宜条件培养。

(1)备料

原材料配方参考选用前面教材提供的。

(2)拌料

分小组各取一种配方,按常规称量,进行培养料的预处理,拌料时注意均匀、水分适宜(含水量60%~63%)。不发酵拌料后堆置0.5~1 h让水分渗透均匀或发酵堆置3~5 d,期间翻堆2~3次使发酵均匀。

(3)装袋或装瓶

将拌好的培养料装入菌袋(规格为直径17~20 cm×35 cm 聚丙烯塑料袋或瓶内)。将菌袋的一端用绳扎成活捆,然后开始装袋或装瓶,注意边装料边压实,松紧程度要一致。要求装料的袋壁或瓶壁是一个平面,将袋装满袋口剩余6~7 cm长的菌袋用绳扎好,如果装瓶装到瓶间,用粗2 cm的尖木棒在料中央打穴后,用灭菌膜盖瓶口,用绳扎好进行灭菌。

（4）灭菌

将料袋或瓶装入高压锅或土蒸灶里进行灭菌。装锅时分层排列,灭菌袋或瓶不能互相挤压,留有一定的空隙,摆满一层后,以上摆放的方法同第一层。装好锅后,点火升温或用电升温。高压灭菌标准为 0.1～0.15 MPa 的压力,温度上升到 121 ℃灭菌 1.5～2 h;常压灭菌标准为 100 ℃条件下维持 8～10 h,再闷一夜第二天早晨出锅。

（5）接种

灭菌后,待料温降至 30 ℃左右时,可移入已消过毒的接种箱或接种室进行接种(消毒灭菌方法同母种)。接种时在无菌条件下将菌种表面的老菌皮去掉,然后快速解袋或解瓶接种,接种完毕移入培养室进行培养。

（6）发菌培养

将接种后的菌袋移入发菌室的菌架上进行培养。室温应保持在 23～25 ℃(除草菇、灵芝、金针菇外),空气相对湿度为 65%～70% 为宜。要注意避光、通风良好,翻堆检杂。一般经 25～30 d 菌丝可长满菌袋或瓶。培养好的原种和栽培种若菌丝健壮,细腻洁白,菌丝紧贴袋壁和瓶壁及菌柱不缺水,生命力强,有蘑菇香味,无杂菌即可使用。

4）实验总结

①试述原种和栽培种制作的异同点。

②试述原种和栽培种的制作的关键环节。

情境实验6　秸秆发酵料袋栽平菇

1）目的要求

了解平菇的生物学特性,学习平菇栽培的生产程序,掌握其关键技术。

2）材料及用具

（1）材料

棉子皮、玉米芯、木屑、麦麸皮或米糠、蔗糖、石膏粉、过磷酸钙、石灰粉等。

（2）菌种

平菇栽培种。

（3）用具

聚丙烯塑料袋(菌袋)、捆扎绳、接种工具、消毒杀菌剂等。

3）操作内容与步骤

（1）备料

培养料配方如下:

①纯棉子壳培养基:棉子壳 85%、麸皮 12%、白糖 1%、石膏粉 1%、石灰粉 1%,水为干料的 110%。

②棉子壳混合料培养基:棉子壳 77%、玉米芯 20%、白糖 1%、石膏 1%、石灰粉 1%,水为干料的 110%。

③棉子壳综合料培养基:棉子皮 40%、木屑 37%、玉米芯 20%、蔗糖 1%、石膏粉 1%、石灰粉 1%,水为干料的 110%。

注意:配方③用的最多,也可以不用木屑,玉米芯 57%。

（2）拌料与发酵

首先选用无霉味、新鲜、干燥的棉子壳,加石膏粉(每100 kg 料加 1 kg)混合,加水(每100 kg 料加 100～110 kg),然后充分拌匀,使料中水分含量在65%～70%,可用手紧捏培养料,指缝间有水渗出为宜。也可在水中加消毒剂石灰粉,按水质量的1%添加,石灰可使培养料 pH 值偏高,有利于抑制杂菌生长,经平菇生长过程产酸以后,正好为平菇生长所需的 pH 值。建堆发酵,料堆上扎通气孔,发酵5～7 d,期间翻堆2～3次使料发酵均匀,最后一次翻堆加入高锰酸钾、多菌灵(按水或料质量的2‰)。不发酵的生料栽培可以在拌料时水中先加入多菌灵或高锰酸钾,都可以使料中杂菌不易生长繁殖。

（3）接种(播种)

①发酵好的料摊开降温后,装袋与接种同时进行。常用的方法是袋内先铺一薄层菌种,再装一层浸拌好的培养料,用手按实;铺一薄层菌种后,再装料,再铺一薄层菌种,共2层料3层菌种,然后把袋口扎好培养发菌。

②发酵料畦床栽培。将料铺入菇房床架上或地中,采用穴播方式,穴距为16 cm。分两层,料中间一层,表面一层。表面宜多播一些菌种。菌种块以枣大小为宜。菌种块略露斜面,然后用木板压平压实。一瓶(袋)菌种可播 0.3 m³ 床面。播种完后,立即紧贴床面覆盖塑料薄膜,或贴料面覆盖一牛皮纸(或废报纸)和塑料薄膜。

③生料塑料袋栽培。按上述配方选料加水拌料后,不再发酵立即装袋接种,不宜隔夜,否则料将变酸或污染杂菌。该法适合纯棉籽壳配方,加秸秆或玉米芯最好是发酵处理后再栽培。

（4）发菌与培养

温度控制在20～22 ℃,空气相对湿度为60%,供氧、避光条件下培养30 d 左右,待菌丝长满、小菌蕾出现时解开袋口进行出菇,置于室内或大棚内,排垛成6～8 层高的菌墙两端出菇。

（5）出菇管理

菌丝发好后,除控制温度、湿度和供氧外,还在于昼夜温差10 ℃左右的刺激和光照刺激,重点抓好桑葚期、珊瑚期管理。阳畦种平菇,由于不易保持相对湿度,桑葚期容易出现枯萎,这时应轻喷雾状水,增加空气湿度,不可大量喷水。幼蕾期的生长发育主要还是菌丝细胞的分裂繁殖,对水分需要很少,这一阶段应控制直接喷水于料面。珊瑚期需要低温,如果气温突然升高,易造成萎缩和死菇现象,这时要多给料周围和地面喷冷水,加强通风换气,喷水要少而勤。后期菇体生长代谢旺盛,要加强通风换气和温度、湿度的调节。

4）实验总结

①平菇发酵料栽培有何意义? 其关键技术是什么?

②记录你的产量,计算出菇3～4 潮的总产量和利润。

情境实验7　袋料香菇栽培

1）目的要求

了解香菇的生物学特性,学习香菇熟料长袋栽培的生产程序,掌握其关键技术。

2）材料及用具

（1）材料

棉子皮、玉米芯、木屑、麦麸皮或米糠、蔗糖、石膏粉、过磷酸钙、石灰粉等。

（2）菌种

香菇栽培种。

（3）用具

聚丙烯塑料袋（菌袋）、捆扎绳、接种箱式超净工作台、接种工具、常压灭菌锅、高压灭菌锅、消毒杀菌剂等。

3）操作内容及步骤

（1）备料

培养料配方如下：

①木屑 78%、麦麸皮 20%、蔗糖 1%、石膏粉 1%。

②棉子皮 40%、木屑 38%、麦麸皮 18%、玉米粉 2%、蔗糖 1%、石膏粉 1%。

（2）拌料与装袋

实训小组各取一配方，按比例将培养料拌匀，含水量在 50% ~55%。菌袋选用（15 ~17）cm×（50 ~55）cm 规格的聚丙烯塑料袋。装袋时要求压实，同时要防止料袋漏洞，穿孔等，以防杂菌污染。捆扎袋口时将袋口反折扎第二道。

（3）灭菌与接种

为避免培养料变酸，装袋后要及时进行灭菌。使用高压蒸汽灭菌时，高压灭菌锅加热排冷气后，通常采用的压力为 0.11 ~0.15 MPa。温度为 121 ℃，灭菌 1.5 ~2.5 h。如果采用常压灭菌，温度要尽快升至 100 ℃并维持 10 ~12 h，再闷一夜（8 ~12 h）才能彻底灭菌。待料温降至 30 ℃以下时，准备接种。接种时要严格灭菌操作。在菌袋表面打洞接种。

（4）发菌与培养

温度控制在 25 ℃，空气相对湿度为 60%，需氧、避光培养。

（5）出菇管理

菌丝长满后，调节适宜的温度、湿度、光照和氧气，使之转色，进行脱袋或割袋、排场或排架出菇。后期调控适宜的温度、湿度、光照和氧气进行催花管理，可以使之多出花菇。

4）实验总结

①香菇熟料长袋栽培的关键技术是什么？

②普通香菇与花菇有什么不同？你会识别吗？

情境实验 8　袋料金针菇栽培

1）目的要求

了解金针菇的生物学特性，学习金针菇熟料栽培的生产程序，掌握其关键技术。

2）材料及用具

（1）材料

棉子壳、玉米芯、木屑、麦麸皮或米糠、石膏粉、白糖、过磷酸钙、石灰粉等。

（2）菌种

金针菇栽培种。

（3）用具

聚丙烯塑料袋（菌袋）、广口瓶、捆扎绳、接种箱式超净工作台、接种工具、常压灭菌锅、高

压灭菌锅、消毒杀菌剂等。

3）操作内容及步骤

（1）备料称量

选用培养料配方：棉子壳 76%、麦麸皮 18%、石膏粉 1%、白糖 1%、过磷酸钙 2%、石灰粉 2%。

（2）拌料与装袋装瓶

控制料的含水量在 60% 左右，以用手抓料时，手指缝有水渗出但不滴下为宜，闷 30 min 后再装袋，装袋松紧适度，两头留 5~6 cm（以便出菇），然后扎紧。

（3）灭菌与接种

高压蒸汽灭菌时，加热排冷气后压力为 0.11~0.15 MPa，温度为 121 ℃，维持 1.5~2 h，常压蒸汽灭菌时温度为 100 ℃，维持 8~12 h，再闷 4 h，无菌操作接种，将环境用具严格消毒，待料温降至 30 ℃ 以下后进行接种。常用的消毒方法有物理方法，如紫外线灯消毒；化学方法，如药液喷洒、擦洗，点燃熏蒸气雾消毒。

（4）培养管理

①发菌期管理。将接种后的料袋移入培养室，置于适宜温度（22~25 ℃）下，黑暗培养，不需浇水，培养 30~40 d，菌丝长满袋。

②出菇管理。菌丝长满后移入出菇房，给予适宜的温度、湿度、通风及光照。

（5）出菇管理

①催蕾。将长满菌丝的瓶子移到出菇房，去掉瓶口上的棉塞，进行搔菌。所谓搔菌，就是用镊子等工具将老菌种扒掉，去掉白色菌膜，并刮平、按平培养料表面，使其平整。也有不搔菌的，但搔菌后效果更好。然后用报纸覆盖瓶口，每天在报纸上喷水 2~3 次。催蕾期温度控制在 12~13 ℃，湿度为 85%~90%，每天通风 3~4 次，每次 15 min 左右。

②抑制。现蕾后 2~3 d，菌柄伸长到 3~5 mm、菌盖呈米粒大时，应抑制生长快的，促使生长慢的菇体生长，使菇体整齐一致。在 5~7 d 内，减少喷水或停水，湿度控制在 75%，温度控制在 5 ℃ 左右。

③瓶栽套筒。为了防止金针菇下垂散乱，减少氧气供应，防止强光加深颜色，抑制菌盖生长，促进菌柄伸长，常采用套筒措施。可用牛皮纸、塑料薄膜、蜡纸做成高 10~15 cm 的筒，呈喇叭形。当金针菇伸出瓶口 2~3 cm 时套筒。若套筒过早，只有瓶中间的菇生长且不容易形成菌盖；若套筒过迟，子实体矮小，没有商品价值。为使空气能从筒下部进入，常在筒下部打数个小圆孔。套筒后每天在纸筒上喷少量水，保持湿度 90% 左右，早晚通风 15~20 min，温度保持在 6~8 ℃。

（6）采收

菇体在菌盖六七分开伞时采收，不宜太迟，以免菌柄基部呈褐色，绒毛增加而影响外观和质量。一般金针菇可采收 2~3 批，但产量主要集中在第一、二批，其中第一批产量占总产量的 60% 左右。从出菇到收获完毕需 40~60 d。

4）实验总结

①金针菇袋料栽培的生产步骤及关键技术是什么？

②金针菇袋料栽培和平菇栽培在管理上有什么不同？ 什么叫熟料栽培？

情境实验9　袋料黑木耳栽培

1) 目的要求

了解黑木耳的生物学特性,掌握黑木耳袋料栽培的关键技术。

2) 材料及用具

(1) 材料

棉子壳、木屑、玉米芯、麸皮或米糠、玉米粉、石膏粉、过磷酸钙、石灰等。

(2) 菌种

黑木耳栽培种。

(3) 用具

聚丙烯塑料袋、捆扎绳、灭菌筐、水桶、磅秤、铁锹、拌料机、接种箱、接种工具、高压灭菌锅或常压灭菌锅、消毒杀菌剂等。

3) 操作内容及步骤

(1) 培养料配制

培养料配方参考袋料香菇中提供的选用。配方中木屑以硬质阔叶树种为好,木屑应提前过筛,除去木块、枝条;玉米芯要提前预湿,再与主料、辅料拌匀,边加水边搅拌,使含水量为65% ~70%。

(2) 经过灭菌、接种之后的栽培袋置于25 ℃左右培养室中培养,30 d左右菌丝即可长到底。

(3) 出耳管理

①划口吊袋出耳。菌丝发满菌袋1 ~2周后将菌袋移入菇房或大棚,菌袋周围按“梅花点状”划V形口或扎孔,吊挂菌袋,保持室温20 ~25 ℃,白天用散射光刺激,并将菇棚内空气相对湿度调到85% ~95%,一般经过15 d左右即可形成原基。继续调节适宜的温度、湿度、光照和氧气,让耳片展开即可采收。

②室外地栽出耳管理。出耳场所要认真消毒灭菌,近水源且不积水,整理成畦床状,同样将菌袋按“梅花点状”划V形口或扎孔,再直立排放菌袋或倒扣于畦床上,间隔3 ~8 cm。

前期覆盖保温保湿催耳,待菌丝扭结形成原基并已出现小耳芽时,掀开覆盖物,加强通风和光照。温度应控制在13 ~20 ℃,空气相对湿度保持在85% ~90%,切勿将水喷到耳芽体上,否则高温高湿耳体会变软“流耳”。

(4) 采收

一般在现耳15 d左右可采收,在耳基部收缩耳片伸展、孢子尚未弹射时采收。头潮耳采收15 d左右,又可出第二潮耳。产品主要干制。

4) 实验总结

①试述黑木耳熟料袋栽培技术流程。

②怎样进行黑木耳的后期管理?

③室外地栽出耳管理应主要注意哪些事项?

情境实训模块

情境实训1　麦粒菌种制作

1)目的要求
掌握麦粒种的制作方法,学会用同样的方法制作玉米、稻谷、高粱等原料的菌种。

2)原理
麦粒种是用麦粒培养基培养而成的菌种。麦粒种适合于各种食用菌作原种。

3)实验器材
生长旺盛的母种、已灭菌的麦粒培养基、75%酒精棉球、酒精灯、接种铲、接种箱、培养箱或培养室。

4)麦粒培养基的配方
麦粒96%、玉米粉或麸皮2%、石膏2%。

5)实验步骤
①按配方称量。

②浸泡。使之吸足水分至颗粒饱满。

③煮制。煮透至"颗粒内无白心"。

④拌料。将其捞出沥去多余水分至表面无水迹。

⑤装瓶或装袋。

⑥灭菌。高压灭菌或常压灭菌选其一种。要灭菌彻底。

⑦接种在无菌操作下进行。接种时将已灭菌的麦粒种培养基(瓶装或袋装)连同接种工具一起移入接种箱(室),进行消毒再接种。

⑧培养。接种完成后,即应打开接种箱,取出菌种瓶贴上标签,注明菌种名称,接种时间,移入培养箱(室),避光适温条件下培养,一般20~30 d菌丝即可长满瓶,平菇22 ℃,香菇25 ℃,灵芝28 ℃。

6)实训思考题
麦粒种制作应注意的事项是什么?

情境实训2　孢子形态观察

1)目的要求
孢子是真菌繁殖的基本单位,产生于菌褶或菌管的次生菌丝顶端细胞。可分为有性孢子和无性孢子两大类,通常所说的孢子大多指有性孢子。不同种类的真菌其孢子大小、性状、颜色及外表饰纹都有较大差异,此为分类的重要特征和依据,也是孢子杂交的材料。

孢子印是指菇菌孢子散落而沉积的菌褶或菌管的着生模式,孢子印及其颜色是伞菌分类依据之一。各种真菌的孢子在形态、大小、颜色等各方面都有很大差异,是真菌鉴定中的主要特征之一。通过实训,识别各种食用菌孢子并了解其特征是孢子杂交育种的基础。

2) 实训准备

新鲜蘑菇、平菇、香菇或灵芝，深色纸、白纸或玻璃板、培养皿或玻璃杯、玻璃钟罩、解剖刀或解剖剪，放大镜、显微镜等。

3) 方法步骤

①选取一较大的新鲜蘑菇和香菇，用解剖刀或解剖剪将从菌柄上取下来。（解剖刀很锋利，操作时要小心！）

②把菌褶那面朝下平放在深色纸、白纸或玻璃板上，扣上玻璃钟罩或大型培养皿或玻璃杯做成孢子收集器，以免散落的孢子被风吹散、落尘埃或杂菌孢子等。

③第二天，拿开玻璃钟罩（或玻璃杯）和菌盖，可以看到在深色纸、白纸或玻璃板上留下与排列一致的放射状状的孢子印。

④孢子印是由菌褶上散落下来的孢子组成的。做成孢子涂片，用显微镜放大观察孢子的大小、形态和颜色。同时区别香菇、平菇、灵芝及双孢蘑菇的孢子。

4) 实训报告

①通过制作孢子印，可以看到孢子长在什么地方？数量有多少？

②什么时候用深色纸或白纸收集孢子？新鲜蘑菇和香菇孢子颜色相同吗？

情境实训3 茶薪菇栽培

1) 目的要求

了解茶薪菇的生物学特性，掌握茶薪菇熟料栽培的关键技术。

2) 材料及用具

（1）材料

棉子壳、玉米芯、木屑、麦麸、豆饼或茶子饼肥、蔗糖、石膏粉、白糖等。

（2）菌种

茶薪菇栽培种。

（3）用具

聚丙烯塑料袋、捆扎绳或套圈、接种箱式超净工作台、接种铲子、常压灭菌锅、高压灭菌锅、消毒杀菌药品或紫外线灯等。

3) 操作内容及步骤

（1）培养料的配方

①棉子壳79%、麦麸15%、豆饼3%、蔗糖1%、石膏粉1%、白糖1%。

②棉子壳35%、杂木屑30%、玉米芯30%、豆饼或茶子饼肥2%、石膏2%、白糖1%。

③杂木屑50%、玉米芯45%、玉米粉或麸皮2%、石膏2%、白糖1%。

（2）操作技术

①备料。按配方称量。

②拌料。加水，控制料的含水量在60%左右，以用手抓料时，手指缝有水渗出但不滴下为宜，闷30 min使水分均匀。

③装袋。装袋两头或单头留出4~6 cm，松紧适度，再两头或单头扎紧即可。

④灭菌。如采取高压蒸汽灭菌，加热排冷气后压力为0.11~0.15 MPa，温度为121 ℃，维

持 1.5～2 h;如采取常压蒸汽灭菌,温度为 100 ℃,维持 8～12 h,再闷 4 h,保证灭菌彻底。

⑤接种。无菌操作,将环境用具严格消毒,待料温降至 30 ℃以下后进行接种。

⑥发菌期管理。将接种后的料袋移入培养室,在适宜温度 20～26 ℃下培养,培养室黑暗较好,不需浇水,培养 30～40 d,菌丝长满袋。

⑦出菇管理。菌丝长满后移入出菇房或大棚内,排垛或排上架,解口出菇,给予适宜的温度、湿度、通风以及光照刺激。

⑧采收及加工。待茶薪菇生长至菌柄长达 6～12 cm,菌盖呈半球形即可采收,然后进行保鲜或干制销售。

4)实训总结

①茶薪菇代料栽培的关键技术是什么?

②茶薪菇工厂化栽培怎样才能获得高产?

情境实训4　白灵菇袋料及工厂化栽培

1)目的要求

认知白灵菇的生物学特性,学习白灵菇熟料栽培的管理技术。

2)材料及用具

(1)材料

棉子壳、木屑、玉米芯、麸皮或米糠、玉米粉、石膏粉、过磷酸钙、石灰等。

(2)菌种

白灵菇栽培种。

(3)用具

聚丙烯塑料袋、捆扎绳、灭菌筐、水桶、磅秤、铁锹、拌料机、接种箱、接种工具、高压灭菌锅或常压灭菌锅、消毒杀菌剂等。

3)操作内容及步骤

(1)培养料配制

培养料配方选用参照教材中提供的。

(2)装袋与灭菌、冷却与接种、发菌管理同袋料黑木耳的操作要求。

(3)出菇管理

①后熟管理。一般情况下,经过 25～35 d 菌丝可长满菌袋。此时菌丝还未达到生理成熟,不能开袋出菇,采取降温降湿(温度 8～18 ℃,湿度 70%～75%),措施继续培养 30～40 d,当菌棒表面出现一层厚菌皮时,开袋出菇。

②搔菌。菌棒达到后熟阶段进行搔菌,使出菇较为集中,搔菌挖出的菌块不宜过大或过小,露出新鲜菌丝体即可。

③催蕾。搔菌过后,菌棒两端有白色菌毛出现时进行冷热刺激。给予 6～12 ℃低温刺激,白天用散射光刺激,并将棚内湿度调到 75%～80%,一般经过 10 d 左右出现块状、齿轮状的原基。高于 20 ℃时,很难分化成子实体。

④育菇管理。当原基长至蚕豆粒大小时,要及时疏蕾,留大去小,留壮去弱。一般每袋保留 1～2 个菌蕾。当子实体长至乒乓球大时,将菇房空气相对湿度调至 85%～95%,并给予散

射光,光照时间为 12 ~ 14 h/d,并将温度提高到 13 ~ 18 ℃,常通风换气及喷水保湿。

工厂化出菇管理,在投资安装控温、空湿、控制光照和通风供氧的工厂化出菇房,其温度、湿度、光照、氧气和二氧化碳都按一定技术参数来调控,更有利于白灵菇的生长。

(4)采收

白灵菇从发生到采收需要 10 ~ 15 d 的时间。当白灵菇菌盖边缘将变上绕时即可采收,每只白灵菇 50 ~ 300 g,菌盖直径为 8 ~ 15 cm,菌盖厚度为 6 ~ 10 cm,菌柄直径小于 2 cm,采摘时最适宜。采收前一是停止喷水,早晚进行采收。

4)实训总结

①如何完成白灵菇的后熟培养?

②工厂化栽培的关键技术措施有哪些?

情境实训5　病虫害观察及防治

1)目的要求

①通过模拟实训,识别食用菌病虫的形体特征及为害状态。

②了解食用菌病虫害对食用菌生长的影响和为害。

③掌握食用菌病虫害物理及化学防治方法。

2)实训准备

主要食用菌病害、虫害标本、病原菌的培养物、放大镜、显微镜、载玻片、盖玻片、接种钩、挑针、吸水纸、擦镜纸、香柏油、无菌水滴瓶、染色剂、酒精灯、火柴等。

3)方法步骤

(1)食用菌子实体主要病害的识别

①细菌性病害。蘑菇细菌性褐斑病、平菇细菌性软腐病、金针菇锈斑病等子实体的为害特征(病状及病症的观察)。

②真菌性病害。平菇木霉病、蘑菇褐斑病、蘑菇或草菇褐腐病、蘑菇软腐病、银耳白粉病等子实体的为害特征(病状及病症的观察)。

③病毒性病害。蘑菇、香菇、平菇病毒病的病状观察。

④生理性病害。畸形子实体、死菇(子实体变黄、萎缩)、蘑菇硬开伞、二氧化硫中毒平菇等子实体病害特征观察。

(2)食用菌主要虫害的识别

①昆虫类。菇蚊、瘿蚊、蚤蝇、跳虫等的幼虫、蛹、成虫形态特征的观察。

②螨类。蒲螨、粉螨形态特征的观察。

③线虫类。用显微镜观察线虫的形态特征。

(3)防治措施模拟

①物理防治措施。紫外线灯、黄色粘虫板、害虫诱杀灯、粘鼠纸板、酒精灯等。通过操作了解它们杀菌杀虫的原理,掌握其使用方法及注意事项。

②化学防治措施。75%酒精液、袋装气雾熏蒸消毒剂、甲醛稀释液、高锰酸钾粉剂及 1‰高锰酸钾液、来苏尔、家用灭害灵、樟脑丸、家用洗洁净等。通过操作了解它们杀菌灭虫的性能,学会配制一定浓度的消毒液和试剂,掌握应用方法及注意事项。

4）实训报告

①比较食用菌细菌病害及真菌病害病状的区别。

②病虫害的物理防治措施有何意义？

情境实训6　灵芝仿野生高产栽培

1）目的要求

了解灵芝的生物学特性，学习灵芝熟料栽培的生产程序，掌握其关键技术。

2）实训器材

（1）材料

棉子皮、短树枝、木屑、麦麸皮或米糠、蔗糖、石膏粉、石灰粉等。

（2）菌种

灵芝栽培种。

（3）用具

聚丙烯塑料袋（菌袋）、捆扎绳、接种箱式超净工作台、接种工具、常压灭菌锅、高压灭菌锅、消毒杀菌剂等。

3）实训内容

（1）备料

培养料配方：

①棉子壳80%、木屑10%、麦麸皮5%、石膏粉2%、石灰粉2%、白糖1%。

②短段木（或枝条）80%、木屑10%、麦麸皮5%、石膏粉2%、石灰粉2%、白糖1%。

（2）拌料与装袋

加水拌匀，控制料的含水量在60%左右，以用手握料时，手指缝有水渗出但不滴下为宜。不发酵闷2~4 h或发酵5~7 d，翻堆2~3次再用。如用树枝短段木要截成10~15 cm长的，先用白糖水浸泡后捞出沥水再装袋，并且两端装木屑培养料，装袋松紧适度，不留空角，套环棉塞封口或扎绳封口。

（3）灭菌与接种

高压蒸汽灭菌时，加热排冷气后压力为0.11~0.15 MPa，温度为121 ℃，维持1.5~2 h；常压蒸汽灭菌时温度为100 ℃，维持8~12 h，再闷4 h。无菌操作，将环境用具严格消毒，待料温降至30 ℃以下后进行接种。常用的消毒方法：物理方法，如紫外线灯消毒；化学方法，如药液喷洒、擦洗，点燃熏蒸气雾消毒。

（4）培养管理

①发菌期管理。将接种后的料袋移入培养室，在适宜温度22~28 ℃下黑暗培养，不需浇水，培养30~40 d，菌丝长满袋。

②出灵芝管理。将菌丝长满后的菌袋移入出菇房或大棚，解口供氧或脱袋覆土出灵芝，给予适宜的温度、湿度、通风以及光照，调节环境条件，精心管理。

4）实训思考题

①灵芝栽培的关键步骤是什么？怎样才能高产？

②覆土出灵芝有什么意义？

③灵芝孢子什么时间收集？

仿真模拟模块

仿真模拟实训1　食用菌液体菌种制作技术

1）目的要求

掌握食用菌液体菌种的操作方法,学会二级及三级栽培种培养料的灭菌和接种技术。

2）原理

食用菌液体菌种制作是在发酵罐中,采用液体培养基通入无菌空气并加以搅拌,增加培养基中溶氧含量,提供食用菌菌体呼吸代谢所需要的氧气,并控制适宜的外界条件,获得大量的菌丝体或代谢产物。

3）特点及用途

（1）液体菌种的特点

①原料来源广泛。原料主要是一些农副产品,如土豆、大豆粉、麸皮、玉米粉等。

②菌丝体生长快速。菌丝体在适宜温度下,代谢旺盛,生长快速。

③生产周期短。食用菌深层发酵一般仅需 2 ~ 7 d 就可获得大量的菌丝体,而固体培养则需 30 ~ 60 d。

④工厂化生产,无季节性。食用菌深层发酵是在发酵罐内、控制最佳条件来培养菌体的,不受季节性限制。

（2）液体菌种制作的用途

①生产液体菌种。食用菌经深层发酵 2 ~ 7 d 的幼嫩菌丝体,可用来作为食用菌栽培用的原种和栽培种,具有生长壮、萌发快、萌发点多的特点,分别称为二级种子液或三级种子液。

②制备药物或提取生化制品。许多食用菌种类,其深层发酵培养的菌丝体可作为提取药物成分或生化制品的材料。

4）液体菌种制作的主要设备及流程

①试管斜面母种→三角瓶复壮原种→一级种子罐液体菌种→二级种子罐液体菌种。

②摇床。食用菌为需氧菌,液体菌种培养需要增加氧气的供应,因此,不断振荡有利于菌丝体的快速生长。摇床是液体菌种生产常用的设备。

③种子罐和发酵罐。一级种子罐通常为 50 ~ 100 L,二级种子罐为 500 ~ 1 000 L。

④调控及记录的参数。菌龄、接种量、温度、通气量、搅拌速度、酸碱度、污染杂菌抽查、罐压、泡沫控制、发酵终止点。

5）液体菌种制作的主要步骤

液体种子制备的目的是大量繁殖足够数量的、健壮的、高纯度的菌丝体。

（1）斜面菌种制备

制备方法(培养基配方和操作步骤)同试管斜面母种的制备,在此不再多讲了。

（2）摇瓶种子制备

主要操作步骤:称量→煮制→分装→灭菌→无菌检验→接种→振荡培养管理。

6)作业

液体菌种制作的主要参数(见习液体菌种厂参考)有哪些?

仿真模拟实训2　多孢杂交育种

1)目的要求

食用菌子实体生长健壮,八成熟时,可散发大量有性孢子,这些孢子在一定条件下,可相互配合,形成双核菌丝体,从而制取母种。多孢分离技术是有性生殖繁殖过程,通过这种方式可以选育出优良菌种,有时还可使退化的菌种复壮。

通过实训,学习食用菌(以平菇为例)多孢分离杂交育种技术。

2)实训准备

新鲜子实体、无菌孢子收集器、孢子萌发培养基相关原料、无菌水、消毒剂、显微镜、超净工作台或无菌室。

3)方法步骤

(1)制备培养基

马铃薯 200 g,葡萄糖 20 g,磷酸二氢钾 3 g,硫酸镁 1.5 g,维生素 B_1 微量,琼脂 18 g,水 1 000 ml,按常规方法制试管斜面或三角瓶地面 0.5 cm 厚的琼脂板。

(2)选择种菇

选取生长健壮,八分熟,无病虫害的鲜菇一朵待用。

(3)收集有性孢子

在无菌条件下,拔出斜面试管口或瓶口的棉塞,在菌褶前端的 2/5 处剪取约 1.5~2 cm^2 的菌褶,用镊子挑取一片菌褶,贴附在已灭菌的斜面培养基正上方,迅速塞好棉塞,于 24~26 ℃条件下恒温培养 6~24 h 后取出。

(4)孢子萌发培养及菌丝体纯化

在酒精灯火焰附近去掉棉塞,用消毒小钩钩出管内的小片菇种,将棉塞连同试管口在火焰上灼烧后,迅速塞上棉塞,于 24~26 ℃恒温培养 1 周,待孢子萌发,并长成成片菌丝后,切取生长迅速、无杂菌污染的菌丝团转管纯化,待菌丝长满管后便可扩大繁殖备用。

双核菌丝的鉴别方法:

①核染色直接观察双核鉴定。

②依据双核菌丝的锁状联合痕迹。

③出菇试验。

④PCR 鉴定。

4)实训总结

①多孢杂交育种操作应注意什么?

②多孢分离制作母种与组织分离制母种各有什么优缺点?

仿真模拟实训3　灵芝造型盆景的研制

1)目的

掌握灵芝盆景制作技术,学会开发灵芝的观赏价值。

2）原理及意义

灵芝是一种珍贵的药用真菌。近来又通过人工控制栽培条件和艺术相结合的方法,培养出供观赏的灵芝盆景。灵芝盆景造型独特,形态各异,高雅大方,被誉为"立体的画,无声的诗"。

供观赏的灵芝盆景栩栩如生,古朴典雅,除了商品价值外,还有很高的艺术收藏价值。

3）材料

灵芝体(干或鲜体)、盆景素材等。

4）制作工艺流程

灵芝盆景制作工艺:配花盆→配假"石"山饰品→题诗命名→干燥上漆→入盆固定→盆景保存。

①花盆的要求。灵芝盆景制作——配盆:方形盆、长方形盆或椭圆形盆。以陶瓷盆为佳。

②灵芝盆景造型栽培。在灵芝生长过程中,控制一定温度.湿度.光照和氧气供应的条件下,使之形成一定的造型,千姿百态,美观典雅。

③干燥上漆。干燥后适当进行打磨、修饰和清理干净,然后薄薄涂上一层清漆,晾干后再涂刷一次,以增强光泽和起到防霉、防蛀的效果。活体灵芝盆景不用干燥上漆。

④入盆固定。盆内填充沙泥和泡沫塑料,将白石子与乳胶或玻璃胶拌和放入盆的上部,然后装入造型灵芝,干燥后即固定于盆内。

⑤配假"石"山、亭阁、古人等和谐美观,相映成趣。为反映出综合艺术美和体现和谐自然美,还可设置亭阁、小桥、花木、草皮等配件,以丰富其形式和内容,体现传统盆景的风格。

⑥盆景保存。为防止灰尘或虫害入侵,还可以用粘制玻璃罩或透明软塑料罩罩在盆景外面。灵芝的子实层和菌管易被虫害侵入产卵、蛀蚀,平时宜摆放在通风干燥、洁净处。

5）实训总结

①发挥你的创作能力,设计一个灵芝盆景。

②通过盆景怎样开发灵芝的文化底蕴?

仿真模拟实训4　灵芝保健饮料的研制

1）目的要求

了解灵芝的保健功能,掌握灵芝保健饮料的研制方法及调配的工艺技术。

2）实验原理

灵芝是珍贵的中药材,具有药用保健功能,用灵芝加工研制成饮料具有重要的保健功能。

3）实验器材

灵芝干体、甘草、茯苓、陈皮、白糖、蜂蜜、柠檬酸等。

60目粉碎机、水浴锅、天平、烧杯、纱布、温度计、玻璃棒等。

4）主要工艺流程

(1)配方

灵芝粉 5~8 g、蜂蜜或白糖 10 g、山楂汁、草莓汁,茯苓 3 g、陈皮 3 g、大枣 10 g、柠檬酸 0.1%,水 1 000 ml,灵芝母种。

①灵芝干体保健饮料工艺流程

茯苓、陈皮、大枣

      ↓   第一次滤渣   柠檬酸、蜂蜜或白糖

灵芝干体→第一次 80 ℃ 热浴浸提 3 h 过滤取滤汁→↓   ↓

               第二次 80 ℃ 热浴浸提 3 h 过滤取滤汁→混合两次滤汁→

                  →调配→装瓶→杀菌→冷却包装成品

合并两次浸提液后,如果制作饮料可作 1∶(50~100)倍稀释后再调配。

②灵芝菌丝体保健饮料工艺流程

                                  山楂汁、草莓汁

                                   ↓

灵芝菌种→发酵液→无菌空气→过滤空气→菌丝体原料→杀菌→调配等→装瓶→杀菌→冷却包装成品

（2）风味调料

加甜味剂——蜂蜜,白糖;加酸味剂——山梨酸,柠檬酸;加其他调味剂——食用香精,薄荷精。可根据不同人群的需求调配成不同风味的饮料。

（3）分装消毒灭菌

软包装,罐装。巴氏消毒 80 ℃热浴 1 h 或紫外线分装管杀菌。

热饮、冷饮或贮藏(热饮或置于冰箱 5 ℃冷饮),冷饮风味更佳。

（4）感官检查

饮料呈淡褐色,无沉淀物,无悬浮物;苦中微甜,清香可口;

病原菌不得检出,不得有异味。

5）实训总结

①灵芝保健饮料的研制应注意是什么?

②灵芝有哪些重要价值? 其菌丝体饮料和干体饮料的风味有什么不同?

仿真模拟实训5　蛹虫草高产栽培

1）目的要求

认知蛹虫草的生物学特征,学习蛹虫草熟料瓶栽的生产程序及关键技术。

2）实训器材

（1）菌种

蛹虫草栽培液体菌种,由本实验室保存。

（2）碳、氮源和试剂

碳源有葡萄糖、蔗糖、杂交米、玉米和小麦;氮源有蛋白胨、酵母粉和蚕蛹粉;矿质元素有磷酸二氢钾和硫酸镁;维生素 B_1。

（3）实验器材

罐头瓶、高压灭菌锅、电热炉、聚丙烯膜、电子天平、托盘天平、超净工作台和接种工具。

3）实训操作

（1）蛹虫草人工栽培培养基配方

①杂交米 35 g、蚕蛹粉 1 g、营养液 45 ml。营养液组分为葡萄糖 10 g、蛋白胨 5 g、磷酸二

氢钾 1 g,硫酸镁 0.5 g,维生素 B₁ 25 mg、水 1 000 ml,pH 值自然。

②杂交米 89%、玉米(碎粒)10%、酵母粉 0.5%、蛋白胨 0.2%、磷酸二氢钾 0.1%、硫酸镁 0.05%、蚕蛹粉、蔗糖、维生素 B₁ 适量。

③小麦 93.6%、蔗糖 5%、磷酸二氢钾 0.5%、硫酸镁 0.1%、酵母粉 0.5%、蛋白胨 0.3%。

配料装瓶:用罐头瓶、塑料瓶(耐高温高压)作为栽培容器,每瓶装主料 30 ~ 40 g,料水比 1 :(1.2 ~ 1.5)。擦干净后封口。

(2)灭菌、接种

配制好的培养基应及时彻底灭菌,采用高压蒸汽灭菌时为 40 ~ 60 min,常压蒸汽灭菌时为 8 ~ 10 h。灭菌后的培养基要求上下湿度一致,米粒间有空隙,不能黏稠成糊状。

灭菌结束后取出冷却,移入接种室,在超净工作台中进行接种,在接种过程中要求严格无菌。每瓶接种液体菌种 10 ml。

(3)菌丝培养

把栽培料放到培养室避光培养 7 d,温度为 15 ~ 18 ℃;然后提高温度到 20 ~ 23 ℃培养 20 d;当菌丝长满培养基就可以见光培养了。这个阶段的空气的湿度为 60%,适当通风。

(4)转色

当虫草的菌丝长满培养基表面时,这个时候就可以见光了。光照时间为 18 h,光照强度为 500 ~ 1 000 lx,这个阶段的温度为 20 ℃,空气湿度为 60%,适当通风。需要 7 d 的时间才能完成转色。此时,菌丝由白色逐渐转成橘黄色,表明菌丝的营养生长已经完成,可以诱导原基了。

(5)子实体培养

当虫草培养基表面和四周有橘黄色色素出现,开始分泌黄色水珠,并伴有大小不一的圆丘状橘黄色隆起物时,子座开始形成。这时要加大通风量,可以在封口膜刺小孔,但不可揭掉封口膜,培养室要每天通风换气 2 次,加大室内的空气湿度,当虫草长出 3 cm 时,空气湿度为 85% ~ 90%,光照时间为 16 h,强度为 500 ~ 1 000 lx,温度为 20 ~ 22 ℃。

(6)采收加工

虫草从出草到成熟需要 15 ~ 20 d,当虫草长到 5 ~ 8 cm,虫草头部出现龟裂状花纹,表面可见有黄色粉末状物时,就可以采收了。采收时,用无菌弯头手术镊将子实体从培养基上轻轻摘下即可。

子座采收后,应及时将根部整理干净,阴干或低温下烘干。然后用适量的黄酒喷雾使其回软,整理平直后扎成小捆,并包装出售。

4)思考题

①如何进行蛹虫草液体菌种的制作?接种有何要求?

②蛹虫草子座生长期管理技术要点有哪些?怎样获得高产?

③蛹虫草与冬虫夏草有何异同点?

仿真模拟实训 6　杏鲍菇工厂化栽培

1)目的要求

掌握杏鲍菇的栽培及管理方法,学会杏鲍菇工厂化栽培重要指标的调控方法。

2）材料及用具

（1）材料

棉子壳、木屑或玉米芯、麸皮或玉米粉、白糖、石膏、石灰等。

（2）菌种

杏鲍菇栽培种。

（3）器具

接种针、菌种瓶、菌种袋、天平、高压灭菌锅、超净工作台、大塑料盆等。

3）操作内容及步骤

（1）备料

栽培料的配方：棉子壳80%、木屑或玉米芯10%、麸皮或玉米粉5%、石膏2%、石灰2%、白糖1%。

（2）拌料、装袋

控制料的含水量在60%左右。不发酵时，闷2~4 h；发酵时需5~7 d，翻堆2~3次。装袋松紧适宜，套环棉塞封口或扎绳封口。

（3）灭菌

高压蒸汽灭菌时，排冷气后，压力升至0.1~0.15 MPa维持2~3 h；常压蒸汽灭菌时，100 ℃维持8~12 h，再闷4 h取料冷却。

（4）接种

无菌操作，将环境、用具严格消毒，待料温降至30 ℃以下进行接种。

常用的消毒方法：物理方法，如紫外线灯灭菌；化学方法，如药液喷洒、擦洗，点燃熏蒸气雾消毒。

（5）培养与管理

①发菌期管理。将接种后的菌袋放入培养室，在适宜温度下暗光培养，不需浇水，一般35 d左右菌丝长满袋。

②出菇管理。

a. 小规模出菇管理。菌丝长满袋后，可将菌袋搬进出菇房或大棚，建菌墙或排上菌架，解口出菇或覆土出菇。在2~3个月出菇期要细致管理催蕾、剔菇，调节温度、湿度、光照和通风使之协调，从而获得高产。

b. 工厂化栽培出菇管理。在有空调的工厂出菇房间内安装有自动化喷淋加湿器、温度及二氧化碳感应器，压缩无菌空气净化设备，照明灯管等，实现自动化控温、控湿、调控通风以供给充足的氧气。

通过实训，同学们仔细观察这些设备的调控作用；仔细观察杏鲍菇的生长状态。

4）实训总结

①杏鲍菇的栽培应注意哪些问题？

②工厂化栽培时是怎样控温、控湿、控氧和光照的？

③工厂化栽培有何优势和劣势？

参考文献

[1] 黄毅. 食用菌栽培[M]. 3 版. 北京:高等教育出版社,2008.

[2] 吕作舟. 食用菌栽培学[M]. 北京:高等教育出版社,2006.

[3] 常明昌. 食用菌栽培学[M]. 北京:中国农业出版社,2003.

[4] 林晓民,李振歧,等. 中国大型真菌的多样性[M]. 北京:中国农业出版社,2005.

[5] 张金霞. 食用菌安全优质生产技术[M]. 北京:中国农业出版社,2004.

[6] 崔颂英,马兰,等. 食用菌生产[M]. 2 版. 北京:中国农业大学出版社,2011.

[7] 曹德宾. 食用菌生产技术速查表:出口热销品种卷[M]. 北京:化学工业出版社,2011.

[8] 曹德宾. 食用菌生产技术速查表:潜力热销品种卷[M]. 北京:化学工业出版社,2011.

[9] 曹德宾. 食用菌生产技术速查表:加工技术卷[M]. 北京:化学工业出版社,2011.

[10] 崔颂英. 药用大型真菌生产技术[M]. 北京:中国农业大学出版社,2009.

[11] 王德芝,张水成. 食用菌生产技术[M]. 北京:中国轻工业出版社,2007.

[12] 常明昌. 食用菌栽培学[M]. 北京:中国农业出版社,2003.

[13] 朱长俊,程平. 食用菌保鲜研究进展[J]. 嘉兴学院学报,18(3),27-30,2006.

[14] 陈光宙. 食用菌保鲜的原理及其方法[J]. 科技向导,第 5 期,2011.

[15] 曹德宾,孙庆温. 绿色食用菌标准化生产与营销[M]. 北京:化学工业出版社,2004.

[16] 宫志远,刘敏. 香菇木耳银耳栽培与加工新技术[M]. 北京:中国农业出版社,2005.

[17] 宫志远,刘敏. 灵芝蛹虫草天麻栽培与加工新技术[M]. 北京:中国农业出版社,2005.

[18] 杨世海. 中药资源学[M]. 中国农业出版社,2006.

[19] 张松,等. 微生物学多媒体教学软件(网络版). 北京:高等教育出版社,2005.

[20] 中国食用菌网 http://zs. mushroom. org. cn/html.

[21] 中国食用菌协会 http://www. cefa. org. cn.

[22] 中国食用菌商务网 http://www. junchanpin. com.

[23] 食用菌精品课程网页 http://211. 67. 160. 206/jpkc/yyzhenjun/default. html.

[24] 易菇网 http://www. emushroom. net.

[25] 江苏食用菌 http://www. jssyj. com.

[26] 中国食用菌菌种网 http://www. junchanpin. com.